Dortmunder Beiträge zur Entwicklung und Erforschung des Mathematikunterrichts

Band 46

Reihe herausgegeben von

Stephan Hußmann, Fakultät für Mathematik, Technische Universität Dortmund, Dortmund, Deutschland

Marcus Nührenbörger, Fakultät für Mathematik, Technische Universität Dortmund, Dortmund, Deutschland

Susanne Prediger, Fakultät für Mathematik, IEEM, Technische Universität Dortmund, Dortmund, Deutschland

Christoph Selter, Fakultät für Mathematik, IEEM, Technische Universität Dortmund, Dortmund, Deutschland

Eines der zentralen Anliegen der Entwicklung und Erforschung des Mathematikunterrichts stellt die Verbindung von konstruktiven Entwicklungsarbeiten und rekonstruktiven empirischen Analysen der Besonderheiten, Voraussetzungen und Strukturen von Lehr- und Lernprozessen dar. Dieses Wechselspiel findet Ausdruck in der sorgsamen Konzeption von mathematischen Aufgabenformaten und Unterrichtsszenarien und der genauen Analyse dadurch initiierter Lernprozesse. Die Reihe „Dortmunder Beiträge zur Entwicklung und Erforschung des Mathematikunterrichts" trägt dazu bei, ausgewählte Themen und Charakteristika des Lehrens und Lernens von Mathematik – von der Kita bis zur Hochschule – unter theoretisch vielfältigen Perspektiven besser zu verstehen.

Reihe herausgegeben von
Prof. Dr. Stephan Hußmann
Prof. Dr. Marcus Nührenbörger
Prof. Dr. Susanne Prediger
Prof. Dr. Christoph Selter
Technische Universität Dortmund, Deutschland

Weitere Bände in der Reihe http://www.springer.com/series/12458

Kerstin Hein

Logische Strukturen beim Beweisen und ihre Verbalisierung

Eine sprachintegrative Entwicklungsforschungsstudie zum fachlichen Lernen

Mit einem Geleitwort von Prof. Dr. Susanne Prediger

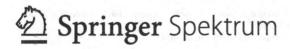 Springer Spektrum

Kerstin Hein
Fakultät für Mathematik, IEEM
Technische Universität Dortmund
Dortmund, Deutschland

Tag der Disputation: 25.02.2021
Erstgutachterin: Prof. Dr. Susanne Prediger
Zweitgutachterin: Prof. Dr. Esther Brunner

Dortmunder Beiträge zur Entwicklung und Erforschung des Mathematikunterrichts
ISBN 978-3-658-35027-7   ISBN 978-3-658-35028-4   (eBook)
https://doi.org/10.1007/978-3-658-35028-4

Die Deutsche Nationalbibliothek verzeichnet diese Publikation in der Deutschen Nationalbibliografie; detaillierte bibliografische Daten sind im Internet über http://dnb.d-nb.de abrufbar.

Planung/Lektorat: Marija Kojic
Springer Spektrum ist ein Imprint der eingetragenen Gesellschaft Springer Fachmedien Wiesbaden GmbH und ist ein Teil von Springer Nature.
Die Anschrift der Gesellschaft ist: Abraham-Lincoln-Str. 46, 65189 Wiesbaden, Germany

Geleitwort

Beweisen gilt als eine der wichtigsten Praktiken des universitären Mathematik-treibens, an die jedoch Schülerinnen und Schüler selten wirklich herangeführt werden. Während informelles Begründen im Unterricht durchaus häufig vorkommt, trauen sich Lehrkräfte an das Beweisen im Sinne des deduktiven Schließens kaum heran. Es mangelt dazu an praktikablen Unterrichtskonzepten und -materialien, die auch sprachliche Herausforderungen berücksichtigen.

Die vorliegende Arbeit hat sich aus der Dortmunder Perspektive eines verstehensorientierten und sprachbildenden Mathematikunterrichts das ehrgeizige Ziel gesetzt, den ausgesprochen anspruchsvollen Lerngegenstand der logischen Strukturen und ihrer Verbalisierung für Jugendliche der Klassen 8 bis 11 lernbar zu machen. Dazu wird die hohe Relevanz der Sprache als Denkwerkzeug konsequent mit berücksichtigt. Die Autorin entwickelt dafür eine ausdifferenzierte Spezifizierung des fachlichen und sprachlichen Lerngegenstands, entwirft und erforscht ein Lehr-Lern-Arrangement in fünf iterativen Designexperiment-Zyklen und gibt damit tiefgehende Einblicke in die initiierten Lernwege der Jugendlichen.

Im Theorieteil wird zunächst der fachliche Lerngegenstand der logischen Strukturen beim Beweisen spezifiziert. Dazu fasst die Autorin die bestehenden deskriptiven und explanativen Forschungsbefunde zu typischen Herausforderungen zusammen und nutzt sie präskriptiv für die Spezifizierung der lernrelevanten Facetten logischer Strukturen. Über das dazu oft genutzte Toulmin-Schema geht sie weit hinaus und findet mit den fachlichen strukturbezogenen Beweistätigkeiten ein vielversprechendes theoretisches Konstrukt, die die relevanten Denkaktivitäten beim Beweisen, aber auch die relevanten Lernaktivitäten konzise konzeptualisieren. Darin liegt ein zentraler Theoriebeitrag der Arbeit.

Ausgehend von dieser fachlichen Spezifizierung werden die sprachlichen Anforderungen spezifiziert. Dabei werden die für Beweisprozesse und Lernprozesse relevanten Sprachhandlungen als sprachliche strukturbezogene Beweistätigkeiten konzeptualisiert und bei den Sprachmitteln die lexikalischen und grammatischen Mittel für die Facetten logischer Strukturen fokussiert. Mit diesen Konzeptualisierungen des Lerngegenstands führt die Autorin die Theoriebildung zu sprachlichen Lerngegenständen aus der Dortmunder MuM-Forschungsgruppe für die eigenen Zwecke fort. Die theoretischen Integrationsleistungen führen zu einem eigenständigen, hoch kohärenten Theoriebeitrag zu einem bislang kaum konzeptualisierten Bereich.

Diese Integrationsleistung kulminiert in der Zusammenführung des fachlich und sprachlich spezifizierten Lerngegenstands der logischen Strukturen und ihrer Verbalisierung. Die Einzelaspekte werden dann in einem kombinierten Lernpfad strukturiert.

Mit der sozio-kulturellen Lerntheorie nach Vygotsky wählt die Autorin eine Grundlage, die beim Erforschen des Beweisenlernens oft genutzt wird und sich gewinnbringend mit dem spezifizierten Lerngegenstand zusammenbringen lässt. Die Designprinzipien des sprachbildenden Mathematikunterrichts werden auf diesen Grundlagen für den Lerngegenstand logischer Strukturen ausdifferenziert, so dass zwei bislang getrennte Forschungstraditionen – das Beweisen und die Sprachbildung im Unterricht – überzeugend integriert werden können.

Im Empirieteil werden Einsichten in die qualitativen Analysen gegeben, die zu der Theoriebildung und der iterativen Entwicklung des Designs geführt haben. Dabei werden sowohl die mündlichen als auch schriftlichen Äußerungen der Lernenden unter Rückgriff auf den spezifizierten Lerngegenstand qualitativ analysiert. So gelingen tiefgehende Einblicke in die Lernwege der Lernenden und das Wirken der entwickelten Unterstützungsformate (graphische Scaffolds, Explikationsformate und Sprachangebote).

Insgesamt ergibt sich damit ein sehr vielschichtiges Bild einer tiefgehenden und sehr kohärenten Forschungs- und Entwicklungsarbeit, die sich des Forschungsrahmens der Entwicklungsforschung bedient, um substantiell zur Theoriebildung fach- und sprachintegrierter Lehr-Lernprozesse beizutragen. Ihr zentraler Theoriebeitrag liegt neben der Spezifizierung des Lerngegenstands vor allem in der lehr-lern-theoretischen Ausdifferenzierung der Zusammenhänge von fachlichem und sprachlichem Auffalten und Verdichten logischer Strukturen.

Ich wünsche der Arbeit daher viele Leserinnen und Leser im Wissenschaftsbe-reich. Dass die Arbeit dabei auch praktische Relevanz für die Unterrichtsgestal-tung entfalten kann, hat die Autorin durch Zusammenarbeit mit Lehrerinnen und Lehrern und einem Praxisartikel ebenfalls bewiesen. Die Unterrichtsmaterialien stehen als Open Educational Resources zur Verfügung.

Susanne Prediger

Danksagung

Viele Personen haben mich in den Jahren meiner Promotion und davor unterstützt, ohne die mein Lebensweg so nicht möglich gewesen wäre. Ich danke allen aus meinem beruflichen und privaten Umfeld, die für mich da waren und die mir geholfen haben, meine Arbeit zu vollenden, aber auch zu dem Menschen zu werden, der ich heute bin.

Mein besonderer Dank geht an meine Doktormutter *Prof. Dr. Susanne Prediger*, die mich in unbeschreiblicher Weise fachlich und persönlich so vielseitig unterstützt hat. Danke für die inhaltlichen Diskussionen, das konstruktive Feedback und die großartige Unterstützung in all den Jahren!

Ich danke meiner Zweitbetreuerin *Prof. Dr. Esther Brunner* für die fachliche Unterstützung und Begeisterung für meine Arbeit, die mir insbesondere in der Endphase meiner Arbeit Kraft gegeben haben.

Ich danke den *ehemaligen und aktuellen Mitarbeiterinnen und Mitarbeiter des Instituts für Entwicklung und Erforschung* der TU Dortmund und insbesondere meiner Arbeitsgruppe für die fachlichen Diskussionen, aber auch informellen Gespräche, durch die ich viel gelernt habe.

Bei folgenden ehemaligen und aktuellen Kolleginnen und Kollegen möchte ich mich ausdrücklich bedanken:

- *Dr. Jennifer Dröse*, für die gemeinsamen Schreibzeiten, Kaffeepausen und der Bereitschaft jederzeit mit mir Fragen zu klären.
- *Philipp Neugebauer* für den technischen Support, der Unterstützung in der Endphase des Schreibens und der Hilfe in allen Lebenslagen.
- *Prof. Dr. Alexander Schüler-Meyer* für die fachliche Beratung und Unterstützung in allen Phasen der Arbeit.

- dem *MuM-Team* und *BISS-Projekt-Team* für die fachlichen Diskussionen über Lerngegenstände und Sprache.

- den *Mitgliedern des Graduiertenkolleg Forschungs- und Nachwuchskolleg Fachdidaktische Entwicklungsforschung* (FUNKEN) für die interdisziplinären Diskussionen über mein Projekt im Rahmen der fachdidaktischen Entwicklungsforschung.

- den *Kolleginnen und Kollegen*, die die Korrektur am Ende meines Schreibprozesses unterstützt haben, für die konstruktive und schnelle Unterstützung.

Einen besonderen Dank gilt allen studentischen Hilfskräften, insbesondere meiner studentischen Hilfskraft *Lars Wulkau*, für das selbstständige Mitdenken und die konstruktive Zusammenarbeit.

Für die sehr konstruktive Zusammenarbeit möchte ich mich bei den *Lehrkräften* bedanken, die meine Designexperimente erst möglich gemacht haben. Den *Schülerinnen und Schüler* meiner Designexperimente danke ich für ihre Bereitschaft an der Teilnahme an den Designexperimenten und ihr Engagement.

Ich danke *Dr. Christof Weber, Prof. Dr. Maike Vollstedt, Prof. Dr. Brigitte Lutz-Westphal* und *Dr. Martina Lenze*, die mich dazu ermutigt haben, meine Doktorarbeit zu schreiben und mir den Start in die Wissenschaft der Mathematikdidaktik erleichtert haben.

Der *Stiftung der Deutschen Wirtschaft* (SDW) danke ich für die langjährige finanzielle, aber insbesondere für die ideelle Unterstützung in dem lehramtsbezogenen Programm des Studienkollegs. Die Unterstützung hat mir neue Möglichkeiten eröffnet und mich sehr in meinem Lernprozess und Werdegang unterstützt.

Ich danke meiner *Familie*, die immer an mich geglaubt hat. Ich danke insbesondere meiner Mutter und meinem Vater, meinen Bruder und meiner Schwägerin für die private Unterstützung und den Halt, den sie mir gegeben haben. Meiner Großmutter danke ich für die kraftspendenden Telefonate. Meinem Neffen danke ich für die Freude, die er mir gegeben hat.

Meinen *Freundinnen und Freunden* danke ich für ihr Verständnis, ihre Energie und offenen Ohren, die sie mir geschenkt haben. Danke euch!

Ich danke *Renate Plumbaum* und *Henning Rauh*, die mich jahrelang engagiert bei meiner persönlichen Entwicklung unterstützt haben. *Margarete Brinkmann* danke ich für das letzte Korrekturlesen meiner Arbeit vor der Veröffentlichung.

Zu guter Letzt möchte ich mich bei den Menschen bedanken, die mich auf außergewöhnliche Weise unterstützt haben: In besonderem Maße möchte ich mich bei *Renate Sommer* bedanken, die mir die innere Stärke gegeben hat, und bei *Wolfgang Blau*, der mich so vielseitig und flexibel unterstützt hat, so dass mein Werdegang erst möglich war.

Kerstin Hein

Einleitung

Bedarf eines Lehr-Lern-Arrangements zu logischen Strukturen beim Beweisen
In vielen empirischen Studien wird beschrieben, dass Beweisen und Beweise
für Lernende sehr herausfordernd sind (siehe z. B. Harel und Sowder 1998;
Healy und Holyes 1998; Stylianides und Stylianides 2017). Auch die mathematischen Sätze, die Produkte mathematischer Sätze und ihre logische Struktur
zu verstehen, ist für viele Lernende eine große Herausforderung (Hoyles und
Küchemann 2002; Selden und Selden 1995), und dass, obwohl sie im Mathematikunterricht viele mathematische Sätze kennenlernen und anwenden müssen.
Das ist jedoch nicht verwunderlich, denn um Beweise und mathematische Sätze
zu verstehen und erfolgreich mit ihnen umzugehen, müssen ihre logischen Strukturen wahrgenommen werden. Die logischen Strukturen sind jedoch oft implizit
und unsichtbar. Weber (2002) nutzt gar die Metapher vom *Skelett eines Beweises*, das sichtbar gemacht und verstanden werden muss. In dieser Arbeit wird
das Skelett von Beweisen sprachlich und graphisch sichtbar gemacht, um es
einer größeren Anzahl von Lernenden zugänglich zu machen. Zu diesem Zweck
wird ein Lehr-Lern-Arrangement entwickelt, das das Zusammenspiel von Voraussetzungen, Argumenten wie mathematischen Sätzen, Schlussfolgerungen in
Beweisschritt und Beweisschrittketten bei aufeinander aufbauenden mathematischen Sätzen und deduktiven Schlüssen sichtbar macht und bei Beweistätigkeiten
unterstützt.

Obwohl für den Zugang zu den logischen Strukturen von Beweisen und
den mathematischen Sätzen als Produkte der Beweise dringend Unterstützungen
notwendig sind, gibt es wenig konkrete Lehr-Lern-Arrangements, die das Beweisen oder insbesondere die logischen Strukturen adressieren. So fehlen sowohl
konkrete Theorien über die Lehr-Lern-Prozesse als auch konkrete Designs von

Lehr-Lern-Arrangements, wie die Autoren Stylianides und Stylianides (2017) allgemein für Beweise konstatieren:

> "There are a relatively small number of research studies that have developed promising classroom-based interventions to address important issues of the teaching and learning of proof." (Stylianides und Stylianides 2017, S. 258)

Nach Stylianides und Stylianides (2018) ist eine explanative theoretische Rahmung im Sinne der Entwicklungsforschung, eine Fokussierung auf einen bestimmten Teilbereich des Beweisens und eine geeignete Wirkungsweise der implementierten Designelemente notwendig, um die Herausforderungen der Lernenden beim Beweisen gezielt zu adressieren. Gerade für die Explikation und den Umgang mit logischen Strukturen beim Beweisen sind gezielte Unterstützungsformate notwendig. Dafür muss zunächst spezifiziert werden, welche Aspekte die logischen Strukturen genau umfassen.

Zu diesem Zweck werden in der vorliegenden Arbeit die logischen Strukturen in ihre Verstehenselemente ausdifferenziert. Verstehenselemente sind nach Drollinger-Vetter (2011) kleinste Denkeinheiten, die zuerst aufgefaltet werden müssen, bevor sie beim Verstehen verdichtet werden können. Die relevanten Verstehenselemente von logischen Strukturen werden in dieser Arbeit zu diesem Zweck ausdifferenziert (Abschnitt 1.2.2).

Um bei der Alltagssprache der Schülerinnen und Schülern anzuknüpfen, werden sprachliche Darstellungen genutzt, die den Lernenden leichter zugänglich sind und ermöglichen, sich über mathematische Bedeutungen auszutauschen (Duval 2006).

Bedarf der Spezifizierung sprachlicher Anforderungen
Um die sprachlichen Ressourcen der Lernenden produktiv für das Verstehen zu nutzen und um zusätzliche Hürden durch algebraisch-symbolische Darstellungen zu vermeiden, fokussiert die Arbeit auch auf sprachliche Darstellungen des mathematischen Lerngegenstandes. Doch welche Sprache brauchen Lernende genau, um Bedeutungen der logischen Strukturen und Beziehungen in Beweisen zu versprachlichen? Für die Entwicklung eines Lehr-Lern-Arrangements müssen die sprachlichen Anforderungen des Lerngegenstandes zunächst genauer spezifiziert werden, um dann Sprache zielgenau einzufordern, zu diagnostizieren, zu unterstützen und sukzessive aufbauen zu können (Prediger 2020; Prediger und Zindel 2017). Gerade für den Lerngegenstand der logischen Strukturen ist die Spezifizierung der sprachlichen Anforderungen ein wichtiges Forschungsdesiderat, wie beispielsweise Lew und Mejía-Ramos (2019) zum Beweisen hervorheben.

Für diesen Zweck wird die systemisch-funktionale linguistische Perspektive nach Halliday (2004) genutzt. Sind die Sprachmittel für logische Strukturen und die notwendigen Sprachtätigkeiten identifiziert, so können Lernende durch das Lehr-Lern-Arrangement beim Wahrnehmen und sprachlichen Auffalten des Lerngegenstandes unterstützt werden.

Entwicklungsanforderungen und Forschungsfragen
Ziel dieser Arbeit ist also die Entwicklung und Erforschung eines Lehr-Lehr-Arrangements zur Förderung der Bewältigung *logischer Strukturen beim Beweisen und ihrer Verbalisierung.* Die vorliegende Arbeit ist Teil des Projekts MuM-Beweisen (MuM: Mathematik unter Bedingungen der Mehrsprachigkeit). In den MuM-Projekten werden sprachliche Darstellungen genutzt, um das Verständnis und das Bewältigen mathematischer Konzepte wie *Prozente* (Pöhler und Prediger 2015) oder *Funktionen* (Prediger und Zindel 2017), aber auch mathematische Praktiken wie *Erklären* (Erath 2017) oder das *Lesen von Textaufgaben* (Dröse und Prediger 2020) zu fördern (siehe im Überblick Prediger 2019a). Mit dem Fokus auf *logische Strukturen beim Beweisen und ihre Verbalisierung* wird die Reihe von Entwicklungsforschungsarbeiten im MuM-Projekt um eine weitere mathematische Praktik erweitert. Damit wird in dem sprachintegrativen Ansatz wie im integrativen Deutschunterrichts (Bredel und Pieper 2015; Einecke 2013) Sprache funktional für das Fachlernen genutzt.

Um den fachlichen und sprachlichen Lerngegenstand zu verstehen, muss dieser theoretisch, aber auch empirisch in der praktischen Arbeit mit Schülerinnen und Schülern ausgeschärft werden. Dabei ist die Entwicklung von Unterstützungsformaten für die Beweistätigkeiten dringend notwendig, die den Lernenden den Lerngegenstand sichtbar machen und sie gleichzeitig bei den Beweistätigkeiten unterstützen.

Mit dem doppelten Ziel der Erforschung und Entwicklung ist die vorliegende Arbeit methodologisch der fachdidaktischen Entwicklungsforschung zuzuordnen, bei der die iterative Entwicklung von Lehr-Lern-Arrangements mit der empirisch begründeten Theoriebildung zu gegenstandsbezogenen Lehr-Lern-Prozessen kombiniert wird (Gravemeijer und Cobb 2006). Dafür wird zunächst der Lerngegenstand spezifiziert mit relevanten Aspekten und typischen Herausforderungen, es werden mögliche Darstellungen identifiziert und in einer Reihenfolge strukturiert (Hußmann und Prediger 2016) (siehe Abschnitt 5.1). Die übergeordnete Entwicklungsanforderung lautet damit:

(E1)   Gestaltung und Sequenzierung eines Lehr-Lern-Arrangements zur För-
       derung des Lernens der logischen Strukturen des Beweisens und ihre
       Verbalisierung

Um diese Entwicklung theoretisch zu fundieren und empirisch zu begründen,
werden insbesondere folgende Forschungsfragen bearbeitet:

(F1)   Welche Unterstützung brauchen Lernende, um zu lernen, logische Struk-
       turen in Beweisaufgaben zu bewältigen und zu verbalisieren? (*Unterstüt-
       zungsbedarfe*)
(F2)   Wie nutzen Lernende die eingeführten Unterstützungsformate, um logi-
       sche Strukturen in Beweisaufgaben zu bewältigen und zu verbalisieren?
       (*Bearbeitungsprozesse*)
(F3)   Wie lernen die Lernenden, logische Strukturen in Beweisaufgaben mit den
       Unterstützungsformaten zu bewältigen und zu verbalisieren? (*Lernwege*)

Überblick über Aufbau der Arbeit
Im Folgenden wird der Aufbau der Arbeit dargestellt. Im theoretischen Teil der
Arbeit wird zunächst der fachliche und sprachliche Lerngegenstand auf Grundlage
von Theorien und empirischen Studien spezifiziert und strukturiert.

In Kapitel 1 wird der *fachliche* Lerngegenstand der logischen Strukturen beim
Beweisen spezifiziert durch die Facetten logischer Strukturen und die dazugehörigen fachlichen strukturbezogenen Beweistätigkeiten. In Kapitel 2 wird der
sprachliche Lerngegenstand als Sprachmittel für die Facetten logischer Strukturen und die sprachlichen strukturbezogenen Beweistätigkeiten spezifiziert. Der
fachliche und sprachliche Lerngegenstand wird mit seinen spezifischen Herausforderungen in Kapitel 3 zusammengeführt und in Form eines fach- und
sprachkombinierten intendierten Lernpfads strukturiert. Um die Lernenden zum
Übergang vom intuitiven Schließen zum Beweisen in deduktiven Schritten zu
befähigen, beginnt der intendierte Lernpfad beim intuitiven Schließen mit alltäglichen Sprachmitteln und endet bei dem Schreiben von Beweistexten mit
gegenstandsspezifischen Sprachmitteln.

Passend zum herausfordernden Lerngegenstand wird in Abschnitt 4.1
die sozio-kulturelle Lerntheorie nach Vygotsky (1962, 1978) als lehr-lern-
theoretische Grundlage erläutert. Gemäß dieser lehr-lerntheoretischen Grundlage
muss der herausfordernde Lerngegenstand nicht nur bewusst wahrgenommen,
sondern in Tätigkeiten selbst erlebt werden. Auf Grundlage des fachlichen und

sprachlichen Lerngegenstandes in den Kapiteln 1, 2 und 3 und dieser lehr-lern-theoretischen Grundlage werden gegenstandsspezifische (theoretisch und empirisch begründete) Designprinzipien abgeleitet (Abschnitt 4.2).

- Gemäß dem Designprinzip *Explikation logischer Strukturen* soll der Lerngegenstand aufgefaltet und damit wahrnehmbar gemacht werden.

- Mit den Designprinzipien *Interaktive Anregung strukturbezogener Beweistätigkeiten* und *Scaffolding der strukturbezogenen Beweistätigkeiten* sollen die Tätigkeiten eingefordert und gezielt mit Unterstützungsformaten unterstützt werden.

- Gemäß dem *Designprinzip Sukzessiver Aufbau beim Umgang mit logischen Strukturen und ihre Verbalisierung beim Beweisen* wird die Strukturierung des Lerngegenstandes berücksichtigt.

Der zweite Teil der Arbeit enthält den Entwicklungsteil. Im Kapitel 5 werden zunächst der methodische Rahmen und das Untersuchungsdesign vorgestellt. So wird die fachdidaktische Entwicklungsforschung allgemein und konkret für das Projekt beschrieben (Abschnitt 5.1 und 5.2), Methoden der Erhebung und Auswahl des Materials (Abschnitt 5.3) und die Methoden der Datenauswertung (Abschnitt 5.4) berichtet. Im Kapitel 6 wird das Entwicklungsprodukt dieser Arbeit, das Lehr-Lern-Arrangement, dargestellt. Die Designprinzipien werden in Designelementen konkretisiert, insbesondere in graphischen und sprachlichen Unterstützungsformaten, die die Lernenden bei den strukturbezogenen Beweistätigkeiten unterstützen sollen.

Im Teil 3 (Empirischer Teil) werden wichtige empirische Ergebnisse dargestellt. Im Kapitel 7 werden zunächst in Abschnitt 7.1 in Einklang mit der Theorie Unterstützungsbedarfe empirisch abgeleitet. In Abschnitt 7.2 werden die Bearbeitungsprozesse von einem Fokus-Lernendenpaar bei der Ausführung der fachlichen und strukturbezogenen Beweistätigkeiten mit den entwickelten graphischen und sprachlichen Unterstützungsformaten analysiert. In Kapitel 8 werden die fachlichen und sprachlichen Lernwege untersucht. So werden in Abschnitt 8.1 in einer Breitenanalyse mündliche Begründungen und Schriftprodukte analysiert, die die Lernenden im Verlauf des Lehr-Lern-Arrangement artikuliert haben. In Abschnitt 8.2 werden die Sprachmittel für die Facetten logischer Strukturen in den Beweistexten der Lernenden genauer spezifiziert. In Abschnitt 8.3 werden Lernwege beim Bewältigen der logischen Strukturen des Beweisens und ihre Verbalisierung von zwei Fokus-Lernendenpaaren analysiert.

Im Kapitel 9 werden schließlich zentrale Entwicklungs- und Forschungsergebnisse zusammengefasst, die Grenzen der Forschungsmethodik und mögliche

Anschlussstudien vorgestellt und Implikationen für Unterrichtspraxis sowie Aus-
und Fortbildung von Lehrkräften gegeben.

Insgesamt zeigt die Arbeit, dass die Lernwege hin zu den logischen Strukturen viele fachliche und sprachliche Herausforderungen mit sich bringen. Diese
können durch eine gründliche Analyse identifiziert und dann mit geeigneten
Unterstützungsformaten überwunden werden.

Inhaltsverzeichnis

Abbildungsverzeichnis

Tabellenverzeichnis

Spezifizierung des fachlichen Lerngegenstandes

1

In diesem Kapitel wird der Lerngegenstand *logische Strukturen des Beweisens* spezifiziert, der im nächsten Kapitel 2 (Sprachlicher Lerngegenstand) um den sprachlichen Teil auf den Lerngegenstand *logische Strukturen des Beweisens und ihre Versprachlichung* erweitert wird. Die Spezifizierung und Strukturierung eines Lerngegenstandes ist Teil der fachdidaktischen Entwicklungsforschung (Hußmann und Prediger 2016). Zur Spezifizierung des fachlichen Lerngegenstandes in der vorliegenden Arbeit wird zunächst die Relevanz des Beweisens (Abschnitt 1.1.1) und Begriffe wie Beweisformen in der Schule, Beweisen als deduktives Schließen geklärt (Abschnitt 1.1.2). Der zu adressierende Lerngegenstand wird auf die logischen Strukturen verengt (Abschnitt 1.2). Dafür wird er mit dem Toulmin-Modell beschrieben (Abschnitt 1.2.1) und auf dessen Grundlage die Facetten logischer Strukturen (Abschnitt 1.2.2) herausgearbeitet. Die logischen Strukturen werden didaktisch spezifiziert (Abschnitt 1.3.1) und die fachlichen strukturbezogenen Beweistätigkeiten, die zum Lernen der logischen Strukturen notwendig sind, identifiziert und beschrieben (Abschnitt 1.3.2). Die unterschiedlichen Darstellungsarten logischer Strukturen (algebraisch-symbolisch, graphisch und sprachlich) werden in Abschnitt 2.1.1 spezifiziert, wobei die Versprachlichung als Teilbereich gewählt und spezifiziert wird. Im Kapitel 3 werden dann beide Teil des spezifizierten Lerngegenstandes zusammengeführt und strukturiert.

Die Spezifizierung und Strukturierung des Lerngegenstandes ist die Grundlage, auf der das Lehr-Lern-Arrangement „Mathematisch Begründen" entwickelt und durchgeführt wurde (siehe Kapitel 6) und die Lehr-Lern-Prozesse beschrieben werden (siehe Kapitel 7 und 8).

K. Hein, *Logische Strukturen beim Beweisen und ihre Verbalisierung*, Dortmunder Beiträge zur Entwicklung und Erforschung des Mathematikunterrichts 46, https://doi.org/10.1007/978-3-658-35028-4_1

1.1 Spezifizierung des Lerngegenstandes *Beweisen*

1.1.1 Relevanz eines Lehr-Lern-Arrangements zum Beweisen

Das Dilemma des Lehrens und Lernens beim Lerngegenstand „Beweisen" bringt Stylianides (2019) mit folgenden Worten auf den Punkt:

> „The concept of proof is [...] hard-to-teach and hard-to-learn" (Stylianides 2019, S. 2).

Beweise sind also nicht nur schwierig zu lernen, sondern auch zu lehren. Es gibt jedoch verschiedene Gründe für die Relevanz des Beweisens als Lerngegenstand und die Notwendigkeit von Lehr-Lern-Arrangements wie im Folgenden dargestellt wird.

Beweisen als strukturorientierte Grunderfahrung
Die Bedeutung des mathematischen Begründens bzw. Argumentierens und Beweisens für das Lehren und Lernen wird international in Schulcurricula und Bildungsstandards mit unterschiedlichen Begrifflichkeiten betont (Common Core State Standards Initiative (CCSSI) 2010; KMK 2005; National Council of Teachers in Mathematics 2000), wie auch Hanna & de Villiers (2008, 2012) zusammenfassend darstellen.

Insbesondere in der Primar- und Mittelstufe stehen hier präformale Arten des mathematischen Begründens statt des formalen Beweisens im Fokus. In den deutschen Bildungsstandards der Klasse 10 wird das Beweisen als Teil des „mathematischen Argumentierens" betrachtet, das als allgemeine, d. h. prozessbezogene mathematische Kompetenz formuliert wird (KMK 2004a). In den Bildungsstandards für die Allgemeine Hochschulreife ist für die Sekundarstufe II die Kompetenz mathematisches Argumentieren folgendermaßen formuliert:

> „Zu dieser Kompetenz gehören sowohl das Entwickeln eigenständiger, situationsangemessener mathematischer Argumentationen und Vermutungen als auch das Verstehen und Bewerten gegebener mathematischer Aussagen. Das Spektrum reicht dabei von einfachen Plausibilitätsargumenten über inhaltlich-anschauliche Begründungen bis zu formalen Beweisen" (KMK 2012, S. 14).

Beweisen wie in der Fachdisziplin wird in den Bildungsstandards also als *formales Beweisen* bezeichnet, weil es nur eine von vielen Arten ist, in der Schule mathematisch zu begründen.

Die Begrifflichkeiten des präformalen und formalen Beweisens werden hier zunächst genutzt, um Beweisen von den anderen Arten, mathematisch zu begründen, in der Schule abzugrenzen.

Auch wenn formales Beweisen nur eines von mehreren Arten des Begründens ist, sollte es gleichwohl in der Schulmathematik vorkommen (Ball und Bass 2003; Yackel und Hanna 2003). Es trägt zur *strukturorientierten Grunderfahrung* von Mathematik als deduktivem Gebäude eigener Art bei (Winter 1996), die durch selbstständige Durchführung erst erlebt werden kann. Die Rolle, die Beweisen in der Fachdisziplin spielt, wurde etwa in wissenschaftssoziologischen Studien herausgearbeitet (Heintz 2000).

Auch wenn Beweise nicht zwangsläufig selbst geführt werden, müssen Schülerinnen und Schüler die logischen Strukturen von mathematischen Sätzen, den Produkten von Beweisen, verstehen. Dies ist notwendig, weil Lernende im Mathematikunterricht häufig mathematische Sätze lesen und anwenden müssen. Für eine bewusste Anwendung eines mathematischen Satzes muss auch dessen logische Struktur verstanden werden. Daher bietet eine Vertrautheit mit Beweisen den Schülerinnen und Schülern auch einen Zugang zu mathematischem Wissen allgemein (Hanna und Barbeau 2008). Sollen Lernende jedoch selbst Beweise beurteilen oder aufstellen, müssen sie sowohl die logischen Strukturen von mathematischen Sätzen oder Axiomen als auch von Beweisen selbst wahrnehmen (siehe Abschnitt 1.3.1).

Beweisen lernen als Teil der Studienvorbereitung
Insbesondere für Lernende, die ein Studium im mathematisch-naturwissenschaftlichen Bereich anstreben, sind Beweise und Beweisen relevante Lerngegenstände für die Studienvorbereitung, denn Beweise spielen in den Mathematik-Vorlesungen dieser Studiengänge eine wichtige Rolle und werden teilweise von den Hochschullehrenden als notwendige Lernvoraussetzung betrachtet (Neumann et al. 2017; Pigge et al. 2019).

Gleichzeitig werden Schwierigkeiten von Studierenden mit Beweisen vielfach berichtet und empirisch belegt (Harel und Sowder 1998; Martin und Harel 1989; Mejia-Ramos et al. 2012; Selden und Selden 2003; Selden und Selden 1995). Das verstehende Lesen und Anwenden mathematischer Sätze, die in einer sprachlichen Darstellung repräsentiert sind, sind selbst für Studierende eine große Herausforderung, da die logische Struktur der mathematischen Sätze erkannt werden muss (Selden und Selden 1995). Dies spricht dafür, bereits in der Schule dafür Lerngelegenheiten zu bieten.

Beweise und Beweisen als herausfordernde Lerngegenstände
Beweisen und Beweise sind herausfordernde Lerngegenstände, wie in zahlrei-
chen Studien beschrieben und empirisch untersucht wurde (siehe z. B. Harel und
Sowder 1998; Healy und Holyes 1998; Selden und Selden 2008; Stylianides und
Stylianides 2017). Die Herausforderungen werden z. B. durch tragfähige und nicht
tragfähige Lernendenvorstellungen von Beweisen konkretisiert, aber auch beim
Lesen und Produzieren von Beweisen:
    So untersucht beispielsweise Chazan (1993) anhand von 17 Schülerinnen und
Schülern in Geometriekursen deren *Beweisvorstellungen* und identifiziert zwei
Arten falscher Vorstellungen: Zum einen werden empirische Messungen als aus-
reichende Begründungen für allgemeingültige Aussagen wahrgenommen. Zum
anderen werden deduktive Beweise nur für den konkreten Fall als gültig wahrgenommen, der der Beweisfigur entspricht und nicht als Repräsentant einer Klasse.
Fehlvorstellungen in Bezug auf empirische Argumente werden ebenso in anderen Studien festgestellt (z. B. Harel und Sowder 1998; Healy und Hoyles 2000).
Beweisvorstellungen von Lernenden und deren Veränderbarkeit durch ein Designexperiment untersucht z. B. auch Grundey (2015). Sie repliziert zunächst bei
deutschen und kanadischen Lernenden britische Befunde von Healy & Hoyles
(2000) zu algebraisch-mechanisch geprägten Beweisvorstellungen, nach denen ein
Beweis vor allem durch algebraisches Umformen geprägt ist. Die Beweisvorstel-
lung erschwere einigen Lernenden gleichfalls in den Designexperimenten, richtige
Beweisideen sprachlich festzuhalten.
    Lernende zeigen auch Schwierigkeiten, *Beweise zu lesen* (Inglis und Alcock
2012; Yang und Lin 2008). Ufer et al. (2009) beschreiben Schwierigkeiten
von Lernenden, Zirkelschlüsse beim Evaluieren von Beweisen zu identifizieren,
was sie darauf zurückführen, dass den Lernenden nicht bewusst ist, was als
vorausgesetzt betrachtet werden kann und was nicht (zur Beweisstruktur siehe
Abschnitt 1.3.1: Wissens- und Verstehensmodelle). Sie stellen heraus, dass dieses
Wissen nicht nur für das Evaluieren – wie in ihrer Studie –, sondern auch fürs
Konstruieren von Beweisen relevant ist (Ufer et al. 2009).
    In zahlreichen Studien werden auch die Schwierigkeiten von Lernenden
beschrieben, *Beweise zu produzieren* (Harel und Sowder 1998; Moore 1994;
Selden und Selden 1995; Weber 2001). Harel & Sowder (1998) identifizieren
beispielsweise in einer großen Studie, welche Arten von Begründungen 128
Studierende am College beim Beweisen in sechs Unterrichtsexperimenten heranziehen, die die beiden Forschenden als „Proof schemes" (Harel und Sowder 1998)
bezeichnen. Sie fassen 16 Kategorien unter folgenden drei Oberkategorien zusammen: 1. externe Autoritäten, die sie auch durch den Mathematikunterricht verur-
sacht sehen, in dem die Wahrheit einer Aussage als zentral betrachtet wird und

nicht die Begründungen für die Wahrheit und dabei die Lehrkräfte und Schulbücher die Wahrheit einer Aussage garantieren, 2. empirische Begründungen, die auf physische Fakten oder Wahrnehmungen basieren, und 3. axiomatisch-deduktive Begründungen, die auf mathematische Schlussregeln beruhen.

Im Einklang dazu eruieren Stylianou et al. (2015) in ihrer Studie, dass die untersuchten Studierenden, obwohl ihnen die Strenge von Beweisen bewusst ist, oft nur Oberflächenmerkmale der Aufgaben zum Beweisen nutzen und damit Schwierigkeiten haben zu beweisen (Stylianou et al. 2015).

Dabei nutzen Lernende zum Beispiel in unangemessener Weise konkrete Beispiele oder empirische Fakten als Argumente (Küchemann und Hoyles 2006; Martinez und Pedemonte 2014). Es werden aber auch die Herausforderungen mit Implikationen beschrieben (Deloustal-Jorrand 2002; Durand-Guerrier 2003; Hoyles und Küchemann 2002; Yu et al. 2004).

Insbesondere auch die Produktion formaler Beweise ist eine große Herausforderung für Lernende der Sekundarstufen 1 und 2 (Heinze und Reiss 2004; McCrone und Martin 2004; Senk 1989). Weber (2001) beschreibt die Schwierigkeiten von Mathematikstudierenden beim Beweisen und diskutiert die Reformen der Schulcurricula als Reaktion darauf am Beispiel der NCTM-Standards (2000).

Angesichts der breiten empirischen Befunde zu ganz verschiedenen Schwierigkeiten mit dem Beweisen (die hier nur im Überblick vorgestellt werden konnten) ist es für die vorliegende Arbeit notwendig, einen spezifischen Teilbereich zu fokussieren. Beweisen wird hier verstanden als das Herleiten von mathematischen Sätzen in deduktiven Schritten aus Voraussetzungen, gestützt durch Argumente wie Axiome oder mathematische Sätze. Die dabei notwendigen logischen Strukturen lernbar zu machen, ist zentrales Ziel dieser Arbeit. Die logischen Strukturen werden hier als theoretischer Teilbereich der Beweise verstanden, mit denen die logischen Zusammenhänge der mathematischen Inhalte beschrieben werden können.

Dieser Teilbereich, die Herausforderungen bzgl. der logischen Strukturen wird daher neben der allgemeinen didaktischen Spezifizierung in Abschnitt 1.3.1 genauer konkretisiert.

Mangelnde Lerngelegenheiten und fehlende Unterrichtsdesigns
Notwendigerweise müssen in der Schule zunächst andere Arten des mathematischen Begründens unterrichtet und gelernt werden (siehe Abschnitt 1.1.2), bevor auf Basis dieser Kompetenz im Informellen dann ein Verständnis vom Beweisen mit einer relativen Strenge aufgebaut werden kann.

Trotz der aufgeführten allgemeinbildenden und studienvorbereitenden Gründe für seine Relevanz wird Beweisen selbst aber nur selten unterrichtet, sondern vor allem auf informelles Begründen fokussiert. Meistens wird nur mit Inhalten aus der Geometrie der Lerngegenstand Beweisen adressiert, und oft nur für mathematisch starke Lernende (z. B. Knuth 2002).

Kommen dagegen Beweise im Unterricht vor, werden sie oft von der Lehrkraft als fertige Produkte präsentiert und nicht von den Lernenden erwartet, selbst einen Beweis zu finden und zu formulieren (Marks und Mousley 1990). So ergeben sich in vielen Ländern wenig Lerngelegenheiten, in der Schule Beweisen zu erlernen (Alibert und Thomas 1991; Stylianou et al. 2015). Die fehlenden Lerngelegenheiten zeigen sich auch in Schulbüchern unterschiedlicher Ländern (Mariotti et al. 2018; Thompson et al. 2012). Stylianou et al. (2015) führen daher die Schwierigkeiten von Studierenden beim Beweisen auf mangelnde Lerngelegenheiten in der Schule zurück.

Es wurden zwar einige alternative Lehr-Lern-Arrangements zum Beweisen entwickelt und untersucht (wie z. B. Bartolini-Bussi et al. 2007; Miyazaki et al. 2015; Moutsios-Rentzos und Micha 2018), jedoch gibt es erst wenige Studien, die die Lehr-Lern-Prozesse beschreiben (Fujita et al. 2010, z. B. 2018; Knipping und Reid 2015). Fujita et al. (2018) beschreiben beispielsweise die Lehr-Lern-Prozesse in einem Lehr-Lern-Arrangement zu geometrischen Beweisen mit computerbasiertem Feedback (Fujita et al. 2018).

In einem Special Issue geben Gabriel Stylianides und Andreas Stylianides (2017) einen Überblick über die aktuelle Forschung zum Thema Beweisen und den mangelnden Unterrichtsdesigns. Sie formulieren das Desiderat an die fachdidaktische Unterrichtsforschung, insbesondere Interventionen zu entwickeln und zu erforschen, um diese Herausforderungen beim Lehren und Lernen von Beweisen zu überwinden (Stylianides und Stylianides 2017). Auch in dem Forschungsüberblick zum 20-jährigen Bestehen der Society for European Research in Mathematics Education (ERME) wird von Mariotti et al. (2018) das Gestalten und Untersuchen von Lerngelegenheiten in Bezug auf Beweisen und Begründen als aktuelle und notwendige Forschungsrichtung beschrieben.

Relevanz eines Lehr-Lern-Arrangements

Die zahlreichen Forschungsstudien und Überblicke über bestehende Herausforderungen beim Lehren und Lernen vom Prozess des Beweisens und dem Produkt der Beweise machen die Relevanz eines Lehr-Lern-Arrangements zum Themenfeld und dessen Erforschung zusätzlich deutlich (z. B. Hanna und de Villiers 2012; Reid und Knipping 2010; Stylianides und Harel 2018; Stylianides und Stylianides 2017).

Auch Brunner (2014) konstatiert auf Grundlage der Diskrepanz zwischen Relevanz des Lerngegenstandes Begründen und Beweisen und deren mangelnde

Thematisierung im Unterricht die Notwendigkeit, Lehrende konkret themenspezifisch zu unterstützen. Dies solle mit konkreten Beispielen und der Darstellung theoretischer Grundlagen geschehen.

Auf Grundlage der aufgeführten Gründe für die Relevanz des Lerngegenstandes Beweisen, vieler unterschiedlicher Herausforderungen bei gleichzeitigem Mangel an Lerngelegenheiten wird in der vorliegenden Arbeit ein konkretes Lehr-Lehr-Arrangement entwickelt (siehe Kapitel 6) und erforscht (siehe Kapitel 7 und 8). Das hier beschriebene Lehr-Lern-Arrangement „Mathematisch Begründen" (Hein und Prediger 2021) ist als Unterrichtseinheit online zugänglich unter http://sima.dzlm.de/um/8-001.

Für die theoretische Grundlage wird das Beweisen als Teilaspekt des mathematischen Begründens als zu adressierender Lerngegenstand gewählt und im Sinne deduktiven Schließens als besondere Art des mathematischen Begründens spezifiziert (Abschnitt 1.1.2). Der Forschungsüberblick zu diesem Teilbereich begründet dann die Fokussierung auf den Teilbereich „logische Strukturen des Beweisens" (Abschnitt 1.1.3).

1.1.2 Begriffsklärungen

Formen des Begründens im Mathematikunterricht
In der Schule werden notwendigerweise unterschiedliche Arten des Begründens unterrichtet und genutzt, die nicht dem Beweisen in der Fachdisziplin Mathematik entsprechen. Diese umfassen unterschiedliche Fähigkeitsbereiche wie präformales Beweisen oder formales Beweisen, die unterschiedliche Anforderungen stellen und mit unterschiedlichen Inhaltbereichen verknüpft sind (Jahnke und Ufer 2015; Pólya 2010). Zu den unterschiedlichen Formen mathematischen Begründens in der Schulmathematik gehören z. B. inhaltlich-anschauliche Beweise (Wittmann und Müller 1988), prämathematische Beweise (Kirsch 1979), operative Beweise (Wittmann 2014) oder auch generische Beweise (Leron und Zaslavsky 2009). Biehler und Kempen (2016) fassen die alternativen Begründungsformen in der Schule und deren didaktische Einordnungen unter dem Begriff „didaktisch orientierte Beweiskonzepte" (Biehler und Kempen 2016) zusammen und charakterisieren sie. Die Begriffe Argumentieren, Begründen und Beweisen werden in der Literatur unterschiedlich konzeptualisiert und genutzt. Brunner (2014) beispielsweise versteht Begründen als Oberbegriff und beschreibt Argumentieren und Beweisen als Unterbegriffe. Sie beschreibt alltagsbezogenes Argumentieren bis zum formal-deduktiven Beweisen als kontinuierliche Tätigkeiten, die nach und nach im Mathematikunterricht erworben werden (siehe Abb. 1.1). Brunner

(2014) konkretisiert das Mathematische am mathematischen Argumentieren, wie beispielsweise mathematische Mittel oder logisches Schließen, das das mathematische Argumentieren vom alltäglichen Argumentieren unterscheide (Brunner 2014).

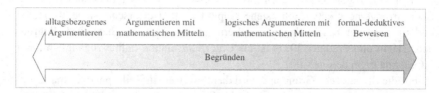

Abbildung 1.1 Kontinuum des Begründens von Brunner (2014, S. 31)

Strukturell kann man einige Arten, mathematisch zu begründen, als induktiv, deduktiv und abduktiv beschreiben, wie Peirce (1976) unterschiedliche logische Schlussweisen in Bezug auf Wissenschaften einteilt. Die Induktion ist ein Vorgang, bei dem von einem Einzelfall eine Regel abgeleitet wird. Die Deduktion ist eine Schlussweise, bei der eine allgemeingültige Regel allgemein hergeleitet oder auf einen Einzelfall angewandt wird. Neben der induktiven und deduktiven Schlussweise beschreibt Peirce (1976) auch die Abduktion, die vom Einzelfall eine erklärende Hypothese erst bildet.

Brunner (2014) stellt in einem Überblick nicht nur das Verhältnis der Begriffe Begründen, Argumentieren und Beweisen dar, sondern auch deren Zusammenhang mit den Darstellungsarten wie beispielsweise sprachlich oder symbolisch und die Struktur der Begründungen wie z. B. deduktiv. Das Beweisen in der Fachdisziplin beschreibt sie als formal-deduktiven Beweistyp mit symbolischer Darstellung (Brunner 2014, S. 49). Davon wird in dieser Arbeit abgewichen, weil auch sprachliche Darstellungen formal-deduktiven Schließens zugelassen werden, jedoch keine anschaulichen Begründungen wie beim logischen Argumentieren nach Brunner (2014).

Beweisen als deduktives Schließen
In der vorliegenden Arbeit soll das formale Beweisen in Form deduktiver Schritte auf Grundlage von Argumenten adressiert werden, das im Folgenden als *Beweisen* bezeichnet wird. In der vorliegenden Arbeit wird das Beweisen mit sprachlichen Darstellungen genutzt (siehe Kapitel 2), nicht in symbolischer Darstellung. Beweisen in Form deduktiven Schließens wird im Folgenden mit Beispielen

des empirischen Schließens und der Anwendung eines mathematischen Satzes abgegrenzt.

Beim *empirischen Schließen* wird die Empirie durch Anschauung oder auch physikalische Fakten als Begründung genutzt. Fischbein (1982) spricht beim Nutzen der Anschauung vom intuitiven Schließen. Intuitiv wird geschlossen, wenn etwas so offensichtlich ist, dass kein Bedürfnis besteht, zu erforschen oder zu begründen. Fischbein (1982) illustriert das am Scheitelwinkelsatz, wie es in dem Beispiel in Abb. 1.2 dargestellt ist. Das Beispiel aus der Euklidischen Geometrie ist intuitiv einsichtig und entspricht den Erfahrungen aus dem Alltag. Zusätzlich könnte man die Scheitelwinkel empirisch ermitteln, indem die Winkel gemessen werden und auf diese Weise auch die Gleichheit der Winkelmaße physikalisch festgestellt wird.

Empirisches Schließen beim Scheitelwinkelsatz:

Zwei Geraden schneiden sich.
Sind die beiden Winkel α und β gleich groß?

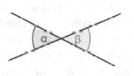

Es ist intuitiv klar, dass die beiden Winkel gleich groß sind.

Abbildung 1.2 Beispiel für empirisches Schließen in Anlehnung an Fischbein (1982)

Beim *deduktiven Schließen* wird jeder Schritt mit mathematischen Argumenten, also mathematischen Sätzen oder Axiomen, begründet und damit ein neuer mathematischer Satz hergeleitet. Wenn man beim Schließen nicht weiteres Spezifisches vorausgesetzt hat, ist der Satz dann in seiner Implikationsstruktur allgemeingültig. Im Beispiel (Abb. 1.3) von Fischbein (1982) wird der Scheitelwinkelsatz deduktiv geschlossen, indem zunächst die Größe der beiden Nebenwinkelpaare mit Hilfe des Nebenwinkelsatzes, der hier nicht explizit wird, ermittelt wird. Die Voraussetzung, dass zwei Nebenwinkelpaare vorliegen, wird graphisch durch die beiden Bögen markiert. Als Schlussfolgerung aus dem Nebenwinkelsatz wird das Winkelmaß der jeweiligen Nebenwinkelsumme als 180° hergeleitet. Durch Gleichsetzung der Gleichungen, die auf den impliziten Additions- und Subtraktionstheoremen für Winkel beruht, wird in einem dritten Schritt die Gleichheit der Winkelmaße der beiden Scheitelwinkel als Zielschlussfolgerung hergeleitet.

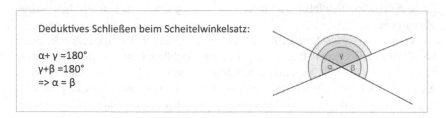

Abbildung 1.3 Beispiel für deduktives Schließen in Anlehnung an Fischbein (1982)

In dieser Arbeit wird unter einem Beweis eine spezifische Form einer Begründung verstanden, bei der deduktiv geschlossen wird, d. h. nur nach logisch wohldefinierten Schlussregeln und indem nur Axiome oder bereits bewiesene mathematische Sätze als Argumente verwendet werden. Beim deduktiven Schluss sind also nur Argumente innerhalb der Begründung erlaubt, die aus dem Feld der Mathematik selbst stammen und Axiome oder bewiesene Sätze sind. In dem generellen Bezug auf Argumente unterscheidet sich ein Beweis nicht grundsätzlich vom Vorgehen beim empirischen Schließen. Durch die Schlussregeln und die zugelassenen Argumente ist die Art der Gültigkeit jedoch eine andere.

Bei der *Anwendung eines mathematischen Satzes* wird der allgemeingültige mathematische Satz auf einen konkreten Fall angewandt. Der mathematische Satz wird also schon als gültig angesehen – beispielsweise, indem er bewiesen wurde oder bei einem intuitiven Zugang als gültig betrachtet wird, beispielsweise, wenn die Lehrkraft diesen vorgibt – und benutzt. Im Bereich der Geometrie wird durch die Zeichnung der Einzelfall repräsentiert, auch wenn die Maße der Zeichnung nicht mit angegebenen Maßen übereinstimmen müssen. Im Beispiel (Abb. 1.4) wird der Scheitelwinkelsatz auf einen konkreten Fall mit einem Scheitelwinkel von 120° angewandt. Dafür müssen die Voraussetzungen des mathematischen Satzes vorliegen (hier: „β und der 120°-Winkel sind Scheitelwinkel (liegen sich beim Geradenkreuz gegenüber).") und dann die Schlussfolgerung des allgemeingültigen Satzes auf den Einzelfall übertragen werden (hier: „Scheitelwinkel sind gleich groß. Daraus folgt, dass auch die Scheitelwinkel β und der 120°-Winkel gleich groß sind.").

Beweisbegriff
Beweise sind auch in der Fachdisziplin Mathematik das Ergebnis sozialer Aushandlungsprozesse und nicht nur theoretische Produkte (Heintz 2000). So besteht auch in der Mathematik nicht immer Einigkeit über die Gültigkeit eines Beweises

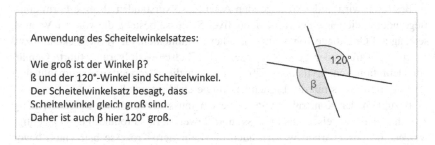

Abbildung 1.4   Beispiel für die Anwendung eines Satzes

(Weber 2008; Wittmann und Müller 1988). Der Konsens über die Akzeptanz als Beweis ist jedoch relativ hoch (Heintz 2000).

Es gibt keine einheitliche Konzeptualisierung für Beweise in der Mathematikdidaktik wie auch schon nicht für das Begründen (siehe vorne Abb. 1.1). In den Forschungsarbeiten werden unterschiedliche Definitionen für Beweise gegeben (siehe z. B. Knipping und Reid 2015; Stylianides 2007; Wittmann und Müller 1988).

Stylianides (2007) versteht unter einem Beweis eine spezifische Form der mathematischen Begründung, die innerhalb einer sozialen Gemeinschaft charakterisiert ist durch die akzeptierten Beweismittel:

- *Set of accepted statements:* Gebrauch von Argumenten, die in der Lernendengruppe akzeptiert und wahr sind
- *Modes of argumentation:* Gültige und bekannte Formen der Begründung bzw. im Erreichbaren der Lernendengruppe
- *Modes of argumentation representation:* Darstellungen, die bekannt oder im erreichbaren Bereich für die Lernenden sind

Der Beweis wird damit als eine spezifische Form der Begründung konzeptualisiert und an eine soziale Gemeinschaft gebunden. Diese Sicht auf Beweise wird auch in anderen designbasierten Studien genutzt wie zum Beispiel in der Interventionsstudie auf Universitätslevel bei angehenden Grundschullehrenden (Stylianides und Stylianides 2009). Auch in der vorliegenden Arbeit wird diese Konzeptualisierung eines Beweises genutzt, auch wenn die soziale Gemeinschaft nicht im Vordergrund steht.

Beweisen wird in der vorliegenden Arbeit also verstanden als eine Form einer Begründung, die aus einer Kette deduktiver Schlüsse besteht, die von der Voraussetzung auf Grundlage von mathematischen Argumenten, die vorher bekannt bzw. akzeptiert waren oder gezeigt wurden, zur Zielschlussfolgerung führt. Gemäß der Definition von Stylianides (2007) müssen die akzeptierten Argumente und Darstellung jeweils mit der Lernendengruppe etabliert werden.

Bezüglich der Konstrukte von Beweisen muss die wichtige Unterscheidung zwischen dem Beweisen (als Prozess) und Beweisen (als Produkte) berücksichtigt werden. In dieser Arbeit werden auch die Lehr-Lern-Prozesse betrachtet, bevor der fertige Beweis analysiert werden kann (siehe Kapitel 7 und 8).

Auf Grundlage der Unterscheidung von Prozess und dem Produkt und der Betrachtung vom Beweisen mit deduktiven Schritten werden in dieser Arbeit die (funktionalen) Prozesse, die auch den letzten Schritt der Produkterstellung miteinschließt, während der Bearbeitung der Aufgaben als „Beweisen" und, wenn ausschließlich das finale, schriftliche Produkt gemeint, dieses als „Beweis" bezeichnet.

1.1.3 Logische Strukturen als eine Ebene beim Beweisen

In Beweisen werden mathematische Sätze mit Hilfe von deduktiven Schritten hergeleitet. Das Verstehen vom Beweisen hat zwei Ebenen: die *inhaltliche Ebene* der mathematischen Inhalte und die *strukturelle Ebene* der logischen Strukturen, mit denen jeweils umgegangen werden muss. Auch wenn beide Ebenen nicht klar zu trennen sind, ist die analytische Trennung hilfreich und andernorts üblich: In der Logik wird diese Unterscheidung als Semantik und Syntax bezeichnet (Tarski 1944), sie korrespondieren mit der mathematischen Unterscheidung Wahrheit (der Inhalte) und Gültigkeit (der logischen Schlüsse) (Durand-Guerrier 2008; Mariotti 2006).

Gemäß den epistemologischen und didaktischen Betrachtungen von Durand-Guerrier (2008) ist gerade auch für das Lernen von Beweisen wichtig, dass Lernende zwischen Wahrheit (der Inhalt) und Gültigkeit (der logischen Schlüsse) unterscheiden. Sie betont dabei die Bedeutung der inhaltlichen Interpretation mathematischer Aussagen und auch des Nachdenkens über die Strukturen.

Die strukturelle Ebene der logischen Syntax meint nicht nur das oft kritisierte reine Manipulieren von algebraisch-symbolischen Darstellungen (Weber und Alcock 2004). Zur Förderung des Verständnisses der strukturellen Ebene ist eine explizite Thematisierung logischer Strukturen und ihrer Bedeutungen für das deduktive Schließen notwendig (Brunner 2014; Durand-Guerrier et al. 2011).

Die Relevanz logischer Strukturen beim Erlernen vom Beweisen zu thematisieren, bringen auch Miyazaki, Fujita & Jones (2017) auf den Punkt:

> „[…] teaching might usefully include a focus on the structural characteristics of deductive reasoning because these characteristics become increasingly important as students develop from elementary school mathematics to secondary school mathematics and beyond." (Miyazaki, Fujita, und Jones 2017, S. 224)

Logische Strukturen sind ein bedeutsamer Bestandteil des Beweisenlernens (Durand-Guerrier et al. 2011). In der vorliegenden Arbeit sollen daher die logischen Strukturen des Beweisens als Lerngegenstand adressiert und dafür dieser im Folgenden fachlich (siehe Abschnitt 1.2) und didaktisch (siehe Abschnitt 1.3) spezifiziert werden.

1.2   Fachliche Spezifizierung der *logischen Strukturen des Beweisens*

1.2.1   Modellierung mit dem Toulmin-Modell

Die *logischen Strukturen des Beweisens* werden hier als ein Teilbereich des Beweisens verstanden, der den mathematischen Inhalt in den Hintergrund rückt. Beweisen wird in der vorliegenden Arbeit als eine besondere Form des Begründens verstanden (siehe Abschnitt 1.1.2).

Um die logische Struktur von Beweisen – hier also die Produkte des Beweisens – zu erfassen, wird auf das Modell von Toulmin (1958) zurückgegriffen, das trotz seiner ursprünglichen Anwendung auf alltägliche und allgemeine wissenschaftliche Begründungen auch in der Mathematikdidaktik häufig genutzt wird (z. B. Knipping 2003; Krummheuer 2003; Pedemonte 2007; Schwarzkopf 2000). Toulmins Modell (1958) kann damit auch für Beweise genutzt werden, insbesondere, wenn wie in dieser Arbeit Beweise als ein Spezialfall einer Begründung konzeptualisiert werden.

Im Toulmin-Modell werden die Begründungen in ihre funktionalen Teile zerlegt: Eine Konklusion wird von dem Datum auf Grund eines Garanten hergeleitet (Toulmin 1958). Es geht dabei also nicht um den Inhalt, sondern um die funktionalen Stellungen, die die einzelnen Aussagen bzw. Informationen zueinander haben, was dieses Modell nicht nur für alltägliche Begründungen, sondern auch mathematische Diskurse und insbesondere auch Beweisprozesse und Beweise fruchtbar macht (Aberdein 2005).

Insgesamt listet Toulmin sechs funktionale Elemente auf: Datum (Data), Garant (warrant), Konklusion (claim), Ausnahmebedingung (rebuttal), Stütze (backing) und modaler Operator (model qualifier). Das *Datum* ist das Fundament der Begründung, die relevante Evidenz hinter der Begründung. Der *Garant* begründet, wie man von dem Datum zur Konklusion kommt. Er wird im Alltag oft nicht genannt. *Konklusion* bezeichnet die Schlussfolgerung einer Begründung. Der *modale Operator* charakterisiert, mit welcher Sicherheit die Schlussfolgerung gilt. Die *Ausnahmebedingung* beschreibt die Ausnahmen oder unter welchen Bedingungen der Garant gültig ist. Die *Stützung* begründet den Garanten (Aberdein 2005). Das Strukturmodell wird von Toulmin (1958) auch graphisch dargestellt (siehe Abb. 1.5).

Die Zusammenhänge zwischen den Elementen im Toulmin-Modell werden mit den Phrasen versprachlicht, die in Abb. 1.5 mit abgebildet sind. Nach Toulmin (1958) wird in Alltagssituationen der Garant nur expliziert, wenn es für diejenigen, die die Begründung produzieren, notwendig erscheint oder es eine anspruchsvolle Begründung ist. Damit findet insbesondere das Konstrukt des Garants Interesse in der Schule, vorrangig in den Naturwissenschaften, bei denen der Garant die Verbindung von Empirie und Theorie schafft.

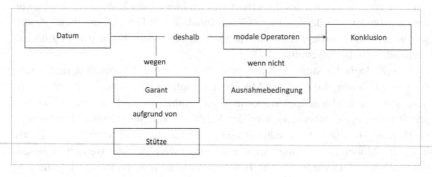

Abbildung 1.5 Struktur eines Begründungsschritts nach Toulmin (1958)

In den Naturwissenschaften werden nicht beliebige Garanten akzeptiert, sondern im Sinne einer wissenschaftlichen Begründung nur wissenschaftliche Garanten (Rapanta et al. 2013). Mit dem Toulmin-Modell kann damit die Explikation der Garanten als Lernziel im naturwissenschaftlichen Unterricht formuliert werden (Jimenez-Aleixandre et al. 2000). Bedeutsam für das Lehren und Lernen von

Beweisen ist die Nutzung des Modells von Toulmin zum Einfordern und Beschreiben der Explikation der Garanten für den Fachunterricht, auch wenn sich die Gültigkeit empirischer Garanten im naturwissenschaftlichen Unterricht von denen im Beweis unterscheidet. Obgleich das Modell von Toulmin als Analysemodell für Begründungen im Sinne fertiger Produkte gedacht war, wird es durch den Übertrag auf die Schule auch zur Analyse von Äußerungen im Prozess – sogar in interaktional komplexen Lehr-Lern-Prozessen – genutzt, in denen einzelne Teile des Modells getrennt zu identifizieren sind (Schwarzkopf 2000; Simpson 2015).

Innerhalb der Mathematikdidaktik begann Krummheuer (1995) in den 1990er Jahren damit, das Modell von Toulmin zur Analyse von Klassengesprächen – von kollektiven, im Entstehungsprozess befindlichen und nicht streng logischen, mathematischen Argumentationen – zu verwenden. Dabei wurden auch unterschiedliche Argumentationsstränge bzw. unterschiedliche Aussagen mündlicher und schriftlicher Begründungen herausgearbeitet. Krummheuer (1995) benutzt das Modell von Toulmin (1958) in einer verkürzten Version nur mit Datum, Garant und Konklusion (siehe Abb. 1.6).

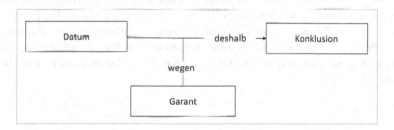

Abbildung 1.6 Verkürzte Struktur einer Begründung im Toulmin-Modell (1958)

Seitdem wird das Modell von Toulmin mit unterschiedlichen Forschungsschwerpunkten in der Mathematikdidaktik insbesondere als Analysewerkzeug benutzt. So wird das Toulmin-Modell für Analysen von Lehr-Lern-Prozessen und fertigen Begründungen, für unterschiedliche Schulstufen (Beispiele siehe Simpson 2015) und aus unterschiedlichen Forschungsperspektiven wie zum Beispiel aus einer sozio-konstruktivistischen (Knipping 2008; Knipping und Reid 2015) oder einer kognitiven Perspektive (Pedemonte 2007) genutzt.

Zur Förderung von Begründungen wird das Toulmin-Modell aber inzwischen auch zur Fortbildung von Lehrkräften eingesetzt wie zum Beispiel bei

Grundschullehrkräften (Boero et al. 2018) und auch zum Gestalten von Unterrichtsdesigns (Hein und Prediger 2017; Moutsios-Rentzos und Micha 2018). Dabei wird das Toulmin-Modell je nach Zweck unterschiedlich adaptiert.

Toulmin-Modell für Beweise und Nutzung in dieser Arbeit
In Studien, in denen Beweise als spezielle Form von Begründungen betrachtet werden, wird meist das Modell von Toulmin zur Analyse von Beweisen genutzt (Aberdein und Dove 2013; Pedemonte 2007; Simpson 2015). Das verkürzte Toulmin-Modell mit Datum, Garant und Konklusion ist nach Aberdein (2005) auch in einem deduktiven Schritt eines Beweises enthalten (siehe auch Pedemonte 2007). Dabei sind die Daten in Toulmins Sinne im mathematischen Beweis die hypothetischen *Voraussetzungen*. Konklusionen sind die *Schlussfolgerungen* in einem Beweisschritt. Den logischen Status des Garanten nehmen in dem Fall die mathematischen Sätze, Theoreme oder Axiome ein, wobei der Garant als Basis der Begründung oft auch als *Argument* bezeichnet wird. Der Begriff Argument steht im Einklang mit der Verwendung im Alltag oder in Problemerörterungen im Deutschunterricht. In diesen Fällen werden Argumente für oder gegen etwas angegeben, ohne jedoch in der strengen Verwendung wie beim Beweisen genutzt zu werden. Im Folgenden werden die funktionalen Elemente des verkürzten Toulmin-Modells für die Nutzung bei Beweisen folgendermaßen bezeichnet: *Voraussetzung* statt Datum, *Argument* statt Garant und *Schlussfolgerung* statt Konklusion und die funktionalen Elemente selbst als logische Elemente (siehe Abb. 1.7).

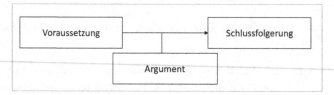

Abbildung 1.7 Logische Elemente nach dem didaktisch adaptierten Toulmin-Modell

Das verkürzte Modell von Toulmin ist in der vorliegenden Arbeit Grundlage für die graphische Darstellung logischer Strukturen sowohl zur Spezifizierung des fachlichen Lerngegenstandes als Facetten logischer Strukturen (Abschnitt 1.2.2), als auch der Entwicklung von graphischen Darstellungen im Lehr-Lern-Arrangement „Mathematisch Begründen" wie bei Moutsios-Rentzos &

Micha (2018) (Abschnitt 6.2.1) und des gegenstandsspezifischen Analysemodells (Abschnitt 5.4.2).

Weil die Argumente in ihrer Implikationsstruktur in der Mathematik selbst über eine zweiteilige Struktur mit Voraussetzungen und Schlussfolgerungen verfügen, wurde zur Analyse von Beweisen das Modell von Toulmin mit zweiteiligen Argumente adaptiert, wie es beispielsweise auch bei Weber & Alcock (2005) angedeutet wird, die die logische Struktur der mathematischen Argumente in ihrer Implikationsstruktur teilweise explizieren. In ihrer Adaption wird die *doppelte Struktur* zwischen Voraussetzungen und Schlussfolgerung einerseits und Argument andererseits deutlich. So gibt es sowohl in der zur beweisenden Aussage bzw. in den Zwischenschritten beim Beweis als auch in den Argumenten jeweils Voraussetzungen als auch Schlussfolgerungen, die miteinander korrespondieren. Das ist in der Darstellung von Weber & Alcock (2005) sichtbar, da die Voraussetzung des Arguments mit der Voraussetzung korrespondiert und die Schlussfolgerung des Arguments mit der Konklusion, wobei in diesem Beispiel die Anwendung eines ungültigen Arguments dargestellt ist (siehe Abb. 1.8).

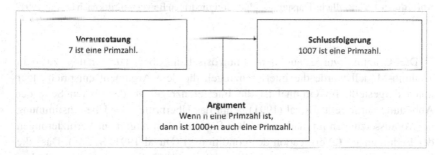

Abbildung 1.8 Darstellung der doppelten Struktur eines Schlusses mit dem Toulmin-Modell bei Weber & Alcock (2005, S. 37)

Hier in dieser Darstellung ist die Implikationsstruktur des Arguments mit Voraussetzungen und Schlussfolgerungen expliziert, die auch konkret in der Voraussetzung bzw. der Schlussfolgerung vorliegen. So korrespondiert die konkrete Voraussetzung („7 ist eine Primzahl") mit der Voraussetzung im Satz („n ist eine Primzahl ") bzw. die konkrete Schlussfolgerung („1007 ist eine Primzahl") mit der allgemeingültigen, aber falschen Schlussfolgerung („1000 + n ist eine Primzahl").

Diese Darstellung korrespondiert auch mit Duvals (1991) drei-gliedriger Konkretisierung eines Beweisschritts (Abb. 1.9), bei dem die Beziehungen zwischen

Voraussetzung in der gegebenen Aussage und der Voraussetzung in dem Argument, hier als Interferenzregel bezeichnet, bzw. die Schlussfolgerung in dem Argument und der Schlussfolgerung als neue Aussage mit einem Pfeil graphisch expliziert wird.

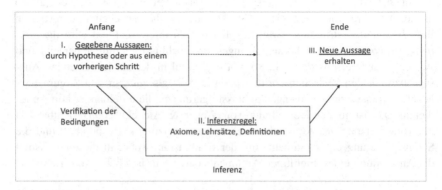

Abbildung 1.9   Bildliche Darstellung eines dreigliedrigen Beweisschritts nach Duval (1991, S. 235)

Die Graphik wurde aus dem Französischem übersetzt. Analog zu dem Toulmin-Modell wurde die Interferenzregel, die dem Argument entspricht, hier unten dargestellt. Im Original ist die Interferenzregel an der oberen Seite der Abbildung dargestellt. Duval (1991) nennt das Überprüfen der Übereinstimmung der Voraussetzungen im mathematischen Satz und dem Argument Verifizierungen der Bedingungen („Vérification des conditions") (Duval 1991, S. 235). Dass die Voraussetzung eines Arguments erfüllt sein muss, um diese im mathematischen Sinne wie ein Werkzeug benutzen zu können, ist ein bedeutsamer Unterschied zur alltäglichen Nutzung von Argumenten. Auch bei Berechnungen wird auf die Ergebnisse bzw. wie in diesem Fall die Schlussfolgerungen fokussiert. Um mathematische Argumente wie z. B. mathematische Sätze anwenden zu können, müssen jedoch die Voraussetzungen erfüllt sein. Das Verständnis dieses strukturellen Unterschieds ist wichtig, um zum Beweisen in deduktiven Schritten überzugehen.

Zusätzlich ist beim Nutzen von Argumenten beim Beweisen im Gegensatz zum Alltag relevant, dass Ausnahmen oder auch Bedingungen, unter denen ein Argument gilt, schon vollständig im Satz oder der Definition selbst enthalten sind (Jahnke 2008).

Die *funktionalen Elemente* aus dem Toulmin-Modell werden daher jeweils bedarfsbezogen genutzt. So wird zur Analyse von Beweisen meistens das verkürzte Toulmin-Modell herangezogen (Abb. 1.6), weil beispielsweise Ausnahmebedingungen schon enthalten sind. Knipping & Reid (2015) nutzen etwa das verkürzte Modell auf Schulebene, fügen jedoch zur Voraussetzung, Argument und Schlussfolgerung ein Gegenargument hinzu, das bei inhaltlichen Diskussionen auftreten kann – insbesondere auch bei präformalen Begründungen. Das lange Modell mit modalem Operator und Ausnahmebedingung wird beispielsweise von Inglis et al. (2007) für die Analyse auf universitärer Ebene genutzt.

Beziehungen zwischen allen funktionalen Elementen werden im Toulmin-Modell nicht genau berücksichtigt. Der Pfeil im Modell von Toulmin (1958) von Voraussetzung zur Schlussfolgerung bildet ausschließlich den Schluss ab. Weil das Modell von Toulmin (1958) ursprünglich für die Analyse alltäglicher oder fachwissenschaftlicher Begründungen gedacht war, aber nicht für Beweise, sind die Beziehungen zwischen den einzelnen Elementen und deren Art nicht von großer Relevanz, auch wenn die Zusammenhänge mit den sprachlichen Phrasen ausgedrückt werden. Im Toulmin-Modell werden jedoch nicht die Existenz und Qualität der Beziehungen erfasst, so dass andere Analyse-Modelle nötig sind, um die Beziehungen zu spezifizieren (Jimenez-Aleixandre et al. 2000), die im Fall von Beweisen logische Beziehungen sind. In dieser Arbeit werden über die Sprachmittel die ausgedrückten logischen Beziehungen zwischen den funktionalen Elementen mit der systemisch-funktionalen Grammatik identifiziert (siehe Abschnitt 5.4.2).

Mehrschrittige Beweise werden beispielsweise von Simpson (2015) oder Knipping & Reid (2015) mit dem Toulmin-Modell analysiert, bei dem jeder Schritt einem Begründungsschritt nach Toulmin entspricht. Knipping & Reid (2015) nutzen das verkürzte Modell von Toulmin (1958) zur Untersuchung von Klassengesprächen (siehe Abb. 1.6). Sie betrachten die lokale und globale Struktur von Beweisprozessen aus einer sozio-konstruktivistischen Perspektive, jedoch nicht in Bezug auf Logik, der ein Klassengespräch auch nicht gerecht werden kann. Bei der globalen Struktur nennen sie die letzte Schlussfolgerung Zielschlussfolgerung. Der Forschungsüberblick zum Toulmin-Modell zeigt, dass das verkürzte Toulmin-Modell zur Analyse, aber auch zur Visualisierung logischer Strukturen von ein- und mehrschrittigen Beweisen genutzt werden kann (Pedemonte 2007).-Diesem Ansatz folgt auch diese Arbeit.

Bei mehrschrittigen Beweisen nennt Duval (1995) den Statuswechsel eines mathematischen Inhalts von der Schlussfolgerung zu einer neuen Voraussetzung „Recyclage" (frz. Recycling, Wiederverwendung) als spezifische Herausforderung. Nach Duval (1995) kann dabei die Schussfolgerung eines Schritts in einem nächsten Schritt als neue Voraussetzung genutzt werden. Dieser Wechsel des logischen Status von der Schlussfolgerung zur neuen Voraussetzung ist keine inhaltliche Änderung, sondern eine logische, so dass dafür besondere Sprachmittel benötigt werden (Duval 1991).

Die Wiederverwendung bei mehrschrittigen Beweisen von der Schlussfolgerung zur neuen Voraussetzung wird auch in einigen Arbeiten bei der Nutzung des Toulmin-Modells im Rahmen des Analysewerkzeugs thematisiert und genutzt, indem die Zwischenschlussfolgerungen auch wieder neue Voraussetzung werden (Aberdein 2005; Simpson 2015).

Die meisten mathematikdidaktischen Publikationen nutzen also das Toulmin-Modell in ihren Studien als Analysemodell. Für diese deskriptive Funktion wurde es konzipiert und wird jeweils entsprechend den Beschreibungsbedarfen erweitert. Wenige mathematikdidaktische Publikationen dagegen nutzen es in konstruktiver Funktion, z. B. zur graphischen Visualisierung und Unterstützung der Begründungsprozesse der Lernenden in Unterrichtsexperimenten (z. B. Miyazaki et al. 2015; Moutsios-Rentzos und Micha 2018) (siehe genauer Abschnitt 2.1.1).

1.2.2 Facetten logischer Strukturen

Logischen Strukturen von Beweisen werden in anderen mathematikdidaktischen Arbeiten als Skelett eines Beweises bezeichnet (Moore 1994; Weber 2002) und mit ihren unterschiedlichen Aspekten konkretisiert als:

> „[...] the organization [...] of a proof, particularly how it begins, how it ends, and how the beginning is linked to the ending by rules of logic and a definition, axiom, or theorem. " (Moore 1994, S. 260f)

In den Arbeiten von Miyakazi, Fujita & Jones (2015; 2017) wird mehr das Netzwerk betont, das die logischen Elemente und ihre logischen Beziehungen untereinander bilden.

Auf Grundlage des dargestellten Forschungsstands und des adaptierten Toulmin-Modells (siehe Abschnitt 1.2.1) werden als *Facetten der logischen Strukturen* von Beweisen in der vorliegenden Arbeit folgende Verstehenselemente betrachtet:

1. *Logische Elemente*: Die Elemente des verkürzten Toulmin-Modells (1. Voraussetzung, 2. Argument und 3. Schlussfolgerung) geben den logischen Status der mathematischen Inhalte an. Die Voraussetzung kann hier wie in Duvals Modell eines Schlusses (Duval 1991) sowohl eine hypothetische Annahme als auch eine

Schlussfolgerung aus einem vorherigen Schritt sein. Das Argument ist beim Beweisen ein mathematischer Satz, eine Definition oder ein Axiom und verfügt über eine Implikationsstruktur, die auch Voraussetzung und Schlussfolgerung enthält.

2. *Logische Beziehungen*: Als logische Beziehungen werden in dieser Arbeit die Beziehungen zwischen den logischen Elementen verstanden, die im Toulmin-Model implizit bleiben, aber in Duvals Graphik (1991) (siehe Abschnitt 1.2.1, Abb. 1.9) sichtbarer sind. Die Pfeilrichtungen geben hier die logischen Reihenfolgen an.

3. *Beweisschritte und Beweisschrittketten:* Ein einzelner Schritt eines Beweises, also ein deduktiver Schluss, entspricht einem Begründungsschritt nach Toulmin (Voraussetzung, Argument, Schlussfolgerung). Ketten von Schritten eines Beweises sind mehrere Schritte hintereinander, bei dem die Schlussfolgerung des vorhergehenden Schritts zur neuen Voraussetzung im Folgeschritt im Sinne von Duval (1995) wiederverwendet wird.

4. *Beweis als Ganzes:* Das Netzwerk aus den ersten drei Facetten der logischen Strukturen bildet das Gefüge der logischen Strukturen hinter einem Beweis, dem finalen Produkt. Er startet bei der Voraussetzung im zu beweisenden Satz und endet mit seiner Schlussfolgerung.

5. *Logische Ebenen bei mehreren lokal-geordneten Beweisen:* Ein Beweis begründet einen mathematischen Satz. In einem nächsten Beweis kann der neue mathematische Satz damit selbst den logischen Status eines Arguments einnehmen, und die vorher verwendeten Argumente nehmen die Funktion von Stützen im Sinne von Toulmin (1958) ein. Auf diese Weise entstehen unterschiedliche logische Ebenen.

Die Spezifizierung der Facetten der logischen Strukturen korrespondiert teilweise mit dem Verstehensmodell des Methodenwissens (siehe Abschnitt 1.3.1).

Auf der Grundlage der Spezifizierung der logischen Strukturen mit dem Toulmin-Modell lassen sich damit die Facetten der logischen Strukturen darstellen (Abb. 1.10). Die Kästen mit durchgezogenen Linien repräsentieren die logischen Elemente. Die Argumente beinhalten selbst Voraussetzung und Schlussfolgerung. Die logischen Elemente werden durch die logischen Beziehungen verbunden, die durch Pfeile repräsentiert werden. Die Pfeilrichtungen geben die logischen Reihenfolgen wieder (Was folgt aus was?).

Bei mehreren aufeinander aufbauenden Beweisen wird der beweisende Satz auf der nächsthöheren logischen Ebenen zum neuen Argument. Der erst zu beweisende Satz (auf der ersten logischen Ebene) ändert seinen logischen Status, nachdem er bewiesen wurde. Auf der zweiten logischen Ebene ist er nun selbst Argument und die vorherigen Argumente sind seine Stützen.

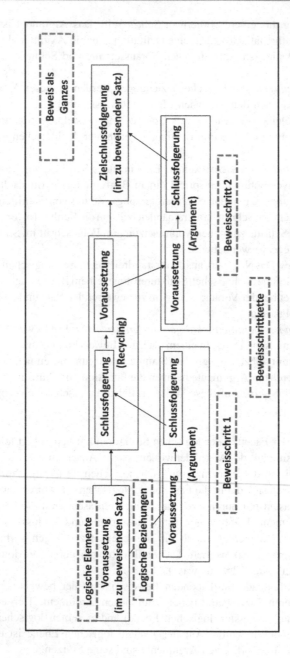

Abbildung 1.10 Adaptiertes Toulmin-Modell zur Darstellung der Facetten logischer Strukturen eines Beweises (hier zweischrittig)

1.3   Didaktische Spezifizierung der *logischen Strukturen des Beweisens*

Nachdem in Abschnitt 1.2 die logischen Strukturen fachlich spezifiziert wurden, indem sie in die Facetten logischer Strukturen ausdifferenziert wurden, werden sie im Folgenden aus didaktischer Perspektive als zentraler Lerngegenstand beim Lernen des Beweisens mit spezifischen Herausforderungen wie dem strukturellen Übergang, möglichen Förderansätzen und dahinterliegenden Verstehensmodellen beschrieben (Abschnitt 1.3.1). Schließlich werden darauf aufbauend die fachlichen strukturbezogenen Beweistätigkeiten identifiziert (Abschnitt 1.3.2).

1.3.1   Didaktischer Überblick zu logischen Strukturen

Struktureller Wechsel beim Übergang zum Beweisen
Bevor Lernende Beweisen mit deduktiven Schritten kennenlernen, haben sie andere, für das Lernen notwendige Arten des mathematischen Begründens kennengelernt. Inhaltlich-anschauliches Begründen wird z. B. in Unterrichtseinheiten genutzt, die auf das Verstehen inhaltlicher Zusammenhänge fokussieren, dabei ist die Nutzung der Anschauung mit empirischen Begründungen nicht nur erlaubt, sondern auch von den Lernenden gefordert (Biehler und Kempen 2016). Andere Formen des Begründens nutzen andere akzeptierte Schlussweisen (Brunner 2014, S. 31).

Innerhalb des Mathematikunterrichts ist daher der Übergang vom intuitiven Schließen mit anderen strukturellen Mustern zum deduktiven Schließen – „the transition to proof" (Fischbein 1982) – herausfordernd für viele Lernende, weil eingeübte Schlussweisen nicht mehr akzeptiert werden (Fischbein 1982).

Bei Beweisen gibt es unterschiedliche logische Muster wie die Form *modus ponens* ((p = >q und p) = >q) oder auch die Kontradiktion (siehe genauer Durand-Guerrier et al. 2011, S. 373). Modus ponens sei dabei das häufigste logische Muster bei Beweisen (Rodd 2000). Rodd (2000) illustriert das Beweisen mit Implikationen am Beispiel des Beweises des Innenwinkelsummensatzes eines Dreiecks (Rodd 2000), wobei die mathematischen Sätze nur als Implikationen – und nicht als Äquivalenz – vorliegen müssen (Hoyles und Küchemann 2002).

Die logische Implikation in Form des *modus ponens* ist auch das zentral logische Muster für die Schulmathematik (Hoyles und Küchemann 2002). Es wird daher in dieser Arbeit genutzt, indem nur direkte Beweise geführt werden, in denen die vorliegenden Voraussetzungen und als gültig angenommen Argumente in Form von Implikationen genutzt werden, um mathematische Sätze herzuleiten.

Mehrere Forschende betonen auf Grund des oft impliziten strukturellen Übergangs vom empirischen zum deduktiven Schließen, mathematische Beweise als strukturelle Objekte zu thematisieren (Miyazaki und Yumoto 2009; Moore 1994). Nach Miyakazi & Yumoto (2009) kann gerade für den Übergang von präformalen Formen der Begründungen zum Beweisen mit deduktiven Schritten das Lehren und Lernen des Beweises als strukturelles Objekt helfen, die Lernenden zu unterstützen und deren Qualität des Beweisens zu verbessern (Miyazaki und Yumoto 2009). Dieser Aspekt eines Beweises steht im Einklang mit dem einen Ziel nach Weber (2002), einen Beweis für einen offensichtlichen Inhalt im Unterricht zu nutzen: „The purpose of this proof is to show one's audience (usually students) how one can prove these types of statements" (Weber 2002, S. 14). Um Beweistechniken zu zeigen, seien etablierte Axiome und Definitionen als Argumente nötig, die einen mathematischen Satz herleiten, der offensichtlich sein sollte. Ob der zu beweisende mathematische Satz vorher schon mal gezeigt wurde, sei irrelevant (Weber 2002). Zum Lernen der logischen Strukturen beim Beweisen ist dabei die Bewältigung herausfordernder kognitiver Prozesse nötig (Moore 1994).

Duval (1995) vergleicht diesbezüglich alltägliches Begründen und Beweisen in Hinblick auf mögliche strukturelle Unterschiede aus kognitiver und sprachlicher Sicht. Duval (1991) stellt wichtige strukturelle Unterschiede fest, aber auch Ähnlichkeiten in den sprachlichen Formen, die die strukturellen Unterschiede verdecken können und damit eine zusätzliche Hürde bilden (siehe genauer zu den sprachlichen Darstellungen Abschnitt 2.1).

Auch Pedemonte (2007) und Martinez & Pedemonte (2014) beschreiben den strukturellen Wechsel von abduktiven und induktiven zu deduktiven Beweisschritten beim Übergang zum Beweisen, der schwierig, aber notwendig sei. Gleichwohl rekonstruiert Pedemonte (2007) ebenso wie Boero et al. (2007) eine kognitive Kohärenz zwischen alltäglichem Argumentieren und Beweisen, die die unterschiedlichen Strukturen verdecken können. Auch Fujita et al. (2010) untersuchen mit Unterrichtsexperimenten mit geometrischen Inhalten den Übergang zum Beweisen und zeigen eine gewisse kognitive Kohärenz trotz der Unterscheidung empirischer Begründungen mit physikalischen Fakten von deduktiven Schritten.

Anhand des Scheitelwinkelsatzes beschreibt auch Fischbein (1982) den Übergang zum Beweisen (siehe Beispiele in Abschnitt 1.1.2)). Die beiden Zugangsweisen – intuitives und deduktives Schließen – versteht Fischbein (1982) als komplementär, bei dem durch das intuitive Schließen zunächst der Inhalt im Prozess verstanden wird. In der vorliegenden Arbeit soll gerade der herausfordernde Lernschritt des Wechsels zu einer deduktiven Struktur im Beweis adressiert werden, und zwar mit spezifischem Fokus auf die logischen Strukturen.

Relevante Herausforderungen logischer Strukturen beim Beweisen
Unter den zahlreichen Schwierigkeiten im Bereich Beweise und Beweisen (siehe Abschnitt 1.1.1) sind auch die logischen Strukturen als Herausforderung für Lernende bereits gut untersucht.

Nach Moore (1994) ist gerade der Mangel an Verständnis unterschiedlicher Aspekte von Beweisen der Grund für die Schwierigkeiten beim Beweisen. Als Elemente des konzeptuellen Verständnisses nennt er nicht nur mathematische Inhalte und die Wahrnehmung von Beweisen, sondern auch das Wissen, einen Beweis zu strukturieren, und das Verstehen der symbolischen und sprachlichen Notationen (Moore 1994).

Für Lernende der Sekundarstufen bildet das Beweisen in deduktiven Schritten eine hohe Anforderung (McCrone und Martin 2004; Senk 1989). Senk (1985) untersuchte beispielsweise 1520 Lernende in der Sekundarstufe in den USA beim Beweisen im Bereich der Geometrie. In 6 Aufgaben mit 3 unterschiedlichen Aufgabentypen mussten die Schülerinnen und Schüler Lücken bei Beweisen füllen oder auch in den vier letzten Aufgaben ganze Beweise schreiben. Im Durchschnitt konnten 50 % nicht mehr als einen Beweis selbst produzieren, darunter konnten 29 % gar keinen gültigen deduktiven Schluss produzieren. In einer explorativen Studie mit 18 Jugendlichen untersuchten McCrone & Martin (2004) die Akzeptanz wichtiger Beweisprinzipien in Bezug auf geometrische Beweise und die Fähigkeit, selbst geometrische Beweise zu erstellen. Auch die Lernenden in dieser Studie hielten teilweise Beispiele für ausreichend, um die Gültigkeit eines mathematischen Satzes zu begründen. Auf Grundlage ihrer Studie vermuten McCrone & Martin (2004) einen Mangel an Bewusstsein über die logischen Anforderungen an einen Beweis.

Heinze und Reiss (2004) untersuchten – hier im Zusammenhang mit Motivation und Interesse – die Beweiskompetenz von deutschen Lernenden in der 7. bzw. 8. Klasse des Gymnasiums mit Leistungstest zum Begründen und Beweisen. Sie nutzen unterschiedliche Niveaustufen mit dem Anwenden von Regeln und ein und mehrschrittige Begründungsaufgaben. Insbesondere die mehrschrittigen Begründungsaufgaben wurden nur von wenigen Lernenden bewältigt (Heinze und Reiss 2004).

In unterschiedlichen Arbeiten werden Erklärungsansätze für die dokumentierten Schwierigkeiten der Lernenden beim Beweisen und beim Bewältigen der logischen Strukturen von Beweisen beschrieben. Nach Fujita et al. (2010) ist gerade die Wahrnehmung der logischen Elemente zentral, die sie mit dem Toulmin-Modell konzeptualisieren, um den Übergang zum Beweis zu verstehen. Auch Moutsios-Rentzos und Micha (2018) betonen im Theorieteil ihrer Studien

unter anderem, dass Lernende Probleme haben, Voraussetzungen und Schlussfolgerungen auseinanderzuhalten und dass die Tatsache Schwierigkeiten bereitet,
dass aus gleichen Voraussetzungen auf Grundlage unterschiedlicher Argumente
unterschiedliche Schlussfolgerungen gezogen werden können (Moutsios-Rentzos
und Micha 2018). Weber & Alcock (2005) betonen die Bedeutung der Argumente, die von der Voraussetzung zur Zielschlussfolgerung führen, die erst von
den Lernenden wahrgenommen werden muss (Weber und Alcock 2005).

Duval (1991) weist darauf hin, dass diese Doppelung von Voraussetzung in
der vorgegebenen Aussage und des Arguments, bzw. der Schlussfolgerung in dem
Argument und der Schlussfolgerung wiederholend wirken kann, aber deren Verständnis sehr bedeutsam ist, um einen Beweis zu verstehen (Duval 1991). Auch
Tsujiyama (2011) konstatiert zur Anwendung der Argumente:

> „[…] students have to identify which condition is crucial by examining each deduc-
> tive connection which appears in the proof. It seems difficult for many students."
> (Tsujiyama 2011, S. 169)

Es ist also insbesondere auch bedeutsam, dass Lernende wahrnehmen, dass es auf
die Übereinstimmung von Voraussetzung im zu beweisenden Satz und der Voraussetzung in dem Argument ankommt, um das Argument wie ein Werkzeug zu
benutzen. Dieser Schritt in der Herleitung weicht vom alltäglichen Gebrauch von
Argumenten ab.

Neben den dargestellten Herausforderungen logischer Strukturen von Beweisen sind die logische Strukturen mathematischer Sätze oder auch Axiome, die
den logischen Status als Argument oder auch als Stütze haben, eine zusätzliche
Herausforderung sowohl beim Lesen und Anwenden als auch beim Beweisen. So
untersuchen Selden & Selden (1995) die Fähigkeit von Studierenden zu Studien-
beginn, die logische Struktur mathematischer Sätze zu erkennen und diese beim
Evaluieren und Konstruieren von Beweisen zu nutzen. Dabei untersuchen und
beschreiben sie die Schwierigkeiten, die die Studierenden haben, die logischen
Strukturen in mathematischen Sätzen in sprachlicher Darstellung zu identifizieren
und in eine symbolische Schreibweise zu übersetzen. Selden & Selden (2008)
betonen die Bedeutung, die auch das Verstehen logischer Strukturen der mathematischen Sätze für die Bewältigung der logischen Strukturen beim Beweisen
haben:

> „Being able to unpack the logical structure of such informally stated theorems is
> important because the logical structure of a mathematical statement is closely linked
> to the overall structure of its proof. For example, knowing the logical structure of

a statement helps one recognize how one might begin and end a direct proof of it"
(Selden und Selden 2008, S. 10).

Mit „unpack" meinen Selden & Selden (1995) die Übersetzung in eine äquivalente
symbolische Darstellung (Selden und Selden 1995). Die logische Struktur eines
mathematischen Satzes mit seinen Voraussetzungen und seiner Schlussfolgerungen enthält damit in komprimierter Weise die logische Struktur seines Beweises.
Auch bei der Verwendung eines mathematischen Arguments kommt es gerade auf
die Erfüllung seiner Bedingungen an. Die Implikationsstruktur von Argumenten
werden auch in anderen Studien als Herausforderung identifiziert (Hoyles und
Küchemann 2002; Yu et al. 2004).

Als letzter Schritt bei der Erstellung eines Beweises sind auch die lineare
Darstellung und die Verschriftlichung von Beweisen herausfordernd (Azrou und
Khelladi 2019). So untersuchen Azrou und Khelladi (2019) Beweistexte und Interviews von Studierenden in Hinblick auf Schwierigkeiten, einen Beweistext zu
erstellen. Laut ihrer Studie halten viele Studierende ihre explorativen Entwürfe für
den finalen Text. Azrou und Khelladi (2019) identifizieren einen Mangel an Meta-
wissen über die Organisation logischer Strukturen in einem Beweistext und führen
dies darauf zurück, dass im Unterricht meist explorative Beweisprozesse stattfin-
den oder fertige Beweise präsentiert werden, jedoch zu wenig deutlich wird, dass
die Überführung des Beweisprozesses in eine logische Reihenfolge für die Präsen-
tation in einem Beweis notwendig ist. Lew & Mejía-Ramos (2020) stellen heraus,
dass insbesondere die Sprache beim Schreiben von Beweisen bei Studierenden
und in den Kursen an der Universität noch nicht ausreichend erforscht wurden.

Zusammenfassend lässt sich über die Herausforderungen beim Bewältigen
vom Beweisen und seiner logischen Strukturen Folgendes festhalten: Das mangelnde Wissen über logische Strukturen ist eine große Hürde beim Beweisen.
Logische Strukturen von Beweisen bleiben jedoch oft implizit und für die Lernenden zunächst nicht sichtbar, was sie zu einer doppelten Hürde macht. Das
bezieht sich sowohl auf die logische Struktur der mathematischen Sätze als auch
auf die der Gesamtstruktur von Beweisen. Die Unsichtbarkeit und Implizitheit der
logischen Strukturen wird in Webers (2002) Begriff „skeleton' of a proof" (Weber
2002, S. 16) – das Skelett eines Beweises – ausgedrückt. Skelette sind wichtige
Bestandteile von Körpern, geben die Struktur vor, sind aber nicht sichtbar.

Förderansätze für Beweisen und logischen Strukturen
Es gibt unterschiedliche Förderansätze für das Begründen im Mathematikunterricht: Zum einen wird das Begründen durch *unterschiedliche Vorgehensweisen*
gefördert. Relativ verbreitet in der Schule ist dafür der Zweispalten-Beweis

(Herbst 2002; Reid 2011). Beim Zweispalten-Beweis werden in einer Spalte die mathematischen Aussagen und in der anderen Spalte die Gründe aufgeschrieben, also die Argumente oder auch Voraussetzungen. Das Zweispalten-Format soll als Scaffold das Beweisen erleichtern (Herbst 2002).

Als weitere Förderansätze wurden z. B. Selbst-Erklärungen (Hodds, Alcock & Inglis, 2014) und das Arbeiten mit heuristischen Beispielen (Reiss et al. 2008) erforscht.

Zum anderen werden bei den Förderungen *unterschiedliche Denkrichtungen* berücksichtigt. Während vieler dieser Studien präformale Begründungen fokussieren, wurden auch mögliche Förderansätze entwickelt, um das Beweisen zu unterstützen (Chin und Tall 2000; Moore 1994). Insbesondere Leron (1983), Miyakazi & Yumoto (2009), Miyakazi et al. (2015), und Moutsios-Rentzos & Micha (2018) thematisieren dabei explizit das Lehren und Lernen logischer Strukturen beim Beweisen.

Leron (1983) diskutiert mit seiner *structure method,* wie man die Struktur von Beweisen sichtbar machen kann. Dabei sollen unterschiedliche Ebenen der Verdichtung von Beweisen deutlich gemacht werden, indem nicht die lineare Darstellung eines Beweises gezeigt wird, sondern eine kurze Version zur Übersicht und eine längere, die die Komplexität aufzeigen. Dabei werden die mathematischen Inhalte in einzelnen Modulen beschrieben. Auf diese Weise sollen Entscheidungen bei der Beweiserstellung deutlicher und für Lernende sichtbar werden. Er stellt seine Methode auch graphisch dar.

In ihrer Unterrichtseinheit „Parallel lines and lines" als Vorbereitung auf die Unterrichtseinheit „Structur of a proof" wollen Miyazaki & Yumoto (2009) die logischen Strukturen in den Vordergrund stellen und die Beweistätigkeiten fördern (zur Reihenfolge siehe Abschnitt 1.3.2). Sie betonen sowohl die Unterscheidung zwischen allgemeingültigen Argumenten und deren Anwendung auf vorliegende Voraussetzungen bzw. abgeleitete Argumente als auch die logischen Beziehungen zwischen diesen. Darauf aufbauend machen Miyakazi et al. (2015) mit Flow-Chart-Proofs die logischen Strukturen graphisch sichtbar.

Auch Moutsios-Rentzos & Micha (2018) machen in ihrem Unterrichtsdesign die logischen Strukturen mit dem *DWC-Table tool* und *Proof Bearing Structure Tool* graphisch sichtbar, fordern die einzelnen logischen Elemente ein und lassen die Schritte im Nachhinein in seiner logischen Reihenfolge sortieren. Die hier genannten graphischen Darstellungen (graphische Darstellung der *structure method*, *Flow-Chart-Proofs* bzw. *DWC-Table tool* und *Proof Bearing Structure Tool*) logischer Strukturen sind im Abschnitt 2.1.1 abgebildet und genauer analysiert.

Weber & Alcock (2005) konstatieren, dass insbesondere beim Lehren und Lernen des Übergangs zu Beweisen adressiert werden muss, warum ein deduktiver Schluss auf Grund von Argumenten gültig ist (Weber und Alcock 2005). Viele didaktische Ansätze, die darauf abzielen, das Verständnis logischer Strukturen zu fördern, versuchen also, diese wahrnehmbarer zu machen, indem einige Facetten logischer Strukturen expliziert werden – teilweise graphisch.

Viele Förderansätze nutzen geometrische Inhalte, um die logischen Strukturen deutlich zu machen. Beim Beweisen in der Schule müssen die spezifischen Wissensstände der Lernenden berücksichtigt werden. So ist im Unterricht kein rein axiomatisches Vorgehen möglich, jedoch müssen die Kriterien deutlich werden, unter denen Beweise akzeptiert sind (Ufer et al. 2009). Statt einer Axiomatik beschreibt dafür Freudenthal (1971) das Konzept „lokal organization". Mit der lokalen Ordnung wird genutzt, dass von einem Pool erlaubter Sätze weitere Sätze abgeleitet werden können, ohne dass alle Sätze schon axiomatisch hergeleitet wurden. Weil die Sätze aufeinander aufbauen, sind sie lokal geordnet und die Axiomatik, die im Unterricht sonst nicht möglich ist, kann im Sinne von Freudenthals (1971) lokal erlebt werden. Die anfangs erlaubten Sätze sind plausible Annahmen, die als wahr angenommen werden und sich auf Begriffe beziehen, die durch Anschauung begründet sind und nicht durch Definitionen. Sie werden explizit durch die Lehrkraft oder implizit durch einen sozialen Aushandlungsprozess eingeführt (Ufer et al. 2009).

Das Konstrukt eines Pools an mathematischen Sätzen, die dabei im Klassenverband genutzt werden können, nennt Netz (1999) „tool-box". Im Werkzeugkasten sind alle mathematischen Sätze, die implizit oder explizit im Klassenverband genutzt werden können. Die selbst hergeleiteten Sätze können wie Werkzeuge wieder genutzt werden, was den Objektcharakter der mathematischen Sätze betont.

Bei der Nutzung oder Herstellung einer lokalen Ordnung der mathematischen Sätze kann insbesondere bei eher offensichtlichen mathematischen Sätzen Systematisierung als eine Funktion von Beweisen neben der Verifikationsfunktion (de Villiers 1990) in den Vordergrund treten. In der vorliegenden Arbeit werden dafür mathematische Sätze als Sinne von Werkzeugen und deren lokale Ordnung vorgegeben.

Wissens- und Verstehensmodelle zu logischen Strukturen

Studien, die Herausforderungen identifizieren, und Ansätze, die den Übergang zum Beweisen und das Beweisen selbst fördern, entwickeln oder nutzen unterschiedliche Wissens- bzw. Verstehensmodelle in Bezug auf logische Strukturen. Moore (1994) erstellt ein Modell über die Hauptschwierigkeiten beim Übergang zum deduktiven Schließen aus einer kognitiven Perspektive. Er nennt neben den unbekannten Notationen und inhaltlichen Aspekten auch das Verständnis von Beweismethoden, das z. B. das Verständnis von Anfang und Ende eines Beweises umfasst. Logische Strukturen sind hier also auch ein zentraler Teil. Dass logische Strukturen bedeutsame Elemente zur Bewältigung von Beweisen sind, die wahrgenommen und erlernt werden müssen, wird auch in anderen Studien betont (Heinze und Reiss 2003; McCrone und Martin 2004; Miyazaki, Fujita, und Jones 2017). Aus unterschiedlichen Perspektiven beschreiben Heinze & Reiss (2003), Miyazaki et al. (2017) bzw. Weber (2001) daher das Verständnis in Bezug auf logische Strukturen vom Beweisen.

Heinze und Reiss (2003) betrachten das relevante Wissen in Bezug auf logische Strukturen als Lernziel – insbesondere zur Beurteilung von Beweisen – und bezeichnen es als *Methodenwissen*. Sie unterscheiden drei Konstrukte, die dabei relevant sind: 1. *Beweisschema*, 2. *Beweisstruktur* und 3. *Beweiskette*. *1. Beweisschema* beschreibt die Akzeptanzkriterien, also welche Art von Begründungen erlaubt sind – im Fall des Beweises nur deduktive Schritte auf Grundlage von mathematischen Argumenten (mathematische Sätze, Axiome, Definitionen etc.). Dieses Methodenwissen bezieht sich also auf das logische Element „Argument". Die *Beweisstruktur* umfasst 2. die Gesamtstruktur des Beweises von der Voraussetzung zur Zielschlussfolgerung. Dieses Methodenwissen bezieht sich auf die Facette „Beweis als Ganzes". Mit der *Beweiskette* wird 3. Die Anordnung der einzelnen Beweisschritte in ihrer logischen Reihenfolge bezeichnet. Das Wissen über die Beweiskette bezieht sich auf die Facette „Beweisschritte und Beweisschrittketten" (siehe Abschnitt 1.2.2). Ufer et al. (2009) übertragen das Methodenwissen auf die Evaluation geometrischer Beweise.

Miyazaki et al. (2017) beschreiben auf Grundlage eines Modells zum Lesen von geometrischen Beweisen (Yang und Lin 2008) unterschiedliche Verstehensebenen logischer Strukturen. Zur Reihenfolge der Wahrnehmung der logischen Strukturen schreiben auch Miyakazi et al. (2015):

> „In this way, students first need to pay attention to the elements of a proof (such as the premises, the conclusions, and the singular propositions to be used), then the inter-relationships between these elements, and eventually they gradually grasp the relational network of the structure of simple proofs (such proofs being ones suitable for high schools). " (Miyazaki et al. 2015, S. 1213)

Entsprechend der Ebenen sollten zunächst einzelne logische Elemente wahrgenommen werden, dann die allgemeingültigen Argumente, später die logischen Beziehungen zwischen den logischen Elementen, insbesondere auch zwischen den allgemeinen Argumenten und der Voraussetzungen bzw. Schlussfolgerungen, und den ganzen logischen Strukturen als ganzes Netzwerk. Die Reihenfolge der beschriebenen Verstehensebenen sind auch in unterschiedlichen Studien im Unterrichtsdesign praktisch umgesetzt, bei denen sie im Kontext von Vygotskys Konstrukt als Zone der nächsten Entwicklung (siehe Abschnitt 4.1) gesehen werden (Miyazaki et al. 2015; Miyazaki und Yumoto 2009).

Weber (2001) identifiziert auf Grundlage einer Vergleichsstudie mit Mathematikstudierenden und Promovierenden im Bereich der Algebra – also jeweils schon sehr weit fortgeschrittene Beweislernende – den Bedarf an *Strategiewissen*, das die Promovierenden schon durch die erlebte Praxis erworben haben im Gegensatz zu den Mathematikstudierenden. Er leitet auf Grundlage seiner Empirie vier Arten von Strategiewissen ab, die sich vor allem auf die bewusste Nutzung des schon vorhandenen Beweiswissens bezieht. Ein Beispiel ist die bewusste, situative Einordnung von Argumenten nach Nutzen und Wichtigkeit (Weber 2001).

In der vorliegenden Arbeit werden die dargestellten Ansätze zum Lernen logischer Strukturen auf folgende Weisen berücksichtigt: Das Methodenwissen nach Heinze und Reiss (2003) ist auch hier Lernziel. Dabei wird insbesondere das Beweisschema mit deduktiver Nutzung von mathematischen Sätzen als Argumente durch das Design des Lehr-Lern-Arrangements als Norm für diese Einheit vorgegeben und im Sinne von Yackel und Cobb (1996) in der Interaktion wieder etabliert. Dazu wird insbesondere die Auseinandersetzung mit der Beweisstruktur und Beweiskette eingefordert (siehe Kapitel 6). Die Verstehensebenen und der sich daraus ableitenden Reihenfolge (Miyazaki, Fujita, und Jones 2017) werden bei den Reihenfolgen der strukturbezogenen Beweistätigkeiten (siehe Abschnitt 1.3.2) berücksichtigt. Es wird in der vorliegenden Arbeit zunächst das Grundlagenwissen adressiert und erstes Erleben von Beweisprozessen möglich gemacht, so dass langfristig eine strategische Auswahl unterschiedlicher Beweismethoden im Sinne von Weber (2001) möglich sein wird, die jedoch nicht mehr Bestandteil des Lehr-Lern-Arrangements sind.

1.3.2 Fachliche strukturbezogene Beweistätigkeiten

Beweisen als Prozess mit unterschiedlichen Tätigkeiten selbst steht zumeist im Zentrum der Unterrichtsansätze, die auf die beschriebenen Verstehensmodelle aufbauen (z. B. Miyazaki et al. 2015; Moutsios-Rentzos und Micha 2018). Beweisen muss nämlich selbst erlebt werden, um auch die logischen Strukturen und deren Nutzung beim Beweisen zu verstehen. Auch in der vorliegenden Arbeit wird nicht nur das Produkt, sondern auch der Prozess des Beweisens betrachtet. Die fachlichen strukturbezogenen Beweistätigkeiten beim Beweisen werden daher im Folgenden genauer identifiziert und spezifiziert und im Kapitel 2 mit den sprachlichen strukturbezogenen Beweistätigkeiten (Abschnitt 2.3.2) zusammengeführt.

Boero (1999) beschreibt allgemein die Tätigkeiten, die bei der Erstellung eines Beweises notwendig sind von der Aufstellung von Vermutungen, dem Aufstellen eines mathematischen Satzes, der Beschäftigung mit dem Inhalt, der Auswahl notwendiger Argumente, der Anordnung in einer Kette bis zum Aufschreiben eines Beweistextes. In anderen Studien (z. B. Heinze et al. 2008; Miyazaki, Fujita, und Jones 2017; Miyazaki und Yumoto 2009; Tsujiyama 2011) werden explizit die Tätigkeiten bei der Beweiserstellung beschrieben, die für den Teilbereich der logischen Strukturen notwendig sind. Im Folgenden werden diese Tätigkeiten als *fachliche strukturbezogene Beweistätigkeiten* bezeichnet. Die damit bei Versprachlichungen einhergehenden sprachlichen strukturbezogenen Beweistätigkeiten werden im Abschnitt 2.3.2 spezifiziert.

Heinze et al. (2008) listen die notwendigen fachlichen strukturbezogenen Tätigkeiten für mehrschrittige geometrische Beweise auf. Tsujiyama (2011) beschreibt die fachlichen Tätigkeiten bezüglich der logischen Strukturen auch auf Grundlage des Toulmin-Modells, wobei Tsujiyama (2012) das Vorwärts- und Rückwärtsarbeiten betont. Aus der Literatur ergeben sich konkret folgende fachliche strukturbezogene Beweistätigkeiten und deren Reihenfolgen beim Produzieren eines Beweises:

1. Identifizieren von Voraussetzungen und Zielschlussfolgerung im zu beweisenden Satz
2. Identifizieren der zu verwendenden mathematischen Argumente und deren logische Struktur
3. Herstellen logischer Beziehungen zwischen logischen Elementen in den einzelnen Beweisschritten
4. Sortieren und Herstellen von Beziehungen zwischen den Beweisschritten
5. Lineares Darstellen des Beweises als Ganzes

Und für eine Weiterverwendung des nun bewiesenen Satzes:

6. Vollziehen des Statuswechsels des zu beweisenden mathematischen Satzes zum neuen Argument

Die Reihenfolge der strukturbezogenen Beweistätigkeiten ist hier idealtypisch dargestellt, auch wenn sie in der Praxis nicht zwingend in dieser Reihenfolge durchlaufen werden. Vor den fachlichen strukturbezogenen Beweistätigkeiten muss zunächst der mathematische Inhalt grob verstanden werden (Heinze et al. 2008). Als erste fachliche strukturbezogene Beweistätigkeit gilt das Identifizieren der logischen Elemente (Voraussetzung, Zielschlussfolgerung und die mathematischen Argumente). 1.) Beim *Identifizieren von Voraussetzungen und Zielschlussfolgerung im zu beweisenden Satz* müssen die die Voraussetzung und die Schlussfolgerung – die Zielschlussfolgerung bei einem mehrschrittigen Beweis – des zu beweisenden Satzes getrennt werden, was gleichzeitig der groben Struktur des Beweises entspricht (Selden und Selden 2008). 2.) Beim *Identifizieren der zu verwendenden mathematischen Argumente und deren logischer Struktur* müssen die Argumente, die beim Beweis benötigt werden, identifiziert werden. Beim Beweis sind hier – im Gegensatz zum Alltag und anderen Formen mathematischer Begründungen – nur mathematische Sätze, Definitionen und Axiome als Argumente erlaubt im Sinne des Beweisschemas von Heinze & Reiss (2003). Im schulischen Kontext sind das die expliziten oder impliziten Argumente im Werkzeugkasten. Vor dem Anwenden der Argumente muss zunächst auch deren logische Struktur identifiziert werden (Selden und Selden 1995). 3.) Um die Argumente anzuwenden, muss das *Herstellen logischer Beziehungen zwischen den logischen Elementen in den einzelnen Beweisschritten* geschehen, indem die Beziehungen zwischen den beiden Ebenen (Anwendung vs. allgemeingültiges Argument) wahrgenommen und unterschieden werden (Miyazaki und Yumoto 2009). Das Anwenden der Argumente entspricht hier den einzelnen Beweisschritten mit dem Toulmin-Modell mit dem geteilten Argument (siehe Abschnitt 1.2.1). Zur Erfüllung der Voraussetzungen in den Argumenten ist eine besondere Beachtung der vorliegenden Voraussetzungen von Bedeutung (Tsujiyama 2011). Beim Anwenden der Argumente werden also die logischen Elemente innerhalb der Beweisschritte in ihre logische Reihenfolge gebracht, indem die logischen Beziehungen zwischen den logischen Elementen berücksichtigt werden. 4.) Beim *Sortieren und Herstellen von Beziehungen zwischen den Beweisschritten* müssen dann die Beweisschritte in ihre logische Reihenfolge gebracht werden. Bei mehreren Schritten müssen Schlussfolgerungen zu späteren Voraussetzungen umgewandelt werden (Heinze et al. 2008). Dies wird in der vorliegenden Arbeit in Anlehnung an Duval (1995) als *Recycling* bezeichnet.

Sowohl das Sortieren der logischen Elemente innerhalb eines Beweisschritts als auch das Sortieren der Beweisschritte kann auch mit Vor- und Rückwartsarbeiten und nicht linear geschehen (Heinze et al. 2008; Pólya 2010; Tsujiyama 2011).

Auch wenn der Prozess der Beweiserstellung nicht linear ist, muss der Beweis durch die Tätigkeit 5.) *Lineares Darstellen des Beweises als Ganzes* im Nachhinein in seiner logischen Reihenfolge dargestellt werden und die strukturbezogenen Beweistätigkeiten koordiniert werden (Heinze et al. 2008). Ist der zu beweisende Satz durch deduktive Schritte bewiesen, kann der ganze Beweis auf die Voraussetzungen und die Zielschlussfolgerung verdichtet werden, ohne dass die Zwischenschritte mit Anwendung der anderen Argumente nötig wären, um seine Gültigkeit zu begründen und durch die Tätigkeit 6.) *Vollziehen des Statuswechsels des zu beweisenden mathematischen Satzes zum neuen Argument* sein logischer Statuswechsel vollzogen werden, auf dessen Grundlage neue Sätze deduktiv hergeleitet werden können.

Die fachlichen strukturbezogenen Beweistätigkeiten beziehen sich also auf die in Abschnitt 1.2.2 beschriebenen strukturbezogenen Facetten und werden hier mit den dort verwendeten Wörtern bezeichnet. Abb. 1.11 stellt die Zuordnung der fachlichen strukturbezogenen Beweistätigkeiten zu den einzelnen Facetten der logischen Strukturen dar.

Die letzte fachliche strukturbezogene Beweistätigkeit, bei der der Beweis wieder verdichtet wird auf den zu beweisenden Satz umgekehrt zum ersten Schritt, ist hier nicht graphisch dargestellt. Der intendierte Lernpfad für die fachlichen strukturbezogenen Beweistätigkeiten wird im Abschnitt 3.2.2 dargestellt.

1.4 Zusammenfassung und Verbindung zu anderen Teilen des Lerngegenstandes

In diesem Kapitel wurde die Notwendigkeit eines Lehr-Lern-Arrangements durch verschiedene Gründe der Relevanz des Lerngegenstandes Beweisen und empirische Befunde zu typischen Herausforderungen und mangelnden Lerngelegenheiten aufgezeigt (Abschnitt 1.1.1). Nach einer begrifflichen Klärung (Abschnitt 1.1.2) wurde die Bedeutsamkeit der logischen Strukturen als Teilaspekt vom Beweisen herausgearbeitet (Abschnitt 1.1.3). Die fachliche Spezifizierung logischer Strukturen von Beweisen erfolgte mithilfe des Toulmin-Modells (Abschnitt 1.2.1) durch Herausarbeitung der relevanten Facetten logischer Strukturen (Abschnitt 1.2.2). Auf Grundlage der didaktischen Spezifizierung der logischen Strukturen mit ihren besonderen Herausforderungen wurden schließlich die fachlichen strukturbezogenen Beweistätigkeiten dargestellt (Abschnitt 1.3.1). Der Lerngegenstand *logische Strukturen des Beweisens* lässt sich auf der Grundlage

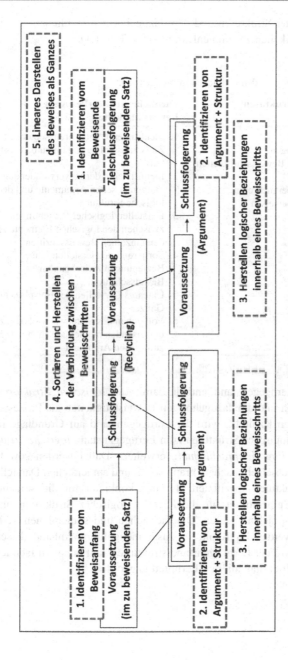

Abbildung 1.11   Bildliche Darstellung der fachlichen strukturbezogenen Beweistätigkeiten anhand der Facetten logischer Strukturen bei einem zweischrittigen Beweis

der Facetten logischer Strukturen und den dazugehörigen fachlichen strukturbezogenen Beweistätigkeiten zusammenfassen (siehe Tab. 1.1):

Tabelle 1.1   Überblick über den fachlichen Lerngegenstand

Facetten logischer Strukturen	Fachliche strukturbezogene Beweistätigkeiten
a. Logische Elemente b. Logische Beziehungen c. Beweisschritte und Beweisschrittketten d. Beweis als Ganzes e. Logische Ebenen bei mehreren lokal-geordneten Beweisen	1. Identifizieren von Voraussetzungen und Zielschlussfolgerung im zu beweisenden Satz 2. Identifizieren der zu verwendenden mathematischen Argumente und deren logische Struktur 3. Herstellen logischer Beziehungen zwischen den logischen Elementen in den einzelnen Beweisschritten 4. Sortieren und Herstellen von Beziehungen zwischen den Beweisschritten 5. Lineares Darstellen des Beweises als Ganzes 6. Vollziehen des Statuswechsels des zu beweisenden mathematischen Satzes zum neuen Argument

Der fachliche Lerngegenstand enthält damit die *logischen Strukturen von
Beweisen* als Produkt und die dazugehörigen Beweistätigkeiten als Prozesse.

Im anschließenden Kapitel 2 wird der Lerngegenstand auf Grundlage möglicher Darstellungen logischer Strukturen zum Lerngegenstand *logische Strukturen
des Beweisens und ihre Versprachlichung* erweitert. Dabei werden sowohl die
möglichen symbolisch-algebraischen, graphischen und sprachlichen Darstellungsarten logischer Strukturen spezifiziert als auch konkreter für die sprachlichen
Darstellungen die Sprachmittel für die Facetten logischer Strukturen und die
strukturbezogenen Sprachtätigkeiten. Die fachlichen und sprachlichen Teile des
Lerngegenstandes werden im Kapitel 3 zusammengeführt. Anhand dieser und
ihrer Reihenfolge wird der Lerngegenstand strukturiert und in einem fachlich und
sprachlich kombinierten intendierten Lernpfad angeordnet.

Spezifizierung des sprachlichen Lerngegenstandes 2

In diesem Kapitel wird der sprachliche Teilbereich von *logische Strukturen des Beweisens und ihre Versprachlichung* spezifiziert, der nur theoretisch vom fachlichen Teilbereich getrennt ist. Als theoretischer Hintergrund wird zunächst die Wahl der sprachlichen Darstellung, ihre Funktion und Beschreibung dargestellt (Abschnitt 2.1). Auf diesen theoretischen Grundlagen werden die relevanten Sprachregister linguistisch und didaktisch spezifiziert (Abschnitt 2.2).

In einem weiteren Abschnitt werden analog wie in Abschnitt 1.2 der Lerngegenstand verengt auf den Teilbereich der logischen Strukturen, hier in Bezug zu den sprachlichen Darstellungen also als *logische Strukturen des Beweisens und ihre Versprachlichung* betrachtet. Damit wird der im vorherigen Kapitel 1 dargestellte fachliche Lerngegenstand um den sprachlichen Teilbereich erweitert und im Sinne der gegenstandspezifischen fachdidaktischen Entwicklungsforschung ergänzt (Hußmann und Prediger 2016).

2.1   Theoretische Hintergründe

In den folgenden Abschnitten wird begründet, welche sprachlichen und graphischen Darstellungen für das Lehr-Lern-Arrangement „Mathematisch Begründen" ausgewählt wurden (siehe Abschnitt 2.1.1). Für diesen Zweck werden die Sprache als zunächst grundlegendes bedeutungserzeugendes System sowie die Sprachregister beschrieben (Abschnitt 2.1.2) und die dazugehörige Grundlage der systemisch-funktionalen Grammatik als linguistische Perspektive dargestellt (Abschnitt 2.1.3).

2.1.1 Symbolisch, graphische und sprachliche Darstellungen

Vielfältige Darstellungsarten im Mathematikunterricht
In der Fachdisziplin Mathematik werden in der Regel symbolisch-algebraische Darstellungen genutzt, um fertige Beweise zu kommunizieren. Als Denkmittel im Beweisprozess werden auch graphische Darstellungen genutzt. Symbolisch-algebraische Darstellungen sind präzise und effizient und damit vorteilhaft für Mathematiker und Mathematikerinnen, die vertraut mit den symbolisch-algebraischen Darstellungen sind. Schülerinnen und Schüler müssen jedoch diese Darstellungsart erst erlernen – genauso wie die in ihrer Schullaufbahn zunehmend abstraktere und komplexere Mathematik. Dafür sind zunächst anderen Darstellungsarten notwendig. Im Mathematikunterricht werden aus diesem Grund vielfältige Darstellungsarten neben der *symbolisch-algebraischen* genutzt, wie *symbolisch-numerische, sprachliche* und *graphische Darstellungen*. Die Nutzung von unterschiedlichen Darstellungsarten geht zurück auf das EIS-Prinzip nach Bruner (1966), nach dem der kindliche Wissensaufbau durch enaktive, ikonische, und symbolische Darstellungen unterstützt werden sollen. Dieses Prinzip wurde auch auf den Mathematikunterricht der Sekundarstufe übertragen, in dem durch Darstellungswechsel speziell auch mathematisches Wissen gefördert werden soll (Duval 2006).

Die unterschiedlichen Darstellungsarten haben verschiedene Vorteile im Lehr-Lern-Prozess, da sie zumeist andere Aspekte bei einem konkreten mathematischen Lerngegenstand betonen und manchmal bestimmte Prozesse wie beispielsweise ein algorithmisches Vorgehen mit der symbolischen Darstellungsform erst ermöglichen. Duval (2006) betont, dass neben den symbolischen Darstellungen mindestens eine sprachliche Darstellung zum Denken notwendig ist, die dafür jederzeit zur Verfügung stehen muss (Duval 2006).

Der Wechsel zwischen den Darstellungsarten eines Lerngegenstandes bzw. in konkreten Aufgaben ist jedoch herausfordernd, weil in den unterschiedlichen Darstellungsarten wie sprachliche oder algebraisch-symbolische Darstellungen zunächst die mathematisch relevanten Teilbereiche identifiziert und deren gemeinsamer mathematischer Kern erkannt werden muss. Um die Aspekte eines Lerngegenstandes und deren Zusammenhänge in den unterschiedlichen Darstellungen zu erkennen, ist daher eine Vernetzung der Darstellungen notwendig (Duval 2006), die durch die jeweilige Lehrkraft bewusst unterstützt werden muss (Prediger et al. 2016).

Auch O'Halloran (2000) hebt wie Duval (2006) bei der Verwendung der unterschiedlichen Darstellungsarten insbesondere die Bedeutung der sprachlichen Darstellungen hervor. Da weder symbolische noch graphische Darstellungen selbsterklärend sind, seien sprachliche Darstellungen nötig, um deren Bedeutungen zu klären (O'Halloran 2000). Schon Pimm (1987) betont mit „Speaking mathematically", wie das bewusste Anregen von Sprachproduktionen für kognitive Aktivierungen genutzt werden kann. Die sprachlichen Darstellungen kann man aus linguistischer Perspektive durch unterschiedliche Sprachregister (Alltags-, Bildungs- und Fachsprache) mit verschiedenen Merkmalen in Abhängigkeit von den Kontexten beschreiben wie in späteren Abschnitten (siehe Abschnitt 2.2) genauer dargestellt wird.

Die funktionale Nutzung der Sprache für das Fachlernen ist – wie auch in dieser Arbeit – Ausgangspunkt für andere mathematikdidaktische Arbeiten, die Sprach- und Fachlernen miteinander kombinieren (z. B. Pöhler 2018; Prediger 2020; Wessel 2015).

Darstellungsarten von Beweisen und logischen Strukturen
Beim Erlernen der unterschiedlichen Formen mathematischen Begründens werden zunächst die inhaltlichen Zusammenhänge durch unterschiedliche Darstellungsarten wie auch Tabellen und konkreten Handlungen neben den graphischen, sprachlichen und symbolischen Darstellungsarten verdeutlicht (Brunner 2018). Neben der algebraisch-symbolischen Darstellung eines Beweises beschreibt Duval (2006) für den mathematischen Prozess und der zugehörigen mathematischen Argumente sprachliche, geschriebene Darstellungen und dazugehörige mündliche Erklärungen (Duval 2006, S. 110). Dabei können nicht nur mathematische Inhalte von Beweisen, sondern auch logische Strukturen mit unterschiedlichen Darstellungsarten dargestellt werden.

Algebraisch-symbolische Darstellungen: Die algebraisch-symbolische Darstellung von Beweisen ist die übliche Darstellungsform innerhalb des Faches Mathematik. Die algebraisch-symbolischen Darstellungen sind mit präzisen, relativ eindeutigen Bedeutungen belegt, was gerade ihre Funktion ist. Sie repräsentieren die mathematischen verdichteten Strukturen. Dabei können auch die logischen Strukturen algebraisch-symbolisch dargestellt werden (Abb. 2.1).

Abbildung 2.1
Algebraisch-symbolische
Darstellung

$$\exists x \in X: (S(x) => T(x)) \land (T(x) => Q(x))$$
$$=> (S(x) => Q(x))$$

In Mathematikvorlesungen werden logische Strukturen in einer algebraisch-symbolischen Darstellung der Aussagenlogik unterrichtet. Dabei werden algebraisch-symbolische Darstellungen von Beweisen an der Tafel auch mündlich – also sprachlich – verbalisiert, oft auch weiter expliziert und damit auch die logischen Strukturen (Artemeva und Fox 2011; Greiffenhagen 2014).

Sprachliche Darstellungen: Die sprachlichen Darstellungen von Beweisen werden meist als „narrativ-deduktiv" bezeichnet. Das beinhaltet, dass zum einen deduktiv vorgegangen wird, aber dies sprachlich (narrāre = lat. erzählen) dargestellt wird. Sprachliche Darstellungen sind auch bei logischen Strukturen oft nicht so präzise wie algebraisch-symbolische Darstellungen. So betont Duval (2006) das Erkennen der sonst eher ungebräuchlichen Nutzung der Sprache als zentral, wobei die Sprache insbesondere durch die engeren Bedeutungen gekennzeichnet ist:

> „A valid deductive reasoning runs like a verbal computation of propositions while the use of arguments in order to convince other people runs like the progressive description of a set of beliefs, facts and contradictions. Students can only understand what is a proof when they begin to differentiate the two kinds of reasoning in natural language." (Duval 2006, S. 120)

Das Sprachverständnis ist relevant für das fachliche Verständnis von Beweisen bzw. der höheren Mathematik (Clarkson 2004; Moore 1994). Auch Boero et al. (2008) betonen die Bedeutung sprachlicher Darstellungen beim Lernen meta-mathematischen Wissens, wobei hier auch logische Strukturen adressiert sind.

Sprachliche Darstellungen sind daher auch beim Erlernen logischer Strukturen von Bedeutung, insbesondere, um zunächst die Zusammenhänge zu verstehen. Hierbei handelt es sich um die kognitive Funktion von Sprache (siehe Abschnitt 2.1.2). Insbesondere für unbekannte Lerngegenstände ist dabei die Sprache ein Lernmedium.

Das folgende Beispiel einer sprachlichen Darstellung logischer Strukturen stammt aus einem Designexperiment innerhalb der vorliegenden Arbeit und ist ein Beweistext zum Wechselwinkelsatz (Cora, Designzyklus 3), d. h. also auch mit mathematischem Inhalt, der hier teilweise auch algebraisch-symbolisch dargestellt ist (siehe Abb. 2.2).

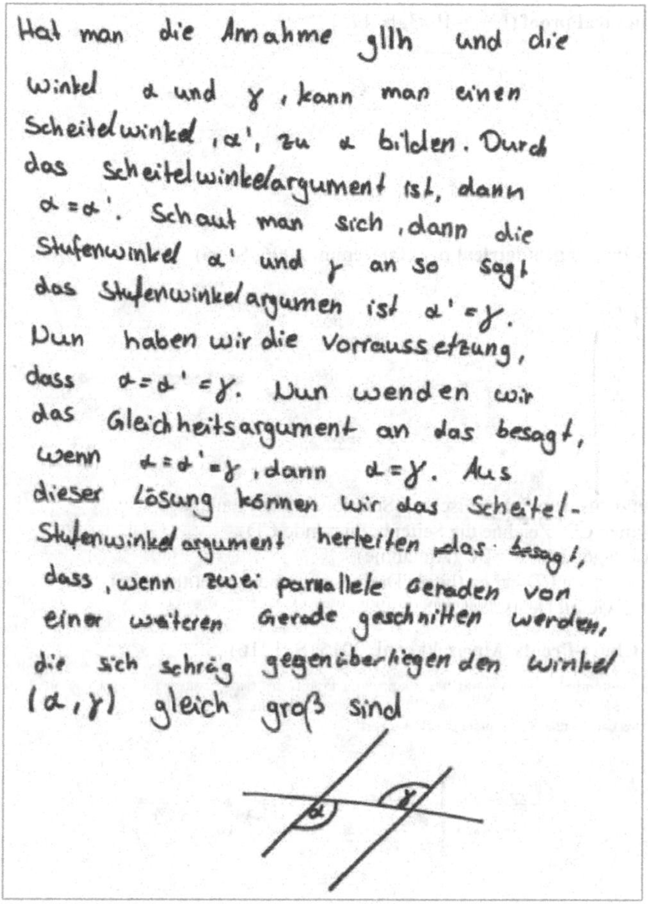

Hat man die Annahme g||h und die Winkel α und γ, kann man einen Scheitelwinkel ,α', zu α bilden. Durch das Scheitelwinkelargument ist, dann α = α'. Schaut man sich, dann die Stufenwinkel α' und γ an so sagt das Stufenwinkelargumen ist α' = γ. Nun haben wir die Vorraussetzung, dass α = α' = γ. Nun wenden wir das Gleichheitsargument an das besagt, wenn α = α' = γ, dann α = γ. Aus dieser Lösung können wir das Scheitel- Stufenwinkel argument herleiten, das besagt, dass, wenn zwei parallele Geraden von einer weiteren Gerade geschnitten werden, die sich schräg gegenüberliegen den Winkel (α, γ) gleich groß sind

Abbildung 2.2 Beispiel einer sprachlichen Darstellung einer Schülerin aus einem Designexperiment mit mathematischem Inhalt

a. **Structural proof** (Leron 1983, S. 175)

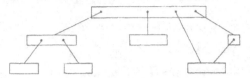

b. **Structures in geometrical proofs** (Hemmi 2006, S. 56)

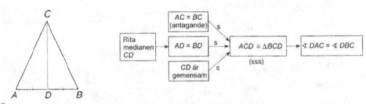

Übersetzung aus dem Schwedischen (Schulbuch aus Finnland):
Rita medianen CD: Zeichne die Seitenhalbierende CD
AC=BC (antagande): AC=BC (Annahme)
CD är gemeinsam: CD haben (beide Dreiecke) gemeinsam (als Seite)
SSS analog wie im Deutschen SSS-Satz

c. **Flow-Chart-Proofs** (Miyazaki et al. 2015, S. 1216)

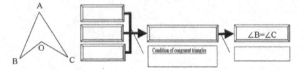

In the diagram below, we would like to prove ∠B=∠C by using congruent triangles. What do we need to show this, and what conditions of congruent triangles can be used? Complete the flow-chart!

d. **DWC (Data-Warrant-Claim) Table tool und Proof Bearing Structure Tool**
(Moutsios-Rentzos und Micha 2018, S. 397)

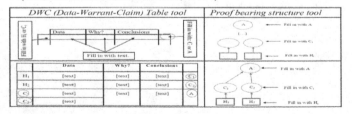

Abbildung 2.3 Unterschiedliche graphische Darstellungen logischer Strukturen

Graphische Darstellungen: Im Bereich des mathematischen Begründens und Beweisens werden im Unterricht graphische Darstellungen meistens zur Veranschaulichung der mathematischen Inhalte genutzt wie zum Beispiel mit Zeichnungen in der Geometrie. Die graphischen Darstellungen werden früh schon bei den unterschiedlichen Vorformen des Beweisens genutzt. Logische Strukturen von Beweisen hingegen werden selten graphisch dargestellt. Für didaktische Zwecke können graphische Darstellungen genutzt werden, um logische Strukturen zu explizieren, logische Elemente einzufordern bzw. Beweisprozesse zu unterstützen. Insbesondere ist diese Nutzung notwendig, weil logische Strukturen abstrakt, in der Regel implizit und damit schlecht wahrnehmbar sind (siehe Abschnitt 1.3.1). In Abb. 2.3 werden Beispiele dargestellt.

Zu a) Leron (1983) beschreibt, wie Beweise auf unterschiedliche Weisen verdichtet und aufgefaltet dargestellt werden können. Neben einer linearen, kurzen Darstellung eines Beweises plädiert er dafür, die einzelnen Teile eines Beweises mehr aufzufalten und klarer sichtbar zu machen. Er nennt das den „zooming effect" (Leron 1983, S. 175) und beabsichtigt so, Lernenden den Zugang zum Beweisen zu erleichtern. Die Darstellung a) visualisiert also nicht logische Strukturen, sondern unterschiedliche Auffaltungs- und Verdichtungsgrade der Darstellung von Beweisen und ihrer Zusammenhänge.

Zu b) Hemmi (2006) illustriert an einem Beispiel aus einem Schulbuch, wie graphische Darstellungen genutzt werden können – in diesem Fall bei einem gleichschenkligen Dreieck –, um logische Strukturen visuell zu explizieren, so dass die Funktionen der logischen Elemente im Beweis sichtbar werden. Die Pfeile illustrieren die logischen Beziehungen und geben die logische Reihenfolge wieder.

Zu c) Miyakazi et al. (2015) nutzen als graphische Darstellung „Flow-Chart-Proofs" bei offenen geometrischen Problemen in einer mathematikdidaktischen Studie, die im Klassensetting durchgeführt wurde. Die graphischen Darstellungen werden zur Explikation und zum Einfordern der logischen Elemente und der Unterstützung des Beweisprozesses genutzt (Miyazaki et al. 2015).

Zu d) Moutsios-Rentzos und Micha (2018) nutzen das *DWC-Table tool* und *Proof Bearing Structure Tool*, um die wechselnden Funktionen (Voraussetzung, Schlussfolgerung etc.) mathematischer Inhalte und die Gesamtstruktur eines Beweises in der Interventionsklasse zu präsentieren und zu organisieren (Moutsios-Rentzos und Micha 2018). Dabei betonen sie mit ihrem Design des *DWC-Table tools*, das auf dem verkürzten Toulmin-Modell basiert, die logischen Strukturen der einzelnen Beweisschritte. Nachträglich werden die Schritte im *Proof Bearing Structure Tool* zum mehrschrittigen Beweis organisiert.

Zusammengefasst haben also alle vier graphischen Darstellungen logischer Strukturen die didaktische Intention, das Verständnis logischer Strukturen zu unterstützen. Beispiel a) beschreibt das Vorgehen des Auffaltens und Verdichtens der logischen Strukturen auf einer didaktischen Metaebene. Die anderen graphischen Darstellungen von logischen Strukturen in den Beispielen b), c) und d) (siehe Abb. 2.3) sind an die Lernenden gerichtet und werden vor allem zur visuellen Explikation der logischen Strukturen, aber in den Beispiel c) und d) auch zum Einfordern und zur Unterstützung der Beweisprozesse genutzt. Dabei soll vor allem das Netzwerk der logischen Strukturen durch eine logische Anordnung deutlich werden, bei denen die logischen Beziehungen zwischen den logischen Elementen durch Pfeile ausgedrückt werden.

Insgesamt lassen sich die unterschiedlichen Darstellungsformen logischer Strukturen von Beweisen aus didaktischer Perspektive wie folgt zusammenfassen:

- *Algebraisch-symbolische Darstellungen* logischer Strukturen sind die üblichen in der Mathematik. Sie sind aber zunächst eine sehr große Herausforderung, die oft erst spät in der schulischen Laufbahn oder nie überwunden wird, und bleiben langfristiges Lernziel.
- *Sprachliche Darstellungen* haben das Potential, die Bedeutungen zu explizieren und logische Strukturen sichtbar zu machen, die symbolischen und graphischen Darstellungen zu erklären, auch wenn sie selbst sehr anspruchsvoll und nicht immer eindeutig sind.
- *Graphisch Darstellungen* logischer Strukturen können insbesondere die oft impliziten logischen Elemente und deren Reihenfolge graphisch explizieren, einfordern und Beweisprozesse unterstützen. Die mathematischen Bedeutungen der graphischen Darstellungen müssen jedoch zunächst erkannt werden.

Die Darstellungsarten der logischen Strukturen werden auf dieser Grundlage in dieser Arbeit auf folgende Weise genutzt: Die algebraisch-symbolischen Darstellungen sind langfristiges Lernziel und liegen jenseits des angebotenen Lernpfads. Im Lehr-Lern-Arrangement werden sie also nicht genutzt, weil zunächst das Verständnis der logischen Strukturen im Vordergrund stehen. Mit dem Ziel, das Verständnis der logischen Strukturen zu unterstützen, werden vor allem sprachliche Darstellungen genutzt, deren Bedeutung unter anderem auch Duval (2006) hervorhebt – trotz einiger Nachteile wie die geringere Eindeutigkeit. Die Sprache beim Beweisen – insbesondere auch in Lehr-Lern-Prozessen – ist aber ein Forschungsdesiderat. So fordern Burton und Morgan (2000), die veröffentlichte Beweistexte von Mathematikerinnen und Mathematikern und deren Unterschiede in Interviews untersuchen, die genauere Identifikation von Charakteristika von mathematischen Textgenres wie Beweise und gezielten Unterstützungsmöglichkeiten für Lernende. Dies sei für Lernende auf den unterschiedlichen Schul- und Universitätsebenen notwendig, um erfolgreich am mathematischen Diskurs teilzunehmen. Auch Lew und Mejía-Ramos (2019, 2020) untersuchen linguistische Konventionen und Erwartungen im Zusammenhang von schriftlichen Beweisen auf universitärer Ebene. Auch sie betonen die Notwendigkeit, die Sprache von Beweisen genauer zu erforschen (Lew und Mejía-Ramos 2019, 2020). Eine weitere Spezifizierung der Sprache erfolgt daher in Abschnitt 2.3.1 und in den Analysen der Bearbeitungsprozesse bzw. der Lernprozesse in Kapitel 7 und 8. Die Bedeutung der graphischen Darstellungen wird auf Grundlage der soziokulturellen Lehr-Lern-Theorie nach Vygotsky im Abschnitt 4.2 herausgearbeitet. Auf dieser Grundlage werden die graphischen Darstellungen der logischen Strukturen im Lehr-Lern-Arrangement mit den sprachlichen Darstellungsarten vernetzt (siehe Abschnitt 6.2).

2.1.2 Sprache als bedeutungserzeugendes System und Sprachregister

Beweise und dabei insbesondere logische Strukturen sind sehr anspruchsvolle Lerngegenstände, die nicht von alleine gelernt werden können (siehe Abschnitt 1.1.1 und 1.3.1). Die sprachlichen Darstellungen sollen hier für einen verstehensorientierten Ansatz genutzt werden, bei dem die Sprache sowohl in der sozialen Interaktion als auch beim Denken zum Verstehen genutzt werden kann. Die Sprache wird hier also als bedeutungserzeugendes System betrachtet entsprechend einer sozio-kulturellen Perspektive (siehe Abschnitt 4.1). Bei der Betrachtung von Sprache als „meaning-making system" (Schleppegrell 2010, S. 76) wird der Zusammenhang zwischen Sprache und dem fachlichen Lerngegenstand betrachtet. Als einer der ersten nannte Vygotsky (1962) dabei die kognitive Funktion von Sprache (Sprache als Denkwerkzeug) neben der kommunikativen Funktion (Sprache als Kommunikationsmittel) (siehe Abschnitt 4.1).

Unter der kognitiven Funktion von Sprache wird Sprache als Werkzeug zum Denken und zur Wissenskonstruktion verstanden, bei dem Bedeutungen durch die Sprache erschlossen werden (Schleppegrell 2010).

Die Bedeutung der Sprache als Zugang zu mathematischem Wissen und mathematischen Fähigkeiten wird schon lange auch in der Mathematikdidaktik betont (z. B. Maier und Schweiger 1999; Moschkovich 2015; Pimm 1987). Auch Maier und Schweiger (1999) unterscheiden wie Vygotsky explizit zwischen kommunikativer und kognitiver Funktion – hier aber fachspezifisch für das Mathematiklernen.

Die Relevanz von Sprache für das Mathematiklernen zeigt sich auch empirisch in internationalen und nationalen Leistungsstudien, die statistisch Zusammenhänge von Mathematikleistung und Sprachkompetenzen aufzeigen. Dabei wird dieser Zusammenhang nicht nur bei Lernenden mit Migrationshintergrund festgestellt (Haag et al. 2013; Stanat 2006), sondern als Faktor mit stärkstem Zusammenhang zur Mathematikleistung vor anderen sozialen und sprachlichen Faktoren wie beispielsweise dem sozioökonomischen Status, und zwar auch bei monolingualen Lernenden (Prediger, Wilhelm, et al. 2015; Ufer et al. 2013).

Exemplarisch seien hier mit Blick auf den Lerngegenstand logische Strukturen auch die geringen schriftsprachlichen Kompetenzen bei Studierenden am Anfang ihres Studiums genannt (Bremerich-Vos und Scholten 2016), die auch Hürden bilden können. Dies illustriert umso mehr, dass Sprachlernen für alle Schülerinnen und Schüler – auch den erfolgreichen – relevant ist.

Auf der Suche nach Erklärungen und der daraus resultierenden Ableitung didaktischer Implikationen wird oft die angewandte Linguistik genutzt. Dabei wird der Zusammenhang der fachlichen Leistungsunterschiede mit den sprachlichen Leistungsunterschieden auf die verschiedenen sprachlichen Ressourcen und damit verbundenen Bewältigungsmöglichkeiten der steigenden sprachlichen Anforderungen zurückgeführt. Die unterschiedlichen sprachlichen Anforderungen im Laufe des Lebens eines Lernenden vom Alltag, über die Schulstufen hinweg und in den unterschiedlichen Fächern, vielleicht bis zum Erlernen einer Fachdisziplin werden dafür identifiziert. Bei diesen didaktisch motivierten Abgrenzungen der Sprache im Alltag und der Sprache in der Schule, die unterschiedlich ausdifferenziert und beschrieben sein können, steht die kognitive Funktion der Sprache im Vordergrund (Morek und Heller 2012). Gogolin (2010) bzw. Gogolin und Lange (2011) beschreiben *Bildungssprache* unter Bezug auf Habermas als sprachliches Register, „mit dessen Hilfe man sich mit den Mitteln der Schulbildung ein Orientierungswissen verschaffen kann" (Gogolin und Lange 2011, S. 108). Das Sprachregister Bildungssprache hat dabei schulsprachliche und fachsprachlichen Elemente, wobei Schulsprache sich danach allein auf Schule bezieht und Fachsprache Sprache unter Fachleuten ist (Gogolin 2010; Gogolin und Lange 2011). Die Schulbildung und die Bildungssprache bedingen sich hier gegenseitig. Die Bildungssprache, für die insbesondere das Merkmal der konzeptionellen Schriftlichkeit beschrieben wird, ist besonders für die Lernenden, deren Elternhaus wenig Schriftorientierung aufweisen, besonders herausfordernd, was sowohl Schülerinnen und Schüler mit als auch ohne Migrationshintergrund betrifft (Gogolin und Lange 2011).

Feilke (2012a) beschreibt Bildungssprache als Sprache des Lernens mit Überschneidungen zur Schriftsprache und zur Schulsprache, die er als Sprache des Lehrens versteht. Er betont für die Schulsprache die sprachlichen Normen, die in der Institution Schule bestehen und die auch von den Lernenden erkannt und bewältigt werden müssen (Feilke 2012b).

Die lexikalischen und grammatikalischen Ressourcen, die einer Person zur Verfügung stehen, um unterschiedliche Situationen in Alltag, Schule allgemein oder Fachunterricht zu bewältigen, werden linguistisch als Sprachregister beschrieben (Riebling 2013). Die Theorie von Sprachregistern ist Teil der systemisch-funktionalen Grammatik (siehe genauer Abschnitt 2.1.3) (Halliday 1978; Halliday und Hasan 1985). Sprachregister – „functional variation in language" (Halliday 1996, S. 323) – bezeichnet genauer die situationsabhängige Wahl von Sprache in mündlichen und schriftlichen Sprachproduktionen unter der Berücksichtigung der Kontexte (Halliday 1996). Halliday (1978) ordnet Sprachregister in Bezug auf die Entwicklung von Sprachkompetenzen ein und definiert Sprachregister wie folgt:

> „A set of meanings that is appropriate to a particular function of language, together with the words and structures which express these meanings" (Halliday 1978, S. 195).

Diese Konzeptualisierung der Bewältigung von sprachlichen Anforderungen in Abhängigkeit der Anforderungssituationen als Sprachregister wird auch in der vorliegenden Arbeit genutzt. Die dafür relevanten Sprachregister werden für eine fachdidaktische Nutzung wie folgt verstanden (siehe auch Morek und Heller 2012; Riebling 2013):

- Als *Alltagssprache* wird das Sprachregister verstanden, das die Schülerinnen und Schüler in ihrem Alltag außerhalb des Unterrichts bzw. Menschen allgemein in privaten Kontexten nutzen, insbesondere auch in der mündlichen Kommunikation.
- Als *Bildungssprache* wird hier das Sprachregister bezeichnet, das konzeptionell schriftlich und sowohl in den Printmedien als auch im Schulunterricht allgemein genutzt bzw. angestrebt wird.

- Als *Fachsprache* wird sowohl die fachspezifische Sprache in den Unterrichts-fächern als auch die Sprache unter Fachleuten, in diesem Fall von Mathe-matikerinnen und Mathematikern verstanden, die ja langfristig im Unterricht angestrebt wird.

Selbstverständlich gibt es hier Überschneidungen und dies ist nur ein Versuch, die unterschiedlichen sprachlichen Anforderungen in den unterschiedlichen Situatio-nen zu unterscheiden. Insbesondere Bildungssprache und Fachsprache sind sehr nahe Sprachregister, da im Fachunterricht die Bildungssprache mit fachspezi-fischen Ausprägungen als Fachsprache genutzt wird und umgekehrt schulische Fachsprache zum Teil in Bildungssprache integriert wurde. Fachsprache wird in der Regel im Fachunterricht bewusst unterrichtet.

Um Sprache als Lernmedium und bedeutungserzeugende Ressource nutzen zu können, muss zunächst das dafür jeweils notwendige Sprachniveau erreicht sein.

- Die *Alltagssprache* ist vermutlich die sprachliche Ressource, auf die die meisten Schülerinnen und Schüler zurückgreifen können.
- Insbesondere die *Bildungssprache* wird in der Schule oft als *Lernvorausset-zung* behandelt und selbstverständlich als *Lernmedium* genutzt, selten bewusst unterrichtet und ist für alle Lernenden, die wenig oder keine Lerngelegenhei-ten außerhalb des Unterrichts haben, zusätzlicher *Lerngegenstand* (Lambert und Cobb 2003; Prediger 2019a). Morek und Heller (2012) nennen daher neben Bildungssprache als „Medium von Wissenstransfer", also die kom-munikative Funktion, und Sprache als „Werkzeug des Denkens", also die kognitive Funktion, Bildungssprache als *Eintritts- und Visitenkarte* (Morek und Heller 2012, S. 70). Damit ist die Bildungssprache eine ungleich ver-teilte *Lernvoraussetzung* (Feilke 2012a; Gogolin 2006). Die sprachlichen Anforderungen der Bildungssprache, die als relevant für den beschriebenen fachlichen Lerngegenstand identifiziert werden, werden im Abschnitt 2.2.1 genauer spezifiziert.
- Das Sprachregister *Fachsprache* ist für alle Lernenden *Lerngegenstand* in den jeweiligen Fächern, der fachspezifisch und oft lerngegenstandsspezi-fisch im Unterricht adressiert werden muss. Die sprachlichen Anforderungen in der Mathematik und des fachlichen Lerngegenstandes werden in den Abschnitt 2.2.2 und 2.3 genauer spezifiziert. Damit hat die Sprache in den unterschiedlichen Registern unterschiedliche Funktionen und Relevanz für ein gleichberechtigtes Lernen in den jeweiligen Fächern.

Besonders problematisch ist diese Tatsache für den Fachunterricht in Deutschland, wo eine besonders große Bildungsungerechtigkeit zwischen Lernenden unterschiedlicher Sprachkompetenzen besteht. Aus diesen Überlegungen, insbesondere Bildungssprache als Lernmedium für alle Lernenden verfügbar zu machen, folgt für die nicht-sprachlichen Fächer die Forderung nach „Content language intergrated Learning" (CLIL) (Feilke 2012a). Dafür sind aber zunächst die Identifikation der sprachlichen Anforderungen einzelner Lerngegenstände notwendig (Bailey 2007).

Die MuM-Projekte wie z. B. MuM-Prozente (Pöhler und Prediger 2015), MuM-Brüche (Prediger und Wessel 2013) oder auch MuM-Lesen (Dröse und Prediger 2021), die Mathematiklernen unter Bedingungen der Mehrsprachigkeit untersuchen und dabei der Forderung nachkommen, zu untersuchen, wie für unterschiedliche fachliche Lerngegenstände die Sprache nicht nur berücksichtigt, sondern auch funktional für das Fachlernen genutzt werden kann. Hierbei sind unter Mehrsprachigkeit auch die unterschiedlichen Sprachregister gemeint.

Dafür werden auf unterschiedliche Weisen die sprachlichen Herausforderungen im Mathematikunterricht für einzelne Lerngegenstände zunächst empirisch und theoretisch herausgearbeitet. So werden in den MuM-Projekten auch das verzahnte Lernen von mathematischen Bedeutungen und Sprache aus mathematikdidaktischer Perspektive betrachtet und durch in den Projekten entwickelte Lehr-Lern-Arrangements unterstützt. In den MuM-Projekten werden zumeist mathematische Inhalte wie *Funktionen* (Prediger und Zindel 2017), *Brüche* (Prediger und Wessel 2013) oder *Prozente* (Pöhler und Prediger 2015) als Bedeutungen der Sprache adressiert, aber auch Tätigkeiten wie das *Lesen von Textaufgaben* (Dröse und Prediger 2021). Je nach Lerngegenstand und Schwerpunktsetzungen werden in den unterschiedlichen Studien die Lerngegenstände, Lehr-Lern-Arrangements und Lehr-Lern-Prozesse aus jeweils unterschiedlichen theoretischen Perspektiven eingeordnet, betrachtet und ausgeschärft. Einen Überblick über die unterschiedlichen Forschungsstudien im Hinblick auf sprachbildenden Mathematikunterricht und generelle didaktische Überlegungen des Lehrens und Lernens von Mathematik unter funktionaler Nutzung der Sprache auf Grundlage der empirischen Studien finden sich bei Prediger (2019a).

Im Projekt MuM-Beweisen, das in der vorliegenden Arbeit beschrieben wird, werden die sprachlichen Anforderungen beim Erstellen und Schreiben von Beweistexten in Bezug auf die logischen Strukturen untersucht. Das ist beim beschriebenen fachlichen Lerngegenstand (siehe Kapitel 1), der sehr anspruchsvoll ist, von besonderer Relevanz, da mit ihm höhere kognitive Prozesse und höhere sprachliche Herausforderungen verbunden sind (Cummins 1979; Schleppegrell 2004a).

Um Sprache im beschriebenen Projekt als bedeutungserzeugendes System zu nutzen, wird daher die linguistische Theorie der systemisch-funktionalen Grammatik nach Halliday (2004) genutzt, wie im Folgenden genauer ausgeführt wird.

2.1.3 Linguistische Perspektive mit systemisch-funktionaler Grammatik

Die systemisch-funktionale Grammatik (engl. *systemic functional grammar*) wurde von Halliday (2004) entwickelt. *Systemisch* beschreibt in dieser Theorie eine weite Auffassung von Sprache, die als ein Netzwerk verstanden wird, bei dem die Nutzerinnen und Nutzer der Sprache die Formen jener wählen können, wenn auch nicht notwendigerweise bewusst, um unterschiedliche Bedeutungen auszudrücken. Als *funktional* wird die Sprache in der systemisch-funktionalen Grammatik verstanden, indem sie als funktional für die unterschiedlichen Anwendungssituationen betrachtet wird. Bedeutungen werden dabei als sehr weit verstanden, die nicht nur die Bedeutungen einzelner Wörter umfassen, sondern als umfassendes System, bei dem auch die Grammatik und deren Zusammenspiel in größeren Einheiten wie Sätzen betrachtet werden. Insbesondere wird Sprache damit als durch den sozialen Kontext und die Bedeutungen bestimmt verstanden, bei der insbesondere die Grammatik als bedeutungserzeugende Ressource betrachtet wird (Halliday 2004). Hasan (1992a) bringt die enge Verbindung von Sprache, deren Bedeutung und die Relevanz der Grammatik neben der Lexik in der systemisch-funktionalen Grammatik folgendermaßen auf den Punkt:

"Semantic level of language is a *meaning potential*, which itself is constituted and expressed by the form of language. From this point of view, it is the lexicogrammar as a whole, not just the lexicon, that functions as a resource of meaning." (Hasan 1992a, S. 90).

Der Begriff *Lexikogrammatik* in der systemisch-funktionalen Grammatik drückt gerade die damit beschriebene enge Verbindung von Lexik und Grammatik einerseits und den Bedeutungen der Sprache andererseits aus. Im Folgenden werden unter *Sprachmitteln,* die Mittel der Sprache (Lexik und Grammatik) verstanden, Bedeutungen im Diskurs (Semantik) auszudrücken, wobei auf Grundlage der systemisch-funktionalen Grammatik von einem engen Zusammenhang von Lexik und Grammatik ausgegangen wird. Mit Lexik ist der Wortschatz mit den einzelnen Wörtern, den Lexemen, gemeint. Grammatik als Formenlehre natürlicher Sprache umfasst hier sowohl die Morphologie (Bau der Wörter wie auch Wortarten etc.) als auch Syntax (Aufbau von Sätzen) (Bußmann 2002, S. 259). Die Nutzung der Sprachmittel unterscheidet sich in den unterschiedlichen Sprachregistern.

In der systemisch-funktionalen Grammatik wird auch das Konstrukt des *Genres* diskutiert, das im engen Zusammenhang zur Sprachregistertheorie steht (Halliday und Hasan 1985). Unter dem Konstrukt Genre werden die Merkmale beim Gebrauch von Sprache beschrieben wie Grammatik, Lexik und Textstruktur in Abhängigkeit von den äußeren Anforderungen und sozialen Funktionen (Christie 1985). Martin und Rose (2008) beschreiben auf Grundlage der systemisch-funktionalen Grammatik *Genre* als bestimmt durch die unterschiedlichen Sprachmerkmale innerhalb eines Registers (Martin und Rose 2008).

Grundsätzlich wird die systemisch-funktionale Grammatik für die englische Sprache beschrieben, aber ist in Teilen auch auf deutsche Sprache übertragbar wie beispielsweise McTear (1979) anhand von konkreten Beispielen illustriert. Beim Nutzen der systemisch-funktionalen Grammatik für die Betrachtung von einzelnen sprachlichen Phänomenen muss jedoch jeweils überprüft werden, ob und wie sich diese linguistische Theorie auf die deutsche Sprache übertragen lässt.

Die linguistische Theorie der systemisch-funktionalen Grammatik (Halliday 2004), die wie dargestellt für eine funktionale Perspektive auf Sprache geeignet ist und auch zur sozio-kulturellen Perspektive passt, bei der Sprache als Werkzeug verstanden wird (siehe Abschnitt 4.1.2), wird auch in der vorliegenden Arbeit als Grundlage für die Betrachtung der Sprache genutzt. Diese wird insbesondere zur Betrachtung der für den Lerngegenstand relevanten Sprachmitteln zur Identifikation sprachlicher Herausforderungen und möglicher Unterstützungsmöglichkeiten genutzt. Auch Halliday (1993a) beabsichtigt mit seiner funktionalen Betrachtung von Sprache schon das Lernen zu unterstützen.

2.2   Spezifizierung der relevanten Sprachregister

Die funktionale Perspektive auf Sprache wurde zur Erforschung der sprachlichen Anforderungen und zur Unterstützung in Lehr-Lern-Prozessen auch auf schulische Kontexte übertragen (Schleppegrell 2004a; Unsworth 2000a) und unter anderem in der Erforschung von Prozessen von Mathematiklernen (Schleppegrell 2004a) und Sprachlernen (Hammond und Gibbons 2005) genutzt. Halliday (1993b) selbst schlägt vor, dass Lehrkräfte mit einem funktionierenden Grammatikmodell die sprachlichen Anforderungen ihres Unterrichts identifizieren können, jedoch nicht das Grammatikmodell für die Lernenden zum Lerngegenstand machen sollten (Halliday 1993b).

Da jedoch auch für die Lehrkräfte die gezielte Analyse sprachlicher Anforderungen einzelner Lerngegenstände eine große Herausforderung ist, wird dies zur wissenschaftlichen Aufgabe erklärt (Bailey 2007) – wie sie beispielsweise im MuM-Projekt bearbeitet wird (Prediger 2019a).

2.2.1 Sprachregister Bildungssprache

Merkmale der Bildungssprache
In der Bildungssprache werden mehr abstrakte Gegenstände mit einer expliziteren und präziseren Sprache beschrieben, im Gegensatz zur Sprachverwendung im Alltag, wo Informationen teilweise aus dem Kontext entnommen werden können, Verweise mit Deiktika oft ausreichend sind („hier", „das da") und es auch weniger auf Genauigkeit ankommt (Morek und Heller 2012). Die Bildungssprache zeichnet sich daher sowohl in der deutschen als auch englischen Sprache durch höhere lexikalische Dichte wie in *Nominalisierungen* und auf der Ebene der Syntax durch mehr (kausale und temporale) *Konjunktionen* aus, die Zusammenhänge herstellen und in komplexen Satzgefügen genutzt werden (Morek und Heller 2012; Unsworth 2000b). Eine genauere Darstellung der Merkmale der Bildungssprache findet sich bei Morek und Heller (2012, S. 73), die in der vorliegenden Arbeit nicht weiter ausgeführt wird.

Didaktische Spezifizierung der Bildungssprache
Das Sprachregister Bildungssprache wird aus didaktischer Perspektive vor allem als *Lernmedium* verstanden, bei dem seine kognitive Funktion im Vordergrund steht und damit als Sprache des Lehrens und Lernens (Feilke 2012a; Morek und Heller 2012). Das Sprachregister Bildungssprache ist jedoch oft implizite *Lernvoraussetzung* und damit zusätzlicher *Lerngegenstand*, insbesondere für die Lernenden, deren Elternhaus keine ausgeprägte Schriftorientierung hat (Gogolin und Lange 2011). Das Erlernen des Sprachregisters Bildungssprache ist daher für den weiteren Bildungserfolg von Schülerinnen und Schüler von zentraler Bedeutung. Dazu konstatiert Bailey (2007, S. 171): „Understanding and using academic registers correlates with academic success".

Das Sprachregister Bildungssprache zu verstehen und zu erlernen ist aber mit seinen Merkmalen eine große Herausforderung (Snow und Uccelli 2009). Um das Lernen des Sprachregisters Bildungssprache für alle Lernenden zu unterstützen, müssen die zuvor identifizierten Anforderungen (siehe Abschnitt 2.1.2) adressiert werden.

Schleppegrell (2004a) beschreibt, warum eine funktionale Linguistik gerade für die Schule, die in soziale Prozesse eingebettet ist, sinnvoll ist, um die Sprache für didaktische Zwecke zu untersuchen:

> „Rather than analyzing linguistic structures in isolation or as abstract entities, a functional approach identifies the configuration of grammatical structures which is typical of or expected in different kinds of socially relevant tasks and links those linguistic choices with the social purposes and situations that the "texts" (spoken or written) participate in." (Schleppegrell 2004a, S. 145)

Das Verstehen der linguistischen Merkmale der Sprache in der Schule könne dabei helfen, die Sprache der Lernenden effektiver zu unterstützen und Lerngelegenheiten zu designen (Schleppegrell 2001).

Grammatikalisch inkohärente Sprachmittel als Herausforderung
Gerade auf Grund des Konstrukts der Lexikogrammatik aus der systemisch-funktionalen Grammatik können Abweichungen der Grammatik bei gleichen Bedeutungsebenen beschrieben werden (O'Halloran 2000). So ist ein zentrales Merkmal des Sprachregisters Bildungssprache die *Grammatische Metapher* *(„grammatical metaphor")*, die sich durch eine hohe lexikalische Dichte und syntaktische Ambiguität auszeichnet (Halliday 1993b). Im Gegensatz zur herkömmlichen Metapher wird hier nicht ein anderes Wort genutzt, um eine Bedeutung zu vermitteln (z. B. „Die Nadel im Heuhaufen suchen". *Nadel* hat hier eine andere Bedeutung als etwa „etwas sehr Kleines, das schwer zu finden ist"), sondern eine andere grammatikalische Klasse (z. B. *Schlussfolgerung* (Nomen) statt *schlussfolgern* (Verb)) (Halliday 1993b). Bei der grammatikalischen Metapher werden also Bedeutungen durch Wörter mit einer vom Alltag abweichenden Grammatik genutzt, im Folgenden wird dies *grammatikalisch inkohärent* genannt, so dass zwei Ebenen verstanden werden müssen, wie Martin (1993a) es beschreibt:

> „Grammatical metaphor can thus be interpreted as introducing tension between grammar (a text's wording) and semantics (a text's meaning) so that the language has to be read on at least two levels – one level directly reflecting the grammar and, beyond that, another symbolically related level reflecting the semantics" (Martin 1993a, S. 151).

Grammatikalisch kohärent werden die Sprachformen genannt, in denen Kohärenz zwischen den Ebenen der Grammatik und der Bedeutungen besteht (Halliday 1993b, 2004; Martin 1999), wie bei Nomen für Objekte (the money (Geld)), bei Verben für Prozesse (to organize (organisieren)) oder Konjunktionen für

Beziehungen (then (dann)). Ein Text mit grammatikalisch kohärenter Form muss dementsprechend nur auf einer Ebene gelesen werden (Martin 1993b). Diese Form tritt zumeist im Sprachregister Alltagssprache auf. *Grammatikalisch inkohärent* sind hingegen Ausdrücke, wenn beispielsweise Prozesse, die laut der systemisch-funktionalen Grammatik üblicherweise mit Verben ausgedrückt werden, durch Nominalisierungen in Nomen ausgedrückt werden wie z. B. "das Lesen", oder Beziehungen, die nach der systemisch-funktionalen Grammatik mit Konjunktionen wie beispielsweise "weil" mit Präpositionen wie "laut" ausgedrückt werden, und damit die Grammatik nicht die Form hat, die bei der Bedeutung zu erwarten wäre. Die grammatikalische Verschiebung wird bei Martin (1993b) graphisch dargestellt. In Abb. 2.4 findet sich eine Adaption der Graphik von Martin (1993b) mit Berücksichtigung von Beschreibungen von grammatikalisch inkohärenten Sprachmitteln bei Halliday (1993b). Dabei wird für die vorliegende Arbeit nur die Zuordnung von Diskurssemantik, also Bedeutung, und die Grammatik der Wörter, hier die Wortarten, bei den Prozessen und Beziehungen dargestellt. Die Prozesse als logische Elemente und Beziehungen als logische Beziehungen sind für den Lerngegenstand relevant (siehe Abschnitt 2.3.1).

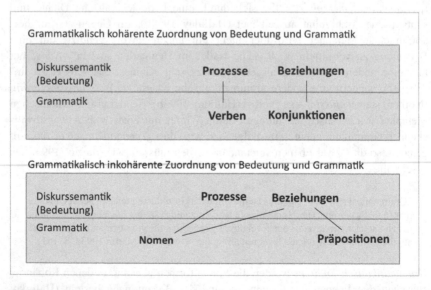

Abbildung 2.4 Zuordnung von Bedeutung und Grammatik bei grammatikalisch kohärenten und inkohärenten Sprachmitteln nach Halliday (1993b) und Martin (1993b)

Bei gleicher Bedeutung verschieben sich bei der Verwendung grammatikalisch inkohärenter Sprachmittel die Wortarten als Teil der Grammatik – und damit natürlich auch die Lexik.

Für die deutsche Sprache beschreibt Feilke (2012a) analog die sprachlichen Verdichtungen in der Bildungssprache durch grammatikalische Prozesse wie die Nominalisierungen (Feilke 2012a, S. 8), ein grammatikalisch inkohärentes Sprachmittel, das besonders oft im Sprachregister Bildungssprache auftritt (Martin 1993c, 1993d, 1993b).

Durch grammatikalisch inkohärente Sprachmittel können im Sprachregister Bildungssprache Bedeutungen sprachlich verdichtet ausgedrückt werden, so dass erst die sprachlichen Darstellungen komplexer Zusammenhänge und Vorgänge möglich ist, wodurch beispielsweise Prozesse wie Objekte behandelt werden können. Dieses sprachliche Phänomen entspricht in seiner Bedeutung der *Refication* nach Sfard (1991). Bei diesem Phänomen wird aus einem Prozess ein Objekt mit dem mathematisch auf einer strukturellen Ebene gehandelt werden kann. Ein Beispiel für grammatikalisch inkohärente Sprachmittel für Beziehungen findet sich in Abschnitt 2.3.1.

Die grammatikalisch inkohärenten Sprachmittel werden aus didaktischer Perspektive als Schlüssel zu den höheren Klassenstufen und den Fachdisziplinen und gleichzeitig als große Herausforderung beschrieben (Halliday 1993a, S. 111; Martin 1999; Schleppegrell 2004b). Zunächst sei jedoch ein Auffalten der grammatikalisch inkohärenten Sprachmittel in grammatikalisch kohärente Formen notwendig, wie das Auffalten auch im Gespräch mit den Eltern, die manches noch einmal explizieren (Butt 1989; Halliday 2004). Halliday (1993a) beschreibt das Auffalten von grammatikalisch inkohärenten Sprachmitteln mit dem Beispiel „in times of engine failure" (Halliday 1993a, S. 104), das aufgefaltet werden kann in die grammatikalisch kohärente Form „whenever an engine fails" (Halliday 1993a, S. 104). Unsworth (2000b) betont die Notwendigkeit einer expliziten Unterstützung, so dass Lernende sukzessiv die Nutzung grammatikalisch inkohärenter Sprachmittel auf die Nutzung grammatikalisch kohärenter Sprachmittel aufbauen können (Unsworth 2000b).

Genre als Herausforderung
Textgenres sind neben den grammatikalisch inkohärenten Sprachmitteln innerhalb der konzeptionellen Schriftlichkeit in der Bildungssprache eine große Herausforderung beim Erlernen der und beim Lernen in der Bildungssprache. Genre muss nach Martin und Rose (2008) in einem gestuften, sozialen, zielorientierten Prozess gelernt werden. Die Explikation der Merkmale von Textgenres und ihre

Stufen können dabei helfen, einen Zugang zu Textgenres zu bekommen (Martin 1999). Zur Unterstützung der Lernenden beim Schreiben der Genres in der Schule wird in der Schreibdidaktik der genrebasierte Ansatz genutzt, der auf der systemisch-funktionalen Grammatik aufbaut. Innerhalb des Ansatzes sollen die Lernenden gezielt beim Erlernen der Textgenres unterstützt werden. Der genrebasierte Ansatz ist auch im Einklang mit der Lerntheorie von Vygotsky (siehe genauer Abschnitt 4.1), da auch hier erst die Merkmale eines Textgenres im Sprachvorbild wahrgenommen werden sollen und dann in der sozialen Interaktion die Merkmale eines Genres ausgehandelt und erlernt werden (Rose 2018).

Zum gezielten Fördern der Sprachkompetenzen in der Schule reicht jedoch das Fördern des Sprachregisters Bildungssprache nicht aus. Um ein breiteres Bild von den sprachlichen Anforderungen in der Schule zu erhalten, die oft nicht im Lehr-Lern-Prozess in ihrer Fülle berücksichtigt werden können, fordert Bailey (2007) Folgendes: „detailed specifications about the lexical, syntactic, and discourse demands at different grade levels and in different content areas" (Bailey 2007, S. 17). Das Konzept des Sprachregisters ist also nicht nur relevant für das Lernen in der Schule allgemein, sondern auch fächerspezifisch, da jedes Fach und jeder Lerngegenstand seine eigenen sprachlichen Anforderungen hat (Prediger 2019a; Snow und Uccelli 2009).

2.2.2 Sprachregister mathematische Fachsprache

Die fachspezifischen Sprachmittel im Sprachregister Fachsprache in den einzelnen Unterrichtsfächern müssen von allen Schülerinnen und Schülern erst im jeweiligen Fachunterricht gelernt werden. Damit ist hier das Sprachregister Fachsprache für alle Lernende vor allem *Lerngegenstand*. In der vorliegenden mathematik-didaktischen Arbeit wird daher das Sprachregister mathematische Fachsprache betrachtet. Hierbei gibt es natürlich auch graduelle Unterschiede zwischen dem Sprachregister im Mathematikunterricht und dem Sprachregister in der Fachdisziplin Mathematik, denn im Unterricht wird mit Sprache gedacht und kommuniziert auf dem Weg zur Sprache der Fachdisziplinen. Die Sprachregister Alltags- und Bildungssprache sind beim Erlernen des Fachregisters *Lernvoraussetzungen*.

Die systemisch-funktionale Betrachtung von Sprache wird auch für den Mathematikunterricht – auch in Hinblick auf Register und Genre genutzt (Halliday 1978; Moschkovich 2007; Pimm 1987; Schleppegrell 2007). So charakterisiert Halliday (1978) mathematische Sprache und beschreibt unter dem Begriff *mathematisches Register* (Halliday 1978):

„The meanings that belong to the language of mathematics (the mathematical use of natural language, that is: not mathematics itself), and that a language must express if it is being used for mathematical purposes." (Halliday 1978, S. 195).

Er führt für das Sprachregister der mathematischen Fachsprache weiter aus:

„It is the meanings, including the styles of meaning and modes of argument, that constitute a register, rather than the words and structures as such." (Halliday 1978, S. 195)

So seien zwar teilweise neue Wörter notwendig, jedoch insbesondere in der Mathematik sind auch neue Arten der Bedeutungen und andere Arten der Argumentationen relevant (Halliday 1978). Damit sind bei den sprachlichen Darstellungen insbesondere auch die mathematischen Bedeutungen relevant, deren Bedeutungsverschiebungen erst erkannt werden müssen.

Sowohl Schleppegrell (2007) als auch Durand-Guerrier et al. (2011) betonen in diesem Zusammenhang, dass sich das Sprachregister Fachsprache in der Mathematik in seiner Konstruktion von Bedeutungen von der Alltagssprache unterscheide. Durand-Guerrier et al. (2011) konstatieren:

„Nevertheless, the language of everyday conversation differs significantly from that of mathematical discourse" (Durand-Guerrier et al. 2011, S. 375).

In der funktionalen Perspektive auf Sprache hat das Sprachregister mathematische Fachsprache nach Schleppegrell (2007) folgende Merkmale, die mehrere Studien zusammenfasst. Neben den unterschiedlichen mündlichen und schriftlichen Darstellungsformen listet Schleppegrell (2007) unter anderem folgende grammatikalische Merkmale auf, die auch in der vorliegenden Arbeit als relevant betrachtet werden:

- verdichtete Nominalphrasen
- Konjunktionen mit fachlichen Bedeutungen
- implizite logische Beziehungen

Auf Grundlage der Merkmale des Sprachregisters mathematische Fachsprache konstatiert Schleppegrell (2007):

"The need to expand our understanding of the language issues in mathematics classrooms beyond a focus on vocabulary or specialized terminology" (Schleppegrell 2007, S. 146).

Aus dem Konstrukt des Sprachregisters der mathematischen Fachsprache kann man also ableiten, dass nicht der Fokus auf Fachbegriffe, sondern die Betrachtung anderer Merkmale wie die Grammatik je nach Kontext und Situation bedeutsam für das Mathematiklehren und -lernen sein können.

Grammatikalisch inkohärente Sprachmittel treten wie im Sprachregister Bildungssprache auch im Sprachregister mathematische Fachsprache für Verdichtungen auf. Als Beispiele in der Mathematik bzw. im Mathematikunterricht nennt O'Halloran (2000) „assume" zu „assumptions" oder „equate" zu „equatation" (O'Halloran 2000, S. 382). Insbesondere auch die Nominalisierungen sollten für didaktische Zwecke zunächst aufgefaltet werden in grammatikalisch kohärente Formen im Sprachregister Alltagssprache:

> „While grammatical metaphor functions to increase the lexical density of the discourse in mathematics classrooms, students may initially also need to unpack extended nominal expressions into congruent forms that correspond to commonsense reality" (O'Halloran 2000, S. 382).

Auch Texte im Mathematikunterricht können als Genres betrachtet werden. Marks und Mousley (1990) betonen, dass unterschiedliche authentische Genres – wie Beweistexte – im Mathematikunterricht aktiv unterrichtet und das Verfassen von Texten eingefordert werden soll, um das Schreiben mathematischer Genres zu fördern. Rezat und Rezat (2017) beschreiben, wie der genre-basierte Ansatz für mathematikspezifische Genre genutzt werden kann (Rezat und Rezat 2017).

Sprache wird auf der linguistischen Grundlage auch in der vorliegenden Arbeit funktional und sozial eingebettet betrachtet, um sie für das Mathematiklernen zu nutzen. Für diesen Zweck wird im Folgenden die Sprache des konkreten Lerngegenstandes *logischen Strukturen des Beweisens* mit der systemisch-funktionalen Grammatik betrachtet.

2.3   Spezifizierung der gegenstandsspezifischen Sprache

Im Folgenden werden die Sprachmittel und sprachlichen strukturbezogenen Beweistätigkeiten als gegenstandsspezifische Sprache für den beschriebenen fachlichen Lerngegenstand genauer spezifiziert als Teil des Sprachregisters Fachsprache. Auf diese Weise sollen die sprachlichen Anforderungen des fachlichen Lerngegenstandes gezielt identifiziert werden, um didaktische Implikationen abzuleiten.

Um die bedeutungserzeugende Funktion der Sprache zu nutzen und zunächst einen verstehensbasierten Zugang zu den logischen Strukturen des Beweisens zu ermöglichen, wird in dem vorliegenden Projekt primär die sprachliche Darstellung neben graphischen Darstellungen gewählt. Damit ist die Sprache nicht nur Lernmedium, sondern Teil des Lerngegenstandes.

Der Lerngegenstand *logische Strukturen des Beweisens* wird im Folgenden um seine Sprachmittel und strukturbezogenen Sprachtätigkeiten erweitert zum Lerngegenstand *logische Strukturen des Beweisens und ihre Versprachlichung*, indem durch eine literaturgestützte und empirische Spezifizierung (siehe Abschnitt 2.3.1) die sprachlichen Anforderungen identifiziert werden. Auf diese Weise werden nicht nur die allgemeinen sprachlichen Anforderungen in der Schule ermittelt, sondern die sprachlichen Herausforderungen gegenstandsspezifisch eruiert, d. h. konkret für einen Lerngegenstand wie Bailey (2007) es fordert. Theoretische Grundlage für die Spezifizierung des sprachlichen Teils des Lerngegenstandes ist die systemisch-funktionale Grammatik von Halliday (1985) (siehe Abschnitt 2.1.3) und darauf aufbauende Literatur aus der Mathematikdidaktik (z. B. Moschkovich 2015; Schleppegrell 2007).

Als erstes werden die Sprachmittel der logischen Strukturen des Beweisens literaturgestützt aufgearbeitet, indem die Sprachmittel für die Facetten der logischen Strukturen (siehe Abschnitt 1.2.2) auf Grundlage schon vorhandener Theorien und Studien genauer identifiziert und spezifiziert werden, jedoch primär für das Produkt Beweis und nicht die Sprachmittel im Prozess. Diese werden genauer in den Analysen der Lehr-Lern-Prozesse untersucht (siehe Kapitel 7 und 8). Die Facetten logischer Strukturen sind nach Abschnitt 1.2.2 folgende: a) *Logische Elemente*, b) *Logische Beziehungen*, c) *Beweisschritte und Beweisschrittketten*, d) *Beweis als Ganzes* und e) *logische Ebenen bei mehreren lokal-geordneten Beweisen*.

Für die Spezifizierung der zugehörigen Sprachmittel wird die systemisch-funktionale Grammatik als Beschreibungsinstrument genutzt (siehe Abschnitt 5.4.4), aber auch mathematikdidaktische Betrachtungen berücksichtigt. Entsprechend der Schwerpunktsetzung im fachlichen Teil der Arbeit (Abschnitt 1.1.3) werden hier nur die Sprachmittel für die Facetten logischer Strukturen betrachtet und nicht die Sprachmittel für den mathematischen Inhalt beim Beweisen.

Sprachliche Anforderungen müssen nicht nur innerhalb des Faches Mathematik, sondern gegenstandsspezifisch – d. h. für einzelne mathematische Lerngegenstände – identifiziert und spezifiziert werden, um das Lernen und die Bewältigung der sprachlichen Anforderungen gezielt unterstützen zu können (Bailey 2007; Moschkovich 2015). Jeder Lerngegenstand hat seine spezifischen sprachlichen

Anforderungen, die bewältigt werden müssen, um die Sprache zum Denken und Kommunizieren im Lehr-Lern-Prozess nutzen zu können.

Beispiele für die Spezifizierung der Sprache bei unterschiedlichen mathematischen Lerngegenständen und mögliche Unterstützungsmethoden finden sich bei Prediger (2020). In Prediger und Zindel (2017) wird beispielsweise für den Lerngegenstand Funktionen die Sprache und deren Bedeutungen im Lehr-Lern-Prozess rekonstruiert, wobei – wie auch in der vorliegenden Arbeit – explizierende und verdichtende Sprachmittel identifiziert werden, die konzeptualisiert sind mit den grammatikalisch kohärenten bzw. inkohärenten Sprachmitteln in der systemisch-funktionalen Grammatik.

Insbesondere die Sprache von Schülerinnen und Schülern beim Beweisen ist ein Forschungsdesiderat, was Lew und Mejía-Ramos (2020) für Beweistexte ausführen. Die gegenstandsspezifischen sprachlichen Anforderungen – hier als sprachlicher Teilbereich des Lerngegenstandes *logische Strukturen des Beweisens und ihre Verbalisierungen* – wurden teilweise wie die Facette *Beweisschritt und Beweisschrittkette* erst durch die Empirie und auf Grundlage der systemisch-funktionalen Grammatik rekonstruiert.

In der vorliegenden Arbeit werden die Sprachmittel für die Facetten logischer Strukturen spezifiziert. Dafür werden im Folgenden die Sprachmittel für die Facetten logischer Strukturen theoretisch abgeleitet und auf Grundlage der empirischen Rekonstruktion der Sprachmittel in den Lernprozessen ausgeschärft (siehe Kapitel 8).

2.3.1 Sprachmittel für Facetten logischer Strukturen

Die Sprachmittel für die Facetten logischer Strukturen sind in der vorliegenden Arbeit die *gegenstandsspezifischen Sprachmittel*. Im Folgenden werden die linguistischen Merkmale der Facetten logischer Strukturen bei Beweisen, also primär auch bei den schriftlichen Endprodukten, auf Grundlage der systemisch-funktionalen Grammatik und mathematikdidaktischer Literatur beschrieben. Die Sprache von Beweistexten als ein sehr spezifisches Textgenre und das Beweisen sind aus linguistischer Perspektive Teil des Sprachregisters mathematische Fachsprache (siehe z. B. Schleppegrell 2007).

Schleppegrell (2007) konstatiert mit dem funktionalen Blick auf Sprache für das Beweisen:

"Mathematics reasoning uses patterns of language that draw on grammatical constructions that create dense clauses linked with each other in conventionalized ways that
are different from ordinary informal language use." (Schleppegrell 2007, S. 146)

Die Sprache von Beweisen verfügt danach über verdichtete grammatikalische
Strukturen wie in Sprachregister Bildungssprache und andere Konventionen, die
sich von der Alltagssprache unterscheidet. Sie unterscheidet sich damit von der
Sprache, die auch noch beim intuitiven bzw. empirischen Schließen genutzt
werden kann. Durand-Guerrer et al. (2011) schreiben zur Sprache von Beweisen:

"More generally, ordinary language and informal mathematical usage often hide the
logical structures of sentences, such as the scope of quantification, the interrelations
between connectors and quantification, the hierarchy of connectors, etc." (Durand-
Guerrier et al. 2011, S. 377)

Durand-Guerrer et al. (2011) insistieren deswegen, dass auf Grund der Implizitheit
eine Explikation durch die Lehrkraft notwendig sei, sowohl bezüglich der Logik
als auch bezüglich der Sprache (Durand-Guerrier et al. 2011).

Auch Boero et al. (2008) beschreiben die sprachlichen Merkmale auf Grundlage der systemisch-funktionalen Grammatik, unterscheiden zwischen Prozess
und Produkt und zeigen Unterschiede zum alltäglichen Argumentieren auf. Beim
Beweisen seien die sprachlichen Möglichkeiten sich auszudrücken beschränkter.
Boero et al. (2008) betonen dabei, wie wichtig das Verstehen und Bewältigen
der Sprache beim Lernen vom Beweisen ist: „the understanding and production
of mathematical proofs belong to the literate side of linguistic performances and
require prior deep linguistic competence" (Boero et al. 2008, S. 276). Marks &
Mousley (1990) hingegen beschreiben die mangelnden Lerngelegenheiten, um die
Sprache beim Beweisen zu erlernen:

„Logical connections were drawn by teachers, proofs were constructed, natural phenomena were explained mathematically, and mathematical operations were articulated
while being demonstrated. Demands were rarely made on students to perform similar
linguistics tasks unless they were merely following the models constructed by teachers
(e.g. theorem proofs)" (Marks und Mousley 1990, S. 30).

Auch Burton und Morgan (2000) beschreiben die Notwendigkeit, Sprachmittel für
das Beweisen zu identifizieren, um Lernende beim Lernen des Genres Beweisen
gezielt unterstützen zu können.

Sprachmittel für die Facette „Logische Elemente":
Die Sprachmittel für die logischen Elemente („Voraussetzungen", „Argument",
„Schlussfolgerungen") in Toulmins verkürztem Modell (siehe Abschnitt 1.2) sind
selbst schon Verdichtungen. Die Substantive wie „Voraussetzung" und „Schlussfolgerungen" sind Nominalisierungen von Verben, die nach der systemisch-
funktionalen Grammatik gerade dazu dienen, komplexe Prozesse ausdrücken zu
können. O'Halloran (2000) expliziert für didaktische Zwecke die Prozesse, die
damit sprachlich verdichtet sind: „‚what was established' to ‚what follows from
it'" (O'Halloran 2000, S. 382).

Tabelle 2.1 Sprachmittel für den logischen Status der logischenElemente nach der
systemisch-funktionalen Grammatik

Logische Elemente (lerngegenstandsspezifi-sche Bedeutung, s. Kap. 1)	Grammatikalisch kohärente Sprachmittel	Grammatikalisch inkohärente Sprachmittel (Nominalisierungen)
Voraussetzung	Wir **setzen voraus.** (Verb)	Voraussetzung
Argument	Scheitelwinkel sind gleich groß. (Satz mit Prädikativ) **Wenn** Scheitelwinkel vorliegen, **dann** sind sie gleich groß. (Konditionalsatz)	Scheitelwinkelsatz
Schlussfolgerung	Man kann **schlussfolgern** (Verb)	Schlussfolgerung

Auch die Argumente, die besondere logische Elemente sind, werden beim
Gebrauch meistens verdichtet genutzt, wie beispielsweise ein mathematischer
Satz als „Scheitelwinkelsatz", um darüber wie ein Objekt zu sprechen. Hier
wird also ein komplettes Argument nominalisiert. Die logischen Elemente Voraussetzung und Schlussfolgerung in dem Argument und ihre logische Beziehung
sind in diesem Fall komplett unsichtbar. Die Sprache mathematischer Sätze ist
sowohl bei der Betrachtung der Voraussetzung des Beweises und der Zielschlussfolgerung als Struktur des ganzen Beweises als auch bei dem Argument von
Bedeutung. In Tabelle 2.1 sind die Sprachmittel für die logischen Elemente dargestellt, wenn sie mit ihrer funktionalen Funktion expliziert werden und nicht
mit dem mathematischen Inhalt wie beispielsweise „Stufenwinkel an parallelen
Geraden".

Die mathematischen Argumente (mathematische Sätze, Definitionen oder auch Axiome) haben insbesondere auch sprachlich eine Sonderrolle bei den logischen Elementen. Die gleichen sprachlichen Merkmale gelten natürlich auch für mathematische Sätze, die erst noch bewiesen werden. Im Folgenden werden mathematische Sätze betrachtet, die Beschreibungen gelten aber so oder ähnlich auch für Definitionen und Axiome. Mathematische Sätze können grammatikalisch als *Satz mit Prädikativ* oder als *Konditionalsatz* formuliert sein. Im Satz mit Prädikativ wird dem Substantiv mit einem Kopulaverb wie *sein* eine Klassifikation (Eigenschaften) oder in mathematischen Sätzen oft auch eine Gleichheit (Identität) zugeordnet. In den Sätzen mit Prädikativ wird die logische Struktur sprachlich nicht sichtbar wie im Beispiel „Nebenwinkel sind zusammen 180 Grad groß".

In Sätzen mit Prädikativ werden im Sprachregister Alltagssprache beispielsweise Eigenschaften realer Objekte beschrieben, wie z. B.: „Dieser Baum ist grün" oder „Ein Baum ist grün". Auch beim intuitiven Schließen werden Prädikativsätze in diesem Sinne verwendet. Auch wenn empirische Fakten bei anderen Formen des mathematischen Begründens in der Geometrie herangezogen werden, werden auf diese Weise Eigenschaften geometrischer Objekte beschrieben. Damit wird hier die logische Beziehung, oft eine Implikation oder auch Äquivalenz, grammatikalisch nicht ausgedrückt. Die Sätze werden hier nicht wie Werkzeuge im Sinne von Argumenten genutzt. In den Schulbüchern werden teilweise die mathematischen Sätze mit Prädikativ ausgedrückt und knüpfen an das empirische Vorgehen an, weswegen die Lernenden Strategien benötigen, um die Beziehungen zwischen den mathematischen Inhalten zu rekonstruieren (Chapman 1995).

Beim *Konditionalsatz* wird im untergeordneten Nebensatz eine Bedingung angegeben. Die Bedingung wird meistens mit „wenn" eingeleitet. In der konditionalen Formulierung sind schon die logischen Elemente des Arguments (Voraussetzung und Schlussfolgerung) in zwei Satzteile getrennt („Wenn Winkel an einem Geradenkreuz gegenüberliegen, dann sind sie gleich groß"). Im Sprachregister Alltagssprache müssen die Schlussfolgerungen aber nicht zwangsläufig aus dem Eintreten der Voraussetzungen folgen („Wenn ich im Lotto gewinne, dann mache ich eine Weltreise."). In der Mathematik hingegen sind hier im Nebensatz alle Gültigkeitsbereiche als Bedingung genannt und der Hauptsatz, der in der Regel mit „dann" markiert ist, gilt immer, wenn die Bedingungen vorliegen. Die Gültigkeitsbereiche werden also in mathematischen Sätzen vollständig genannt (Jahnke 2009).

Selbst wenn die Implikationsstruktur mathematischer Sätze sprachlich im Konditionalsatz beispielsweise durch „Wenn..., dann..." markiert ist, muss also die Abweichung der Bedeutung vom alltäglichen Gebrauch, die höhere Strenge und engere Bedeutung, erkannt werden (Durand-Guerrier et al. 2011; Epp 2003).

In der Praxis des Beweisens werden die mathematischen Sätze oder andere Arten der Argumente oft nicht genannt. Schleppegrell (2007) stellt dazu fest:

"For example, in geometry proofs, the various properties and postulates that underlie the argument made in the proof are not spelled out, but rather are assumed to have been already learned and internalized." (Schleppegrell 2007, S. 145)

Die mathematischen Sätze bleiben damit also oft implizit, wenn sie nicht genannt werden – insbesondere, wenn sie in der Funktion als Argument auftreten. Zudem wird ihre logische Beziehung oft auch sprachlich nicht sichtbar. Die didaktische Betrachtung der sprachlichen Herausforderungen der logischen Strukturen mathematischer Sätze ist in ähnlicher Weise dargestellt bei Hein (2020).

Sprachmittel für die Facette „Logische Beziehungen"
In mathematischen Texten werden die logische Beziehungen zwischen den mathematischen Inhalten, die oft verdichtet dargestellt werden und logische aufeinander aufbauen, oft gar nicht ausgedrückt oder vielleicht durch ein "so" (engl. deshalb) (O'Halloran 2000, S. 378–379). Hasan (1992a) beschreibt in diesem Zusammenhang die logische Bedeutung von Sprache als „subsuming relations, between states of affairs [...] and between phenomena" (Hasan 1992a, S. 90). Logische Bedeutung ist eine der vier Metafunktionen, in die sich die Bedeutungen nach Halliday einteilen und die eng mit der Lexikogrammatik verbunden sind.

Tabelle 2.2 Beispiele für die Bedeutung „logischer Beziehungen" mit grammatikalisch kohärenten und inkohärenten Sprachmitteln im Englischen und Deutschen

	Grammatikalisch kohärente Sprachmittel	Grammatikalisch inkohärente Sprachmittel
Englisches Beispiel	so (Konjunktion) because (Konjunktion)	due to (Präposition) cause (Nomen) reason (Nomen)
Deutsches Beispiel	denn (Konjunktion) weil (Konjunktion)	laut (Präposition) gemäß (Präposition) Grund (Nominalisierung)

Die logischen Bedeutungen, d. h. die logischen Beziehungen zwischen anderen Elementen, können kohärent im Sinne der systemisch-funktionalen Grammatik durch kausale und konditionale Konjunktionen ausgedrückt werden, die unterordnend (hypotaktisch, deutsches Beispiel "weil") oder auch nebenordnend (parataktisch, deutsches Beispiel: "denn") sind (Halliday 2004). Die logischen Beziehungen können aber auch mit grammatikalisch inkohärenten Sprachmitteln ausgedrückt werden, die dann eine besondere Art einer grammatischen Metapher sind, eine logische Metapher (Martin 1993b). Die logischen Beziehungen würden dabei nicht grammatikalisch kohärent durch Konjunktionen, sondern grammatikalisch inkohärent durch beispielsweise Präpositionen verdichtet ausgedrückt werden (siehe Tabelle 2.2). Martin (1993b) beschreibt den Zusammenhang von logischen Beziehungen (Bedeutung) und Sprache (Lexikogrammatik) für schulische Zwecke (Martin 1993b).

Schleppegrell (2004b) ordnet die grammatikalisch inkohärenten Sprachmittel im Hinblick auf Beweisen ein, die gerade „reasoning within the clause" (Schleppegrell 2004b, S. 186) ermögliche. Grammatikalisch inkohärente Sprachmittel für Beziehungen wie in der Mathematik werden insgesamt besonders in der Fachsprache, dort besonders in Beweisen genutzt und sind damit auch eine besonders sprachliche Herausforderung für Lernende, die erst spät im Verlauf der Schullaufbahn auftritt (Halliday 2004, S. 637). Insbesondere, weil Beziehungen im Sprachregister Bildungssprache zunächst durch Konjunktionen expliziert werden (siehe z. B. Feilke 2012a), ist diese sprachliche Verdichtung von (logischen) Beziehungen in Präpositionen, die auch sehr gegenstandsspezifisch mit engen mathematischen Bedeutungen belegt ist, sehr anspruchsvoll.

Aber auch wenn logische Beziehungen durch Konjunktionen, also grammatikalisch kohärent, beschrieben werden, muss die vom Alltag abweichende Verwendung erkannt werden, wie Schleppegrell (2004a) an Beispielen für die Mathematik beschreibt:

> „When conjunctions like *because* and *but* are used, they are generally expected to construe their core semantic meanings and not the range of meanings that they are able to make in informal talk. This means that students need to learn alternative strategies in school-based texts for realizing the logical relationships that they use common conjunctions for in informal speech" (Schleppegrell 2004a, S. 57).

Die logischen Beziehungen werden aber oft nicht ausgedrückt, wie Schleppegrell (2007) konstatiert:

> „In addition, mathematics problems often use conjunctions that have meanings different from their everyday uses, or include implicit logical relationships that are not spelled out" (Schleppegrell 2007, S. 145).

Gardner (1975) listet „logical connectives" aus naturwissenschaftlichen Schulbüchern und beschreibt die Schwierigkeiten der Lernenden mit diesen (Gardner

1981). Clarkson (2004) greift die Liste von Gardner (1975) für die Mathematik auf und definiert sie folgendermaßen: „Logical connectives are those words and short phrases that serve as linkages between ideas in discourse" (Clarkson 2004, S. 2). Damit ist die inhaltliche Bedeutung der „logical connectives" in diesem Fall die Verbindungen zwischen den mathematischen Ideen. Sprachlich wird bei Clarkson (2004) die Lexik in Form von Wörtern und Wortphrasen aufgelistet. Dawe (1983) hat anhand einer Studie mit Zweitsprachenlernenden die Verwendung von „logical connectives" beim Beweisen untersucht. Er schließt aus seiner Studie, dass das Verstehen bestimmter „logical connectives" das Beweisen erst ermögliche (Dawe 1983). Sowohl Dawe (1983) als auch Clarkson (1983, 2004) betonen auf dieser Grundlage die große Bedeutung des Verstehens von „logical connectives" für eine hohe Leistungsfähigkeit in der Mathematik.

Die Sprachmittel der logischen Beziehungen sind also zentral für das Lernen logischer Strukturen und damit des Beweisens. Die Sprachmittel für die logischen Beziehungen sind in der Literatur zumeist sehr allgemein beschrieben und nicht konkretisiert. So werden sie entweder nicht für den Lerngegenstand logische Strukturen beschrieben oder nicht mit Berücksichtigung der Grammatik, sondern nur die Lexik. Die Sprachmittel für die logischen Beziehungen als zentraler Teil des fachlichen Lerngegenstandes müssen daher empirisch rekonstruiert und spezifiziert werden.

Im Folgenden werden zentrale Analyseergebnisse vorgestellt (siehe Abschnitt 8.2), die auf vorherigen Analysen der Sprachmittel in 36 Schriftprodukten von 18 Lernenden aufbauen (siehe auch Hein 2019a; Prediger und Hein 2017). Von besonderer Bedeutung sind in Beweisschritten die Sprachmittel der logischen Beziehungen. Sie weisen in der Regel den logischen Elementen ihre Funktion zu, da diese meistens mit den mathematischen Inhalten explizit werden. Ein prototypisches Beispiel ist: **„Weil** hier Nebenwinkel sind, kann man den Nebenwinkelsatz anwenden". Die Voraussetzung („Nebenwinkel") und das Argument („Nebenwinkelsatz") sind hier inhaltlich ausgedrückt. Die logische Beziehung wird mit „weil" versprachlicht und verbindet so die beiden logischen Elemente kausal.

Betrachtet man die Sprachmittel für die logischen Beziehungen zwischen den unterschiedlichen logischen Elementen (Voraussetzung, Argument, Schlussfolgerung) mit der systemisch-funktionalen Grammatik, können die logischen Beziehungen mit der Lexikogrammatik erklärt werden, wenn man differenziert, welche logischen Elemente miteinander verbunden werden:

- Mit *kausalen Konjunktionen* („weil") können Begründungen gegeben werden. So wird die Voraussetzung mit dem Argument oder auch mit der Schlussfolgerung verbunden.
- *Konditionale Konjunktionen* (z. B. „wenn") geben Bedingungen an, im mathematischen Satz im Gegensatz zur alltäglichen Verwendung sogar vollständig.
- *Konsekutive Konjunktionen* („dass" oder „sodass"), *kausale Präpositionen* („laut" und „gemäß") oder auch Adverbien („also") wird die logische Beziehung zur Schlussfolgerung ausgedrückt.
- *Temporale Konjunktionen* („nun") geben eine zeitliche Abfolge, aber keine logische Reihenfolge an. Sie könnten rein theoretisch an jeder Stelle eines Beweistextes genutzt werden, wenn der Prozess versprachlicht wird und nicht die logische Reihenfolge.
- *Einleitung eines Nebensatzes:* Um zwischen der Aufgabe und der Anwendung eines Arguments zu unterscheiden und das Argument auch zu explizieren, ist eine sprachliche Einleitung notwendig. Dafür können strukturbezogene Meta-Sprachmittel genutzt werden wie „Der ...-Satz besagt, dass....". Mit „dass" wird hier syntaktisch ein *Inhaltssatz* eingeleitet. (DUDEN 1998, S. 770 f.). Er ist also linguistisch dafür geeignet, Inhalte zu explizieren – wie hier das Argument.

Bei der kombinierten Analyse der Sprachmittel für die logischen Beziehungen im Beweisschritt bzw. in einer Beweisschrittkette auf Grundlage der Schriftprodukte (siehe Abschnitt 8.2) ergibt sich folgendes Bild für die sprachliche Explikation der *Facetten logischer Strukturen*: Werden logische Beziehungen mit kausalen Präpositionen wie „gemäß" und „laut" ausgedrückt, also mit grammatikalisch inkohärenten Sprachmitteln, werden in der Regel nur das Argument und die Schlussfolgerung und die logische Beziehung zwischen den beiden logischen Elementen ausgedrückt. Insbesondere bei der Verwendung von Konjunktionen, also grammatikalisch kohärenter Sprachmitteln, werden daneben auch noch andere Sprachmittel wie Adverbien genutzt, um logische Beziehungen auszudrücken und auch häufiger die Voraussetzung neben Argument und Schlussfolgerungen ausgedrückt.

Sprachmittel für Facette „Beweisschritte und Beweisschrittketten"
Die Sprachmittel für die Facette Beweisschritte und Beweisschrittketten sind die Sprachmittel für das Zusammenspiel logischer Elemente und logischer Beziehungen innerhalb eines Beweisschritts oder auch mehrerer Beweisschritte (siehe Abschnitt 1.2.2). Auch wenn Beweistexte betrachtet werden (siehe nächster Punkt), so finden sich wenig genauere Beschreibungen der Sprachmittel für die

Beweisschritte und Beweisschrittketten. So betont Duval (1991), dass besondere Sprachmittel zum Zuweisen des logischen Status von mathematischen Inhalten notwendig sind, um ihren Status in einem Beweisschritt oder beim Übergang zu einem neuen Beweisschritt zu erkennen.

Im Folgenden werden zwei idealisierte Beispiele von Beweistexten dargestellt, die auf Grundlage einer kontrastiven Betrachtung von Beweistexte mit wenigen und vielen logischen Elementen in Abschnitt 8.2 empirisch abgeleitet wurden.

Beispiel 1: Verdichtende Sprachmittel für logische Beziehungen im Beweisschritt
In der empirischen Untersuchung zeigte sich, dass meist nur wenige logische Beziehungen mit grammatikalisch inkohärenten Sprachmitteln beispielsweise durch Präpositionen ausgedrückt werden, sondern nur die logische Beziehung zwischen Argument und Schlussfolgerung (siehe Abb. 2.5). Bei der Verwendung von Präpositionen zur Einleitung der Schlussfolgerung werden in den untersuchten Schriftprodukten die logischen Beziehungen zwischen anderen logischen Elementen dann oft gar nicht sprachlich ausgedrückt. Weil eine Verbindung von der Zwischenschlussfolgerung und des Arguments im neuen Schritt sprachlich nicht ausgedrückt wird, bleiben die Beweisschritte oft unverbunden (siehe genauer Abschnitt 8.2).

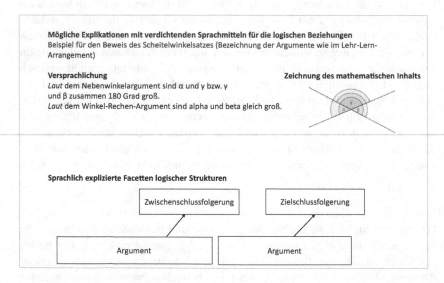

Abbildung 2.5 Beispiel für die Beweisschrittkette mit grammatikalisch inkohärenten Sprachmitteln für logische Beziehungen

Beispiel 2: Explizierende Sprachmittel für die logischen Beziehungen in Beweis-schritt und Beweisschrittkette
Werden alle drei logischen Elemente eines Beweisschritts expliziert, werden oft auch Konjunktionen und Adverbien zum sprachlichen Ausdrücken der logischen Beziehungen verwendet. Diese werden teilweise satzübergreifend mit Pronomen („diese") und Pronominaladverbien („dadurch") verbunden.

Es sind zusätzlich noch *strukturbezogene Meta-Sprachmittel* nötig, um die Facetten logischer Strukturen gänzlich sprachlich zu explizieren:

- *Recycling*: Beim Wechsel einer Zwischenschlussfolgerung zur neuen Voraus-setzung, dem „Recycling", findet keine inhaltliche Veränderung statt, sondern ein Wechsel des logischen Status. Dieser kann sprachlich schlecht ausgedrückt werden. Nach Duval (1991) kann die Schlussfolgerung wiederholt werden, um sie nun als Voraussetzung zu nutzen, oder sprachlich explizit darauf verwiesen werden (Duval 1991). Um den Wechsel von der Zwischenschlussfolgerung zur neuen Voraussetzung auszudrücken, werden in den Designexperimenten unter anderem Aussagesätze mit und ohne Nebensatz verwendet wie „Das ist auch die neue Voraussetzung." oder „Nun haben wir 3 Winkel, bei denen bekannt ist, dass $\gamma = \alpha$ und $\beta = \alpha$ ist."

Die vorherigen grammatikalischen Betrachtungen für die Beschreibung der struk-turbezogenen Meta-Sprachmittel gehen darüber hinaus, was in der systemisch-funktionalen Grammatik für die englische Sprache beschrieben wird.
Die Abbildung 2.6 zeigt die logischen Elemente und logischen Beziehun-gen, die mit explizierenden Sprachmitteln für die logischen Beziehungen und mit strukturbezogenen Meta-Sprachmitteln ausgedrückt werden können (siehe Abb. 2.6).
Grundsätzlich werden die Konjunktionen für die logischen Beziehungen und die strukturbezogenen Meta-Sprachmittel nicht benötigt, um einen Beweistext fachlich korrekt auszudrücken, jedoch um ein Wahrnehmen der Facetten logischer Strukturen durch sprachliche Explikation zu ermöglichen, indem möglichst alles genannt wird und damit Verdichtungen aufgefaltet werden. Insbesondere werden explizierende Sprachmittel wie Konjunktionen benötigt, um mit den Vorausset-zungen die Anwendbarkeit der Argumente zu begründen, was zentral ist, um den Unterschied zum empirischen Schließen deutlich zu machen (Duval 1991). Auch zur Explikation der doppelten Struktur von Voraussetzung bzw. Schlussfol-gerung im zu beweisenden Satz und in den Argumenten, werden explizierende Sprachmittel benötigt.

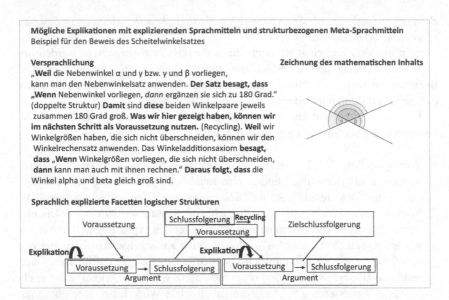

Abbildung 2.6 Beispiel für die Beweisschrittkette mit grammatikalisch kohärenten Sprachmitteln für logische Beziehungen und strukturbezogener Metasprache

Sprachmittel für die Facette „Beweis als Ganzes"

Sprachlich ist der Beweis als Ganzes mit der systemisch-funktionalen Grammatik als Textgenre zu betrachten. In der vorliegenden Arbeit wird damit der mathematische Beweis als finales Produkt aus linguistischer und sprachdidaktischer Perspektive als spezifisches Genre eines mathematischen Textes verstanden wie beispielsweise bei Lew und Mejía-Ramos (2020) oder Selden und Selden (2014) (zum Genre-Konstrukt siehe Abschnitt 2.2.1).

Solomon und O'Neill (1998) konstatieren in Bezug auf die Sprache beim Beweisen: "Mathematical argument is itself atemporal […] and it achieves cohesion through logical rather than temporal order" (Solomon und O'Neill 1998, S. 216). Bei mathematischen Begründungen werden also auch keine temporären Konjunktionen wie z. B. "nun" genutzt, sondern logische Konnektoren, die die logischen Beziehungen wiedergeben und damit die logische Reihenfolge der logischen Elemente anzeigen. Im Mathematikunterricht hingegen werden aber vor allem auch prozessuale Texte genutzt, die auch zeitliche Abläufe abbilden (Marks und Mousley 1990). Die Struktur des Beweises als Text ergibt sich durch die logische Reihenfolge der Beweisschritte und kann sprachlich durch die Sprachmittel der anderen logischen Facetten ausgedrückt werden. So ist die Textstruktur von Beweisen als Merkmal des Genres seine logische Reihenfolge, in der die einzelnen Beweisschritte angeordnet sind. Ein Beweistext startet in der Regel mit der Voraussetzung und endet mit der Zielschlussfolgerung. Um alle logischen Elemente eines Beweisschritts zu versprachlichen, sind Pronominialadverbien („daraus") und Pronomen („dies") notwendig, so das mehrere Sätze aufeinander bezogen werden können.

Lew und Mejía-Ramos (2020) fassen die Merkmale des Beweistextes Genre wie folgt zusammen:

> „We assume that the genre of proof is defined by both the formal properties and linguistic structures of this type of mathematical text" (Lew und Mejía-Ramos 2020, S. 46).

Sprachmittel für die Facette „logische Ebenen"
Die mathematischen Inhalte wechseln ihren logischen Status beispielsweise von Argumenten zu Stützen, indem z. B. auf den neu bewiesenen Satz nun selbst als Argument verwiesen wird. Analog zur strukturbezogenen Meta-Sprachmittel beim Recycling zwischen zwei Beweisschritten kann hier der Funktionswechsel ausgedrückt werden mit einem Aussagesatz („Aus dieser Lösung können wir das Scheitel-Stufenwinkelargument herleiten.")

Zusammenfassung
Die Spezifizierung der Sprachmittel für die Facetten logischer Strukturen aus der literaturgestützten und empirischen Rekonstruktion (siehe genauer Abschnitt 8.2) ist in Tabelle 2.3 zusammengefasst. Hier ist nur die Grammatik wiedergegeben. Die genaue Lexik findet sich bei den einzelnen Unterpunkten.

Tabelle 2.3 Überblick über die Sprachmittel für die Facetten logischer Strukturen

Facetten logischer Strukturen	Sprachmittel
a. Logische Elemente: Voraussetzung, Argument, Schlussfolgerung	• Verben (grammatikalisch kohärent) • Nominalisierungen oder Nomen (grammatikalisch inkohärent) • Besonderheit bei dem Argument: • Konditionalsatz oder Satz mit Prädikativ (grammatikalisch kohärent) • Nominalisierung (grammatikalisch inkohärent)
b. Logische Beziehungen zwischen den logischen Elementen	• kausale, konditionale oder konsekutive Konjunktionen (grammatikalisch kohärent) • kausale Präpositionen (grammatikalisch inkohärent)
c. Beweisschritte und Beweisschrittketten	• kausale, konditionale bzw. konsekutive Konjunktionen für die logischen Beziehungen und strukturbezogene Meta-Sprachmittel (Aussagesätze) zur Einleitung der Explikation des Arguments und zur Versprachlichung des Recyclings (auffaltend) • kausale Präpositionen für die logische Beziehung vom Argument zur Schlussfolgerung (verdichtend) • Pronomen und Pronominaladverbien für die Textkohärenz
d. Beweis als Ganzes	• Sprachmittel der für die Facetten logischer Strukturen (a-c) in logischer Reihenfolge und Sprachmittel der Textkohärenz (Pronomen, Pronominaladverbien)
e. Logische Ebenen	• Strukturbezogene Meta-Sprachmittel für den Statuswechsel des bewiesenen Satzes zum neuen Argument (Aussagesätze)

Aus der Spezifizierung der Sprachmittel für die Facetten logischer Strukturen ergeben sich hier folgende zentrale Erkenntnisse und didaktische Implikationen:

- Die Betrachtung der Sprachmittel der Facetten logischer Strukturen funktioniert mit der *systemisch-funktionalen Grammatik*. Auch beim beschriebenen Lerngegenstand lassen sich sowohl grammatikalisch kohärente als auch grammatikalisch inkohärente Sprachmittel identifizieren, wobei die grammatikalisch kohärenten Sprachmittel für die Explikation der Facetten logischer Strukturen genutzt werden könnte.
- *Logische Elemente* werden zumeist inhaltlich gefüllt und ihr logischer Status durch die logischen Beziehungen zueinander geklärt. Werden die logischen

Elemente mit ihrem logischen Status genannt, werden sie zumeist schon nominalisiert („Voraussetzung") wie im Sprachregister Bildungssprache ausgedrückt.

- *Argumente* wie mathematische Sätze sind nicht nur fachlich, sondern auch sprachlich von besonderer Bedeutung und herausfordernd.

- Die *Sprachmittel für logische Beziehungen* sind im Netzwerk der Facetten logischer Strukturen von zentraler Bedeutung, weil die logischen Elemente selbst meistens nur inhaltlich expliziert werden. Die Sprachmittel innerhalb eines Beweisschritts können genauer mit möglichen grammatikalisch kohärenten Konjunktionen spezifiziert werden (wie kausale, konditional und konsekutive), die die logischen Beziehungen sprachlich explizieren können. Insbesondere bestimmte logische Beziehungen, wie die von der Voraussetzung zum Argument, die gerade zentral für das Verstehen logischer Strukturen sind, benötigen explizierende Sprachmittel, um sprachlich expliziert werden zu können. Präpositionen, die grammatikalisch inkohärent sind, verhindern die Explikation logischer Elemente wie die Voraussetzungen und auch der konkreten Explikation der Argumente.

- Es sind *strukturbezogene Meta-Sprachmittel* nötig, um manche Facetten logischer Strukturen wie das Argument, das Recycling im Netzwerk der Beweisschritte und den Wechsel der logischen Ebenen (z. B. von dem Argument zur Stütze) überhaupt sprachlich ausdrücken zu können und damit wahrnehmbar zu machen.

- Der *Beweis als Textgenre* lässt sich mit den Sprachmitteln für die Facetten logischer Strukturen und der Struktur eines Beweises, die von der logischen Reihenfolge der logischen Elemente geprägt ist, mit den unterschiedlichen mathematischen Inhalten charakterisieren.

- Die *Lexik* der Facetten logischer Strukturen mögen den Schülerinnen und Schülern größtenteils aus dem Sprachregister Bildungssprache bekannt sein. Die Sprachmittel der Facetten logischer Strukturen haben jedoch eine vom Alltag abweichende *Grammatik* und eine zusätzlich *gegenstandsspezifische, engere Bedeutung* der Wörter, so dass deswegen der Gebrauch der Sprache zum Lernen auch selbst erlernt werden muss.

Die gegenstandsspezifischen Sprachmittel für die Facetten logischer Strukturen lassen sich damit auf folgende Weise als Lerngegenstand und notwendige Lernvoraussetzungen in die beschriebenen Sprachregister einordnen: Die *potenzielle sprachliche Lernvoraussetzung* ist die Lexik, die größtenteils aus dem Alltags- und auch Bildungsregister stammt. Die Grammatik mit grammatikalisch inkohärenten Sprachmitteln, insbesondere den Nominalisierungen, ist eine sprachliche Herausforderung im Sprachregister Bildungssprache. *Sprachlicher Lerngegenstand* sind insbesondere die gegenstandsspezifischen Bedeutungen der Sprachmittel im Textgenre Beweisen und Präpositionen statt Konjunktionen für die logischen Beziehungen, die zumeist erst im Fachregister bzw. beim beschriebenen fachlichen Lerngegenstand verwendet werden.

Die Sprache hat für den genannten Lerngegenstand eine andere Stellung als in verwandten Projekten, die Sprach- und Fachlernen kombinieren wie beispielsweise bei den mathematischen Inhalten *Prozente* (Pöhler und Prediger 2015), *Brüche* (Prediger und Wessel 2013) oder *Funktionen* (Prediger und Zindel 2017). Zum einen bezieht sich die Sprache beim spezifizierten Lerngegenstand auf ein Metakonzept und nicht auf mathematische Konzepte wie Bruch, Funktionen etc. Zum anderen ist die relevante Lexik vermutlich aus der Bildungssprache bekannt – in Abhängigkeit vom Elternhaus – und muss dann nicht erst erlernt werden, hingegen müssen alle Lernenden die engeren Bedeutungen bei der Verwendung der vermutlich bekannten Lexik erst verstehen. Nicht nur die Sprachmittel, sondern die Sprache im Beweisprozess ist Teil des fachlichen Lerngegenstandes.

2.3.2   Sprachliche strukturbezogene Beweistätigkeiten

Im Folgenden werden die sprachlichen strukturbezogenen Beweistätigkeiten genauer dargestellt, weil Sprache als bedeutungserzeugende Ressource selbst genutzt werden muss, um sie im Prozess zu verstehen und zu erlernen (siehe Abschnitt 2.1.2).

Auf Grundlage der theoretischen und empirischen Spezifizierung der Sprachmittel der Facetten logischer Strukturen (siehe Abschnitt 2.3.1) und als sprachlicher Teil der strukturbezogenen Beweistätigkeiten werden hier die sprachlichen strukturbezogenen Beweistätigkeiten beschrieben.

Die übergeordnete diskursive Anforderung beim Beweisen ist es, einen Beweistext zu schreiben mit allen dafür notwendigen Schritten, wobei hier aber entsprechend der Spezifizierung nur der Teil davon betrachtet wird, der sich auf die logischen Strukturen bezieht. Eingefordert wird damit die Sprachhandlung (formales) Begründen, die hier theoretisch in unterschiedliche sprachliche strukturbezogene Beweistätigkeiten ausdifferenziert wird. Im Lehr-Lern-Prozess können natürlich auch andere Sprachhandlungen wie beispielsweise Erklären auftauchen, die aber nicht im Fokus dieser Arbeit stehen.

Die fachlichen strukturbezogenen Beweistätigkeiten sind nach Abschnitt 1.3.2: 1.) Identifizieren von Voraussetzungen und Zielschlussfolgerung im zu beweisenden Satz, 2.) Identifizieren der zu verwendenden mathematischen Argumente und deren logische Struktur, 3.) Herstellen logischer Beziehungen zwischen den logischen Elementen in den einzelnen Beweisschritten, 4.) Sortieren und Herstellen von Beziehungen zwischen den Beweisschritten, 5.) Lineares Darstellen des Beweises als Ganzes und 6.) Vollziehen des Statuswechsels des zu beweisenden mathematischen Satzes zum neuen Argument.

Neben dem inhaltlichen Organisieren des Beweises müssen folgende sprachliche strukturbezogene Beweistätigkeiten ausgeführt werden:

In der Aufgabe oder dem zu beweisenden Satz müssen in der sprachlichen Darstellung die Voraussetzung und die Zielschlussfolgerung identifiziert werden (Schritt 1: Sprachliches Auffalten der Voraussetzungen und Schlussfolgerung aus dem Aufgabentext). Das gilt auch für die zu verwendenden Argumente, bei denen neben der inhaltlichen Auswahl auch die konditionale oder prädikative Struktur der Argumente verstanden werden muss, um ihre logische Struktur zu nutzen (Schritt 2: Nennen und sprachliches Auffalten der Argumente). Um von den mündlichen Sprachmitteln im Prozess, die auch Deiktika sein können, zu schriftlichen Sprachmitteln zu kommen, müssen für die Beweisschritte und zwischen den Beweisschritten Sprachmittel gefunden werden, die die logischen Beziehungen ausdrücken (Schritt 3: Sprachmittel für die logischen Beziehungen zwischen und Schritt 4 innerhalb von Beweisschritten nutzen). Bei der linearen Darstellung des Beweises als Ganzes, bei der die Reihenfolge der Beweisschritte beachtet werden muss, muss schließlich eine logische Sprache verwendet werden, die nicht mehr prozessual ist, sondern logische Konnektoren enthält, die die logische Kohärenz im ganzen Text herstellen (Schritt 5: Lineares Versprachlichen des Beweises mit Sprachmitteln für die Facetten logischer Strukturen und zur Herstellung von Textkohärenz). Am Ende (oder Anfang) eines Beweises kann die Verschriftlichung eines mathematischen Satzes stehen, der die logische Struktur des Beweises enthält, jedoch ohne notwendige Beweisschritte (Schritt 6: Nennen als neues Argument und Verdichten zum Namen des Satzes).

Damit ergeben sich folgende strukturbezogene Beweistätigkeiten, bei denen die sprachlichen eng auf die fachlichen strukturbezogenen Beweistätigkeiten bezogen sind, wie sie gemeinsam in Tabelle 2.4 als strukturbezogene Beweistätigkeiten dargestellt sind.

Auch die sprachlichen strukturbezogenen Sprachtätigkeiten lassen sich wie die fachlichen strukturbezogenen Beweistätigkeiten (siehe Abschnitt 1.3.2) dem adaptierten Toulmin-Modell zuordnen (grau gestrichelte Markierung) (siehe Abb. 2.7).

Die letzte sprachliche strukturbezogene Beweistätigkeit ist hier nicht bildlich dargestellt. Dabei wird der Beweis wieder wie zu einem neuen Argument verdichtet, umgekehrt zum ersten Schritt.

Tabelle 2.4 Strukturbezogene Beweistätigkeiten

Fachliche strukturbezogene Beweistätigkeiten	Sprachliche strukturbezogene Beweistätigkeiten
1. Identifizieren von Voraussetzungen und Zielschlussfolgerung im zu beweisenden Satz 2. Identifizieren der zu verwendenden mathematischen Argumente und deren logischen Struktur 3. Herstellen logischer Beziehungen zwischen den logischen Elementen in den einzelnen Beweisschritten 4. Sortieren und Herstellen von Beziehungen zwischen den Beweisschritten 5. Lineares Darstellen des Beweises als Ganzes 6. Vollziehen des Statuswechsels des zu beweisenden mathematischen Satzes zum neuen Argument	1. Sprachliches Auffalten von Voraussetzungen und Schlussfolgerungen aus dem Aufgabentext 2. Nennen und sprachliches Auffalten der Argumente 3. Nutzen von Sprachmitteln für die logischen Beziehungen innerhalb von Beweisschritten 4. Nutzen von Sprachmitteln für die logischen Beziehungen zwischen den Beweisschritten 5. Lineares Versprachlichen des Beweises mit Sprachmitteln für die Facetten logischer Strukturen und zur Herstellung von Textkohärenz 6. Nennen als neues Argument und Verdichten zum Namen des Satzes

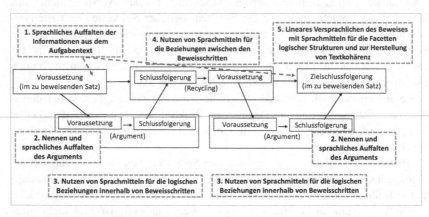

Abbildung 2.7 Sprachliche strukturbezogene Beweistätigkeiten bei den Facetten logischer Strukturen

2.4   Zusammenfassung

In diesem Kapitel wurde der sprachliche Lerngegenstand im Zusammenhang mit dem fachlichen Lerngegenstand genauer spezifiziert und damit der Lerngegenstand erweitert zu *logischen Strukturen des Beweisens und ihre Verbalisierung*. Dafür wurde die gegenstandsspezifische Sprache durch die Sprachmittel für die Facetten logischer Strukturen des Beweisens (Abschnitt 2.3.1) und die sprachlichen strukturbezogenen Beweistätigkeiten genauer spezifiziert (Abschnitt 2.3.2). Der sprachliche Lerngegenstand ist in Tabelle 2.5 zusammengefasst.

Tabelle 2.5 Überblick über den sprachlichen Lerngegenstand

Sprachmittel für die Facetten logischer Strukturen (Abschnitt 2.3.1)	Sprachliche strukturbezogene Beweistätigkeiten (Abschnitt 2.3.2)
a. Sprachmittel für die logischen Elemente b. Sprachmittel für die logischen Beziehungen c. Sprachmittel für Beweisschritte und Beweisschrittketten d. Sprachmittel für den Beweis als Ganzes e. Sprachmittel für logische Ebenen bei mehreren lokal-geordneten Beweisen	1. Sprachliches Auffalten der Informationen aus dem Aufgabentext 2. Sprachliches Auffalten der Argumente 3. Nutzen von Sprachmitteln für die logischen Beziehungen innerhalb von Beweisschritten 4. Nutzen von Sprachmittel für die logischen Beziehungen zwischen den Beweisschritten 5. Lineares Versprachlichen des Beweises mit Sprachmitteln für die Facetten logischer Strukturen und zur Herstellung von Textkohärenz 6. Verdichten zum Namen des Satzes

Der sprachliche Lerngegenstand erweitert den Lerngegenstand um den fachlichen Lerngegenstand zum kombinierten Lerngegenstand. Der fachliche und sprachliche Lerngegenstand, der hier nur theoretisch getrennt wurde, wird gemeinsam im Kapitel 3 betrachtet und strukturiert. Eine potenziell sinnvolle Reihenfolge, die sprachlichen strukturbezogenen Beweistätigkeiten zu lernen, wird im Abschnitt 3.2.3 dargestellt. Die empirische Spezifizierung der sprachlichen strukturbezogenen Beweistätigkeiten sowie die Nutzung der Sprachmittel im Lernprozess werden in Kapitel 7 und 8 beschrieben.

Strukturierung des fachlichen und sprachlichen Lerngegenstandes

3

In diesem Kapitel wird der fachliche und sprachliche Teil des Lerngegenstandes strukturiert mit dem Ziel, ein Lehr-Lern-Arrangement zu entwerfen, das fachliches und sprachliches Lernen funktional kombiniert. Für die Strukturierung des Lerngegenstandes wird das theoretische Konstrukt des intendierten Lernpfades vorgestellt (Abschnitt 3.1). Zur Identifikation der wichtigen Teilbereiche des Lerngegenstandes, die beim kombinierten intendierten Lernpfad berücksichtigt werden müssen, wird der fachliche und sprachliche Lerngegenstand (Kapitel 1 und 2) hier zusammengeführt (Abschnitt 3.2.1). Auf dieser Grundlage werden zunächst der fachliche bzw. der sprachlich intendierte Lernpfad getrennt herausgearbeitet (Abschnitt 3.2.2 bzw. 3.2.3). Darauf aufbauend wird schließlich eine Strukturierung des fachlich und sprachlich kombinierten intendierten Lernpfades für den Lerngegenstand vorgenommen (Abschnitt 3.2.4).

3.1 Theoretisches Konstrukt des intendierten Lernpfades

Der intendierte Lernpfad ist ein Konstrukt aus der fachdidaktischen Entwicklungsforschung (siehe Abschnitt 5.1), der die Strukturierung eines Lerngegenstandes im Sinne einer Sequenzierung in Hinblick auf potenzielle Lernverläufe beschreibt. Im intendierten Lernpfad werden die Fragen „Was soll gelernt werden?" und „In welcher chronologischen Reihenfolge soll das gelernt werden?" beantwortet. Unter dem Konstrukt *intendierter Lernpfad* (engl. „intended learning trajectory") (Hußmann und Prediger 2016; Prediger 2019b) oder auch *hypothetischer Lernpfad* (engl. „hypothetical learning trajectory") (Bakker 2018a; Gravemeijer und Cobb 2006; Prediger, Gravemeijer, et al. 2015) wird die Sequenzierung

© Der/die Autor(en), exklusiv lizenziert durch Springer Fachmedien Wiesbaden GmbH, ein Teil von Springer Nature 2021
K. Hein, *Logische Strukturen beim Beweisen und ihre Verbalisierung*, Dortmunder Beiträge zur Entwicklung und Erforschung des Mathematikunterrichts 46,
https://doi.org/10.1007/978-3-658-35028-4_3

der als relevant spezifizierten Aspekte des Lerngegenstandes konkretisiert. Dafür werden insbesondere die Zusammenhänge innerhalb eines konkreten Lerngegenstandes und seine mögliche didaktisch begründete Sequenzierung auch in Hinblick auf den langfristigen Lernprozess beschrieben (Hußmann und Prediger 2016). Nach Simon (1995), der das Konstrukt zunächst auf einzelne Mathematikunterrichtsstunden bezogen hat, besteht der intendierte Lernpfad aus folgenden Komponenten:

> „The learning goal that defines the direction, [...] and the hypothetical learning process – a prediction of how the students' thinking and understanding will evolve in the context of the learning activities"(Simon 1995, S. 136).

Simon (1995) betont dabei, dass es sich um eine Vorhersage handelt, weswegen der Lernpfad auch als „hypothetisch" bzw. „intendiert" charakterisiert wird. Auch wenn die individuellen tatsächlichen Lernwege der einzelnen Lernenden natürlich immer auch komplexer sind, so seien doch viele Lernwege ähnlich (Bakker 2018b; Simon 1995). Der intendierte Lernpfad ist also ein Instrument, Lehr-Lern-Arrangements vorzubereiten und gezielt zu unterstützen. Auch Confrey (2006), die die intendierten Lernpfade gar als Landkarten beschreibt, beschreibt den Nutzen dieses didaktischen Konstrukts folgendermaßen:

> „Anticipating students' responses and engaging in formative assessments create a set of landmarks that can help to guide them through" (Confrey 2006, S. 145).

Die intendierten Lernpfade werden also nicht als rigide aufgefasst, sondern als mögliche Korridore durch den Lerngegenstand. Das Wissen über die Lernpfade helfe gezielt und geplant, die individuellen Lernwege zu unterstützen.

Zur Beschreibung des intendierten Lernpfades müssen sowohl normative, deskriptive, erklärende als auch prognostische Theorie-Elemente berücksichtigt werden, die sich auf die Spezifizierung des Lerngegenstandes und die typischen Lernverläufe beziehen. Auf diese Weise baut der intendierte Lernpfad in der vorliegenden Arbeit auf der zuvor herausgearbeiteten Spezifizierung des fachlichen und sprachlichen Lerngegenstandes auf. Gleichzeitig ist der intendierte Lernpfad Teil der gegenstandsspezifischen lokalen Theorie. Zur Entwicklung des intendierten Lernpfades werden im Folgenden typische Herausforderungen und didaktisch begründete Reihenfolgen der fachlichen und sprachlichen Teile des Lerngegenstandes zusammengefasst und dargestellt.

3.2 Strukturierung der intendierten Lernpfade

3.2.1 Zusammenführung des Lerngegenstandes

Der intendierte Lernpfad in dieser Arbeit basiert auf dem spezifizierten fachlichen Lerngegenstand (Kapitel 1) und auf dem spezifizierten sprachlichen Lerngegenstand(Kapitel 2), die auf Grundlage einer theoretischen Trennung erst einzeln betrachtet wurden, aber eng zusammenhängen. In Tabelle 3.1 sind die wichtigen Teilbereiche des Lerngegenstandes zusammengefasst. Sie zeigt, dass sich der sprachliche Teilbereich jeweils eng auf den fachlichen bezieht.

Tabelle 3.1 Spezifizierter Lerngegenstand: Logische Strukturen des Beweisens und ihre Versprachlichung

Fachlicher Teil	Sprachlicher Teil
a. Facetten logischer Strukturen b. Fachliche strukturbezogene Beweistätigkeiten	a. Sprachmittel für die Facetten logischer Strukturen b. Sprachliche strukturbezogene Beweistätigkeiten

Facetten logischer Strukturen und deren Sprachmittel
Sowohl die Facetten logischer Strukturen als auch die dazugehörigen Sprachmittel haben herausfordernde Merkmale (siehe Abschnitt 1.2.2 und 2.3.1). Insbesondere sind die spezifizierten Facetten logischer Strukturen des Beweisens zumeist implizit und schlecht wahrnehmbar (siehe Abschnitt 1.3.1). Auch in der sprachlichen Darstellung (siehe Abschnitt 2.3) werden die logischen Strukturen durch sprachliche Verdichtungen schwerer wahrnehmbar. So sind die Sprachmittel im Sprachregister Bildungssprache und insbesondere im Sprachregister mathematische Fachsprache zusätzlich oft noch verdichtend, wenn die logischen Strukturen überhaupt expliziert werden.

Die Facetten logischer Strukturen und die dazugehörigen Sprachmittel sind damit aus folgenden Gründen beim Beweisenlernen besonders herausfordernd:

• Logische Strukturen sind oft gänzlich ungenannt oder implizit.

• Logische Strukturen sind oft verdichtet, wenn sie denn dargestellt werden.

Damit ist es grundsätzlich schwierig, sowohl die logischen Strukturen als auch die zugehörigen Sprachmittel überhaupt wahrzunehmen und zu verstehen, obwohl dies ja gerade essentiell ist, um sie zu lernen. Die Verdichtungen und Unsichtbarkeit logischer Strukturen werden auch bei Prediger (2018) beschrieben – auch in Bezug zum in dieser Arbeit beschriebenen Projekt MuM-Beweisen. Die Herausforderung durch Verdichtungen und deren Auffaltungen wurde auch schon in anderen Forschungsarbeiten bei der vernetzten Betrachtung von fachlichem und sprachlichem Lerngegenstand festgestellt (z. B. Prediger und Zindel 2017). Die Facetten logischer Strukturen und die dazugehörigen Sprachmittel werden in der hier verwendeten sozio-kulturellen Lerntheorie nach Vygotsky (1962, 1978) als das Explizierbare des Lerngegenstandes aufgenommen (siehe Abschnitt 4.1.3).

Herausfordernde strukturbezogene Beweistätigkeiten
Sowohl die fachlichen als auch sprachlichen strukturbezogenen Beweistätigkeiten sind sehr herausfordernd im Lernprozess, was sich auch in den schlechten Leistungen beim Beweisen niederschlägt (siehe Abschnitt 1.3.1 und 2.3). Wie in den vorherigen Kapiteln dargestellt, muss der Übergang zum Beweisen mit den Bedeutungen der Facetten logischer Strukturen überhaupt wahrgenommen werden, um diesen Übergang zu bewältigen (siehe Abschnitt 1.1.3). Gleichzeitig gibt es eine Bedeutungsverengung bei den gegenstandsspezifischen Sprachmitteln (siehe Abschnitt 2.3.1). Für die strukturbezogenen Tätigkeiten gibt es aber nur wenig Gelegenheiten für die Schülerinnen und Schüler, diese zu erleben und zu lernen. Insbesondere werden sie selten dazu aufgefordert, selbst zu beweisen und dies zu versprachlichen (siehe Abschnitt 1.3.2 und 2.3.2).

Damit haben fachliche und sprachliche strukturbezogenen Beweistätigkeiten folgende herausfordernde Merkmale für die Schülerinnen und Schüler:

- kognitiv anspruchsvoll
- an vorherige Tätigkeiten im Unterricht kann nicht angeknüpft werden
- Wahrnehmungen von verdichten Aspekten ist nötig
- wenig Lerngelegenheiten im Unterricht

Auch die fachlichen und sprachlichen Beweistätigkeiten werden in der Lerntheorie betrachtet, jedoch als das Nicht-Explizierbare, was die Lernenden nur durch eigene Durchführung der Tätigkeiten erlernen können (siehe Abschnitt 4.1.3).

Lerngegenstand im intendierten Lernpfad
Beim Lehren und Lernen des Lerngegenstandes *logische Strukturen des Beweisens und ihre Versprachlichung* müssen unterschiedliche Reihenfolgen berücksichtigt werden. Der Lerngegenstand ist durch seine grundsätzliche Spezifizierung zum Zeitpunkt des Übergangs zum deduktiven Schließen schon in den langfristen

Lernpfad eingebettet. Er folgt *nach* Erfahrungen des intuitiven Schließens (siehe Abschnitt 1.1.2) und *vor* dem komplett formalen Schließen mit algebraisch-symbolischen Darstellungen (Abschnitt 2.1.1). *Innerhalb* des intendierten Lernpfades soll grundsätzlich durch Explikation des Impliziten zunächst ein Wahrnehmen und Verstehen des Lerngegenstandes ermöglicht werden. Dafür wird das Explizierbare des Lerngegenstandes (siehe Abschnitt 4.1.3) gemäß des Designprinzips *Explikation logischer Strukturen* aufgefaltet, bevor der Lerngegenstand auch verdichtet dargestellt werden kann (siehe Abschnitt 4.2).

Die einzelnen Teilbereiche des spezifizierten Lerngegenstandes werden wie folgt bei den Lernpfaden berücksichtigt:

- Den *Facetten logischer Strukturen* ist fachlich keine Reihenfolge inhärent und sie können auch kaum einzeln gedacht werden, jedoch müssen hier didaktische Schwerpunkte berücksichtigt werden. So kann sich wie beispielsweise bei Miyazaki und Yumoto (2009) über die Beweisaufgaben hinweg der Fokus von den logischen Elementen hin zu einer Organisation der logischen Elemente und ihrer logischen Beziehungen bis zu mehrschrittigen und lokal-geordneten Beweisen verschieben.
- Bei den dazugehörigen *Sprachmitteln*, die damit einhergehen, sollte man die Reihenfolgen der Sprachregister beachten.
- Die *fachlichen und sprachlichen strukturbezogenen Beweistätigkeiten* haben nicht nur beim Beweisen selbst, sondern auch im Lehr-Lern-Prozess eine potenzielle Reihenfolge. Diese folgt aus den Reihenfolgen der fachlichen und sprachlichen strukturbezogenen Beweistätigkeiten, aber auch aus gegenstandsspezifischen didaktischen Ansätzen. Die unterschiedlichen Reihenfolgen des Lerngegenstandes werden auf Grundlage didaktischer Überlegungen im Folgenden bei den intendierten Lernpfaden berücksichtigt.

3.2.2 Fachliche Reihenfolgen und intendierter Lernpfad

Im Kapitel 1 wurden die strukturbezogenen Beweistätigkeiten in einer Reihenfolge beschrieben, wie sie beim Beweisen selbst ungefähr durchlaufen wird (siehe Abschnitt 1.3.1).

Miyazaki & Yumoto (2009) schreiben zum Übergang vom intuitiven Schließen zum Beweisen, wie die fachlichen strukturbezogenen Beweistätigkeiten über eine Unterrichtseinheit hinweg in einer Reihenfolge adressiert werden können (Miyazaki und Yumoto 2009). Von einem groben Wahrnehmen und Konstruieren eines Beweises, der Unterscheidung zwischen allgemeingültigen Argumenten und den anderen logischen Elementen, dem Wahrnehmen und Herstellen logischer Beziehungen zwischen Argumenten und den anderen logischen Elementen bis hin zu einer Organisation aller logischen Beziehungen zwischen allen logischen Elementen (Miyazaki und Yumoto 2009, S. 78ff). Miyazaki et al. (2015; 2017) beschreiben darauf aufbauend – und in Bezug auf ihr Verstehensmodell (siehe Abschnitt 1.3.1) – wie im Lernprozess zunächst logische Elemente wahrgenommen und getrennt werden müssen, dann entsprechend die logischen Beziehungen zwischen den logischen Elementen und später der Gesamtzusammenhang zwischen allen logischen Elementen wahrgenommen und hergestellt werden muss. Für das Lernen der Facetten logischer Strukturen und der zugehörigen Beweistätigkeiten ergibt sich für den Lernprozess damit folgender Lernpfad (Tabelle 3.2).

Tabelle 3.2 Intendierter fachlicher Lernpfad

Stufe	fachlicher Lernpfad
1	Anknüpfen an intuitives Schließen bei der Beweisidee mit einfachen Inhalten
2	Wahrnehmen, Identifizieren und Nutzen logischer Elemente (insbesondere auch von Argumenten) in fremden und eigenen Beweistexten und mathematischen Sätzen
3	Wahrnehmen, Identifizieren und Nutzen logischer Beziehungen zwischen logischen Elementen im Beweisschritt und in Beweisschritten
4	Darstellen von Beweisen mit logischen Beziehungen und logischen Elementen
5	Formales Darstellen von Beweisen

3.2.3 Sprachliche Reihenfolgen und intendierter Lernpfad

Auch die sprachlichen strukturbezogenen Beweistätigkeiten müssen erst nach und nach erlernt werden. Reihenfolgen wie man die strukturbezogenen Sprachbeweistätigkeiten lehren und lernen kann, kann man sowohl von Überlegungen aus der angewandten Linguistik als auch vom genrebasierten Ansatz der Schreibdidaktik ableiten.

Um die verengte mathematische Bedeutung der gegenstandspezifischen Sprachmittel zunächst wahrnehmen zu können, müssen die Lernenden im Sinne der systemisch-funktionalen Grammatik unterstützt werden. Dafür sollten zunächst die Bedeutungen – insbesondere die der logischen Beziehungen – durch kohärente Sprachmittel expliziert und verstanden werden, bevor auch die verdichteten Sprachmittel genutzt werden. (Unsworth 2000b). Die Reihenfolgen bei dem Erlernen der gegenstandsspezifischen Sprachmittel ergeben sich aus den unterschiedlichen Sprachregistern und deren Spezifizierung in Kapitel 2:

1. Deiktika wie im Sprachregister Alltagssprache
2. Grammatikalisch kohärente Sprachmittel für die Explikation logischer Elemente als Prozesse beim Übergang Sprachregister Alltags zur Bildungssprache
3. Grammatikalisch inkohärente Sprachmittel für logische Elemente (Nominalisierungen), grammatikalisch kohärente Sprachmittel für logische Beziehungen (z. B. Konjunktionen) wie in den Sprachregistern Bildungssprache und Fachsprache und strukturbezogene Meta-Sprachmittel
4. Grammatikalisch inkohärente Sprachmittel für alle Facetten logischer Strukturen und symbolisch-formale Sprache wie im Sprachregister Fachsprache

Im genrebasierten Ansatz werden – analog zu den Unterrichtseinheiten beim Lernen logischer Strukturen – Reihenfolgen der Tätigkeiten über Unterrichtseinheiten hinweg beschrieben. Hierbei werden jedoch Reihenfolgen der Tätigkeiten beim Schreiben mehrerer Texte bis zum fertigen Text in der Schule eingesetzt. Beweise sind, wie in den Abschnitten 2.2 und 2.3 Kapitel herausgearbeitet, auch ein bestimmtes Textgenre. Im genre-basierten Ansatz wird die Unterstützung betont, die zunächst nötig ist, bevor sie sukzessive abgebaut werden kann, um die relevanten Merkmale eines Textes wahrzunehmen und selbst zu produzieren. So werden bei zunehmender Eigentätigkeit der Lernenden beim Bewältigen der Schreibprozesse folgende Phasen genannt (Rothery 1996, S. 102):

1. Modellierung bzw. Vormachen eines Textes
2. Gemeinsame Konstruktion eines Textes
3. Unabhängige Konstruktion eines Textes

Verschränkt man die Reihenfolgen des sprachlichen Teils, der eng auf den fachlichen Lerngegenstand bezogen ist, kann man den intendierten sprachlichen Lernpfad mit folgenden wichtigen Stufen darstellen (Tabelle 3.3), auf die die Struktur des Lehr-Lern-Arrangements aufbauen kann.

3.2.4 Fachlich und sprachlich kombinierter intendierter Lernpfad

In dem intendierten Lernpfad in der vorliegenden Arbeit soll der Übergang vom intuitiven Schließen zum Beweisen mit deduktiven Schritten vollzogen werden

Tabelle 3.3   Intendierter sprachlicher Lernpfad

Stufe	Sprachlicher Lernpfad
1	Nutzen der eigensprachlichen Ressourcen wie z. B. Deiktika beim mündlichen Finden der Beweisidee
2	Identifizieren, wahrnehmen und selbst versprachlichen von logischen Elementen in den teilweise auch explizierenden/grammatikalisch kohärenten Sprachmitteln (Beweistexte und mathematische Sätze)
3	Identifizieren, wahrnehmen und versprachlichen (auch schriftlich) der logischen Beziehungen durch explizierende Sprachmittel (Konjunktionen und strukturbezogene Meta-Sprachmittel) in Partnerarbeit (Beweistexte und mathematische Sätze)
4	Schreiben von Beweistexten auch mit verdichteten Sprachmitteln für logische Elemente und gegebenenfalls für logische Beziehungen in Einzelarbeit
5	Schreiben von Beweistexten mit symbolisch-formalen Darstellungen

und am Ende des Lernpfades sollen Beweistexte selbstständig in sprachlicher (nicht symbolischer) Darstellung verfasst werden. Die fachlichen und sprachlichen Lernpfade werden kombiniert (siehe hier Pöhler 2018; Pöhler und Prediger 2015). Da der fachliche und sprachliche Teil des Lerngegenstandes nur theoretisch trennbar sind (der fachliche Lerngegenstand benötigt mindestens eine Darstellungsform) so ist auch der sprachliche Lernpfad nur die Konkretisierung und funktionale Ausgestaltung des fachlichen Lernpfades in Form der sprachlichen Darstellungen. Der intendierte Lernpfad für das geplante Lehr-Lern-Arrangement „Mathematisch Begründen" (siehe Kapitel 6) wird auf dieser Grundlage in Tabelle 3.4 zusammengefasst.

Der intendierte Lernpfad wird im Abschnitt 6.4 mit den konkreten Designelementen beschrieben. Die hier dargestellte Strukturierung des Lerngegenstandes wird in der Lerntheorie von Vygotsky bei der Zone der nächsten Entwicklung wieder aufgenommen, bei der man von einer Stufung ausgeht (siehe Abschnitt 4.1) und wird im Designprinzip *Sukzessiver Aufbau beim Umgang mit logischen Strukturen und ihre Verbalisierung beim Beweisen* (siehe Abschnitt 4.2.4) weiter konkretisiert (Prediger 2019b). Als ein Konstrukt der fachdidaktischen Entwicklungsforschung greifen bei dem intendierten Lernpfad auch Praxis und Theorie ineinander, so dass die Theorieelemente gegebenenfalls auch überarbeitet werden müssen. Dies kann auf Grundlage der Gemeinsamkeiten und Abweichungen von intendierten Lernpfaden und tatsächlichen Lernwegen geschehen (Bakker und Smit 2018), die auf Grundlage der Ergebnisse aus den Designexperimenten ermitteln werden können.

Tabelle 3.4 Strukturierung des kombinierten fachlichen und sprachlichen Lernpfades

Stufe	Fach- und sprachkombinierter intendierter Lernpfad
1	Anknüpfen an intuitives Schließen bei der Beweisidee mit einfachen Inhalten unter Nutzung der eigensprachlichen Ressourcen wie Deiktika
2	Wahrnehmen, Identifizieren und Nutzen logischer Elemente in fremden und eigenen Beweistexten und mathematischen Sätzen in grammatikalisch Sprachmitteln (Verben)
3	Wahrnehmen, Identifizieren und mündliches und schriftliches Nutzen logischer Beziehungen zwischen logischen Elementen in Beweisschritt und Beweisschrittketten mit explizierenden Sprachmitteln (Konjunktionen und strukturbezogene Meta-Sprachmittel)
4	Schreiben von Beweisen mit logischen Beziehungen und logischen Elementen, Darstellen mit grammatikalisch inkohärenten Sprachmitteln für logische Elemente und gegebenenfalls logische Beziehungen in Einzelarbeit
Langfristig (nach dem im Lehr-Lern-Arrangement umgesetzten Lernpfad)	
5	Schreiben von Beweisen mit symbolisch formalen Darstellungen in Einzelarbeit

3.3 Zusammenfassung und Ausblick

Auf Basis des in Kapitel 3 zusammengeführten fachlichen und sprachlichen Lerngegenstandes, der in Kapitel 1 und 2 zuvor spezifiziert wurde, und der Strukturierung des Lerngegenstandes in Form des intendierten Lernpfades in dem vorliegenden Kapitel 3 werden im nächsten Kapitel die theoretischen Grundlagen des Lehr-Lern-Arrangements dargestellt. Die sehr spezifischen Anforderungen des Lerngegenstandes benötigen eine Lerntheorie, in der das Explizierbare und das Nicht-Explizierbare des Lerngegenstandes berücksichtigt werden, wie das in der sozio-kulturellen Lerntheorie nach Vygotsky möglich ist (siehe Abschnitt 4.1.3). Nachdem hier in diesem Kapitel die Fragen „Was?" und „In welcher Reihenfolge?" in Bezug auf den fachlichen und sprachlichen Teil des Lerngegenstandes beantwortet wurden, antworten die gegenstandsspezifischen Designprinzipien auf die Frage nach dem „Wie soll der Lerngegenstand gelernt werden?" (Abschnitt 4.2). Die individuellen Lernwege, bzw. wie die strukturbezogenen Beweistätigkeiten gestuft im Lehr-Lern-Arrangement ausgeführt werden, wird in den Analysen der Bearbeitungsprozesse mit den entwickelten Unterstützungsformaten (Abschnitt 7.2) und der Analyse der fachlichen und sprachlichen Lernwege (Kapitel 8) beschrieben.

Theoretische Hintergründe des Lehr-Lern-Arrangements

4

Jede wissenschaftliche Arbeit in der Mathematikdidaktik erfordert einen theoretischen Rahmen. Während in den Kapiteln 1, 2 und 3 die epistemologische und stoffbezogene Fundierung vorgestellt wurde (d. h. der fachliche und sprachliche Lerngegenstand *Logische Strukturen des Beweisens und ihre Versprachlichung* spezifiziert und strukturiert wurde), wird in diesem Kapitel die theoretische Fundierung des Designs der hier zugrunde gelegten soziokulturellen lehr-lerntheoretischen Perspektive und ihrer Adaption für den Lerngegenstand knapp dargestellt (Abschnitt 4.1). Anschließend wird die theoretische Fundierung mit den Designprinzipien (siehe Abschnitt 4.2) für das Lehr-Lern-Arrangement „Mathematisch Begründen" (siehe Kapitel 6) gelegt.

4.1 Soziokulturelle Lerntheorie nach Vygotsky und ihre Adaption für den Lerngegenstand

Allgemein wird bei soziokulturellen lehr-lern-theoretische Perspektiven das Lernen als kulturelles Lernen verstanden, das in einen sozialen Kontext eingebunden ist und in sozialen Interaktionen etabliert wird (John-Steiner und Mahn 1996; Lerman 2000). Diese Perspektiven haben in dem „social turn" der 1980/90er auch innerhalb der Mathematikdidaktik an Bedeutung gewonnen, nach der Mathematiklernen ebenfalls als Produkt sozialer Interaktionen beschrieben wird (Bauersfeld et al. 1985; Krummheuer 1995; Voigt 1984).

Einen wesentlichen theoretischen Bezugspunkt in Psychologie, Soziologie und Mathematikdidaktik bildet dabei die Theorie des Psychologen Vygotsky

(1962, 1978, 1991). Vygotskys soziokulturelle Theorie wurde für Lehr-Lern-Prozesse zum mathematischen Beweisen bereits häufiger herangezogen, weil der anspruchsvolle Übergang von einem intuitiven zum deduktiven Verständnis von Beweisen einer sozialen Unterstützung bedarf (Mariotti 2000). Dies wird in Abschnitt 4.1.1 genauer erläutert.

4.1.1   Soziokulturelles Lernen nach Vygotsky

Die soziokulturelle Perspektive auf Lernen hat der sowjetische Psychologe Lev Vygotsky in seinen Werken „Mind in Society" (1978) und „Thought and Language" (1962) begründet. In Vygotskys Theorie werden soziale Interaktionen von Erwachsenen mit Kindern aus einer entwicklungspsychologischen Perspektive untersucht und in ihren grundlegenden Mechanismen erklärt.

Vygotsky betrachtet die Umwelt und die sozialen Prozesse im Außen als Auslöser von inneren Entwicklungen. Insbesondere für die Entwicklung von höheren mentalen Funktionen beschreibt er die umweltbedingten und sozialen Einflüsse als deutlich wichtiger als bei den elementaren mentalen Funktionen (Vygotsky 1991). Auf Vygotskys psychologische Theorien über die Entwicklung des kindlichen Bewusstseins baute er auch die Tätigkeitstheorie (im Englischen „Activity theory") auf, die andere russische Psychologen wie Leontjew (1979) und Lurija (1976) weiterentwickelten (Wertsch 1979).

Vygotsky und die Vertreter der Tätigkeitstheorie haben zunächst kindliche Entwicklungen beschrieben und erklärt. Sie haben auch schulische Implikationen formuliert, ohne jedoch Klassendiskurse zu betrachten. Die sozio-kulturelle Perspektive auf die Entwicklung des Denkens wurde dennoch später auf unterschiedliche Weisen zur Beschreibung, Analyse und auch Gestaltung von schulischen Lehr-Lern-Situationen angewandt, nicht nur für Kinder, sondern auch für Jugendliche und Erwachsene (Mercer 1994; Mishra 2013; Wertsch 1984, 1991).

Zentral in Vygotskys soziokultureller Theorie sind die folgenden Konstrukte, die in einem engen Zusammenhang stehen:

1. Grundlegender Mechanismus des Lernens
Lernen beschreibt Vygotsky als „internal reconstruction of an external operation" (Vygotsky 1978, S. 56) bei der die individuelle, internale Konstruktion durch die soziale Interaktion mit anderen erfolgt. Zur Bewältigung dieses komplexen Prozesses der Internalisierung eines Konzeptes – wie Vygotsky das Lernen von alltäglichen und schulischen Lerngegenständen aus soziokultureller Perspektive

beschreibt – sei aber insbesondere die Unterstützung durch andere Menschen und soziale Interaktionen notwendig:

"A concept [...] is a complex and genuine act of thought that cannot be taught by drilling, but can be accomplished only when the child's mental development itself has reached the requisite level." (Vygotsky 1962, S. 158).

Für die innere Entwicklung von Konzepten müssen die Lernenden also zunächst bestimmte mentale Entwicklungsstufen erreicht und intellektuelle Funktionen wie Aufmerksamkeit und Gedächtnis entwickelt haben. Die Bedeutung der sozialen Interaktionen als äußere Bedingungen für die internale Entwicklung wird insbesondere auch durch die anderen Autoren der Tätigkeitstheorie betont (Leont'ev 1979; Luria 1976).

2. Zone der nächsten Entwicklung
Die *Zone der nächsten Entwicklung* wird von Vygotsky so definiert:

„Distance between actual developmental level as determined by independent problem solving and the level of potential development as determined through problem solving under adult guidance or in collaboration with more capable peers." (Vygotsky 1978, S. 86)

Damit geht Vygotsky bei der Entwicklung des Denkens zum einen von bestimmten Entwicklungsstufen aus, die zum anderen durch die Unterstützung anderer erreicht werden können. Die Distanz können Lernende überwinden durch Unterstützung: „assistance [...] though only within the limits set by the state of his development" (Vygotsky 1962, S. 198). Die Entwicklungsstufen sind laut Vygotsky also zu berücksichtigen und beeinflussen auch die möglichen Entwicklungen der Lernenden. Daher sollten Unterstützungsangebote bzgl. der Entwicklungsstufen adaptiv sein. Ziel der Unterstützung ist es langfristig, dass die Lernenden Tätigkeiten alleine bewältigen und die Unterstützung nicht mehr nötig ist: „What a child can do in cooperation today he can do alone tomorrow" (Vygotsky 1962, S. 199). Vygotskys Konzept der Zone der nächsten Entwicklung wurde zahlreich für den Schulkontext angewandt (Wertsch 1984).

3. Aufmerksamkeit und Wahrnehmung entwickeln durch Nutzung von Werkzeugen
Nach Vygotsky werden die psychologischen Funktionen wie Wahrnehmung und Aufmerksamkeit, die zur Entwicklung der höheren mentalen Prozesse notwendig sind, durch Werkzeuge bzw. Zeichen beeinflusst. Beide sind bei der kognitiven Entwicklung zwischen dem Objekt und dem Subjekt Vermittler der Bedeutung

(Vygotsky 1978). Als *Werkzeuge* bezeichnet Vygotsky (1978) dabei Hilfsmittel, die external orientiert sind und zur Bewältigung der Natur genutzt werden. Werkzeuge können beispielsweise unterschiedliche Darstellungen oder gesprochene bzw. geschriebene Sprache sein, die zunächst wahrgenommen werden müssen, bevor sie überhaupt verinnerlicht werden können. Als *Zeichen* bezeichnet Vygotsky (1978) Hilfsmittel, die internal zur Bewältigung des eigenen Verhaltens und psychischen Funktionen genutzt werden (Vygotsky 1978). Zeichen sind Vorstellungen oder auch Sprache, die beim Denken genutzt wird. Sowohl Werkzeuge als auch Zeichen bezeichnet Vygotsky als *Artefakte* und schreibt über deren Gebrauch:

> "The transition to mediated activity, fundamentally changes all psychological operations just as the use of tools limitless broadens the range of activities within which the new psychological functions may operate. In this context, we can use the term *higher* psychological function, or *higher behaviour* as referring to the combination of tool and sign in psychological activity." (Vygotsky 1978, S. 55)

Damit sind beide Arten der Artefakte fundamental für die psychologischen Funktionen wie Aufmerksamkeit und Wahrnehmung. Aufmerksamkeit entsteht durch die Werkzeuge, die als „external stimuli" (Vygotsky 1979, S. 196) fungieren, damit die Aufmerksamkeit lenken und ein Wahrnehmen erst ermöglichen (Vygotsky 1979).

4. Internalisierung von Konzepten durch soziale Interaktionen

Bei der Internalisierung von Konzepten unterscheidet Vygotsky zwischen spontanen Konzepten im Alltag und wissenschaftlichen Konzepten, die nur unter systematischer Instruktion des Schulunterrichts internalisiert werden können (Vygotsky 1962). Das Lernen schulischer Konzepte unterscheidet sich gerade durch seine besonderen Bedingungen des schulischen Unterrichts vom Lernen der Alltagskonzepte. Vygotsky betont hier die Bedeutung des Unterrichts mit seinen sozialen Interaktionen mit Erwachsenen, der erst die Internalisierung von wissenschaftlichen Konzepten – also schulischen Lerngegenständen – ermögliche, auch wenn er gleichzeitig die Entwicklung wissenschaftlicher Konzepte als Fortsetzung der Entwicklung alltäglicher Konzepte sieht. Vygotsky (1962) grenzt sich hier von Piaget ab, dem er zuschreibt, die biologische Entwicklung des Individuums als Ursache kognitiver Entwicklung zu betrachten und die mögliche Entwicklung von Konzepten ohne soziale Interaktionen annimmt, auch wenn Piaget durchaus soziale Kontexte einbezieht.

Bei der Interpretation der Entwicklung von Konzepten werden Artefakte, also Werkzeuge (außen) und Zeichen (innen) zumeist als Sprache verstanden (siehe Abschnitt 4.1.2).

Die in diesen vier Punkten zusammengefasste sozio-kulturelle Perspektive Vygotskys auf Lehr-Lern-Prozesse hat sich sowohl für Mathematiklernen (Mariotti 2009; Walshaw 2017) als auch für das Sprachlernen (Hasan 1992b; Moschkovich 2015; Ukrainetz 1998) als hilfreich erwiesen. Daher eignet sie sich sehr gut als lehr-lern-theoretische Grundlage dieser Arbeit, um die Lehr-Lern-Prozesse zu logischen Strukturen des Beweisens und ihrer Verbalisierung zu beschreiben, zu erklären und gezielt anzuregen. Im Folgenden werden daher die Adaptionen der soziokulturellen Lerntheorie für das Mathematik- und Sprachlernen erläutert.

4.1.2 Mathematik- und Sprachlernen in Vygotskys soziokultureller Perspektive

Im Folgenden werden die vier Punkte aus Vygotskys Theorie für das Mathematik- und Sprachlernen anhand einiger Beispiele aus der Literatur konkretisiert:

Mathematiklernen in Vygotskys soziokultureller Perspektive
1. Grundlegender Mechanismus des Mathematiklernens auf Grundlage Vygotskys Theorie: Das Lernen kognitiv anspruchsvoller mathematischer Lerngegenstände, die auch komplexe Tätigkeiten beinhalten, können Lernende nicht alleine bewältigen. Aus diesem Grund benötigen sie eine Lehrkraft, andere Erwachsene oder kompetentere Peers, um die Tätigkeiten in der sozialen Interaktion mit Werkzeugen zu nutzen und so die nächste Zone der Entwicklung zu erreichen. Mit dieser Perspektive wurden Vygotskys Theorien über das Lernen auf unterschiedliche Weisen in der Mathematikdidaktik genutzt (Jablonka et al. 2013; Lerman 2000) und insbesondere auch in Hinblick auf die Nutzung von Werkzeugen betrachtet, bei denen Bedeutungen erschlossen werden müssen (Bartolini-Bussi und Mariotti 2008; Mariotti 2000, 2009). Vygotskys Konstrukte der Werkzeuge und Zeichen werden für das Mathematiklernen auf mathematische Objekte übertragen (Bartolini-Bussi und Mariotti 2008, S. 751). An die Überlegungen von Vygotsky zu den Werkzeugen und Zeichen als Vermittler der Bedeutung knüpfen Bartolini-Bussi und Mariotti (2008) für die Mathematikdidaktik an, die als zentrales Ziel des Lehr-Lern-Prozesses die Entfaltung der Bedeutungen eines Werkzeugs betrachten, das sowohl mit dem mathematischen Inhalt als auch mit dem persönlichen Denken der Lernenden zusammenhängt.

Für den beschriebenen fachlichen Lerngegenstand kann Vygotskys Ansatz konkretisiert werden, indem darauf geachtet wird, dass Lernende die Facetten logischer Strukturen zunächst durch Werkzeuge wahrnehmen, um dann in der sozialen Interaktion mit anderen bei den fachlichen strukturbezogenen Beweistätigkeiten die genauen Bedeutungen auszuhandeln und schließlich zu internalisieren.

2. *Zone der nächsten Entwicklung beim Mathematiklernen:* Mariotti (2009) sowie Mariotti und Bartolini-Bussi (2008) betonen bei Vygotskys Konstrukt der Zone der nächsten Entwicklung die Passung zum schulischen Kontext. Als Zone der nächsten Entwicklung beschreiben Mariotti und Bartolini-Bussi (2008) nur unkonkret, nicht auf einen Lerngegenstand bezogen, dass durch die Asymmetrie zwischen Lernenden und Lehrkraft, die Lehrkraft den Lernenden immer weiterhelfen kann, die nächste Entwicklungsstufe zu erreichen. In den untersuchten Designexperimenten zeigte sich das konkret in den Handlungen der Lehrkräfte. Die Lehrenden helfen den Lernenden: Erstens durch Fokussierung auf bestimmte Aspekte der Werkzeuge, indem sie auf diese verweisen und so die Aufmerksamkeit der Lernenden lenken. Zweitens durch Synthetisieren, bei dem die Lehrenden einzelne Lernende bitten, ihre persönlichen Erkenntnisse auszuformulieren und gegebenenfalls zu verallgemeinern (Bartolini-Bussi und Mariotti 2008). Insgesamt unterstützen die Lehrkräfte die Lernenden durch ihr Handeln die Produktion eigener Werkzeuge wie beispielsweise die Erstellung geometrischer Konstruktionen.

Insbesondere sei für das Beweisen die „mathematical discussion" (Bartolini-Bussi 1998) von Bedeutung, bei der die Lehrkraft eine besondere Rolle einnimmt: „The teacher is not one among peers, but rather is the guide in the metaphorical ‚zone of proximal development'" (Bartolini-Bussi 1998, S. 69). Die Lehrkraft führt damit als Erwachsener in die Kultur des Beweisens ein. Sie muss für das Lernen von Beweisen Begründen anregen, akzeptierte Kriterien explizieren und durch Werkzeuge unterstützen.

Brunner und Reusser (2019) betrachten die Lernendengruppe bei der Adaption des Unterrichts unter Berücksichtigung der Zone der nächsten Entwicklung. Sie nennen beispielsweise das allgemeine Algebra-Wissen einer Lernenendengruppe als Voraussetzung für das Unterrichten eines deduktiv-formalen Beweises.

In den Arbeiten von Miyakazi et al. (2015) wird Vygotskys Zone der nächsten Entwicklung vom Aufbau des Lerngegenstandes aus für das Erlernen der logischen Struktur von Beweisen als abstrakte Idee und deren unterschiedliche Verstehenslevel betrachtet (Miyazaki und Yumoto 2009), wie es Rowlands (2003, S. 164) für die Entwicklungszonen in der Mathematik beschreibt. Auf diese Weise werden die Zonen der nächsten Entwicklung gegenstandsspezifisch identifiziert, um Lernpfade zu strukturieren. Um die Zone der nächsten Entwicklung auch beim fachlichen Lerngegenstand zu berücksichtigen, wird im beschriebenen Projekt auch der fachliche intendierte Lernpfad berücksichtigt (siehe Abschnitt 3.2.2), auch wenn natürlich jeder Lernende seinen eigenen Lernstand hat.

3. Nutzung mathematischer Werkzeuge: Werkzeuge dienen in mathematischen Lehr-Lern-Prozessen als externe Darstellungen mathematischer Objekte, die für das Mathematiklernen verinnerlicht werden müssen (Bartolini-Bussi und Mariotti 2008). In der genannten Studie sind die mathematische Werkzeuge der Abakus bzw. die dynamische Geometriesoftware Cabri (Bartolini-Bussi und Mariotti 2008; Mariotti 2009).

Geometrische Konstruktionen mit dynamischer Geometriesoftware wie *Cabri* (Mariotti 2001) oder auch als Werkzeuge können dabei als Zugang zu Regeln des Beweisens als theoretisches System und damit als Übergang vom intuitiven zum deduktiven Schließen helfen. Durch die Werkzeuge werden die zu verinnerlichenden Lerngegenstände wahrnehmbarer. Dabei dienen die Werkzeuge und Zeichen im mathematischen Lehr-Lern-Prozess nach Mariotti (2009) sowohl als Medium als auch Produkt bei der Wissenskonstruktion innerhalb der sozialen Interaktion. Graphische Werkzeuge können die logischen Strukturen von Beweisen sichtbar machen und als Werkzeuge benutzt werden (Miyazaki et al. 2015) (siehe Abschnitt 2.1.1).

Mathematisches Wissen wird durch die mathematischen *Werkzeuge* in einem Prozess der Bedeutungsvermittlung von den Lernenden wahrgenommen. Für den beschriebenen Lerngegenstand würde das bedeuten, dass die Facetten logischer Strukturen durch Werkzeuge verdeutlicht werden, die bei den strukturbezogenen Beweistätigkeiten wahrgenommen und für die soziale Interaktion genutzt werden können.

4. Internalisierung des fachlichen Lerngegenstands: Mathematische Lerngegenstände müssen nicht nur wahrgenommen werden wie beispielsweise geometrische Beziehungen durch Geometriesoftware, sondern müssen selbst zu Zeichen beim Denken werden, indem sie ausgehend von der sozialen Interaktion zunehmend internalisiert werden (Mariotti 2000). Für den beschriebenen fachlichen Lerngegenstand bedeutet dies, dass die logischen Strukturen beim Beweisen nicht nur wahrgenommen werden müssen, sondern auch zu Zeichen werden, die in eigenen Gedanken ohne externe Unterstützung genutzt werden können.

Lernen der logischen Strukturen des Beweisens nach Vygotsky
Der fachliche Lerngegenstand ist ein wissenschaftliches Konzept im Sinne Vygotskys, da er nicht ohne gezielte soziale Interaktion mit Erwachsenen gelernt werden kann – im Gegensatz zu den Begründungen und Argumentationen im Alltag (siehe Kapitel 1). Zusammengefasst bedeutet die Nutzung der soziokulturellen Theorie nach Vygotsky für das Lernen von logischen Strukturen des Beweisens, dass durch Werkzeuge wie beispielsweise graphische Darstellungen die logischen Strukturen durch die Lernenden wahrgenommen werden können, und der fachliche Lerngegenstand in der sozialen Interaktion mit anderen Lernenden sowie der Lehrkraft bei den fachlichen strukturbezogenen Beweistätigkeiten internalisiert werden kann. Um die Zone der nächsten Entwicklung zu erreichen, sollten bei der Unterstützung sowohl die Lernvoraussetzungen als auch die Reihenfolgen des Lerngegenstandes systematisch eingeplant werden.

Sprachlernen in Vygotskys soziokultureller Perspektive
1. Grundlegender Mechanismus des Sprachlernens auf Grundlage der Theorie Vygotskys: Vygotsky unterscheidet bei der Sprache zwischen der kognitiven Funktion (Sprache als Denkwerkzeug) und der kommunikativen Funktion (Sprache als Kommunikationsmittel) und hat eine sehr funktionale Perspektive auf Sprache (Hasan 1992a; Vygotsky 1978) (siehe auch Abschnitt 2.1.2).

Beim Denken als innere Kommunikation bedürfen die höheren, mentalen Funktionen der sozialen Unterstützung von außen. Dabei ist aber Sprache selbst nicht nur Lernmedium, sondern auch Lerngegenstand. Vygotsky beschreibt die Entwicklung des Zusammenhangs zwischen einem Wort, also der Lexik, und dem Verstehen der Bedeutung des Wortes als besonders komplex und lang (Vygotsky 1962). Sowohl die Bedeutungen als auch die dazugehörigen Wörter an sich sind dabei Produkt einer parallelen Entwicklung, wobei aber Wörter auch gelernt werden können, ohne dass die gänzliche Bedeutung im Sinne des Lerngegenstandes erfasst wird (Vygotsky 1962). Durch die Sprache in der gemeinsamen Tätigkeit kann der sprachliche Lerngegenstand auch als Zeichen in den Gedanken internalisiert werden. Vygotskys Perspektive auf Sprache wurde in der Sprachdidaktik aufgegriffen (Hasan 2002; Ukrainetz 1998) und auch auf die Sprache innerhalb des Mathematikunterrichts angewandt (Barwell et al. 2016; Moschkovich 2015). Für das Sprachlernen im Kontext der soziokulturellen Theorie nach Vygotsky steht die natürliche Sprache als Vermittler im Zentrum (Hasan 1992b, 2002). Moschkovich (2002) beispielsweise beschreibt das Lernen der Sprache im Mathematikunterricht, indem die Sprache bei den mathematischen Tätigkeiten – hier bei bilingualen Lernenden – wahrgenommen und in der sozialen Interaktion genutzt wird.

Für den beschriebenen Lerngegenstand bedeutet das Sprachverständnis von Vygotsky, dass bestimmte Sprachmittel als Werkzeuge fungieren, so dass die Facetten logischer Strukturen als Bedeutungen in der Kommunikation wahrgenommen werden können, aber dabei die gegenstandspezifischen Sprachmittel selbst auch Lerngegenstand sind. Durch die sprachlichen strukturbezogenen Beweistätigkeiten in der sozialen Interaktion können die Sprachmittel als Denkwerkzeuge internalisiert werden.

2. *Zone der nächsten Entwicklung beim Sprachlernen:* Hammond und Gibbons (2005) beziehen sich bei ihren Überlegungen zur Sprachförderung im Klassensetting auf die Zone der nächsten Entwicklung, indem sie damit das Scaffolding als komplexe und gestufte Unterstützung begründen. Die als „Scaffolding" (siehe zum Begriff „Scaffolding" Abschnitt 4.2.3) benannte Unterstützung soll gerade das effektive Lernen unterstützen, indem Aufgaben so gestaltet sind, dass sie genau (noch) nicht von den Lernenden in Einzelarbeit bewältigt werden können, aber mit der Unterstützung durch die Lehrkraft. Gibbons (2002) betont auch die unterschiedlichen, aber komplementären Rollen von Lernenden und Lehrenden. Ukrainetz (1998) beschreibt im Zusammenhang zur Zone der nächsten Entwicklung strukturierte Lernaktivitäten, die von der Passung zwischen dem Arrangement der äußeren Aktivitäten und den inneren Entwicklungen geleitet sind. Dies erfolgt durch ein konstantes Aufgabenlevel, in Kombination mit unterschiedlichen Leveln des Scaffoldings. Prediger und Pöhler (2015) beschreiben das Sprachlernen (hier für den fachlichen Lerngegenstand *Prozente*) in den Zonen der nächsten Entwicklung und deren gezielte Berücksichtigung beim intendierten Lernpfad. Auch für den spezifizierten sprachlichen Lerngegenstand der Sprachmittel und der sprachlichen strukturbezogenen Beweistätigkeiten (siehe Kapitel 2) soll die Zone der nächsten Entwicklung berücksichtigt werden, indem der sprachlich intendierte Lernpfad gezielt strukturiert wird (siehe Abschnitt 3.2.3).

3. *Nutzung sprachlicher Werkzeuge:* Insbesondere weil die Sprache in der sozialen Interaktion von großer Relevanz ist, ist sie das zentrale Medium für die Vermittlung der Bedeutung und gleichzeitig von großer Relevanz für die kognitive Entwicklung (Vygotsky 1962) und im Einklang mit der systemisch-funktionalen Grammatik, nach der Sprache als bedeutungsbezogenes System zu verstehen ist (Abschnitt 2.1.3). Sprache kann im Sinne Vygotskys selbst als kulturelles Werkzeug betrachtet werden, das als Lernmedium fungiert (Adler 2001). In diesem Sinne nutzen es auch Gibbons und Hammond (2005) beim sprachlichen Scaffolding. Das sprachliche Scaffolding bei Ukrainetz (1998) umfasst konkrete Unterstützungsmöglichkeiten bei unterschiedlichen Schreib- bzw. Redezielen, die alle einen gemeinsamen Kontext haben. Sprache kann auch als Werkzeug

zum Mathematiklernen dienen (Barwell et al. 2016; Moschkovich 2015), wobei Barwell (2016) zurecht darauf hinweist, dass auch der situative Charakter mathematischer Klassendiskurse und damit einhergehend die nicht immer konstante Sprache über Mathematik berücksichtigt werden muss. D. h. es kann nicht einfach eine fertige mathematische Sprache verinnerlicht werden, sondern die im Unterricht verwendete Sprache ist auch selbst Lerngegenstand.

Um Sprachmittel als sprachliche Werkzeuge nutzen zu können, müssen gezielt diejenigen Sprachmittel genutzt werden, die die Bedeutungen auffaltbar machen, wie im beschriebenen Projekt die grammatikalisch kohärenten Sprachmittel (siehe Abschnitt 2.3.1)

4. Internalisierung des sprachlichen Lerngegenstands: Ukrainetz (1998) bezieht sich bei der Internalisierung auf die Tätigkeitstheorie, so dass durch die tätigkeitsbasierte Intervention wie das zielorientierte Schreiben die externen, organisierten Einheiten zu intern organisierten mentalen Einheiten internalisiert werden sollen. Sprache hat bei der Internalisierung eine doppelte Funktion, da sie den Prozess unterstützen und selbst internalisiert werden soll (Ukrainetz 1998). Auch beim Sprachlernen im Mathematikunterricht ist Sprache sowohl Lernmedium als auch Lerngegenstand, wie es auch schon Abschnitt 2.2 beschrieben wurde.

Damit Sprache internalisiert wird, müssen die Tätigkeiten in der sozialen Interaktion genutzt werden (Moschkovich 2015) – in diesem Projekt also die sprachlichen strukturbezogenen Beweistätigkeiten, damit die Versprachlichung der logischen Strukturen zu eigenen Gedanken werden.

Lernen der logischen Strukturen des Beweisens und ihre Verbalisierung nach Vygotsky
Auch die Verbalisierung der logischen Strukturen des Beweisens sind im Sinne Vygotskys ein wissenschaftliches Konzept. Die gegenstandsspezifischen Bedeutungen der Sprachmittel unterscheiden sich von denen im Sprachregister Alltagssprache (siehe Abschnitt 2.2 und 2.3). Zum Erlernen der Sprachmittel müssen diese zum einen bewusst wahrgenommen werden und zum anderen in der sozialen Interaktion mit Lehrenden durch sprachliche strukturbezogene Beweistätigkeiten erlebt werden, um sie internalisieren zu können.

Für das Lernen der Sprache bei den logischen Strukturen des Beweisens bedeutet die soziokulturelle Lerntheorie, dass durch gezieltes Anbieten von Sprachmitteln und Unterstützung bei den sprachlichen strukturbezogenen Beweistätigkeiten das Lernen unterstützt werden kann, weil Wörter nicht nur wahrgenommen werden müssen, sondern im Gebrauch und in der sozialen Interaktion erlebt werden müssen. Dabei kann in einem strukturierten Lehr-Lern-Arrangement die Sprache gemeinsam erfahren und auf unterschiedlichen Ebenen unterstützt werden.

4.1.3   Implikationen für die Betrachtung des Lerngegenstandes

Der fachliche und sprachliche Lerngegenstand wird im Folgenden wie andere anspruchsvolle prozessbezogene Lerngegenstände in Abhängigkeit von den notwendigen Lernhandlungen unterschieden werden.

Zugänge zu anspruchsvollen prozessbezogenen Lerngegenständen
Sowohl für mathematische als auch sprachliche Lerngegenstände werden in einigen Studien, die soziokulturelle Lerntheorien nutzen und anspruchsvolle prozessbezogene Lerngegenstände wie das Beweisen beschreiben, die Lerngegenstände in Teilbereiche nach ihren Zugängen unterteilt (Adler 1999, 2000; Hemmi 2008; Moschkovich 2015). So werden die Lerngegenstände folgendermaßen unterteilt:

- *Direkt Wahrnehmbares:* Sichtbares des Lerngegenstandes („Visibility") muss wahrgenommen werden (Hemmi 2006; Lave und Wenger 1991). Auch Adler (1999) beschreibt, dass Gespräche im Mathematikunterricht auf eine Weise sichtbar sein müssen.
- *Durch Tun Erlebbares:* Unsichtbares des Lerngegenstandes („Invisibility") muss durch Tun erlebt werden (Hemmi 2006; Lave und Wenger 1991). Nach Adler muss auch durch das Gespräch gelernt werden („Seeing through talk"), was Adler (1999) für mehrsprachige Lernende im Mathematikunterricht beschreibt.

Die eben beschriebene Unterteilung kommt von der soziokulturellen Lerntheorie von Lave & Wenger (1991). Sie passt sowohl zu Vygotsky Konstrukten der Nutzung von Werkzeugen, um den Lerngegenstand wahrzunehmen, als auch der sozialen Interaktion, auch wenn Lave & Wenger (1991) Lernen insbesondere als Partizipation in einer sozialen Praxis und situierter Erfahrungen in unterschiedlichen Settings verstehen (siehe auch Lerman 2000).

Unter Verweis auf Lave und Wengers (1991) Metapher vom Fenster, durch das man schauen muss, das aber gleichzeitig unsichtbar ist, beschreibt Hemmi (2006) die Bedeutung eines gelingenden Wechselspiels zwischen Wahrnehmen und Tun für das Beweislernen mit der Metapher der Bedingung der Sichtbarkeit:

„The condition of transparency is the intricate dilemma about how and how much to *focus on the different aspects of proof* in relation to how and how much led students *participate in different proving activities* without focusing on the process in order to enhance students' access to proof." (Hemmi 2006, S. 59, Hervorhebungen K.H.)

Hemmi (2006) weist auch auf die Parallelen zum Sprachlernen hin (Hemmi 2006, S. 54). Unter dem direkt Wahrnehmbaren werden bei Hemmi (2008) unter anderem die logischen Strukturen beschrieben, die in der vorliegenden Arbeit als Facetten logischer Strukturen konzeptualisiert wurden (siehe Abschnitt 1.2.2). Wie in der Spezifizierung des Lerngegenstandes dargestellt (Kapitel 1 und 2) sind die Facetten logischer Strukturen weder fachlich noch sprachlich leicht wahrnehmbar, sondern müssen oft für didaktische Zwecke erst durch Explikation wahrnehmbar gemacht werden. Aus der Perspektive der Lehrenden kann der Lerngegenstand also unterschieden werden in:

- *Explizierbares,* was zunächst möglichst explizit gemacht werden muss, sofern dies noch nicht der Fall ist, um ein Wahrnehmen zu ermöglichen.
- *Nicht-Explizierbares,* was durch Tätigkeiten eingefordert und unterstützt werden muss, um es erlebbar zu machen.

Aus Perspektive der beiden theoretischen Zugänge wird daher im Folgenden der spezifizierte Lerngegenstand für didaktische Zwecke in *Explizierbares* und *Nicht-Explizierbares* unterteilt.

Explizierbare Facetten logischer Strukturen und ihre Sprachmittel
Grundsätzlich lassen sich die Facetten logischer Strukturen durch Graphiken explizieren und durch explizite, also grammatisch kohärente, Sprachmittel, besser zugänglich und wahrnehmbarer machen. Daher wird im Folgenden dieser Teilbereich des sehr spezifischen Lerngegenstandes als *das Explizierbare des Lerngegenstandes* bezeichnet. Er kann direkt wahrgenommen werden, wenn er dann expliziert ist. Allerdings heiß das nicht, dass, nur weil das Explizierbare des Lerngegenstandes expliziert wird, damit die Bedeutung für die Tätigkeiten beim Beweisen wirklich von den Lernenden erfasst werden kann. Die Nutzung der Facetten der logischen Strukturen und der zugehörigen Sprachmittel lassen sich nur durch das eigene Ausführen der fachlichen und sprachlichen strukturbezogenen Beweistätigkeiten selbst in ihrer sehr spezifischen Bedeutung gänzlich verstehen.

Nicht-Explizierbares in strukturbezogenen Beweistätigkeiten
Die speziellen strukturbezogenen Beweistätigkeiten beim Umgang mit den Facetten logischer Strukturen und die Bedeutungen der gegenstandspezifischen Sprachmittel lassen sich der soziokulturellen Lerntheorie nach nur durch das Erleben des Lerngegenstandes in der sozialen Interaktion verstehen und aneignen (Hemmi 2008). Die dafür notwendigen fachlichen und sprachlichen strukturbezogenen Beweistätigkeiten können nicht einfach expliziert werden, sondern müssen selbst ausgeführt und in der sozialen Interaktion gegebenenfalls mit Unterstützung erfahren werden. Dieser Teil des Lerngegenstandes wird hier als das *Nicht-Explizierbare des Lerngegenstandes* bezeichnet.

Zusammenfassend lässt sich der Lerngegenstand damit als Explizierbares und Nicht-Explizierbares darstellen (Tabelle 4.1).

Tabelle 4.1 Explizierbares und Nicht-Explizierbares des Lerngegenstandes

	Fachlicher Teil	**Sprachlicher Teil**
Explizierbares	Facetten logischer Strukturen	Sprachmittel für die Facetten logischer Strukturen
Nicht-Explizierbares	Fachliche strukturbezogene Beweistätigkeiten beim Umgang mit den Facetten logischer Strukturen	Sprachliche strukturbezogene Beweistätigkeiten beim Umgang mit den engen Bedeutungen der gegenstandsspezifischen Sprachmittel

Für das Lehren und Lernen bedeutet diese Betrachtung des Lerngegenstandes unter sozio-kultureller Perspektive nach Vygotsky (1962, 1978) Folgendes:

Das Explizierbare des Lerngegenstandes muss zunächst expliziert werden durch die Lehrkraft bzw. durch das Material, damit die Lernenden es wahrnehmen können.

Das Nicht-Explizierbare des Lerngegenstandes muss durch die Lehrkraft eingefordert und unterstützt werden, damit die Lernenden durch das Ausführen der Tätigkeiten und angemessenen Unterstützungen diesen Teil des Lerngegenstandes in der sozialen Interaktion lernen können.

Entsprechend der Strukturierung des Lerngegenstandes muss dieser sukzessive gelehrt und gelernt werden, um die Zone der nächsten Entwicklung zu berücksichtigen.

4.2   Gegenstandsspezifische Designprinzipien

Designprinzipien sind Leitlinien zur Gestaltung eines Lehr-Lern-Arrangements (siehe genauer Designprinzipien in Abschnitt 5.1). Die folgenden Designprinzipien sind ein Theorieprodukt der vorliegenden Arbeit. Sie wurden aus dem spezifizierten und strukturierten Lerngegenstand (siehe Kapitel 1, 2 und 3) und der soziokulturellen Lerntheorie abgeleitet (siehe Abschnitt 4.1). Die Designprinzipien wurden in allgemeiner Form der sprach- und mathematikdidaktische Forschung entnommen (siehe Angaben in den jeweiligen Designprinzipien). Innerhalb des zyklischen empirischen Vorgehens im Rahmen der Fachdidaktischen Entwicklungsforschung wurden die Designprinzipien anschließend gegenstandsspezifisch ausgeschärft und zur Entwicklung der Designelemente des Lehr-Lern-Arrangements „Mathematisch Begründen" genutzt (siehe Kapitel 6) mit dem Ziel, das Lernen der *logischen Strukturen beim Beweisen und ihre Verbalisierung* zu unterstützen. Somit leistet die gegenstandspezifische Ausarbeitung der Designprinzipien einen Beitrag zu dem, was zur Förderung des Beweisens in der Literatur gefordert wird: „development of principles or criteria for particular aspects of the teaching of proof" (Stylianides et al. 2017, S. 258). Dieser Abschnitt greift also bereits auf zentrale Ergebnisse des sprachintegrativen Entwicklungsforschungsprojekts zum fachlichen Lernen vor.

Designprinzipien zur Aufgabengestaltung des Lehr-Lern-Arrangements
Die Aufgabengestaltung wird gemäß soziokultureller Lehr-Lern-Theorie so optimiert, dass die Facetten logischer Strukturen und ihre Sprachmittel, das Explizierbare des Lerngegenstandes (siehe Kapitel 1 und 2) besser durch Explikation wahrnehmbar werden (siehe Abschnitt 4.2.1). Für die strukturbezogenen Beweistätigkeiten gilt es, eigenständiges Beweisen durch die Lernenden einzufordern (siehe Abschnitt 4.2.2) und gleichzeitig gestuft zu unterstützen, wenn es notwendig ist (siehe Abschnitt 4.2.3).

In Bezug auf Sprache basieren die im Folgenden genauer beschrieben Designprinzipien auf den Jobs, die Lehrkräfte für einen sprachbildenden Unterricht ausführen müssen (Prediger 2020, S. 46). Die Jobs werden in der vorliegenden Arbeit für den Lerngegenstand konkretisiert. Das *Identifizieren der fachlich relevanten sprachlichen Anforderungen* geschah schon in Abschnitt 2.3.1 mit der Spezifizierung der Sprachmittel und der sprachlichen strukturbezogenen Beweistätigkeiten als Ausdifferenzierung der Sprachhandlung Beweisen. Der Job *Sprache unterstützen* ist wegen der gegenstandsspezifischen Herausforderungen (siehe Abschnitt 3.2.1) konkretisiert in der *sprachlichen Explikation* unter dem

Designprinzip 1 *Explikation logischer Strukturen,* bei dem auch zunächst die fachlichen Bedeutungen der Sprachmittel wahrnehmbar gemacht werden sollen, und
beim Designprinzip 3 *Scaffolding der strukturbezogenen Beweistätigkeiten* durch
sprachliche Scaffolds, aber auch visuell durch graphische Scaffolds, bei denen
die Sprachproduktionen unterstützt werden. Der Job *Sprache einfordern* wird
in dem Designprinzip 2 *Interaktive Anregung strukturbezogener Beweistätigkeiten* gegenstandsspezifisch konkretisiert, insbesondere auch mit dem sprachlichen
Teilbereich *Sprachliche strukturbezogene Beweistätigkeiten interaktiv anregen.*

Designprinzipien zur Strukturierung des Lehr-Lern-Arrangements
Auf Grundlage des intendierten Lernpfads des Lerngegenstandes (siehe Kapitel 3) und auf Basis der Idee der Zonen der nächsten Entwicklung (siehe
Abschnitt 4.1.1) soll das Lehr-Lern-Arrangement sukzessive aufbauend gestaltet
werden (siehe Abschnitt 4.2.4). Dies entspricht in der fachdidaktischen Entwick-
lungsforschung der Strukturierung des Lerngegenstandes (siehe Abschnitt 5.1).
Auf Grundlage des intendierten sprachlichen Lernpfads wird mit dem *Sukzessiven
Aufbau beim Umgang mit Verbalisierungen der logischen Strukturen beim Beweisen* als sprachlicher Teilbereich des Designprinzips 4 *Sukzessiver Aufbau beim
Umgang mit logischen Strukturen und ihre Verbalisierung beim Beweisen* dem Job
Sprache sukzessive aufbauen der Lehrkräfte für einen sprachbildenden Unterricht
nachgekommen (Prediger 2020, S. 46).

Überblick über die Designprinzipien
Nach den folgenden Designprinzipien zur Aufgabengestaltung und Strukturierung
soll das Lehr-Lern-Arrangements gestaltet werden, um die Lernenden beim Lernprozess der logischen Strukturen des Beweisens und deren Versprachlichung zu
unterstützen (siehe auch Hein 2018a; Prediger 2018). Die Designprinzipien zur
Gestaltung des Lehr-Lern-Arrangements sind folgende:

- Designprinzip 1: Explikation logischer Strukturen
- Designprinzip 2: Interaktive Anregung strukturbezogener Beweistätigkeiten
- Designprinzip 3: Scaffolding strukturbezogener Beweistätigkeiten

Das Designprinzip zur Strukturierung des Lehr-Lern-Arrangements ist:

- Designprinzip 4: Sukzessiver Aufbau beim Umgang mit logischen Strukturen
  und ihrer Versprachlichung beim Beweisen

4.2.1 Designprinzip 1: Explikation logischer Strukturen

Explikation (lat. explicāre = auffalten, erklären, aufrollen) bezeichnet in der vorliegenden Arbeit sowohl das Wahrnehmbarmachen wichtiger Aspekte des Lerngegenstandes als auch damit einhergehend das Auffalten von Verdichtungen, wie sie in der Fachdisziplin häufig auftreten (Aebli 1981). In einigen Publikationen wird synonym der Begriff Explizierung verwendet. Das Designprinzip baut hier auf der soziokulturellen Lehr-Lern-Theorie von Vygotsky auf, indem durch Explikation Werkzeuge gegeben werden, die zunächst ein Wahrnehmen des Lerngegenstandes ermöglichen.

Als *Explikation* wird in dieser Arbeit die graphische und sprachliche Explikation von mathematikspezifischen und sprachliche Verdichtungen in ihre einzelne Verstehenselemente verstanden (Drollinger-Vetter 2011). Auch logische Strukturen müssen aufgefaltet werden, um sie verstehen zu können (Prediger 2018). Das Designprinzip 1 *Explikation der logischen Strukturen* wurde aus den Herausforderungen des fachlichen und sprachlichen Lerngegenstandes abgeleitet – insbesondere aus der mangelnden Wahrnehmbarkeit und den Verdichtungen. Gemeint sind sowohl die Facetten logischer Strukturen, die als Teil der Mathematik hoch verdichtet sind, und zum Erfassen wieder aufgefaltet werden müssen (Drollinger-Vetter 2011; Prediger 2018), als auch die dazugehörigen Sprachmittel, die oft selbst verdichtet die logischen Strukturen sprachlich darstellen (siehe Abschnitt 3.2.1).

Durch das Designprinzip 1 *Explikation logischer Strukturen* soll das Explizierbare des Lerngegenstandes (siehe Abschnitt 4.1.3) expliziert werden, damit die Lernenden die Facetten logischer Strukturen und Sprachmittel als Voraussetzung der Internalisierung wahrnehmen können. Die Verdichtung und Auffaltung von fachlichen Lerngegenständen hängt oft mit den Verdichtungen und Auffaltungen der sprachlichen Lerngegenständen zusammen, wie Prediger und Zindel (2017) beispielsweise für den mathematischen Lerngegenstand *Funktionen* zeigen.

Auch wenn die Wahrnehmung des fachlichen Lerngegenstandes – hier die logischen Strukturen – und das Hineinsehen in die Explikationen von den Lernenden selbst geleistet werden muss, so muss doch Implizites des Lerngegenstandes zunächst für die Lernenden wahrnehmbar sein (Collins et al. 1989; McNeill und Krajcik 2009). Aufbauend auf die Lerntheorie (siehe Abschnitt 4.1) soll das Designprinzip 1 *Explikation logischer Strukturen* hier separat vom Designprinzip 3 *Scaffolding strukturbezogener Beweistätigkeiten* dargestellt werden, da die Explikation zunächst zur Wahrnehmbarkeit des komplexen Lerngegenstandes genutzt werden soll, bevor die Tätigkeiten angeregt und unterstützt werden (siehe Abschnitt 4.2.2 und 4.2.3).

Mit Explikation ist jedoch in diesem Designprinzip nicht die explizite Instruktion gemeint, sondern die Explikation der logischen Strukturen durch Graphiken auf Grundlage von Toulmins Modell (1958) und grammatikalisch kohärente Sprachmittel, so dass diese grundsätzlich wahrnehmbar werden.

Graphische Explikation
Graphische Explikation bezeichnet die Visualisierung eines fachlichen Lerngegenstandes mit dem Ziel, diese wahrnehmbar zu machen, was im Einklang mit Vygotskys Werkzeugen steht. Visualisierungen werden auch im Mathematikunterricht genutzt, um mathematische Inhalte wahrnehmbar zu machen (Presmeg 2006). Zur Explikation der zunächst nicht wahrnehmbaren, aber graphisch explizierbaren Bestandteile eines Lerngegenstandes durch die Lehrkraft und der Materialien wird in der Grundschuldidaktik von *Veranschaulichungsmitteln* – im Gegensatz zu den *Anschauungsmitteln* (siehe Abschnitt 4.2.3) – gesprochen (Lorenz 1992). Auch wenn Lerngegenstände veranschaulicht werden, müssen wichtige Aspekte des Lerngegenstandes durch die Lernenden erst in die Veranschaulichung hineingesehen werden, indem sie diese in den Veranschaulichungsmitteln wahrnehmen (Krauthausen und Scherer 2007, S. 213).

In den Naturwissenschaften beispielsweise sind die Argumente oft implizit, so dass diese für das Erlernen explizit gemacht werden können (McNeill und Krajcik 2009; Reiser et al. 2001). Gerade graphische Darstellungen werden genutzt, um sowohl Implizites explizit zu machen (Puntambekar und Hübscher 2005, S. 5) – damit für die Lernenden wahrnehmbar –, und darauf aufbauend auch anderweitig zum Beispiel in Form von Scaffolding zu unterstützen (siehe Abschnitt 4.2.3).

Studien zur Entwicklung von Lehr-Lern-Arrangements beschreiben graphische Explikationen von mathematischen Konzepten (Pöhler 2018; Wessel 2015). So wird bei Pöhler (2018) der *Prozentstreifen* und bei Wessel (2015) der *Bruchstreifen* genutzt, um zunächst die jeweiligen mathematischen Konzepte (*Prozente* bzw. *Brüche*) graphisch zu explizieren.

In der vorliegenden Arbeit sollen graphische Darstellungen zur *Explikation der Facetten logischer Strukturen* genutzt werden in Anlehnung an die zuvor beschriebenen graphischen Darstellungen, wie *Structures in geometrical proofs* (Hemmi 2006) *Flow-Chart-Proof* (Miyazaki et al. 2015) und *Data-Warrant-Claim-Table-Tool* bzw. *Proof Bearing Structure tool* (Moutsios-Rentzos und Micha 2018) (Abschnitt 2.1.1). So sollen auch auf Grundlage des Modells von Toulmin insbesondere die logischen Elemente (Voraussetzung, Argumente, Schlussfolgerung), deren Zusammenhänge in den Beweisschritten und deren logische Reihenfolge in diesem Projekt graphisch expliziert werden (siehe auch Abschnitt 6.2). Die Art der logischen Beziehungen, welche logischen Elemente genau verbunden werden, wird durch die Sprachmittel noch explizierter (siehe Sprachliche Explikation).

Sprachliche Explikation
Durch *sprachliche Explikation* sollen die Facetten logischer Strukturen auch sprachlich wahrnehmbar gemacht werden. Die Sprachmittel, die hier im Lehr-Lern-Arrangement angeboten werden, sollen auf diese Weise optimiert werden, so dass die oft verdichtet dargestellten Facetten logischer Strukturen auch sprachlich explizit werden und damit im Sinne Vygotskys als Werkzeuge dienen, um die Facetten logischer Strukturen überhaupt wahrzunehmen (siehe auch Abschnitt 4.1.2). Auf diese Weise soll die sprachliche Explikation den Lernenden als erste Voraussetzung für das Lernen helfen, den fachlichen Lerngegenstand überhaupt wahrzunehmen. Sprachliche Explikation kann auf unterschiedlichen sprachlichen Ebenen geschehen:

> „Attention can be paid to unpacking the meanings in the dense noun phrases and clarifying relationships that are constructed in the verbs and conjunctions, as well as by making explicit what might have been left implicit in the formulation of the problem." (Schleppegrell 2007, S. 152)

Zum einen können also die Sprachmittel explizit, also grammatikalisch kohärent sein, oder bestimmte Aspekte überhaupt erst genannt sein. Die sprachliche Explikation ist insbesondere auch für den Mathematikunterricht wichtig (Adler 1998; Schleppegrell 2007). Durand-Guerrier et al. (2011) fordern besonders auch für das Unterrichten von Logik im Mathematikunterricht explizierende Sprachmittel und eine bewusste Kontrolle über die Grammatik durch die Lehrkraft. Daher sollen zunächst grammatikalisch kohärente Sprachmittel genutzt werden, bei denen durch die Kohärenz von Bedeutungen und Grammatik auch die Facetten logischer Strukturen expliziert werden. Für das Erlernen dieses anspruchsvollen Lerngegenstandes sind zum Beispiel zunächst Konjunktionen als grammatikalisch kohärente Sprachmittel für logische Beziehungen nötig (Feilke 2012a) wie beispielsweise „*Weil* der Satz gilt, folgt diese Schlussfolgerung.". Selbstverständlich sollen langfristig auch verdichtete Sprachmittel für das Sprachregister Bildungs- und Fachsprache angeboten (und genutzt) werden (Mohan und Beckett 2001), wie beispielsweise „*Laut* dem Satz gilt die Schlussfolgerung." In dem vorliegenden Projekt wurden zu diesem Zweck die gegenstandsspezifischen Sprachmittel zunächst theoretisch und empirisch spezifiziert (siehe Abschnitt 2.3.1). Die Explikation des Lerngegenstandes durch grammatikalisch kohärente Sprachmittel kann eng vernetzt mit der graphischen Explikation erfolgen.

4.2.2   Designprinzip 2: Interaktive Anregung strukturbezogener Beweistätigkeiten

Damit die Lernenden fachliche und sprachliche strukturbezogene Beweistätigkeiten ausführen, um das Nicht-Explizierbare des Lerngegenstandes selbst zu erfahren (siehe Abschnitt 4.1.3), muss dies auch von den Lehrkräften eingefordert und angeregt werden. Damit die Lernenden den Lerngegenstand auch internalisieren, müssen sie selbst die Beweistätigkeiten in der sozialen Interaktion gemeinsam ausführen (siehe Abschnitt 4.1.2).

In der Regel haben Schülerinnen und Schüler wenig Gelegenheiten, selbst zu beweisen (Reid 2011). Für das Erlernen vom Beweisen (Prozess) und vom Beweis (Produkt) ist es wichtig, dass die Lernenden sowohl mündliche als auch schriftliche Beweise selbst produzieren (Marks und Mousley 1990; Stylianides 2019). Fujita et al. (2017) beschreiben beispielsweise, wie wichtig die soziale Interaktion beim Lösen geometrischer Beweise ist. Gerade aber auch für das Erlernen der strukturbezogenen Beweistätigkeiten müssen diese in der Interaktion ausgeführt werden, da der Übergang zum deduktiven Schließen nicht alleine erkannt werden kann. So werden auch Interaktion mit Computerprogrammen beschrieben, die bei dem Übergang zum deduktiven Schließen helfen sollen (Fujita et al. 2018; Miyazaki, Fujita, Jones, et al. 2017). Im Folgenden wird die interaktive Anregung strukturbezogener Beweistätigkeiten genauer für die sprachliche Konkretisierung der strukturbezogenen Beweistätigkeiten ausgeführt.

Sprachliche strukturbezogene Beweistätigkeiten interaktiv anregen
Die Lernenden sollen bei der Bearbeitung der Beweisaufgaben gezielt angeregt werden, sprachliche strukturbezogene Beweistätigkeiten gemeinsam in der sozialen Interaktion auszuführen, um dabei die Internalisierung des Lerngegenstandes zu unterstützen (siehe auch Abschnitt 4.1.2). Der sprachliche Teil des Designprinzips greift das *Prinzip der reichhaltigen Diskursanregung* für den sprachbildenden Fachunterricht auf (Prediger 2020, S. 193).

Nach der Output-Hypothese ist für das Erlernen von Sprache das eigene Nutzen der Sprache zentral, was Swain (1985) für den Zweitspracherwerb aufzeigt. Swain (1985) betont die Notwendigkeit der Möglichkeit zur Teilnahme an der sozialen Interaktion in Form des Diskurses, um Sprache zu erproben und damit zu entwickeln. Erath (2017) hat die Bedeutung der Teilhabe an dem Diskurs in Bezug auf das Erklären in ihrer Studie für das Mathematiklernen empirisch gezeigt.

In Bezug auf die Aufmerksamkeit betont Swain (1985, S. 248) zusätzlich, dass die Lernenden erst Kapazität haben, die Form der Sprachmittel wahrzunehmen, wenn die Bedeutung der Sprachmittel geklärt ist.

In unterschiedlichen Sprachproduktionsansätzen wird in der Sprachdidaktik und Sprachtherapie beschrieben, wie mündliche und schriftliche Aufgaben zur Sprachproduktion gestaltet werden können. Aus der Perspektive der Sprachtherapie ist das Anregen von Sprachproduktion – auch Elizitation genannt – die zweite Stufe der Sprachförderung (Kauschke und Rath 2017) und noch relativ implizit, d. h. das nicht explizit über Sprache gesprochen wird, sondern durch die Sprachproduktion selbst ausgehandelt werden.

Wessel (2015), die die Pushed-output-Hypothese für den einsprachigen Kontext für das Lernen der Mathematik nutzt, fordert das „[F]orcieren reichhaltiger Sprachproduktionen" (Prediger und Wessel 2012). Auch für die Mathematikdidaktik werden Sprachföreransätze und die Gestaltung von Sprachaufgaben beschrieben (Meyer und Prediger 2012; Prediger 2020).

Schreiben im Mathematikunterricht erfolgt zum Lernen der Mathematik (Russek 1998) und kann auf unterschiedliche Weisen gestaltet werden (siehe z. B. Moschkovich 1999). Marks und Mousley (1990) konstatieren:

> „Students needs to express mathematics in order to better develop the necessary concepts, with opportunities to talk themselves into understanding" (Marks und Mousley 1990, S. 132).

Hier soll also die kognitive Funktion der Sprache genutzt werden, in dem die Lernenden die mathematischen Lerngegenstände durch eigene Verbalisierungen lernen. Damit die Lernenden auch selbst Sprache produzieren, muss die eigene Produktion einerseits auch eingefordert werden, andererseits durch die Lehrkräfte auch bewusst vorgemacht und unterrichtet werden (Silliman et al. 2020). Damit das mathematische Genre Beweis gelernt werden kann, muss sowohl das Sprechen über Beweise (Stylianides 2019) als auch das Schreiben eigener Beweise initiiert werden (Marks und Mousley 1990).

Die Sprachproduktionsansätze sollen hier konkret für den sprachlichen Lerngegenstand genutzt werden. Durch das Einfordern der sprachlichen strukturbezogenen Beweistätigkeiten sollen gemeinsame und eigene Verbalisierungen der Lernenden angeregt werden, damit der Lerngegenstand in der sozialen Interaktion eingeübt und später internalisiert werden kann. Dafür soll hier eine explizierende Sprachproduktion mit grammatikalisch kohärenten Sprachmitteln angeregt werden (siehe Abschnitt 2.3.1), damit beim eigenen Umgang die Bedeutungen gelernt werden können.

Beim Designprinzip 2 *Interaktive Anregung strukturbezogener Beweistätigkeiten* steht zunächst nur die Anregung im Fokus. Die Unterstützung wird im

Designprinzip 3 *Scaffolding strukturbezogener Beweistätigkeiten* als nächstes beschrieben.

4.2.3 Designprinzip 3: Scaffolding der strukturbezogenen Beweistätigkeiten

Das Designprinzip 3 *Scaffolding der strukturbezogenen Beweistätigkeiten* bezeichnet hier die vorübergehende Unterstützung der Tätigkeiten beim Umgang mit logischen Strukturen und ihre Verbalisierung. Wie in Abschnitt 3.2.1 dargelegt, gelten diese als sehr anspruchsvolle Tätigkeiten (siehe Abschnitt 3.2.1).

Der Begriff des Scaffoldings im pädagogischen Kontext geht auf die Arbeiten von Wood et al. (1976) zurück, die mit der Metapher *Scaffolding* (engl. Scaffold = (Bau-) Gerüst) die Unterstützung beschreiben, die ein Erwachsener oder ein kompetenterer Peer leistet, um einem Kind (in ihrem Beispiel: beim Bauen einer Pyramide aus Bauklötzen) zu helfen:

> "to solve a problem, carry out a task or achieve a goal which would be beyond his unassisted efforts. This scaffolding consists essentially of the adult "controlling" those elements of the task that are initially beyond the learner's capacity, thus permitting him to concentrate upon and complete only those elements that are within his range of competence." (Wood et al. 1976, S. 90)

Damit wird Scaffolding als Design- und Interaktionsprinzip beschrieben, dass vorübergehend und adaptiv für das Erlernen einer kognitiv anspruchsvollen Tätigkeit – wie Umgang mit logischen Strukturen des Beweises und ihre Verbalisierung – genutzt werden kann. Dafür kann die Bewältigung einer Aufgabe durch einen Erwachsenen unterstützt werden, die das Kind alleine (noch) nicht geschafft hätte. Die Metapher des Gerüsts beinhaltet aber auch den späteren, sukzessiven Abbau der Unterstützungen (sogenanntes „Fading-out"), wenn die Aufgaben alleine bewältigt werden können und damit das Scaffolding nicht mehr notwendig ist (Cabello und Sommer Lohrmann 2018; Lajoie 2005; Puntambekar und Hübscher 2005).

Auch wenn sich Wood et al. (1976) hier nicht explizit auf Vygotskys lerntheoretische Überlegungen beziehen, so wird in der rezipierenden Forschung oft die durchaus schlüssige Verbindung zu Vygotskys Konzept der „*Zone of Proximal Development*" (ZPD) (1962, 1978) gezogen (siehe Abschnitt 4.1.1).

Sowohl die Konzepte *Zone der nächsten Entwicklung* als auch *Scaffolding* stehen im Kontext des intendierten Lernpfads von Lernenden durch das gemeinsame

Nutzen von und den Umgang mit Werkzeugen (Nelson 1995). Denn Vygotskys kognitionspsychologisch betrachteten Werkzeuge (siehe Abschnitt 4.1.1), können aus didaktischer Perspektive als Scaffolds bezeichnet werden. Scaffolds werden die konkreten Unterstützungsmöglichkeiten beim Designprinzip Scaffolding genannt, die genutzt werden, um gezielt Lernende zu unterstützen, höhere Entwicklungsebenen zu erreichen. Die Kombination der Konstrukte *Werkzeuge* und *Scaffolds* werden auch in Klassensettings genutzt (Mercer 1994).

Diese Verflechtung des Scaffoldings und der Zone der nächsten Entwicklung wurde in zahlreichen unterschiedlichen Unterrichtsansätzen aufgenommen und in ihrer Bedeutung und konkreten Umsetzung erweitert (Hannafin et al. 1999; Lajoie 2005). Collins et al. (1989) betrachten Scaffolding neben beispielsweise Modelling als mögliche Formen ihres „Cognitive apprenceship models" in Bezug auf Lesen, Schreiben und Mathematik. Mathematikdidaktische Beispiele finden sich bei Dröse (2019), Pöhler (2018) oder auch Wessel (2015).

Die Konstrukte Scaffolding und Zone der nächsten Entwicklung wurde auf noch andere Lerngegenstände wie den Zweitspracherwerb (Gibbons 2002; Hammond 2001; Hammond und Gibbons 2005), Problemlösen allgemein (Wertsch und Hickmann 1987) oder auch (naturwissenschaftliche) Argumentationen (Cabello und Sommer Lohrmann 2018; Cho und Jonassen 2002; Jonassen und Kim 2010) übertragen. Für das funktionale Sprachlernen im Mathematikunterricht ist das Prinzip des Scaffoldings beschrieben bei Prediger (2020, S. 196 f.).

Zur Durchführung des Scaffoldings werden nicht nur Personen als Unterstützende eingesetzt, sondern beispielsweise computerbasierte Formate (Yelland und Masters 2007) und auch Klassensettings statt Laborsettings (Smit et al. 2013).

Hannafin et al. (1999) klassifizieren die unterschiedlichen Ansätze des Scaffoldings in vier Arten in Bezug auf ihre Funktionen: Konzeptuell, metakognitiv, prozedural oder strategisch (Hannafin et al. 1999, S. 131). Strategisches Scaffolding kann unter anderem bei der Förderung des Lesens von mathematischen Textaufgaben eingesetzt werden (Dröse 2019; Prediger und Krägeloh 2015) oder konzeptuelles Scaffolding bei Förderungen mathematischer Konzepte (Pöhler 2018; Wessel 2015).

Beim didaktischen Konstrukt Scaffold wird auch auf Vygotskys entwicklungspsychologischen Konstrukt der Werkzeuge verwiesen, die als Vermittler beispielsweise beim Sprachlernen in Form von Texten zentral für den Lernprozess und damit Grundlage des Scaffoldings sind (Hammond und Gibbons 2005). Beim Begriff Scaffold wird die Unterstützung betont, die adaptiv ist und auch wieder abgebaut wird, wenn die Lernenden sie nicht mehr benötigen (Cabello und Sommer Lohrmann 2018; Davis und Miyake 2004).

Für den beschriebenen fachlichen und sprachlichen Lerngegenstand sind von den aufgezählten Arten des Scaffoldings jene relevant, die für folgenden Ziele genutzt werden können:

- Graphische Unterstützung der fachlichen und sprachlichen strukturbezogenen Beweistätigkeiten mit graphischen Scaffolds
- Sprachliche Unterstützung der sprachlichen strukturbezogenen Beweistätigkeiten mit sprachlichen Scaffolds

Insbesondere am Anfang des Beweisenlernens sollte die Lehrkraft die Nutzung sowohl der logischen Strukturen als auch deren Verbalisierungen unterstützen (Miyazaki, Fujita, Jones, et al. 2017). Die graphischen und sprachlichen Scaffolds greifen hier synergetisch ineinander (Tabak 2004).

Scaffolding von Begründungsprozessen mit graphischen Scaffolds
Schulische Begründungsprozesse werden teilweise mit graphischen Scaffolds unterstützt, wie im Folgenden ausgeführt wird. Auch in der vorliegenden Arbeit sollen die strukturbezogenen Beweistätigkeiten mit graphischen Scaffolds gefördert werden. Hier sind sowohl die fachlichen strukturbezogenen Beweistätigkeiten als auch deren Ausgestaltung in der Verbalisierung als sprachliche strukturbezogene Beweistätigkeiten gemeint. Die strukturbezogenen Beweistätigkeiten, die unter dem Designprinzip 2 *Interaktive Anregung strukturbezogener Beweistätigkeiten* (siehe Abschnitt 4.2.2) eingefordert wurden, sollen hier durch graphische Darstellungen im Sinne von Anschauungsmitteln unterstützt werden. Auf diese Weise soll den Lernenden auch graphisch geholfen werden, die Zone der nächsten Entwicklung zu erreichen. Graphische Scaffolds werden betrachtet wie das Anschauungsmittel, das in der Grundschuldidaktik als „Arbeitsmittel oder Darstellungen mathematischer Ideen in der Hand der Lernenden" (Krauthausen und Scherer 2007, S. 212) verstanden wird „als Werkzeuge ihres eigenen Mathematiktreibens, d. h. als (Re-) Konstruktion mathematischen Verstehens" (Krauthausen und Scherer 2007, S. 212). Graphische Scaffolds werden auch in anderen mathematikdidaktischen Projekten genutzt, um gegenstandsspezifische Unterstützung zu leisten. So wird beispielsweise das Bearbeiten von Textaufgaben durch *Concept Maps* (Dröse 2019) unterstützt. Aber auch für inhaltliche Bearbeitungsprozesse werden graphische Scaffolds wie der *Bruchstreifen* (Wessel 2015) oder der *Prozentstreifen* (Pöhler 2018) genutzt. Die graphischen Scaffolds sind gleichzeitig auch immer sprachliche Entlastungen (Leisen 2005) und können dabei das Sprachlernen unterstützen (Hammond und Gibbons 2005), wie das auch im beschriebenen Projekt während des Beweisprozesses genutzt werden soll.

Es gibt unterschiedliche Arten, wissenschaftliche Argumentationen und auch das Beweisen graphisch zu unterstützen. Je nach Ziel und Art des Argumentierens unterscheiden sie sich (Rapanta et al. 2013, S. 14). Scaffolding-Ansätze, die die Explikation der Argumentationsstrukturen und deren Nutzung auch zur Unterstützung gebrauchen, kommen vor allem in den Naturwissenschaften bei der Konstruktion von Argumenten bzw. Gegenargumenten vor (Duschl und Osborne 2002). Diese Scaffolding-Ansätze beziehen sich zumeist auf Argumentationen, um offene Probleme zu lösen, die sich also auf Probleme aus der realen Welt beziehen, keine alternativlosen Lösungen haben und empirische Argumente bzw. Beurteilungen von komplexen Situationen nutzen (Cho und Jonassen 2002; Jonassen 2000). Interessant sind sie dennoch für die Entwicklung des Lehr-Lern-Arrangements, da in der Regel die Argumente, die hier empirischer Art sind, und deren Zusammenhänge zu den Schlussfolgerungen eingefordert bzw. deutlich gemacht werden (Belland et al. 2011; Cho und Jonassen 2002; Jonassen und Kim 2010).

Auch im Mathematikunterricht werden unterschiedliche Scaffoldingarten für das Argumentieren genutzt (Anghileri 2006; Bakker et al. 2015). Das Modell von Toulmin (1958) in seiner graphischen Form kann auch genutzt werden, um mathematische Argumentationen zu visualisieren und als Unterstützung der strukturbezogenen Beweistätigkeiten zu nutzen.

Eine analoge graphische Darstellung hierbei hat den Nachteil, dass man im Prozess nicht so gut aktualisieren kann, was inzwischen von vielen Computerprogrammen aufgefangen wird (Aberdein 2006).

Mit graphischen Scaffolds kann das Vorwärts- und Rückwärtsarbeiten im Sinne von Pólya (1981) bei Beweisprozessen unterstützt werden (Tsujiyama 2012).

Auch die graphischen Darstellungen *Flow-Chart-Proof* (Miyazaki et al. 2015) und *Data-Warrant-Claim-Table-Tool* bzw. *Proof Bearing Structure Tool* (Moutsios-Rentzos und Micha 2018) werden im Sinne eines graphischen Scaffolds genutzt (siehe genauer Abschnitt 2.1.1).

In der vorliegenden Arbeit werden graphische Scaffolds lerngegenstandsspezifisch genutzt. Gemeinsam können die Lernenden die graphischen Scaffolds bei ihren fachlichen und sprachlichen strukturbezogenen Beweistätigkeiten in ihrer Interaktion und mit Unterstützung der Lehrkraft nutzen, um so den Umgang mit logischen Strukturen und ihren Verbalisierungen internalisieren zu können. Dabei werden also nicht nur die Facetten logischer Strukturen und ihre Verbalisierung in der sozialen Interaktion der Lernenden und der Lehrkräfte wahrnehmbar wie bei der graphischen Darstellung unter dem Designprinzip 1 *Explikation logischer Strukturen*, sondern deren Bedeutungen können gemeinsam in der sozialen Interaktion ausgehandelt werden.

Durch graphische Scaffolds sollen in diesem Projekt die Facetten logischer Strukturen nicht nur graphisch dargestellt werden, sondern beim gemeinsamen Ausführen der strukturbezogenen Beweistätigkeiten die logischen Elemente eingefordert und ihre Sortierung in der logischen Reihenfolge unterstützt werden. Hierbei soll insbesondere beim gemeinsamen Arbeiten mit den graphischen Scaffolds die Abweichungen der Facetten logischer Strukturen von alltäglichen oder auch naturwissenschaftlichen Argumentationen ausgehandelt und deutlich werden (siehe Abschnitt 1.2.1).

Auch wenn die graphischen Scaffolds auch die sprachlichen strukturbezogenen Beweistätigkeiten unterstützen, werden für die gezielte sprachliche Unterstützung der Sprachproduktionen noch gezielt sprachliche Scaffolds genutzt.

Scaffolding von Sprachproduktionsprozessen mit sprachlichen Scaffolds
Sprachliche Lernprozesse von Lernenden werden oft mit sprachlichen Scaffolds unterstützt (Gibbons 2002; Hammond und Gibbons 2005). Sprachliche strukturbezogene Beweistätigkeiten der Lernenden, die neben den fachlichen strukturbezogenen Beweistätigkeiten durch das Designprinzip 2 *Interaktive Anregung strukturbezogener Beweistätigkeiten* eingefordert wurden (siehe Abschnitt 4.2.2), sollen mit sprachlichen Scaffolds im Sinne des Scaffoldings und im Einklang mit dem genrebasierten Ansatz (siehe Abschnitt 3.2.3) unterstützen und sukzessive abnehmen. Damit wird die Funktion der Sprache betont, nicht nur die Facetten logischer Strukturen durch Explikation wahrnehmbar zu machen (siehe Abschnitt 4.2.1), sondern die Bedeutungen in der gemeinsamen Interaktion der Lernenden und der Lehrkraft beim Durchführen der sprachlichen strukturbezogenen Beweistätigkeiten im Sinne Vygotskys (siehe Abschnitt 4.1) zu unterstützen. Zum Erlernen der Sprache, also der Sprachmittel und deren Verwendung bei den sprachlichen strukturbezogenen Beweistätigkeiten, muss sie insbesondere durch eigenes Tun erlebt werden (Swain 1985). Die Lernenden benötigen aber teilweise auch Unterstützung für die eigenen Produktionen, die hier durch sprachliche Scaffolds gegeben werden soll.

Hammond und Gibbons (2005), die das Sprachverständnis von Halliday (2004) teilen (siehe dazu auch Abschnitt 2.1.3), beschreiben Scaffolding für das Sprachlernen (siehe auch Hammond 2001, S. 22) und knüpfen dabei auch an Vygotskys Idee der Zone der nächsten Entwicklung an (Gibbons 2002; Hammond und Gibbons 2005). Damit soll immer die notwendige sprachliche Unterstützung erfolgen, die die Lernenden gerade in ihrer Entwicklungsstufe benötigen. Die Lernenden können so nach und nach angeregt werden sukzessive ihre Sprachkompetenzen aufzubauen bis sie die sprachliche Unterstützung nicht mehr benötigen und ein Fading-Out geschehen kann. Dabei verstehen Hammond und Gibbons (2005)

Scaffolding als komplexen Prozess mit vorher geplanten Unterstützungen (Macro-Scaffolding) und Unterstützung während der Interaktion (Micro-Scaffolding), der die Lernenden im Prozess an ihre oberen Grenzen ihrer Zone der nächsten Entwicklung bringt (Hammond & Gibbons 2005). Pöhler und Prediger (2015) beschreiben Macro-Scaffolding als das zentrale Strukturierungsprinzip des sprachlich intendierten Lernpfads. Micro-Scaffolding wie Anknüpfen an Vorerfahrungen oder Überformen erfolgt dann direkt in der sozialen Interaktion (Moschkovich 1999; Pöhler 2018; Prediger und Pöhler 2015; Wessel 2015).

Das Scaffolding der Sprachproduktionsprozesse hat in Form des „cognitive apprenticeship" auch noch mal eine besondere Bedeutung für das Schreiben (Collins et al. 1989). Auch im genre-basierten Ansatz werden die unterschiedliche Stufen der Unterstützung beschrieben (siehe Abschnitt 3.2.3).

Das Lernen von Sprache für mathematische Lerngegenstände mit Hilfe sprachlicher Scaffolds wird in unterschiedlichen Studien beschrieben (Esquinca 2011; Prediger und Pöhler 2015; Smit et al. 2013; Wessel 2015). So sollen für das Mathematiklernen „situative Sprachvorbilder und Sprachgerüste [ge]geben" (Prediger und Wessel 2012, S. 7) werden. Auch beim Beweisen kann Scaffolding mit sprachlichen Scaffolds genutzt werden wie beispielsweise in der Studie von Albano und Dello Iacono (2019).

Als sprachliche Scaffolds werden im beschriebenen Projekt die zuvor spezifizierten gegenstandsspezifischen Sprachmittel genutzt, insbesondere die grammatikalisch kohärenten Sprachmittel, die den fachlichen Lerngegenstand auffalten und explizieren. Die grammatikalisch kohärenten Sprachmittel dienen beim spezifizierten Lerngegenstand nicht primär der Bereitstellung der Lexik, da die Sprachmittel der Facetten logischer Strukturen meistens aus dem Sprachregister Alltag- und Bildungssprache bekannt sind, sondern um die Strenge der Bedeutungen beim gemeinsamen Verwenden bei den sprachlichen strukturbezogenen Beweistätigkeiten zu verdeutlichen (Selden und Selden 1995). Weil hier die Sprachmittel ähnlich wie im Sprachregister Alltags- bzw. Bildungssprache sind, aber die Bedeutung gegenstandsspezifisch ist, muss sie bei der gemeinsamen Ausführung der sprachlichen strukturbezogenen Beweistätigkeiten in der sozialen Interaktion erlebt werden (siehe Kapitel 2). Die Versprachlichung auf Textebene wird auch durch die graphischen Scaffolds unterstützt (siehe Abschnitt 6.2).

Graphische und sprachliche Darstellungen als Scaffolds
Unter dem Designprinzip 3 *Scaffolding strukturbezogener Beweistätigkeiten* werden die gemeinsamen Tätigkeiten der Lernenden in der sozialen Interaktion durch graphische und sprachliche Scaffolds unterstützt. Hierbei werden die zuvor graphisch und sprachlich explizierten Facetten logischer Strukturen und deren

Sprachmittel (siehe Abschnitt 4.2.1) genutzt. Die beschriebenen Stufungen der Unterstützungen werden im nächsten Designprinzip konkreter beschrieben.

4.2.4 Designprinzip 4: Sukzessiver Aufbau beim Umgang mit logischen Strukturen und ihre Verbalisierung beim Beweisen

Der Aufbau des Lehr-Lern-Arrangements soll der Spezifizierung und insbesondere der Strukturierung des Lerngegenstandes (Kapitel 1, 2 und 3) bzw. den Entwicklungsstufen der Lernenden entsprechen.

Lokal-deduktive Organisation der mathematischen Sätze
Das Beweisen soll angeregt werden, indem über das Lehr-Lern-Arrangement hinweg mathematische Sätze bewiesen werden, die lokal-deduktiv organisiert sind. Durch die lokale Ordnung der Sätze kann ein axiomatisches Vorgehen lokal erlebt werden (siehe Abschnitt 1.3.1). So wird durch das Beweisen eines mathematischen Satzes und dessen Nutzung im nächsten Beweis die Erweiterung der Argumentationsbasis erlebbar. Genauso wird der Funktionswechsel der mathematischen Sätze vom zu beweisenden Satz, dem vorherigen Argument, zur Stütze. Die strukturorientierte Grunderfahrung der Mathematik nach Winter (1996) wird auf diese Weise möglich.

Sukzessiver Aufbau beim Umgang mit logischen Strukturen beim Beweisen
Die fachlichen strukturbezogenen Beweistätigkeiten sollen gezielt und sukzessive angeregt werden. Dabei müssen die potenziellen Reihenfolgen des fachlichen Lerngegenstandes logische Elemente, logische Beziehungen, Beweis als Ganzes entlang des fachlich intendierten Lernpfad berücksichtigt werden (siehe Abschnitt 3.2.2). Dafür sollen die Lernenden zunächst eine inhaltliche Beweisidee haben, so dass sie sich jeweils danach auf die strukturbezogenen Beweistätigkeiten (siehe Abschnitt 1.3.2) konzentrieren können.

Sukzessiver Aufbau beim Umgang mit Verbalisierungen der logischen Strukturen beim Beweisen
Der Umgang mit den gegenstandspezifischen Sprachmitteln und ihre Verwendung bei den sprachlichen strukturbezogenen Beweistätigkeiten sollen gezielt aufeinander aufbauend angeregt werden. Dabei sollen entsprechend des sprachlichen, intendierten Lernpfads (siehe Abschnitt 3.2.3) grammatikalisch kohärente Sprachmittel vor grammatikalisch inkohärenten Sprachmitteln zunächst für logische

Elemente, dann für logische Beziehungen angeboten werden: Dadurch soll die Bedeutung der Facetten logischer Strukturen beim Ausführen der strukturbezogenen Beweistätigkeiten erlebbar gemacht werden. Dies entspricht auch dem Prinzip der Formulierungsvariation (Prediger 2020, S. 197 f.). Entsprechend des genrebasierten Ansatzes (siehe Abschnitt 3.2.3) und des Scaffoldings mit sprachlichen Scaffolds (siehe Abschnitt 4.2.3) soll dabei das Schreiben der unterschiedlichen Beweistexte abnehmend unterstützt werden.

Durch die lokal-deduktive Organisation der mathematischen Sätze können damit zum einen mehrere aufeinander aufbauende mathematische Sätze mit zunehmender Komplexität bewiesen werden. Zum anderen können dadurch die fachlichen und sprachlichen strukturbezogenen Beweistätigkeiten mehrfach und mit zunehmendem Anspruch gemeinsam ausgeführt und geübt werden und damit das Explizierbare wahrgenommen sowie mehr und mehr das Nicht-Explizierbare (siehe Abschnitt 4.1.3) erlebt werden.

4.2.5 Zusammenfassung der Designprinzipien

- Unter dem Designprinzip 1 *Explikation logischer Strukturen* werden die Facetten logischer Strukturen und die dazugehörigen Sprachmittel expliziert. Dies erfolgt sowohl graphisch mit graphischen Darstellungen auf Grundlage des Toulmin-Modells als auch sprachlich durch gegenstandsspezifische grammatikalisch kohärente Sprachmittel.
- Unter dem Designprinzip 2 *Interaktive Anregung strukturbezogener Beweistätigkeiten* werden sowohl die fachlichen als auch sprachlichen strukturbezogenen Beweistätigkeiten angeregt.
- Unter dem Designprinzip 3 *Scaffolding der strukturbezogenen Beweistätigkeiten* werden die fachlichen und sprachlichen strukturbezogenen Beweistätigkeiten mithilfe graphischer und sprachlicher Scaffolds unterstützt.
- Das Designprinzip 4 *Sukzessiver Aufbau beim Umgang mit logischen Strukturen und ihre Verbalisierung* adressiert den Aufbau des gesamten spezifizierten fachlichen und sprachlichen Lerngegenstandes im Lehr-Lern-Arrangement. Dabei muss zum einen inhaltlich eine lokal-deduktive Organisation der mathematischen Sätze berücksichtigt werden. Zum anderen muss sowohl der Umgang mit logischen Strukturen beim Beweisen als auch ihre Verbalisierung sukzessive aufgebaut werden, um die Facetten logischer Strukturen, ihre Sprachmittel und die fachlichen und sprachlichen strukturbezogenen Beweistätigkeiten entsprechend der Strukturierung des Lerngegenstandes zu lernen.

4.3 Entwicklungsanforderungen

Im Folgenden werden die Entwicklungsanforderungen an das Lehr-Lern-Arrangement zur Förderung des Lerngegenstandes abgeleitet. Die übergeordnete Entwicklungsanforderung lautet:

(E1) Gestaltung und Sequenzierung eines Lehr-Lern-Arrangements zur Förderung des Lernens der logischen Strukturen des Beweisens und ihre Verbalisierung

Aus der Spezifizierung und Strukturierung des Lerngegenstandes (Kapitel 1, 2 und 3), den daraus abgeleiteten Designprinzipien (Abschnitt 4.2) und der empirischen Rekonstruktion von Anforderungen im 1. Designzyklus (Abschnitt 7.1) ergeben sich für die Gestaltung des Lehr-Lern-Arrangements zur Unterstützung der Lehr-Lern-Prozesse bei logischer Strukturen des Beweisens folgende Entwicklungsanforderungen:

- *Konkrete inhaltliche Ausgestaltung:* Das geplante Lehr-Lern-Arrangement benötigt einen inhaltlichen mathematischen Gegenstandsbereich, der eine lokal-deduktive Organisation der mathematischen Sätze ermöglicht.
- *Konkrete graphische Ausgestaltung:* Das geplante Lehr-Lern-Arrangement benötigt graphische Darstellungen als Designelemente, die die Facetten logischer Strukturen graphisch explizieren, den dynamischen Umgang mit diesen anregen und als graphische Scaffolds die strukturbezogenen Beweistätigkeiten unterstützen.
- *Konkrete sprachliche Ausgestaltung:* Das geplante Lehr-Lern-Arrangement benötigt sprachliche Darstellungen als Designelemente, die als gegenstandsspezifische Sprachmittel die Facetten logischer Strukturen explizieren und gleichzeitig den Umgang mit diesen anregen und als sprachliche Scaffolds sprachliche strukturbezogene Beweistätigkeiten unterstützen.
- *Konkrete Vernetzung und sukzessiver Aufbau der graphischen und sprachlichen Ausgestaltungen zu einem Lehr-Lern-Arrangement:* Die graphischen und sprachlichen Designelemente müssen zu einem Lehr-Lern-Arrangement vernetzt werden, das dem fach- und sprachlich kombinierten intendierten Lernpfad entsprechend der Strukturierung des Lerngegenstandes den sukzessiven Aufbau des Umgangs mit logischen Strukturen beim Beweisen und ihre Verbalisierung ermöglicht.

Methodischer Rahmen und Untersuchungsdesign

Dieses Kapitel stellt die fachdidaktische Entwicklungsforschung als gewähltes Forschungsformat (Abschnitt 5.1), deren Ausdifferenzierung für das Projekt (Abschnitt 5.2), die Methoden der Datenerhebung (Abschnitt 5.3) und Methoden der Datenauswertung (Abschnitt 5.4) dar. Die Abschnitte 5.1 und 5.2 folgen dem Buchkapitel Hein (2018a) mit teilweise wörtlichen Übernahmen.

5.1 Methodischer Rahmen der Fachdidaktischen Entwicklungsforschung

5.1.1 Ziel des Projekts und Passung des Forschungsformats

Ziel der vorliegenden Arbeit ist die Entwicklung eines Lehr-Lern-Arrangements zur Förderung des Beweisens in der sprachlichen Darstellung. Wie die Dokumentation des Forschungsstandes in Kapitel 1 gezeigt hat, existieren nur wenige Unterrichtsdesigns zum Beweisen, es fehlen sowohl Designprinzipien als auch darauf basierende Designs von Lehr-Lern-Arrangements zum Unterrichten von Beweisen (Stylianides und Stylianides 2017), obwohl so vielfältige Herausforderungen beim Erlernen vom Beweisen und Beweisen bestehen (siehe Abschnitt 1.1.1 und 1.3.1). Dies gilt insbesondere auch für den hier spezifizierten und strukturierten Teilbereich des Beweisens – *Logische Strukturen des Beweisens und ihre Verbalisierung*. Es besteht also ein *Entwicklungsbedarf*. Besonders hat sich der sprachliche Teil des Lerngegenstandes als spezifizierungsbedürftig erwiesen, da die Sprache der Lernenden für mathematische Beweise bislang noch ein

K. Hein, *Logische Strukturen beim Beweisen und ihre Verbalisierung*, Dortmunder Beiträge zur Entwicklung und Erforschung des Mathematikunterrichts 46, https://doi.org/10.1007/978-3-658-35028-4_5

Desiderat ist (Lew und Mejía-Ramos 2020), also auch für den gewählten Teilbereich der logischen Strukturen. Es besteht bei dem adressierten Lerngegenstand also auch noch ein *Forschungsbedarf*.

Die fachdidaktische und bildungswissenschaftliche Forschung versucht, unterrichtlichen Herausforderungen durch eine Bandbreite von Forschungsmethoden zwischen Theorie und Praxis gerecht zu werden. So werden am einen Ende des Kontinuums Unterrichtsbeobachtungen durchgeführt, um Lehr-Lern-Prozesse zu verstehen, und am anderen Ende im Rahmen von Implementationsforschung die Wirkungen von Fördermaßnahmen untersucht. In der Fachdidaktischen Entwicklungsforschung (synonym Design-Research) werden das Entwickeln oder auch Gestalten (Design) und das Erforschen (Research) von Lehr-Lern-Prozessen systematisch verbunden (Cobb et al. 2003; Gravemeijer und Cobb 2006; Prediger, Gravemeijer, et al. 2015). Dafür werden einerseits unterrichtsrelevante Lehr-Lern-Arrangements und andererseits theorie- und empiriegestützt gegenstandsbezogene Lehr-Lern-Theorien (weiter-) entwickelt. Dies erfolgt durch sogenannte Designexperimente, in denen die Lehr-Lern-Arrangements mit Lernenden erprobt und bezüglich der initiierten Lehr-Lern-Prozesse untersucht werden (Cobb et al. 2003). Dieses Forschungsformat hat eine hohe Passung zu den Projektzielen, da es Forschung und Entwicklung und damit einhergehend folglich die Generierung von Theoriebeiträgen und praktisch relevanter Produkte miteinander verbindet. Es wird im Folgenden weiter beschrieben.

5.1.2 Forschungsformat der Fachdidaktischen Entwicklungsforschung

Die Fachdidaktische Entwicklungsforschung beschreiben Cobb et al. (2003) bezogen auf Designexperimente mit fünf wichtigen Merkmalen:

1. Die Forschung verfolgt den Anspruch, zur empirisch begründeten Theoriebildung beizutragen. Dazu werden auf unterschiedlichen Ebenen *Theorien über Lehr-Lern-Prozesse* und *Lerngegenstände* genutzt, aber vor allem dazu neue Beiträge generiert. So müssen im Forschungsprozess sowohl Hintergrundtheorien zum Lernen, wie beispielsweise soziokulturelle Theorien als auch fach- und gegenstandsspezifische Lehr-Lerntheorien betrachtet werden. Durch die Empirie können deskriptive, explanative oder präskriptive Beiträge zur Theoriebildung ausgeschärft und neu generiert werden (Prediger 2019b).
2. Es werden *Interventionen* durchgeführt, sodass anhand dieser das Spannungsfeld von intendierter und einsetzender Wirkung betrachtet werden kann.

3. Die Analysen erfolgen *prospektiv* und *reflexiv*, das bedeutet durch a priori Analysen aus stoffdidaktischer-epistemologischer Sicht und in Abgleich dazu aus empirischer Perspektive.

4. Ein *iteratives Vorgehen*, bei dem Arbeitsbereiche mehrfach durchlaufen werden, ist charakteristisch, so dass neue Erkenntnisse direkt in die Entwicklung und Erforschung des Unterrichts einbezogen werden können.

5. Durch das – zumeist qualitative – praxisorientierte Vorgehen bedarf es besonderer *Gütekriterien*, die sich auf die Theorien, Formalien, aber auch den Inhalt beziehen können (Bakker und van Eerde 2015; Cobb et al. 2003), nämlich ökologische Validität und Praxistauglichkeit.

Bakker (2018a) gibt einen Überblick über verschiedene Entwicklungsforschungsprojekte und Hinweise zur praktischen Umsetzung.

Innerhalb der zahlreichen Varianten von Entwicklungsforschung lassen sich, so Prediger et al. (2015), zwei Pole der Ausrichtungen unterscheiden: die erste Ausrichtung priorisiert das Gestalten von Unterricht im Hinblick auf dessen Implementation, das Curriculum und die Professionalisierung des Personals (McKenney et al. 2006). In der zweiten typischen Ausrichtung hingegen, die hier vertieft dargestellt und an einem Beispiel illustriert werden soll, werden die Lernprozesse selbst – und nicht nur deren In und Outputs – ins Zentrum gestellt, sodass auch prozessbezogene, lokale Theorien über diese entwickelt werden können (Prediger, Gravemeijer, et al. 2015). Dieser zweiten Ausrichtung folgt auch das hier beschriebene Projekt.

In *Der lange Weg zum Unterrichtsdesign* (Komorek und Prediger 2013) wird anhand der Projekte aus unterschiedlichen Fachdidaktiken, wie beispielsweise Musik oder Biologie, der Forschungsprogramme FUNKEN, ProDid und ProfaS beschrieben, wie die konkreten und zahlreichen Entwicklungsschritte zur theoriegestützten Entwicklung von Unterrichtsdesigns und Lehr-Lern-Theorien aussehen können. In den meisten dieser Projekte werden jedoch nicht nur empirisch die Lernprozesse betrachtet, sondern im Sinne von Wittmann (1995), der die Fachinhalte aufgrund der Lernendenperspektiven im Sinne eines „Design Science" strukturiert (Wittmann 1995), auch jene Inhalte, die hier als Lerngegenstände bezeichnet werden. Dabei handelt es sich um die gegenstandsspezifische Entwicklungsforschung (Prediger und Zwetzschler 2013), bei der während des Forschungsprozesses neben der Betrachtung der Lernprozesse auch die Lerngegenstände selbst durchdacht, kritisch hinterfragt und gegebenenfalls umstrukturiert werden.

5.1.3   Fachdidaktische Entwicklungsforschung im FUNKEN-Zyklus

Durch die Projekte, die im Graduiertenkolleg *Forschungs- und Nachwuchskolleg Fachdidaktische Entwicklungsforschung* (FUNKEN) entstanden sind, hat sich das Forschungsformat der Fachdidaktischen Entwicklungsforschung gegenstandsspezifischer ausdifferenziert (Prediger et al. 2012). Sie ist eine lernprozessfokussierende Entwicklungsforschung, bei der insbesondere der Lerngegenstand noch genauer spezifiziert und strukturiert wird, also gegenstandsspezifisch ist. Das Vorgehen innerhalb des Modells umfasst die folgenden vier konkreten Arbeitsbereiche, die zyklisch durchlaufen werden:

- Lerngegenstand spezifizieren und strukturieren
- Lehr-Lern-Arrangements entwickeln
- Designexperimente durchführen und auswerten
- Lokale Theorien entwickeln

Die Arbeitsbereiche werden in einem Modell auf einem Kreis angeordnet, der das zyklische Vorgehen illustriert (siehe auch Abb. 5.1).

Im Folgenden werden die vier Arbeitsbereiche der lerngegenstandsorientierten Fachdidaktischen Entwicklungsforschung genauer beschrieben.

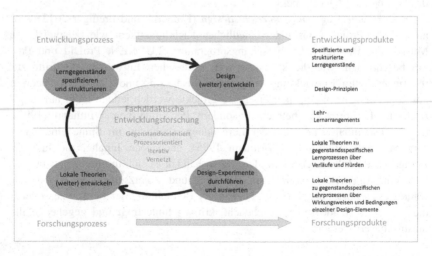

Abbildung 5.1 FUNKEN-Zyklus mit vier Arbeitsbereichen der Entwicklungsforschung

Arbeitsbereich I: Lerngegenstände spezifizieren und strukturieren
Der erste Arbeitsbereich Spezifizierung und Strukturierung des Lerngegenstandes baut auf dem Modell der *Didaktischen Rekonstruktion* nach Kattmann et al.
(1997) auf. Bei dieser werden neben den fachlichen Gegenständen auch die
Lernendenperspektiven miteinbezogen, um „daraus den Unterrichtsgegenstand"
(Kattmann et al. 1997, S. 3) zu entwickeln. Für diese Perspektive ist es zunächst
notwendig, den eigentlichen Lerngegenstand zu identifizieren. Neben normativen
Aspekten und fachlichen Analysen müssen dafür aus der empirischen Rekonstruktion anschlussfähige Vorstellungs- und Handlungsmuster gewonnen werden.
Bei der Spezifizierung des Lerngegenstandes wird dafür genauer untersucht, was
der Lerngegenstand umfasst, und was gelernt werden soll. Bei der Strukturierung
werden darauf aufbauend die Lerngegenstände – auch aus Lernendenperspektive
– anschlussfähig zueinander in Beziehung gesetzt und ggf. sequenziert (Hußmann
und Prediger 2016; Prediger et al. 2012). Die Spezifizierung und Strukturierung
des Lerngegenstandes eines jeden Entwicklungsforschungsprojekts erfolgt nicht
nur theoretisch, sondern auch empirisch, also im Laufe der Designzyklen.

Arbeitsbereich II: Design (weiter) entwickeln
Das Lehr-Lern-Arrangement mit seinen unterschiedlichen Elementen wie Aufgaben, Materialien, Scaffolds etc. wird zunächst aus der Theorie entwickelt und in
mehreren Designexperiment-Zyklen in Designexperimenten mit Schülerinnen und
Schülern durchgeführt und daraufhin überarbeitet. Ziel ist dabei, die identifizierten
Gelingensbedingungen bzw. Hürden der Lerngegenstände zu adressieren und die
Lernprozesse optimal zu unterstützen (Prediger et al. 2012). Diese Entwicklung
ist dabei jeweils auch ein kreativer Akt, der die Lücke zwischen dem Lerngegenstand und einem entsprechenden Lehr-Lern-Arrangement zu überbrücken sucht
(diSessa und Cobb 2004). Die Gestaltung der Lehr-Lern-Arrangements wird von
Designprinzipien geleitet, die nach van den Akker (1999) jeweils aus Maßnah-
men bestehen, deren intendierte Wirkungen durch Empirie oder Literatur gestützt
sind. van den Akker verdeutlicht die logische Struktur von Designprinzipien mit
dem verkürzten Toulmin-Modell (siehe Abschnitt 1.2.1), das von Prediger (2019b)
wieder um den modalen Operator (qualifier) erweitert wurde (siehe Abb. 5.2).
    Prediger (2019b) beschreibt die Designprinzipien als zentrale präskriptive
Theorieelemente zu Gestaltungsfragen. Die Umsetzung der Designprinzipien
konkretisiert sich in den sogenannten Designelementen, die die konkreten Aufgaben, Unterstützungsformate und andere Elemente des Lehr-Lern-Arrangements
umfassen.

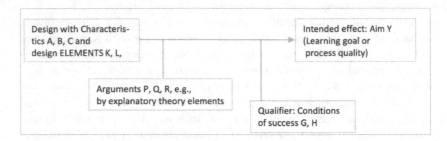

Abbildung 5.2 Struktur eines Designprinzips nach van den Akker (1999, S. 9) im Toulmin-Modell adaptiert von Prediger (2019, S. 6)

Arbeitsbereich III: Designexperimente durchführen und auswerten
Im dritten Bereich des FUNKEN-Zyklus' werden die Designexperimente (Cobb et al. 2003) mit dem jeweiligen Entwicklungsstand der Lehr-Lern-Arrangements durchgeführt und ausgewertet. Dies erfolgt mit dem Ziel, konkret die Lernprozesse der Lernenden zu beobachten, um dadurch wiederum Hürden und Gelingensbedingungen zu identifizieren und diese später nach der (Weiter-)Entwicklung der Lehr-Lern-Arrangements adressieren zu können. Die Designexperimente werden zunächst meist in Laborsettings mit kleineren Gruppen von Lernenden oder einzelnen Lernendenpaaren durchgeführt, um durch kontrollierte Rahmenbedingungen tiefere Einblicke in die Lernprozesse zu erlangen (Steffe und Thompson 2000). Designexperimente in Klassensettings – meist durchgeführt durch die regulären Lehrpersonen – folgen in der Regel erst später, um die in kleineren Settings entwickelten Arrangements auch für den Klassenunterricht weiterzuentwickeln und dabei empirische Einsichten in typische Klassendynamiken zu erlangen (Cobb et al. 2003). Cobb et al. (2017) beschreiben unterschiedliche Ausmaße der Zusammenarbeit beim Klassensetting. Als kleinste Einheit bei der Ausweitung der Designexperimente auf das Klassensetting nennen sie die Zusammenarbeit von einem Forscherteam mit einer Mathematiklehrkraft, aber auch noch größere Teams mit weiteren Lehrkräften oder gar Beteiligten auf höheren Schulebenen, wie aus der Schulverwaltung.

Das genaue Vorgehen ist abhängig von den Zielen und den schon bestehenden Erkenntnissen zu den Gelingensbedingungen und Hürden eines jeden Lerngegenstandes. Zur späteren praktischen Überarbeitung und theoretischen Auswertung der Lehr-Lern-Arrangements werden die Sitzungen videographiert und mit unterschiedlichen Analyseschwerpunkten qualitativ analysiert. Die Analysen der Lernprozesse, also der konkreten, sichtbaren Handlungen der Lernenden und deren Arbeitsprodukte, wie zum Beispiel Texte, können mit unterschiedlichen Methoden geschehen, wie beispielsweise die qualitative Inhaltsanalyse, aber auch mithilfe gegenstandsspezifischer Analyseinstrumente aus den jeweiligen Fachdidaktiken.

Arbeitsbereich IV: Lokale Theorien entwickeln
Ziel der Analysen sind Beiträge zur lokalen Theoriebildung über typische Verläufe der Lehr-Lern-Prozesse, Gelingensbedingungen und Herausforderungen der Designprinzipien und -elemente. Darüber hinaus wird eine Verfeinerung der gegenstandsspezifischen Theorieelemente für die weitere Strukturierung des Lerngegenstandes avisiert. Diese sich entwickelnden Theorien können unterschiedliche Funktionen und Strukturen haben. *Prospektive Theorien* sind begründete Prognosen über Wirkungsweisen des Lehr-Lern-Arrangements und intendierte Lernpfade, die auf diese Weise Designprinzipien begründen und bei der Gestaltung des konkreten Lehr-Lern-Arrangements helfen. *Deskriptive Theorieelemente* sind die Beschreibungen der situativen Wirkungsweisen der konkreten Designelemente und individuellen Lernwege bei der Bearbeitung des Lehr-Lern-Arrangements. *Explanative bzw. reflexive Theorieelemente* sind Reflexionen oder auch Erklärungen im Nachhinein beim Abgleich von intendierter Wirkung und tatsächlicher Wirkungsweise der Designelemente bzw. von intendierten Lernpfaden und realisierten Lernwegen (Prediger 2019b). Lokal sind diese Theorien dabei in mehrfacher Hinsicht: zum einen sind die Theorien bezogen auf einen begrenzten Lerngegenstand, der durch ganz konkrete Aufgaben repräsentiert wird. Zum anderen wurden sie aus den Lehr-Lern-Prozessen in spezifischen Erhebungskontexten gewonnen, z. B. mit einer begrenzten Anzahl von Lernenden und speziellen Schulformen, sodass erst in Anschlussstudien zu untersuchen wäre, inwiefern die Lernverläufe beim gleichen Lerngegenstand in anderen Kontexten auch ähnlich sind (Prediger et al. 2012).

Produkte der Fachdidaktischen Entwicklungsforschung
Auf Grundlage der vier Arbeitsbereiche der fachdidaktischen Entwicklungsforschung im FUNKEN-Zyklus ergeben sich Forschungs- und Entwicklungsprodukte sowohl auf Theorie- als auch Entwicklungsebene (Hußmann et al. 2013; Komorek und Prediger 2013).
Durch die Fachdidaktische Entwicklungsforschung werden zwei Arten von Produkten erstellt:

- Als *Entwicklungsprodukte* gelten konkrete Lehr-Lern-Arrangements, die für den Unterricht entwickelt und erprobt wurden und im Falle dieses Projekts am

Ende als Open Educational Resources für die Unterrichtspraxis zur Verfügung stehen. Die ihnen zu Grunde liegenden gegenstandsspezifisch ausgeschärften Designprinzipien und der spezifizierte und strukturierte Lerngegenstand sind die Entwicklungsprodukte auf der Theorieebene (Hußmann und Prediger 2016).

- Als *Forschungsprodukte* gelten lokale Theorien über die Wirkungsweisen der Designelemente und typischer Lernwege, Gelingensbedingungen und Hürden bei dem Lerngegenstand (Prediger et al. 2012). Auch die Forschungsprodukte lassen sich damit auf zwei Ebenen verorten: Wie? (How?) und Was? (What?) (Prediger 2019b).

5.2   Entwicklungsanforderungen und Forschungsfragen in den vier Arbeitsbereichen des Projekts MuM-Beweisen

Auch das hier vorgestellte Projekt MuM-Beweisen ist im FUNKEN-Kolleg als Entwicklungsforschungsprojekt entstanden. Die vier Arbeitsbereiche wurden iterativ in fünf Designexperiment-Zyklen durchlaufen, die in Abschnitt 5.3 genauer vorgestellt werden. Im Folgenden werden zunächst die Entwicklungsanforderungen und Forschungsfragen in den vier Arbeitsbereichen dargestellt (siehe auch Hein 2018a).

5.2.1   Spezifizierung und Strukturierung des Lerngegenstandes

Das Lehr-Lern-Arrangement wurde im Rahmen der Fachdidaktischen Entwicklungsforschung lerngegenstandsorientiert entwickelt und erforscht. Im Theorieteil dieser Arbeit wurde dazu bereits der fachliche und sprachliche Lerngegenstand spezifiziert (Kapitel 1 und 2) und schließlich zusammengeführt und strukturiert (Kapitel 3), auch wenn diese Spezifizierung und Strukturierung erst während der Designexperiment-Zyklen gewonnen wurden. Entsprechend der fachdidaktischen Entwicklungsforschung wurden folgende Fragen auf Grundlage theoretischer Vorarbeiten und dem ersten Designexperiment-Zyklus mit der Spezifizierung und Strukturierung des Lerngegenstandes beantwortet:

- Was muss bei den logischen Strukturen des Beweisens und ihre Verbalisierung gelernt werden?
- Wie und mit welcher Reihenfolge muss der Lerngegenstand gelernt werden?

Der Lerngegenstand wurde spezifiziert als die Facetten logischer Strukturen und die sich darauf beziehenden gegenstandsspezifischen Sprachmittel sowie die strukturbezogenen Beweistätigkeiten (Kapitel 1 und 2). Die Strukturierung des Lerngegenstandes ist zusammengefasst in den fachlich und sprachlich intendierten Lernpfaden (Kapitel 3). Auf Grundlage des spezifizierten und strukturierten Lerngegenstandes wurden zusätzlich auch folgende Entwicklungsanforderungen abgeleitet: *Konkrete inhaltliche Ausgestaltung, konkrete graphische Ausgestaltung, konkrete sprachliche Ausgestaltung und konkrete Vernetzung und sukzessiver Aufbau der graphischen und sprachlichen Ausgestaltungen zu einem Lehr-Lern-Arrangement* (siehe genauer Abschnitt 4.3).

Das Modell zu den Facetten logischer Strukturen, die gegenstandsspezifischen Sprachmittel und die strukturbezogenen Beweistätigkeiten werden in Abschnitt 5.4 zu gegenstandsspezifischen Analyseinstrumenten ausgeschärft.

5.2.2 (Weiter-)Entwicklung des Lehr-Lern-Arrangements

Aus dem theoretisch und empirisch spezifizierten und strukturierten Lerngegenstand wurden Designprinzipien und ein konkretes Lehr-Lern-Arrangement mit Designelementen abgeleitet bzw. entwickelt. Diese iterativen Prozesse können aufgrund ihrer Komplexität in dieser Arbeit nicht alle im Einzelnen dokumentiert werden. Exemplarisch wird in Abschnitt 7.1 gezeigt, wie die Erkenntnisse aus dem Designexperiment-Zyklus 1 in die Entwicklung der spezifischen Unterstützungsformate für eine gelingende Bewältigung der Beweisaufgaben eingeflossen sind. Die *Identifikation der Unterstützungsbedarfe* hat insbesondere zur Entwicklung der sprachlichen und graphischen Unterstützungsformate als wichtige Designelemente und deren Vernetzung im Lehr-Lern-Arrangement geführt, die in Kapitel 6 vorgestellt werden.

In Abschnitt 7.1 wird ein kleiner Ausschnitt aus dem iterativen Entwicklungsprozess exemplarisch vorgestellt, für alle anderen Designentscheidungen jedoch wurde das Lehr-Lern-Arrangement „Mathematisch Begründen" in Kapitel 6 in seiner finalen Version dargestellt. Seine bereits erfolgte reflektierte Analyse ist auch Teil der lokalen Theorie.

5.2.3 Durchführung und Auswertung der Designexperimente und lokale Theoriebildung

In den fünf Designexperiment-Zyklen wurden die Prozesse bei der Bearbeitung des Lehr-Lern-Arrangements qualitativ erforscht. Auf Grundlage des fachlichen und sprachlichen Lerngegenstandes wurde das Toulmin-Modell bzw. die systemisch-funktionale Grammatik genutzt und durch die Designexperimente empirisch ausdifferenziert (siehe Abschnitt 5.4). Auf deren Grundlage wurden die *Bearbeitungsprozesse* der Beweisaufgaben mit den entwickelten Unterstützungsformaten und die fachlichen und sprachlichen *Lernprozesse* analysiert. Die deskriptiven und explanativen Befunde zu diesen Forschungsfragen und ihre Integration bildeten die Grundlage für die empirisch begründete Theoriebildung auch mit Rückschlüssen auf präskriptive Elemente zum Lerngegenstand und den Designprinzipien.

5.3 Methoden der Datenerhebung und Auswahl von Datenmaterial

Ziel der Designexperimente war es, die situativen Wirkungsweisen der spezifischen Unterstützungsformate bzw. individuelle Lernwege und die Gelingensbedingungen und Hürden zu erforschen, wofür die qualitative Forschung geeignet ist (Gravemeijer 1994). Im Folgenden werden die Ziele und Methoden der Designexperiment-Zyklen (Abschnitt 5.3.1), die Datenerhebung im Rahmen der Designexperimente, die Berücksichtigung der Designexperiment-Zyklen sowie die Begründung des Samplings, d. h. die Auswahl der Lernenden und Aufgaben, näher dargestellt (Abschnitt 5.3.2). Die folgende Dokumentation und Begründung der Methoden der Datenerhebung dient auch der Qualitätssicherung des qualitativen Forschungsprozesses, insbesondere der Nachvollziehbarkeit (Steinke 2000, S. 324).

5.3.1 Übersicht über Ziele, Methoden und Auswertung der Zyklen

Überblick zu den Designexperiment-Zyklen
Die Ziele, Methoden und Ergebnisse der Designexperiment-Zyklen sind in Tabelle 5.1 dargestellt.

Tabelle 5.1   Übersicht über Ziele und Methoden der Erhebung und Auswertung der fünf Designexperiment-Zyklen

Zyklus 1: Jun 2015 (Laborsetting)	
Ziele	Eingrenzen des Lerngegenstandes Identifikation von notwendigen Unterstützungsformaten
Methoden	2 Experimente (je 1 × 30 min) mit 2×2 Lernenden (Kl. 9, Gesamtschule); Grobe Analyse der Transkripte
Ergebnisse	Lokale Einsichten über notwendige Unterstützungsformate Eingrenzung des fachlichen und sprachlichen Lerngegenstandes
Zyklus 2: Nov-Dez 2015 (Laborsetting)	
Ziele	Entwicklung und Erprobung der ersten Version des Lehr-Lern-Arrangements (graphische Darstellungen und Schreibaufgabe)
Methoden	3 Experimente (je 1 × 60 min) mit 3×2 Lernende (Kl. 9 und Kl. 10/EF, Gymnasium); grobe Analysen der Transkripte und Analyse eines Textes
Ergebnisse	Lokale Einsichten über Lehr-Lern-Prozesse im Lehr-Lern-Arrangement Erste Einsicht zu den Sprachmitteln in einem Beweistext des letzten Paares
Zyklus 3: Jun 2016 (Laborsetting)	
Ziele	Einsichten in Lernwege bzw. Wirkungsweisen der Unterstützungsformate Erforschung der gegenstandsspezifischen Sprachmittel in den Texten
Methoden	5 Experimentserien (je 2 × 70 min) mit 5×2 Lernenden (Kl. 9 und 10, Gymnasium); vertiefte Analysen der Transkripte und Schriftprodukte
Ergebnisse	Erste Erkenntnisse zu *gegenstandsspezifischen Sprachmitteln* Lokale Einsichten zu Wirkungsweisen des Lehr-Lern-Arrangements Ausgeschärfte Designelemente
Zyklus 4: Nov 16/Sep. 2017 (Gruppensetting)	
Ziele	Erprobung des Lehr-Lern-Arrangements im Gruppensetting Implementation der Aufgabenstellungen in die Materialien
Methoden	2 Experimentserien (je 2 × 90 min) mit 8 und 10 Lernenden (Kl. 12, Gymnasium); Analyse der Transkripte und Schriftprodukte
Ergebnisse	Bedingungen und Wirkungsweisen des Lehr-Lern-Arrangements Lokalen Theoriebildung über gegenstandsspezifische Sprachmittel Adaptiertes Lehr-Lern-Arrangement mit implementierten Arbeitsaufträgen
Zyklus 5: Nov 17 (Klassensetting)	
Ziele	Erste Erprobung und Entwicklung des Lehr-Lern-Arrangements für den regulären Klassenunterricht (Lückentext als Sprachvorbild)

(Fortsetzung)

Tabelle 5.1 (Fortsetzung)

Methoden	1 Experimentserie (6 × 45 min) mit 23 Lernenden (Kl. 8, Gesamtschule); Analyse der Schriftprodukte
Ergebnisse	Lokale Einsichten über Wirkungsweisen des Lückentextes

In den fünf iterativen Designexperiment-Zyklen mit Schülerinnen und Schülern der Klassenstufen 8–12 wurde das Lehr-Lern-Arrangement im spezifischen Forschungsformat der gegenstandsorientierten, lernprozessfokussierenden Fachdidaktischen Entwicklungsforschung in Labor- und Klassensettings entwickelt, erprobt und optimiert. Im 1. Designexperiment-Zyklus wurden zusätzlich zu den theoretischen Vorarbeiten der Lerngegenstand weiter spezifiziert und notwendige spezifische Unterstützungsformate identifiziert (siehe Abschnitt 7.1). Auf dieser Grundlage wurden zum 2. Designexperiment-Zyklus die graphischen Darstellungen und die Winkelsätze als mathematischer Inhalt implementiert. Die Sprachmittel der Facetten logischer Strukturen wurden erst in den Designexperiment-Zyklen 3–4 genauer spezifiziert (siehe Abschnitt 2.3.1) und als Sprachangebote implementiert. Im 5. Designexperiment-Zyklus wurde das Lehr-Lern-Arrangement schließlich auf Klassen statt Kleingruppenunterricht übertragen, dazu musste das Sprachvorbild z. B. ins schriftliche Aufgabenmaterial übertragen werden. Das Endprodukt der Entwicklungsarbeit, das Lehr-Lern-Arrangement „Mathematisch Begründen" ist dargestellt in Kapitel 6.

Designexperimente in verschiedenen Settings, Jahrgängen und Schulformen
Die Designexperiment-Zyklen 1–4 hat die Designexperiment-Leiterin selbst durchgeführt bzw. den 4. Designexperiment-Zyklus mit Hilfe weiterer Forschender. In den ersten vier Zyklen hatte die Designexperiment-Leiterin, die Autorin dieser Arbeit, also eine doppelte Rolle als Lehrerin und Beobachterin. Auf diese Weise konnte die Passung zwischen Intention des Lehr-Lehr-Arrangements und Durchführung erhöht werden.

Für den Übertrag auf das Klassensetting im 5. Designexperiment-Zyklus wurde das Designexperiment in einer ganzen Schulklasse von einem erfahrenen Mathematiklehrer, der auch Fachseminarleiter ist und in anderen Forschungsprojekten mitgearbeitet hat, in enger Zusammenarbeit mit der Verfasserin dieser Arbeit durchgeführt. Das Aufgabenspektrum umfasste dabei die Beobachtung sowie die Betreuung der Lernenden in der letzten Phase der Verschriftlichung. Auf diese Weise konnte mit einer Lehrkraft das Lehr-Lehr-Arrangement im Klassensetting ausprobiert und gemeinsam Adaptionen vorgenommen werden. Über die fünf Zyklen hinweg waren damit im Laborsetting 18 Lernende der Klasse 8 bis 12, im Klassensetting zwei Lerngruppen mit insgesamt 41 Lernenden (18 in kleinerer Lerngruppe eines freiwilligen Brückenkurses und 23 in einer Schulklasse). Insgesamt haben also damit 59 Lernende an der Durchführung der Designexperimente teilgenommen.

Für die Durchführung der Designexperimente wurden bewusst unterschiedliche Jahrgangsstufen und Schularten gewählt, um Erkenntnisse über die möglichen Herausforderungen und Ressourcen zu erhalten. So wurden zunächst in einer Gesamtschule Herausforderungen beim Beweisen identifiziert, zu deren Überwindung das Lehr-Lehr-Arrangement mit spezifischen Unterstützungsformaten entwickelt und zunächst in den Zyklen 2–4 mit leistungsstärkeren Lernenden eines Gymnasiums im Dortmunder Osten (d. h. in eher privilegierter Wohnlage) erprobt wurde. Ziel dieses Samplings war, zunächst gelingende Lernwege betrachten und dabei die Ressourcen an gegenstandsspezifischen Sprachmitteln identifizieren zu können, die Lernenden aus privilegierten Lagen zur Verfügung stehen, für Lernende aus Wohnlagen mit weniger sprachlichem Anregungsgehalt jedoch explizit zum Lerngegenstand gemacht werden müssen. Die identifizierten Sprachmittel wurden in Zyklus 4 und 5 zunehmend expliziter ins Material integriert und schließlich im Klassensetting der 8. Klasse einer Gesamtschule mit heterogener Schülerschaft final erprobt.

Die Designexperimente wurden analog zu den potenziellen Leistungsständen der ausgewählten Schulformen und Schulstandorten in unterschiedlichen Schulstufen durchgeführt. Grundvoraussetzung für die Teilnahme an den Designexperimenten war, dass die Lerngruppen von ihrer Schulstufe her den mathematischen Inhalt (Satz des Pythagoras (Zyklus 1) oder auch Winkelsätze (Zyklus 1–5) schon behandelt hatten, um die Lehr-Lern-Prozesse von inhaltlichen Überlegungen zu entlasten. Zur Identifikation der Unterstützungsbedarfe wurde im Zyklus 1 mit Klasse 9 eine relativ niedrige Jahrgangsstufe gewählt. Für die Identifikation der Ressourcen und Erforschung gelingender Prozesse wurden zunehmend höhere Jahrgangsstufen gewählt – in den Zyklen 2–3 Jahrgangsstufe 9 und 10 und in Zyklus 4 gar ein freiwilliger Brückenkurs der Jahrgangsstufe 12, um eher gelingende Lernprozesse zu beobachten und gegenstandsspezifische Sprachmittel zu identifizieren. Für die Erprobung der implementierten Unterstützungsangebote wurde wieder eine niedrigere Klassenstufe mit Jahrgangsstufe 8 gewählt, um die entwickelten graphischen und sprachlichen Unterstützungsformate auch mit Lernenden in niedrigeren Klassenstufen zu erproben.

Auch wenn diese Sampling-Strategie gezielt Lernende unterschiedlicher Schulstufen und mit heterogenen mathematischen und sprachlichen Kompetenzen adressierte, waren die Lernvoraussetzungen für das spezifische Thema der logischen Strukturen mathematischer Beweise für alle Lernenden gleichermaßen unbekannt.

Datenkorpus: Videos, Transkription und Schriftprodukte
Die Designexperimente wurden vollständig videographiert, um die Lehr-Lern-Prozesse bei der Bearbeitung des Lehr-Lern-Arrangements festzuhalten und nachträglich erforschen zu können. Die videographierten Sitzungen summieren sich auf insgesamt ca. 1558 Minuten Videomaterial (d. h. 26 Stunden).

1 mm:ss	Durchlaufende Nummerierung der Turns in Verbindung mit Zeitcodes innerhalb eines Transkriptionsabschnitts
...	Unterbrechungen durch einen anderen Sprecher oder eine andere Sprecherin
–	Abbruch einer Aussage
[ ]	Kursiv Gedrucktes und in eckigen Klammern Gesetztes beschreibt die Handlungen und Interaktionen
(...)	Unverständliche Äußerung
Mhm	Partikel, zustimmend
Hmm	Partikel, zweifelnd
Ne?	Fragende, um Bestätigung bittende Äußerung
Nee.	Verneinende Äußerung

Auch die relevanten Gesten und Handlungen z.B. in Bezug auf die graphischen Argumentationsschritte sind in *kursiv* vermerkt.

Abbildung 5.3 Transkriptionsregeln

　　Die Designexperimente der ersten drei Zyklen wurden vollständig transkribiert und beim Zyklus 4 die Gruppenarbeit von 3 Lernendenpaaren bei der 2. Sitzung, weil sich diese für die Forschungsfrage als besonders relevant herausstellte. Beim Transkribieren wurden alle Namen anonymisiert, die Transkriptionsregeln sind in Abb. 5.3 zur Nachvollziehbarkeit dokumentiert.

　　Dem Datenkorpus liegen damit transkribierte Videoausschnitte und Dokumente, die die Schülerinnen und Schüler während der Designexperimente erstellt haben (Notizen auf den Aufgabenbögen, ausgefüllte graphische Argumentationsstrukturen und die Schriftprodukte der Beweise) zu Grunde. Im nächsten Abschnitt wird erläutert, wie das umfangreiche Datenkorpus jeweils für die spezifischen Zwecke der einzelnen Zyklen fokussiert wurde.

5.3.2 Berücksichtigung der Zyklen, Auswahl der Fokus-Lernenden und Fokus-Aufgaben

In den jeweiligen Designexperiment-Zyklen wurden unterschiedliche Schwerpunkte in der Entwicklung und Erforschung spezifischer Unterstützungsformate und der fachlichen und sprachlichen Lernwege im Lehr-Lern-Arrangement gesetzt, die im empirischen Teil dargestellt werden sollen: Dafür werden zunächst in Abschnitt 7.1 Unterstützungsformate identifiziert, die den Lernenden potenziell helfen, die logischen Strukturen beim Beweisen zu bewältigen (*Unterstützungsbedarfe*). Auf Grund dessen wurden insbesondere die Sprachangebote und graphische Darstellungen als spezifische Unterstützungsangebote entwickelt (siehe Kapitel 6). In Abschnitt 7.2 werden die gelingenden Prozesse bei der Bearbeitung der Beweisaufgaben mit den daraufhin entwickelten spezifischen Unterstützungsformaten dargestellt (*Bearbeitungsprozesse*). In Kapitel 8 wird schließlich dargestellt, wie die Lernenden lernen, die logische Strukturen in Beweisaufgaben zu bewältigen und zu verbalisieren (*Lernprozesse*).

Zyklus 1 zur empirischen Rekonstruktion von Lern- und Unterstützungsbedarfen
Für die empirische Rekonstruktion der potenziell notwendigen Unterstützungsformate zum Beweisen und der Eingrenzung des Lerngegenstandes wurden die Prozesse von allen Lernenden des ersten Designexperiment-Zyklus (Fabian und Silias bzw. Kasimir und Careen) betrachtet. Auf dieser Grundlage wurden Sequenzen und Schriftprodukte ausgewählt, bei denen die Herausforderungen beim Beweisen und potenziell notwendige spezifische Unterstützungsformate rekonstruiert werden konnten. Die Analysen dazu sind in Abschnitt 7.1 dargestellt. Diese Pilotstudie wurde vor allem genutzt, um Herausforderungen des Lerngegenstandes neben der theoretischen Vorarbeit (siehe Kapitel 1 und 2) noch empirisch zu identifizieren. Die identifizierten, potenziell hilfreichen Unterstützungsformate sind maßgeblich in die Entwicklung der graphischen Darstellungen, insbesondere auch der graphischen Argumentationsschritte eingeflossen (siehe Abschnitt 6.2).

Zyklus 2 zur ersten Erprobung und Entwicklung des Lehr-Lern-Arrangements
Im Zyklus 2 wurden ein erster Entwurf des Lehr-Lern-Arrangements und insbesondere die graphischen Argumentationsschritte entwickelt und erprobt. Weil die graphischen Argumentationsschritte wie intendiert von den Lernenden genutzt

wurden, wurde in dem letzten Designexperiment mit dem 3. Lernendenpaar Valentina und Jonas zusätzlich noch die Aufgabe gegeben, einen Text auf Grundlage der graphischen Argumentationsschritte zu schreiben. Damit konnte ein erster empirischer Einblick in die Sprachmittel im Beweistext gewonnen werden auf deren Grundlage das erste Sprachvorbild für einen Beweistext entwickelt wurde. Eine kurze Auswertung des Schriftprodukts ist in Abschnitt 6.3.1 dargestellt. Die Erkenntnisse wurden für ein Sprachvorbild im Zyklus 3 genutzt, wie es in Abschnitt 7.2.4 für Alena und Jannis exemplarisch dargestellt ist. Die Nutzung der graphischen Argumentationsschritte wird für die Bearbeitungs- und Lernprozesse anhand der Tiefenanalysen mit Lernenden von Zyklus 3 dargestellt.

Zyklus 3 zur vertieften Erforschung der Bearbeitungs- und Lernprozesse
Der Designexperiment-Zyklus 3 wird aus zwei zentralen Gründen als Schwerpunkt der empirischen Auswertung nutzt:

- Das Lehr-Lern-Arrangement „Mathematisch Begründen" war mit den Unterstützungsformaten wie den graphischen Argumentationsschritten und einem Sprachvorbild schon entwickelt.
- Gleichzeitig wurde noch im Laborsetting in Partnerarbeit gearbeitet, während spätere Zyklen im Gruppensetting weniger tiefe Einblicke in die Wirkungsweisen der spezifischen Unterstützungsformate und die fachlichen und sprachlichen Lernwege ermöglichten.

Die empirische Auswertung des Zyklus 3 erfolgt mit einer Breiten- und Tiefenanalyse. Die dazu vorgenommene Auswahl von Lernenden und von Stellen im Lehr-Lern-Prozess wird im Folgenden dargestellt.

- *Fachliche und sprachliche Breitenanalyse:* Für die Breitenanalyse der fachlichen und sprachlichen Lernwege werden alle zehn Lernenden des Zyklus 3 berücksichtigt sowie diejenigen sechs Lernenden aus Zyklus 4, die videographiert wurden und die Texte in Einzelarbeit geschrieben haben. Verglichen werden in fachlicher und sprachlicher Perspektive die mündlichen und schriftlichen Äußerungen bei Beweis 2 und 3, da bei diesen beiden Beweisaufgaben die Beweise erstmals verschriftlicht werden mussten. Hier wird der Anfang des Beweisprozesses (Phase *Finden der Beweisidee und der mündlichen Begründung*) und das finale Produkt des Beweisprozesses, der Beweistext als Schriftprodukt, grob analysiert. Das konkrete Analysevorgehen und die Analyseergebnisse sind dargestellt in Abschnitt 8.1. Die Beweistexte als zentrale Lernziele wurden zusätzlich noch detaillierter analysiert im Zusammenspiel von Sprachmitteln mit den Facetten logischer Strukturen. Dafür wurden alle Schriftprodukte der Beweistexte von Beweis 2 und 3 von allen zehn Lernenden aus Zyklus 3 mit 20 Texten und acht Lernende aus Zyklus 4, hier zusätzlich noch zwei Lernende ohne Video, mit 16 Texten, also insgesamt 36 Texte berücksichtigt. Auf der Grundlage der fachlichen und sprachlichen Analysen der gesamten Schriftprodukte wurden die fachlichen Explikationen und die dafür verwendeten gegenstandsspezifischen Sprachmittel verglichen. Auf der Grundlage der kontrastiven Analysen wurden vier Beweistexte ausgewählt, von denen zwei Beweistexte viele logische Elemente explizieren und zwei wenig logische Elemente explizieren. Die detaillierten Analysen der vier Beispiele sind in Abschnitt 8.2 dargestellt.

- *Fachliche und sprachliche Tiefenanalyse:* Für eine vertiefte qualitative Analyse der lokalen Nutzung der Unterstützungsformate (*Bearbeitungsprozesse*) und der individuellen fachlichen und sprachlichen Lernwege (*Lernprozesse*) war es notwendig, die Stichprobengröße und insbesondere auch die dargestellten Fallbeispiele zu beschränken. Von den fünf Lernendenpaaren wurden drei Fokuslernendenpaare ausgewählt. Es handelt sich um Alena und Jannis, Emilia und Katja bzw. Cora und Lydia. Die drei Lernendenpaare wurden ausgewählt, weil sie am Ende der Beweisaufgaben jeweils ausführliche Beweistexte mit vielen logischen Elementen und explizierenden Sprachmitteln für die logischen Beziehungen wie Konjunktionen benutzt haben. Anhand der Lehr-Lern-Prozesse werden die situativen Wirkungsweisen der vier spezifischen Unterstützungsformate (Alena und Jannis) bzw. die fachlichen und sprachlichen Lernwege (Cora und Lydia bzw. Emilia und Katja) analysiert, um so anhand ihrer individuellen Lernwege Einsichten in gelingende Lehr-Lern-Prozesse gewinnen zu können. Die genauere Beschreibung der Fokuslernendenpaare wird zu Beginn der Analysen in den Abschnitt 7.2 bzw. 8.3 dargestellt. Die anderen beiden Lernendenpaare aus dem Zyklus 3, Florian und Lasse bzw. Johannes und Leonard, haben eher kürzere Beweistexte geschrieben und größtenteils nur die Argumente und Schlussfolgerungen expliziert und eher verdichtende Sprachmittel verwendet.
- Die *Tiefenanalyse der Bearbeitungsprozesse* wird durchgehend an einer Beweisaufgabe anhand der vier Unterstützungsformaten dargestellt. Auf diese Weise wird ein Einblick gegeben, wie die Erstellung eines Beweises im Lehr-Lern-Arrangement konkret realisiert wird und die Unterstützungsformate genutzt werden. Ergänzt wird diese mit der Untersuchung des Unterstützungsformats *Lückentext* beim Schreiben des Beweises (siehe Zyklus 5). Die Analyse der Bearbeitungsprozesse erfolgt anhand der Beweisaufgabe 2 (Beweis des Wechselwinkelsatzes), weil dieser Beweis der erste ist, bei dem

die Lernenden den Beweis auch selbst verschriftlichen. Die Analyse der Bearbeitungsprozesse ist in Abschnitt 7.2 illustriert.

• Für die *Tiefenanalyse der Lernprozesse* werden entsprechend des Forschungsvorhabens die Beweisaufgaben untersucht und nicht Aufgaben mit den konkreten Winkeln, die jeweils zuvor bearbeitet worden sind. In den Breitenanalysen gab es keinen merklichen Unterschied zwischen Beweis 2 und 3. Deswegen wurden hier nur die Lernprozesse bei den Aufgaben Beweis 1 und 2 analysiert. Aufgenommen wird aber auch die erste Aufgabe über Nebenwinkel mit konkreten Werten als Start der individuellen Lernwege. Damit werden die Lernprozesse von der ersten Aufgabe ohne Kenntnis der Unterstützungsformate bis zur Erstellung eines Beweises untersucht. Die Analysen sind dargestellt in Abschnitt 8.3.

Zyklus 4 zur Erweiterung der Erforschung der Lernprozesse
Der Zyklus 4 wurde zur Erweiterung der Breitenanalysen aus Zyklus 3 genutzt. Im Zyklus 4 wurden die Designexperimente im Gruppensetting mit zwei freiwilligen Brückenkursen, in denen nur von sechs Lernendenpaaren (12 Lernenden) Videos von der Kleingruppenarbeit existieren (drei Lernendenpaare pro Brückenkurs). In dem ersten Brückenkurs bekamen die Lernenden wie in Zyklus 3 die Aufgabe, die Beweistexte in Einzelarbeit zu schreiben. Abweichend dazu bekamen die Lernenden in der zweiten Gruppe den Auftrag die Beweistexte in Partnerarbeit zu schreiben, um die Kooperation und gemeinsame Konstruktion der Beweistexte zu fördern und mögliche Veränderungen gegenüber der Einzelarbeit zu betrachten.

Für die Erweiterung der Breitenanalysen aus Zyklus 3 wurden analog drei Lernendenpaare (sechs Lernende) mit Videos und einzeln geschriebenen Beweisen aus Zyklus 4 ausgewählt, um die Lernkontexte und vorliegenden Daten zwischen 3 und 4 vergleichbar zu halten. Das Schreiben in der Gruppenarbeit dagegen ist nicht vergleichbar mit den Daten aus Zyklus 3 und wurde daher für die Breitenanalyse nicht herangezogen. Das Analysevorgehen für die Breitenanalyse von Zyklus 3 und 4 wird exemplarisch an Petra aus Zyklus 4 illustriert, die in Partnerarbeit mit Linus gearbeitet hat und in ihrem Beweistexten viele Facetten logischer Strukturen expliziert und explizierende Sprachmittel nutzt, wie auch schon in Hein (2019a) für den Beweis 3 dargestellt wurde.

Analog zur detaillierten Analyse der Beweistexte als Schriftprodukte aus Zyklus 3 werden zur Erweiterung alle Schriftprodukte des Zyklus 4 miteinbezogen, die in Einzelarbeit geschrieben wurden, diesmal auch von den Lernenden ohne Video. Dabei handelt es sich um vier Lernendenpaaren (acht Lernende) mit je zwei Beweistexten, also 16 Schriftprodukte.

Zyklus 5 zur Erforschung des Lückentexts
Der Zyklus 5 diente der Erprobung der zunehmend explizierten Materialien im
Klassensetting mit regulärem Mathematiklehrer und wurde vor allem für die end-
gültige Fertigstellung des Unterrichtsmaterials ausgewertet (vgl. Kapitel 6). Für
systematische tiefere Analysen der Lernwege einzelner Lernenden eignen sich die
Videos aus dem Klassenunterricht dagegen weniger.

Die Schriftprodukte aus Zyklus 5 werden an einer Stelle in der Analyse
der Bearbeitungsprozesse genutzt, nämlich um die Wirkungen eines erst in
Zyklus 5 eingefügten Unterstützungsangebots zu untersuchen, dem Lückentext,
der zusätzlich zum mündlichen Sprachvorbild eines Beweistextes genutzt wurde.
Dafür werden die Sprachmittel der Schriftprodukte der Lernenden mit denen des
Lückentextes verglichen. Auf Grundlage einer kontrastiven Betrachtung werden
exemplarisch Beispiele gezeigt, in denen die Sprachmittel eigenständig und korrekt abgewandelt wurden bzw. die Sprachmittel übernommen und falsch mit den
Inhalten verbunden wurden. Untersucht werden soll dabei, wie der Lückentext
erfolgreich bzw. nicht erfolgreich als Unterstutzungsformat bei den Bearbeitungsprozessen genutzt wird. Die exemplarische Darstellung ist in Abschnitt 6.3.1
beschrieben.

5.4   Methoden der Datenauswertung

Ziel der Datenauswertung ist die Analyse der situativen Nutzungsweisen der graphischen und sprachlichen Unterstützungsformate und die Rekonstruktion fachlicher und sprachlicher Lernwege. Die Forschungsfragen bezüglich individueller
Lernwege und situativer Wirkungsweisen ist eine Indikation für ein qualita-
tives Vorgehen (Steinke 2000, S. 326). Aus diesem Grund werden für die
Analyse der individuellen Lernwege sowie zur Nutzung der Designelemente
eine qualitative Datenauswertung genutzt. Zur intersubjektiven Nachvollziehbarkeit (Steinke 2000, S. 324) werden im Folgenden die gegenstandsspezifischen
Analyseinstrumente und die jeweiligen Analyseschritte dargestellt.

5.4.1   Gegenstandsspezifische Analyseinstrumente

Im Sinne der Gegenstandsangemessenheit qualitativer Forschung (Steinke 2000)
werden zur qualitativen Auswertung der Designexperimente Analyseinstrumente
benötigt, die den Fragestellungen des Projekts gerecht werden. Aufgrund des
Forschungsfokus auf den *Unterstützungsbedarfen, Bearbeitungsprozessen* und

Lernwegen bei den logischen Strukturen des Beweisens und ihre Verbalisierung werden gegenstandsspezifische Analyseinstrumente genutzt, die sich aus dem fachlichen und sprachlichen Lerngegenstand ableiten lassen und empirisch ausgeschärft wurden. Dazu wurde das Toulmin-Modell (1958) für die fachlichen Aspekte der Analysen und die systemisch-funktionale Grammatik nach Halliday (2004) für die sprachlichen Aspekte der Analysen herangezogen. Beide Analyseinstrumente werden zunächst getrennt vorgestellt, auch wenn diese Trennung nur theoretisch erfolgen kann, da der fachliche Lerngegenstand immer auch einer Darstellung bedarf (siehe Abschnitt 2.1.1), wobei hier die sprachliche gewählt wurde. Auf dieser Grundlage werden die fachlichen und sprachlichen strukturbezogenen Beweistätigkeiten (siehe Abschnitt 1.3.2 und 2.3.2) rekonstruiert.

5.4.2 Überblick über die Analyseschritte

In den fokussierten Transkriptstellen und Schriftprodukten werden zunächst die logischen Elemente mit dem Toulmin-Modell und weitere Facetten logischer Strukturen mit der systemisch-funktionalen Grammatik identifiziert (Analyseschritt 1). Auf deren Grundlage werden mit der systemisch-funktionalen Grammatik die Sprachmittel für die Facetten logischer Strukturen analysiert (Analyseschritt 2). Anhand dieser Analysen kann unter Berücksichtigung der Arbeit mit den Materialien in den Phasen sowie anhand der sprachlichen Ausdrücke die fachlichen strukturbezogenen Beweistätigkeiten rekonstruiert werden (Analyseschritt 3). Sind diese in sprachlicher Form, können sie als sprachliche strukturbezogene Beweistätigkeiten beschrieben werden (Analyseschritt 4).

In Abb. 5.4 sind die Analyseschritte im Überblick dargestellt.

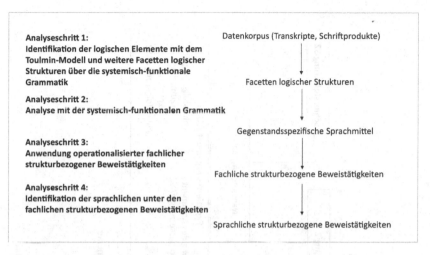

Abbildung 5.4 Gegenstandsspezifische Analyseschritte im Projekt MuM-Beweisen

5.4.3 Schritt 1: Identifikation der Facetten logischer Strukturen

Logische Elemente mit dem Toulmin-Modell

Das verkürzte Toulmin-Modell (1958) ist Grundlage für die Spezifizierung der Facetten logischer Strukturen (siehe Abschnitt 1.2.2), mit dem die logischen Elemente (Voraussetzung, Argument und Schlussfolgerung) identifiziert werden. Als Analyseinstrument wird es folgendermaßen genutzt:

Zunächst werden mit dem verkürzten Toulmin-Modell die logischen Elemente bei mehrschrittigen Beweisen analysiert. Das Argument wird auf Grund der Implikationsstruktur der mathematischen Sätze und Axiome als zweiteilig modelliert. Weitere Analyseschritte haben sich in den Analyseprozessen empirisch ausgeschärft, um Lehr-Lern-Prozesse erfassen zu können, in denen die logischen Elemente nicht eindeutig getrennt oder auch nur teilweise expliziert werden, wie es auch Simpson (2015) beschreibt. Dies tritt insbesondere neben den Beweistexten auch bei mündlichen Äußerungen auf. Das empirisch ausgeschärfte Modell wurde teilweise bereits bei Prediger und Hein (2017) präsentiert, es wird in Abb. 5.5 an einer zweischrittigen Argumentation dargestellt und im Folgenden erläutert.

Die logischen Elemente werde in den Lernendenäußerung (mündlich oder in den Schriftprodukten) identifiziert und einem Beweisschritt zugeordnet. Die

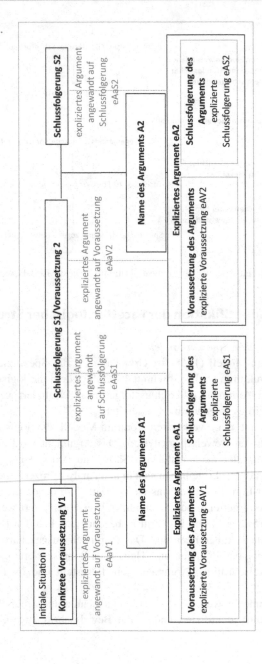

Abbildung 5.5 Empirisch ausgeschärftes Toulmin Modell für die logischen Elemente

Zuordnung zu einem Beweisschritt wird mit einer Nummer entsprechend der Reihenfolge verdeutlicht. Da einige Beweisschritte in ihrer Reihenfolge variabel sind, werden die Beweisschritte eines Lernendenpaares entsprechend der Reihenfolge in den von ihnen ausgefüllten graphischen Argumentationsschritten nummeriert. Werden Argumente genannt, die falsch sind oder letztlich nicht in den graphischen Argumentationsschritten genutzt wurden, werden diese mit der nächsten freien Zahl benannt. Die logischen Elemente wurden auf Grundlage des Toulmin-Modells und der empirischen Ausschärfung folgendermaßen codiert:

[I]:   *Initiale Situation:* Generelle Beschreibungen der geometrischen Konstruktion werden verbalisiert oder gezeichnet, wobei hier auch die Voraussetzung für den zu beweisenden Satz enthalten ist. Beispiel: „Gegeben sind 2 parallelen g und h, die beide von der 3. Geraden a geschnitten werden." (I, Leonard, Schriftprodukt zum Beweis des Wechselwinkelsatzes).

[V]:   *Voraussetzung:* Voraussetzung für einen Beweisschritt aus der Aufgabe oder vorangegangenen Schritten, die verbalisiert werden. Beispiel: „und dann einmal das Scheitelwinkel sind" ([V2], Petra, 2. Sitzung, Turn 2, mündliche Begründung)

[A]:   *Name des Arguments:* Der Name des Arguments wird expliziert. Beispiel: „nutzen wir das Nebenwinkelargument" ([A], Linus, 2. Sitzung, Turn 229). Manchmal listen die Lernenden explizit Argumente auf und nennen direkt danach bei der gleichen Auflistung nur noch den Namen der Winkel ohne den Zusatz „-Argument". Auch diese werden als Argumente (wie „Scheitelwinkelargument") und nicht als Voraussetzung (wie „Scheitelwinkel als Voraussetzung des Scheitelwinkelarguments") codiert, da anzunehmen ist, dass sie hier nur verkürzt den Namen der Argumente meinen

[S]:   *Schlussfolgerung:* Die Schlussfolgerung eines Schrittes wird expliziert. Beispiel: „α plus γ gleich 180° und β plus γ gleich 180°" ([S1], Emilia, Beweis des Scheitelwinkelsatzes, Sitzung 1, Turn 378, mündliche Begründung)

Auf Grundlage der Empirie haben sich zudem folgende Kodes empirisch ausgeschärft:

[eA]:   *expliziertes Argument:* Das Argument wird in seinem Wortlaut oder seiner Bedeutung mit Voraussetzung und Schlussfolgerung expliziert. Beispiel: „wenn man 3 Winkel hat, wobei $\delta = \mu$ und $\mu = \pi$ ist, dann ist $\delta = \pi$" ([eA3], Leonard, Schriftprodukt zum Beweis des Wechselwinkelsatzes (hier Transitivitätsaxiom als „Gleichheitsargument")

[eAV]:   *expliziertes Argument mit Voraussetzung:* Nur die Voraussetzung des
          Arguments ist expliziert. Beispiel: „Die Voraussetzung für das Stufen-
          winkelargument ist, dass zwei parallele Geraden von einer Geraden
          geschnitten werden." ([eAV2], Jannis, Schriftprodukt zum Beweis des
          Wechselwinkelsatzes)

[eAS]:   *expliziertes Argument mit Schlussfolgerung:* Nur die Voraussetzung des
          Arguments ist expliziert. Beispiel: „Und dann ist δ gleich π." ([eAS3],
          Lydia, Sitzung 1, Turn 518, mündliche Begründung beim Beweis des
          Wechselwinkelsatzes)

Wegen der doppelten Struktur von Voraussetzungen und Schlussfolgerungen in
den Aufgaben und der Implikationsstruktur der Argumente gibt es Vermischungen
zwischen diesen Ebenen und nicht eindeutig zuzuordnende logische Elemente.
Hier wurden insbesondere Schlussfolgerungen, die mit „das besagt" eingeleitet wurden als Vermischung gewertet, da mit „das besagt" im Sprachbild die
Explikation des Arguments eingeleitet wurde und ein Unterschied zwischen den
Schlussfolgerungen der Argumente und ihrer Anwendung besteht.

[eAa]:   *expliziertes Argument angewandt:* Das Argument wird in seiner Impli-
          kationsstruktur beispielsweise mit Wenn-Dann-Formulierung, expli-
          ziert jedoch direkt auf den Fall angewendet. Beispiel: „Nun wenden
          wir das Gleichheitsargument an das besagt, wenn $\alpha = \alpha' = \gamma$, dann
          $\alpha = \gamma$. (Variablen aus dem Beispiel und nicht des Arguments) (A3,
          eAa3, Cora, Schriftprodukt für den Beweis des Wechselwinkelsatzes)

[eAaV]:   *expliziertes Argument angewandt auf die Voraussetzung:* Beispiel: In
          dem Fall ist der 1. γ, der 2. β und der 3. α (eAaV3, Katja, Schriftpro-
          dukt zum Beweis des Wechselwinkelsatzes). Hier übersetzt Katja die
          Voraussetzungen des Transitivitätsaxioms auf den konkreten Fall.

[eAaS]:   *expliziertes Argument angewandt auf die Schlussfolgerung:* Die
          Schlussfolgerung wird in dem Argument und die Folgerung für den
          konkreten Fall nicht eindeutig getrennt. „Daraus folgt, dass das und
          das [*zeigt auf γ und β*] gleich ist. ((([eAaV3$\rightarrow$eAaS3]), Alena,
          Turn 639) (Hier wird die logische Beziehung im Gleichheitsargument
          ausgedrückt, jedoch direkt die Voraussetzung und Schlussfolgerung
          bezogen auf die Aufgabe expliziert [eAaS3].)

Wenn das neue Argument, das erst bewiesen wurde, genannt wurde, wurde das
folgendermaßen codiert:

[nA]:	*neues Argument:* Der zu beweisende Satz wird als Argument mit dem Namen genannt. Beispiel: „Aus dieser Lösung können wir das Scheitel-Stufenwinkelargument [Wechselwinkelsatz] herleiten." ([nA], Cora, Schriftprodukt zum Beweis des Wechselwinkelsatzes)
[neA]:	*neues expliziertes Argument:* Der zu beweisende Satz wird als neues Argument expliziert. Beispiel: „das besagt, dass, wenn zwei parallele Geraden von einer weiteren Geraden geschnitten werden, die sich schräg gegenüberliegenden Winkel (α, γ) gleich groß sind." ([neA], Cora, Schriftprodukt zum Beweis des Wechselwinkelsatzes)
[neAV]:	*neues expliziertes Argument Voraussetzung:* Nur die Voraussetzung des Arguments wird genannt. „Das sind Wechselwinkel" ([neAV], Jannis, Turn 449)
[neAS]:	*neues expliziertes Argument Schlussfolgerung:* Nur die Schlussfolgerung des Arguments wird genannt. Beispiel: „γ gleich α?" ([neAS] Alena, Turn 581)
[−A]:n	*nicht Argument:* Ein Argument wird genannt und dessen Nutzung verneint. Beispiel: „Das Gleichheitsargument…" „…brauchen wir dann nicht " (Leif, Turn 23) „brauchen wir nicht" ([−A3], Dennis und Leif, Sitzung 2, Turn 22–24, mündliche Begründung zum Beweis 3 des Wechselwinkelsatzes)
/Angaben nicht eindeutig:	Aussagen können unterschiedlichen zugeordnet werden. Beispiel: Das Nebenwinkelaxiom („Nebenwinkelargument") wird für zwei parallele Schritte genutzt wie beim Beweis des Scheitelwinkelsatzes, aber nur einmal genannt und dabei nicht explizit einem Beweisschritt zugeordnet. Beispiel: „Nehmen wir wieder das Wechselwinkelargument andersrum." Der Wechselwinkelsatz wird in zwei Schritten benutzt. ([A1/A2], Leif, 2. Sitzung, Turn 409, mündliche Begründung zum Innenwinkelsummensatz im Dreieck)
() Falsches:	Falsches wird in Klammern gesetzt. Beispiel: „Äh, das Gleichheitsargument" ([A4], Linus, 2. Sitzung, Turn 243, mündliche Begründung zum Innenwinkelsummensatz). Es wird ein Argument genannt, das hier nicht benötigt oder später nicht benutzt wird.

Weitere Facetten logischer Strukturen über die linguistische Analyse
Zur Identifikation der logischen Beziehungen und deren Zusammenspiel mit den logischen Elementen in Beweisschritt, Beweisschrittkette und Beweis als Ganzem ist ein weiteres Analysemodell notwendig. Dafür werden die logischen Beziehungen zwischen den logischen Elementen, die zuvor mit dem Toulmin-Modell analysiert wurden, über die Sprachmittel identifiziert, die die logischen Elemente explizit verbinden. Die linguistische Analyse mit der systemisch-funktionalen Grammatik erfolgt im nächsten Schritt, wird aber verwendet, um Rückschlüsse auf die ausgedrückten logischen Beziehungen zu ziehen (siehe Abschnitt 5.4.4). Mit der linguistischen Analyse werden also nicht nur die gegenstandsspezifischen Sprachmittel identifiziert, sondern auch die logischen Beziehungen zwischen den logischen Elementen identifiziert, die Lernende in ihren mündlichen und schriftlichen Äußerungen explizit herstellen. Bei der Betrachtung der logischen Beziehungen zwischen den logischen Elementen des Toulmin-Modells können die Beziehungen, je nachdem welche logischen sie verbinden, unterschieden werden. Ihre empirische Ausschärfung ist für einen Beweisschritt im Übergang zum nächsten Beweisschritt in Abb. 5.6 visualisiert.

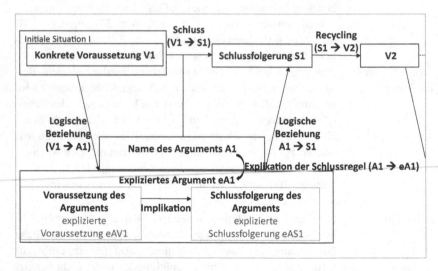

Abbildung 5.6 Empirisch ausgeschärftes Modell mit den logischen Beziehungen zwischen den logischen Elementen (am Bspl. eines Übergangs zum nächsten)

5.4.4 Schritt 2: Analyse der gegenstandsspezifischen Sprachmittel

In Anlehnung an Mohans und Becketts (2001) Analyse von sprachlichem Scaffolding wurde die systemisch-funktionale Grammatik nach Halliday (siehe Abschnitt 2.1.3) als Grundlage für die sprachlichen Analysen genutzt. Diese ist notwendig, um die Sprachmittel für die Facetten logischer Strukturen zu identifizieren – und nicht der Winkelsätze selbst. Im Fokus der linguistischen Untersuchungen stehen damit die Sprachmittel für logische Elemente, logische Beziehungen und deren Zusammenspiel im Beweisschritt und in der Beweisschrittkette bzw. im ganzen Beweis. Die Facetten logischer Strukturen werden so in der Lexik, den Wörtern der Lernenden, identifiziert und ihre Grammatik, insbesondere die Wortarten, aber auch Satzarten bestimmt. Dabei wird für die logischen Elemente und Beziehungen auch bestimmt, ob die Sprachmittel grammatikalisch kohärent oder inkohärent sind, um deren Verdichtungsgrad zu untersuchen.

Im Laufe der empirischen Analysen wurde das sprachbezogene Analyseinstrument weiter ausgeschärft. Zum einen wurden *Sprachmittel der Textkohärenz* für den Beweis als Ganzes wie Pronomen aufgenommen. Zum anderen wurden gegenstandsspezifische Sprachmittel identifiziert, die als *strukturbezogene Meta-Sprachmittel* bezeichnet wurden und sich konkret auf die Facetten logischer Strukturen beziehen. Für die mündlichen Aussagen wurden auch *Deiktika* aufgenommen, mit denen auf den mathematischen Inhalt (Winkel) oder die graphischen Argumentationsschritte verwiesen wird. In Tabelle 5.2 ist das empirisch ausgeschärfte Analyseinstrument für die gegenstandsspezifischen Sprachmittel dargestellt.

5.4.5 Schritt 3 und 4: Rekonstruktion der fachlichen und sprachlichen strukturbezogenen Beweistätigkeiten

Die fachlichen und sprachlichen strukturbezogenen Beweistätigkeiten müssen selbst ausgeführt werden, um das Beweisen zu erlernen und um den Umgang mit den Facetten logischer Strukturen sowie die Bedeutungen der gegenstandsspezifischen Sprachmittel als das Nicht-Explizierbare des Lerngegenstandes zu verstehen (siehe Abschnitt 4.1.3).

Laut der Beschreibung der fachlichen und sprachlichen strukturbezogenen Beweistätigkeiten in Abschnitt 1.3.2 bzw. 2.3.2 sind diese eng auf die Facetten logischer Strukturen und die dazugehörigen Sprachmittel bezogen (siehe dazu

Tabelle 5.2 Facetten logischer Strukturen, die fachliche Analyse und ihre Sprachmittel

Bedeutung der Sprachmittel		Sprachmittel	
Facette logischer Strukturen	Fachliche Analyse/Bedeutung	Grammatik (Beispiele)	Lexik (Beispiele)
Logische Elemente	Argument [A], Voraussetzung [V]	Verben (grammatikalisch kohärent) Nomen (grammatikalisch inkohärent)	folgen Schlussfolgerung
Logische Beziehungen	Logische Beziehung zwischen logischen Elementen (Beispiel [A→S])	Konjunktionen Präpositionen	*Aus dem* Argument folgt, dass die Schlussfolgerung gilt. *Laut* dem Argument, gilt die Schlussfolgerung.
Beweisschritt und Beweisschrittkette	Verbindung aller drei logischer Elemente in einem Schritt Beispiel: [V→A→S]	Pronomen oder andere Sprachmittel zur Verbindung von zwei Sätzen zur Explikation von allen logischen Elementen eines Schritts	Da Scheitelwinkel vorliegen, kann das Scheitelwinkelargument angewendet werden. Aus *diesem* folgt, dass $\alpha = \beta$ ist.
	Recycling zwischen den Schritten (Beispiel: [S1→V2])	Satzarten wie Aussagesätze (strukturbezogene Meta-Sprachmittel)	Nun haben wir die Voraussetzung, dass $\alpha = \alpha' = \gamma$. Das ist auch die neue Voraussetzung.
	Einleitung der Explikation [A→eA]	Strukturbezogene Meta-Sprachmittel	Das Argument *besagt, dass* wenn.., dann....
Beweis als Ganzes	Textkohärenz (keine fachliche Bedeutung)	Satzverbindende Sprachmittel wie Pronomen, Pronominaladverbien	dieses, damit

(Fortsetzung)

Tabelle 5.2 (Fortsetzung)

Bedeutung der Sprachmittel		Sprachmittel	
Logische Ebenen	Der bewiesene Satz wird zum neuen Argument [neA] oder Verdichtung zum neuen Satz [nA]	Satzarten wie Aussagesätze (strukturbezogene Meta-Sprachmittel)	Aus dieser Lösung können wir den Wechselwinkelsatz herleiten.
Zusätzlich für mündliche Aussagen (oft mit Gesten)			
Verweis aufs Aufgabenblatt (mathematischer Inhalt)	Bezug zu den Winkeln (z. B. geometrische Konstruktion als Voraussetzung, Verweis auf Nebenwinkel in Zeichnung)	Deiktika (griech. deiknymi: ich zeige)	hier, da
Verweis auf Felder der graphischen Argumentationsschritte	Logischer Status der logischen Elemente (z. B. verweisen auf 1.Feld: Voraussetzung)		

Spalte 2 und 3 in Tabelle 5.3 oder die graphische Zuordnung zu den Facetten logischer Strukturen in Abschnitt 1.3.2 bzw. 2.3.2).

Tabelle 5.3 Phasen der Beweisbearbeitung und potenziell ausgeführte strukturbezogene Beweistätigkeiten

Phasen der Beweisbearbeitung im Lehr-Lern-Arrangement	Erwartete fachliche und sprachliche strukturbezogene Beweistätigkeiten (abgekürzt FB bzw. SB)	
Mündliche Begründung	Identifizieren von Voraussetzungen und Zielschlussfolgerung im zu beweisenden Satz (FB1)	→ Sprachliches Auffalten der Informationen aus dem Aufgabentext (SB1)
	Identifizieren der zu verwendenden mathematischen Argumente und deren logischer Struktur (FB2)	→ Nennen und sprachliches Auffalten der Argumente (SB2)
Ausfüllen der graphischen Argumentationsschritte	Herstellen logischer Beziehungen zwischen den logischen Elementen in den einzelnen Beweisschritten (FB3)	→ Nutzen von Sprachmitteln für die logischen Beziehungen innerhalb von Beweisschritten (SB3)
	Sortieren und Herstellen von Beziehungen zwischen den Beweisschritten (FB4)	→ Nutzen von Sprachmitteln für die logischen Beziehungen zwischen den Beweisschritten (SB4)
Schreiben des mathematischen Satzes	Vollziehen des Statuswechsels des zu beweisenden mathematischen Satzes zum neuen Argument (FB6)	→ Nennen als neues Argument und Verdichten zum Namen des Satzes (SB6)
Versprachlichung des Beweises	Lineares Darstellen des Beweises als Ganzes (FB5)	→ Lineares Versprachlichen des Beweises mit grammatikalisch kohärenten oder inkohärenten Sprachmitteln (SB5)

Die strukturbezogenen Beweistätigkeiten haben eine potenzielle Reihenfolge bei der Erstellung eines Beweises, auch wenn das nur idealtypisch gilt. Mit dieser

Reihenfolge lassen sie sich jedoch grob den Phasen der Beweisaufgabenbearbeitung im Lehr-Lern-Arrangement zuordnen. Tabelle 5.3 stellt die Phasen der Lehr-Lern-Arrangements im Zyklus 3 und die in diesen potenziell erwarteten strukturbezogenen Beweistätigkeiten dar. Sind die fachlichen strukturbezogenen Beweistätigkeiten sprachlich ausgeführt, können sie auch als sprachliche strukturbezogene Beweistätigkeiten codiert werden, was in der Tabelle mit einem Pfeil verdeutlicht wird. Um die strukturbezogenen Beweistätigkeiten im Prozess zu identifizieren, können also die Phasen der Aufgabenbearbeitung berücksichtigt werden. Werden beispielsweise Argumente genannt oder erst nur die gegebenen Argumente auf den Argumente-Karten herangezogen, ist dies in der ersten Phase der Aufgabenbearbeitung vermutlich die Identifikation der zu verwendenden Argumente. Werden sie später genannt, so werden sie vielleicht sortiert oder auch bei der linearen Darstellung des ganzen Beweises erwähnt.

Bei der Identifikation der *fachlichen* strukturbezogenen Beweistätigkeiten im Lehr-Lern-Arrangement müssen nicht nur die mündlichen und schriftlichen sprachlichen Darstellungen berücksichtigt werden, sondern auch das Zeigen, Handeln oder Zeichnen. Beispielsweise kann mit Gesten und Verweisen auf die Felder der graphischen Argumentationsschritte (logische Elemente) oder auch auf die Argumente-Karten (gegebene Argumente) fachliche strukturbezogene Beweistätigkeiten ausgeführt werden. Die sprachlichen strukturbezogenen Beweistätigkeiten werden rekonstruiert, indem unter den fachlichen strukturbezogenen Beweistätigkeiten die sprachlichen strukturbezogenen Beweistätigkeiten in ihrer sprachlichen Darstellung identifiziert werden. Konkret werden die beiden Arten der strukturbezogenen Beweistätigkeiten anhand folgender Handlungen der Lernenden rekonstruiert:

- *Identifizieren von Voraussetzungen und Zielschlussfolgerung im zu beweisenden Satz* (FB1): Zeichnen oder symbolisch algebraisches Aufschreiben in die graphischen Argumentationsschritte (erstes Feld des ersten Schritts (Voraussetzung), letztes Feld des potenziell letzten graphischen Argumentationsschrittes (Zielschlussfolgerung)); oder in sprachlicher Darstellung dann auch als *Sprachliches Auffalten der Informationen aus dem Aufgabentext* (SB1): Nennen von Voraussetzung (V) und Zielschlussfolgerung (S).
- *Identifizieren der zu verwendenden mathematischen Argumente und deren logischer Struktur* (FB2): Gegebene oder selbst geschriebene Argumente auf den Argumente-Karten werden genommen und/oder drauf gezeigt (Identifikation der Argumente). Oder in sprachlicher Darstellung dann auch als *Nennen und*

sprachliches Auffalten der Argumente (SB2): Die zu verwendenden Argumente werden genannt und auch die Implikationsstruktur konditional expliziert.

- *Herstellen logischer Beziehungen zwischen den logischen Elementen in den einzelnen Beweisschritten* (FB3): Indem die Felder eines einzelnen graphischen Argumentationsschritts ausgefüllt werden, werden die logischen Elemente nonverbal in einem Beweisschritt angeordnet. Oder in sprachlicher Darstellung: *Innerhalb eines Beweisschritts Nutzen von Sprachmitteln für die logischen Beziehungen* (SB3): Sprachlich können die logischen Beziehungen mit Sprachmitteln für logische Beziehungen (kausale/konsekutive Konjunktionen /Präpositionen) versprachlicht werden [A→S].

- *Sortieren und Herstellen von Beziehungen zwischen den Beweisschritten* (FB4): Sortieren der graphischen Argumentationsschritte und enaktives Herstellen von Beziehungen (insbesondere Recycling durch Übereinanderziehen der graphischen Argumentationsschritte) oder in sprachlicher Darstellung: *Nutzen von Sprachmitteln für die logischen Beziehungen zwischen den Beweisschritten* (SB4). Nennen der Argumente in einer bewussten Reihenfolge (nur Sortieren der Schritte) oder auch sprachlich Beweisschritte miteinander verbinden, wie zum Beispiel durch Verbalisierung des Recyclings [S3→V4].

- *Lineares Darstellen des Beweises als Ganzes* (FB5): Sortierte, ausgefüllte graphische Argumentationsschritte oder als sprachliche Darstellung als *Lineares Versprachlichen des Beweises mit Sprachmitteln für die Facetten logischer Strukturen und zur Herstellung von Textkohärenz* (SB5); insbesondere durch Schreiben eines Beweistextes mit Explikation der logischen Elemente in logischer Reihenfolge und Verwendung der gegenstandsspezifischen Sprachmittel (auch mündlich möglich, rein theoretisch).

- *Vollziehen des Statuswechsels des zu beweisenden mathematischen Satzes zum neuen Argument* (FB6): Schreiben auf den neuen leeren Argumenten oder in sprachlicher Darstellung: *Nennen als neues Argument und Verdichten zum Namen des neuen Satzes* (SB6): Sprachlich mathematischen Satz als neues Argument [nA] markieren („den Satz haben wir hergeleitet") und neuem Argument einen Namen geben.

5.5   Zusammenfassung und Ausblick

In diesem Kapitel wurde die Passung der Fachdidaktischen Entwicklungsforschung im FUNKEN-Zyklus als methodologischer Forschungsrahmen zu den Anforderungen des gewählten Lerngegenstandes und den Forschungslücken begründet und das Untersuchungsdesign vorgestellt. Im Hinblick auf den Lerngegenstand „Logische Strukturen beim Beweisen und ihre Verbalisierung" und die Forschungsinteressen lassen sich folgende Forschungsfragen ableiten:

(F1) Welche Unterstützung brauchen Lernende, um zu lernen, logische Strukturen in Beweisaufgaben zu bewältigen und zu verbalisieren? (*Unterstützungsbedarfe*)

(F2) Wie nutzen Lernende die eingeführten Unterstützungsformate, um logische Strukturen in Beweisaufgaben zu bewältigen und zu verbalisieren? (*Bearbeitungsprozesse*)

(F3) Wie lernen die Lernenden, logische Strukturen in Beweisaufgaben mit den Unterstützungsformaten zu bewältigen und zu verbalisieren? (*Lernwege*)

Forschungsfrage F1 wird in Abschnitt 7.1 bearbeitet, indem auf Grundlage des Zyklus 1 und 2 Lern- und Unterstützungsbedarfe identifiziert werden. Auf die Forschungsfrage F2 wird in Abschnitt 7.2 eingegangen, in dem die Prozesse bei der Bearbeitung der Beweisaufgaben mit den graphischen und sprachlichen Unterstützungsformaten analysiert werden. Forschungsfrage F3 ist leitend für die Analysen der Lernprozesse in Kapitel 8. Das konkrete Analysevorgehen zur Beantwortung der jeweiligen Forschungsfragen ist jeweils in den Kapiteln 7 bzw. 8 beschrieben.

Design des Lehr-Lern-Arrangements

6

Das Kapitel beschreibt das Entwicklungsprodukt dieser Arbeit, das Lehr-Lern-Arrangement „Mathematisch Begründen" für die Jahrgänge 8 bis 12, das im Rahmen des fachdidaktischen Entwicklungsforschungsprojekts MuM-Beweisen entstanden ist. Das Lehr-Lern-Arrangement ist auf der SiMa-Plattform (Sprachbildung im Mathematikunterricht) als Open Educational Ressource verfügbar (Hein und Prediger 2021, http://sima.dzlm.de/um/8-001). Das Lehr-Lern-Arrangement heißt „Mathematisch Begründen", um den Lernenden transparent zu machen, dass Begründungen im Fokus stehen und nicht der mathematische Inhalt.

Die Entwicklung des Lehr-Lern-Arrangements erfolgte auf Grundlage des spezifizierten und strukturierten Lerngegenstandes (Kapitel 1, 2 und 3) sowie der empirisch spezifizierten Anforderungen an das Lehr-Lern-Arrangement (siehe Abschnitt 7.1). Hierbei wurde der Lerngegenstand selbst erst durch die Designexperimente sukzessive weiter spezifiziert und strukturiert. Die Designentscheidungen waren geleitet von den Designprinzipien (siehe Abschnitt 4.2), auf deren Grundlage sie konkret in Designelementen realisiert wurden. Gleichzeitig sind die theorie- und empiriegeleiteten Designentscheidungen auch ein kreativer Akt, der die Lücke zwischen Theorie und Design zu überbrücken sucht (diSessa und Cobb 2004).

In dem Lehr-Lern-Arrangement werden logische Strukturen des Beweisens und ihre Versprachlichung thematisiert mithilfe der Designprinzipien 1 *Explikation der Facetten logischer Strukturen*, 2 *Interaktive Anregung strukturbezogener Beweistätigkeiten* und 3 *Scaffolding der strukturbezogenen Beweistätigkeiten*. Der fachliche sowie sprachliche Lerngegenstand sind gemäß einer funktionalen Betrachtungsweise der Sprache für das Fach Mathematik eng miteinander vernetzt (Barwell 2005) (siehe Abschnitt 2.1.3).

© Der/die Autor(en), exklusiv lizenziert durch Springer Fachmedien Wiesbaden GmbH, ein Teil von Springer Nature 2021
K. Hein, *Logische Strukturen beim Beweisen und ihre Verbalisierung*, Dortmunder Beiträge zur Entwicklung und Erforschung des Mathematikunterrichts 46, https://doi.org/10.1007/978-3-658-35028-4_6

Nachfolgend werden zunächst getrennt voneinander der Inhaltsbereich der Winkelsätze (Abschnitt 6.1) sowie die graphischen und sprachlichen Designelemente des Lehr-Lern-Arrangements dargestellt (Abschnitt 6.2 und 6.3). Anschließend wird erläutert, wie diese Designelemente miteinander vernetzt sind und sukzessive gemeinsam aufgebaut werden (Abschnitt 6.4). Abschließend werden zentrale Aspekte des Lehr-Lern-Arrangements zusammengefasst (Abschnitt 6.5).

6.1 Winkelsätze als lokal-deduktiver Inhaltsbereich

6.1.1 Begründung der Wahl der Winkelsätze als mathematischer Inhalt

In dem entwickelten Lehr-Lern-Arrangement „Mathematisch Begründen" wird der Lerngegenstand mit dem Inhaltsbereich „Winkelsätze" adressiert. Auch wenn in der vorliegenden Arbeit der mathematische Inhalt nicht im Vordergrund steht, müssen die logischen Strukturen an einen mathematischen Inhalt thematisiert werden (Douek 1999). Da die Fähigkeiten und Wahrnehmungen der Lernenden nicht unabhängig vom Inhalt sind (Pedemonte 2007), muss dieser sorgfältig gewählt werden. Für die Winkelsätze sprechen folgende Gründe:

Die Einführung des Beweisens erfolgt klassisch in der Euklidischen Geometrie (Bartolini-Bussi et al. 2007; de Villiers 1986), auch wenn hier meistens intuitives Schließen erlaubt ist (Hemmi 2006). Die Euklidische Geometrie geht zurück auf Euklid (ca. 365–300 v Chr.), der in „Die Elemente" (1969) das damalige mathematische Wissen strukturiert in Axiomen, Postulaten und Sätzen erfasste. Bei der Betrachtung der Euklidischen Geometrie im Mathematikunterricht werden zumeist intuitiv evidente Sätze bewiesen (z. B. Mariotti 2000) und erst langfristig ein deduktives Schließen angestrebt, dass die logischen Strukturen berücksichtigt. Trotz der Problematik der Offensichtlichkeit gibt es zahlreiche Gründe, die Euklidische Geometrie für die Einführung in Beweise und Beweisen zu nutzen.

Als mathematischer, lokal geordneter Inhaltsbereich käme auch die elementare Zahlentheorie mit Aussagen über Teilbarkeit und die Arithmetik angefangen mit den Peano-Axiomen in Frage, die jedoch für den Anfang sehr viele Herausforderungen aufweisen, keine Anschlussfähigkeit im Schulcurriculum haben und auf Lernende trocken wirken könnten (Wu 1996). Als außermathematischen Grund für die Euklidische Geometrie führt Wu (1996) an, dass Zeichnungen helfen, sich den mathematischen Inhalt vorzustellen. Aus den genannten Gründen wurde im Lehr-Lern-Arrangement die Euklidische Geometrie als Inhaltsbereich gewählt.

Die *Winkelsätze* als Teil der Euklidischen Geometrie eignet sich aus vielfältigen Gründen für einen ersten Zugang zum Beweisen:

- Die Winkelsätze sind nicht nur lokal geordnet, sondern stehen auch relativ am Anfang des Curriculums. In Nordrhein-Westfalen finden sich die Winkelsätze im Kernlehrplan für die 8. Klasse (Ministerium für Schule und Weiterbildung des Landes NRW 2007).
- Die Winkelsätze sind semantisch evident, d. h. die mathematische Bedeutung der Winkelsätze ist relativ einfach zu erkennen, so dass im Sinne von Weber (2002) das Ergebnis irrelevant ist und die Aufmerksamkeit der Lernenden sich auf die logischen Strukturen konzentrieren kann.
- Das Beweisen mit Winkelsätzen erfüllt Webers Anforderungen an das Unterrichten logischer Strukturen: 1.) akzeptierte Hypothesen, 2.) irrelevante Resultate, 3.) Strenge, 4.) Fokus auf Generelles mit 5.) Blick auf den Hintergrund der mathematischen Begründung, während mit etablierten mathematischen Sätzen andere nicht in Frage gestellte mathematische Sätze mit Fokus auf das Vorgehen hergeleitet werden (Weber 2002, S. 16). An dieser Stelle wird bewusst die Gefahr einer sehr künstlichen Situation eingegangen, wenn eventuell die Winkelsätze schon bekannt sind, jedoch nicht genutzt werden dürfen.

Die Winkelsätze haben jedoch auch Nachteile: Das intuitive geometrische Wissen kann auch ein Hindernis sein, einen Beweis in seiner logischen Struktur zu verstehen (Fischbein 1982). Eine empirische Betrachtung der Winkel und der zugehörigen Zeichnungen können den Übergang auch erschweren (Chazan 1993; Fujita et al. 2018). Die Offensichtlichkeit der Winkelsätze kann auch zu motivationalen Problem führen, weil der Grund für die Beweistätigkeiten nicht mehr ersichtlich ist. Offene Probleme würden vielleicht mehr Explikationen hervorrufen, wenn mehr begründungsbedürftig erscheint (Miyazaki et al. 2015). Allerdings führen auch nicht sofort ersichtliche mathematische Aussagen nicht zwangsläufig bei Lernenden zu einem Beweisbedürfnis (Winter 1983).

Zusammenfassend wurden Winkelsätze aufgrund ihrer lokal-deduktiven Ordnung, der frühen Verankerung im Curriculum und der inhaltlichen Entlastung durch Vertrautheit mit den Sätzen als Inhaltsbereich gewählt.

6.1.2 Beweisaufgaben mit Winkelsätzen als Inhaltsbereich

Bei der Nutzung einer gegebenen Argumentationsbasis bei den Winkelsätzen sind unterschiedliche Ausgangsbasen möglich und auch unterschiedliche Grade der inhaltlichen Explikation (Griesel 1963). Für das entwickelte Lehr-Lern-Arrangement wurde die lokale Ordnung im Einklang mit der Axiomatik gewählt und durch die Stufung im Material vorgegeben. So werden Scheitelwinkelsatz, Wechselwinkelsatz und Satz über die Innenwinkelsumme im Dreieck nacheinander hergeleitet. Diese Reihenfolge folgt beispielsweise dem Aufbau von Winkelsätzen bei Bernhard (1996, S. 43 f.) und Jahnke (2009), der den Innenwinkelsummensatz hypothetisch-deduktiv ausgehend von dem Geradenkreuz herleiten ließ. Alternative lokale Ordnungen bei Winkelsätzen sind beispielsweise bei Griesel (1963) beschrieben (zur sprachlichen Formulierung der mathematischen Sätze siehe Sprachangebote in Abschnitt 6.3.1).

Hergeleitet werden die Sätze mit zur Verfügung gestellten Argumenten, drei Axiomen und einem Satz (vgl. Abb. 6.1): Nebenwinkelaxiom (für die Lernenden Nebenwinkelargument), Winkeladditionsaxiom (für die Lernenden Winkel-Rechen-Argument), Transitivitätsaxiom (für die Lernenden Gleichheitsargument) und Stufenwinkelsatz (für die Lernenden Stufenwinkelargument), der auf dem Parallelenaxiom basiert. Die für die Schule eher ungewöhnlichen Argumente werden gegeben, um ein kleinschrittiges Vorgehen und die Reflexion der logischen Strukturen anzuregen. Damit werden in dem Lehr-Lern-Arrangement (unter sima. dzlm.de/um/8–001) drei Beweise geführt:

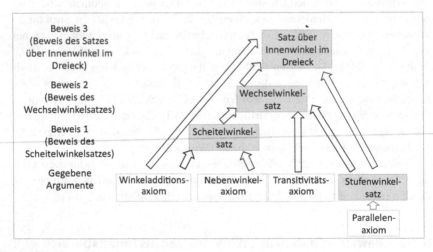

Abbildung 6.1 Lokal-deduktiv geordneter Aufbau der Beweisaufgaben 1–3 im Lehr-Lern-Arrangement

- *Schritte hin zum Beweis des Scheitelwinkelsatzes (Beweis 1):* Zum Einstieg ist das Geradenkreuz die geometrische Konstellation in den Begründungen A und B bis zur Begründung C, dabei enthalten Begründung A und B die gleichen Konstellationen mit Bestimmungsaufgaben für Winkel mit konkreten Maßen. Das Winkeladditionsaxiom und der Nebenwinkelsatz werden hier nach einer ersten intuitiven Begründung als mögliches Argument für die Berechnung eines konkreten Nebenwinkels (Begründung A), eines konkreten Scheitelwinkels (Begründung B) und der Herleitung des Scheitelwinkelsatzes (Begründung C) den Lernenden zur Verfügung gestellt.

- *Schritte hin zum Beweis des Wechselwinkelsatzes (Beweis 2):* Geschnittene Parallelen sind die geometrische Konstellation in den Begründungen D und E. Zur konkreten Berechnung eines Wechselwinkels (Begründung D) wird der Stufenwinkelsatz zur Verfügung gestellt. Für die Herleitung des Wechselwinkelsatzes (Begründung E) wird das Transitivitätsaxiom den Lernenden als Argument gegeben.

- *Schritte hin zum Beweis des Innenwinkelsummensatzes im Dreieck (Beweis 3):* Das Dreieck mit einer Hilfslinie ist die geometrische Konstellation in den Begründungen F und G. Bei der konkreten Berechnung von Innenwinkeln eines Dreiecks (Begründung F) können die Lernenden den Wechselwinkelsatz aus der vorherigen Aufgabe nutzen. In der Begründung G wird der Innenwinkelsummensatz (im Dreieck), der eine große Bedeutung für viele weitere geometrische Sätze hat, deduktiv mithilfe der vorherigen Sätze hergeleitet. Zusätzlich steht in der finalen Version des Lehr-Lern-Arrangements noch der Satz über den gestreckten Winkel zur Verfügung, der anstelle des Nebenwinkelaxioms genutzt werden kann. Damit wird der Nebenwinkelsatz als die 180° eines gestreckten Winkels formuliert und damit das Hindernis genommen, dass die Nebenwinkel nicht nur entsprechend der anfänglichen Nutzung paarweise auftreten, sondern hier drei Winkel an einer Geraden nebeneinanderliegen.

Vor den Beweisaufgaben kommen jeweils Aufgaben mit konkreten Werten. Hanna und Jahnke (1993) betonen aus epistemologischer Perspektive, dass durch die Anwendungsmöglichkeiten mathematischer Sätze die Lernenden deren Bedeutsamkeit besser erkennen können. Dafür müssen sie sowohl einzelne Anwendungsfälle kennenlernen als auch im inhaltlichen Anwendungsbereich Erfahrungen machen (Hanna und Jahnke 1993). Daher werden nach einer Einstiegsaufgabe, bei der die Lernenden frei begründen können, mathematische Sätze in den konkreten Aufgaben zunächst angewendet, jedoch immer gerade noch nicht der Satz, den man gebrauchen könnte. Auf diese Weise soll der Sinn des mathematischen Satzes betont werden, der in der folgenden Aufgabe jeweils hergeleitet wird. Zusätzlich entlastet die konkrete Aufgabe den folgenden Beweis, der hier im Fokus des Lernens steht, von inhaltlichen Überlegungen, auch wenn die Winkelsätze relativ intuitiv sind.

Die konkreten Aufgaben unterscheiden sich von Aufgaben mit den allgemeingültigen Herleitungen hinsichtlich ihrer Allgemeingültigkeit und teilweise in den dafür notwendigen Argumenten.

Ein mathematischer Satz wird in einer Aufgabe hergeleitet und kann bei der nächsten Aufgabe als neues Argument genutzt werden, so dass hier die wechselnde Funktion mathematischer Sätze deutlich wird. So kann ein Satz erst als zu beweisender Satz, dann Argument und schließlich als Stütze auftreten. So ist der Scheitelwinkelsatz erst zu beweisen, dann Argument beim Wechselwinkelsatz und beim Innenwinkelsummensatz mit dem logischen Status als Stütze. Als Argumente werden mathematische Sätze und Axiome vorgegeben und die hergeleiteten Sätze in den späteren Aufgaben genutzt, so dass die Argumente sukzessive zunehmen.

In Bezug auf das Beweisschema (Heinze und Reiss 2003), welche Art der Argumente und Arten der Schlüsse also erlaubt sind, ist hier insbesondere wichtig, dass in dem Lehr-Lern-Arrangement nur Argumente genutzt werden, die im sogenannten Werkzeugkasten gegeben oder selbst hergeleitet werden. Die Argumente liegen graphisch (siehe Abschnitt 6.2.2) und sprachlich (siehe Abschnitt 6.3.1) vor.

Winkelsätze als Implikationen: Obwohl nicht alle Winkelsätze Implikationen sind (einige wie der Stufenwinkelsatz sind sogar Äquivalenzen), werden sie hier in den gegebenen Sätzen im vorliegenden Lehr-Lern-Arrangement als Implikationen formuliert in der Richtung, die für die Herleitungen notwendig sind (wie bei Albano et al. 2019). Es ist eine zusätzliche, hier nicht behandelte Herausforderung für Lernende, den Unterschied zwischen Implikationen und Äquivalenzen zu verstehen (Hoyles und Küchemann 2002; Weber und Alcock 2004).

Zeichnungen der geometrischen Konstruktionen: Eine Zeichnung für die geometrischen Konstruktionen gibt es sowohl in der Aufgabenstellung (siehe Abb. 6.2) als auch auf den gegebenen graphischen Argumenten (siehe Abschnitt 6.2.2). Wenn der zu zeigende Satz direkt genannt wird, wird dies wertgeschätzt und darauf verwiesen, dass dieser Satz genau gezeigt werden soll, aber strenger. Damit wird an den intuitiven Zugang angeknüpft und auf ein deduktives Vorgehen hingearbeitet. Gleichzeitig können die Zeichnungen auch ein Hindernis sein, da Zeichnungen auch eine empirische Interpretation wie beim intuitiven Schließen nahelegen (Fischbein 1982).

Beweisaufgaben

In Abb. 6.2 sind die inhaltlichen Aufgabenstellungen und Zeichnungen für die Beweisaufgaben abgebildet.

Beweisaufgabe 1: Beweis des Scheitelwinkelsatzes
Begründet folgenden allgemeinen mathematischen Satz,
der **Scheitelwinkelsatz** genannt wird:

Wenn sich zwei Winkel α und β am Geradenkreuz
gegenüberliegen, **dann** sind die Winkel gleich groß.

Beweisaufgabe 2: Beweis des Wechselwinkelsatzes
Begründet folgenden allgemeinen mathematischen Satz,
der **Wechselwinkelsatz** genannt wird:

Satz: Die diagonal gegenüberliegenden
Winkel γ und α an den parallelen Geraden g
und h sind immer gleich groß.

Beweisaufgabe 3: Beweis des Innenwinkelsummensatzes im Dreieck
Begründet folgenden mathematischen Satz,
der **Innenwinkelsummensatz** genannt wird:

Satz: In jedem Dreieck ABD sind die Winkel
α, β und γ zusammen 180° groß.

(Die Gerade k durch B ist parallel zur Seite AC.)

Abbildung 6.2   Abbildung der Beweisaufgaben 1–3

Entsprechend der zusätzlichen Sprachaufgaben (siehe Abschnitt 6.3.2) wurden die Beweisaufgaben zunächst in Partnerarbeit, also in der sozialen Interaktion, bearbeitet. Durch die Sprachaufgaben und die inhaltlichen Aufgaben (siehe Abbildung 6.2) werden damit durch die sprachlichen strukturbezogenen Aufgaben auch die fachlichen strukturbezogenen Beweistätigkeiten eingefordert. Damit entsprechen die Beweisaufgaben dem fachlichen Teil des Designprinzips 2 *Interaktive Anregung strukturbezogener Beweistätigkeiten* (Abschnitt 4.2.2).

6.2   Graphische Designelemente

Gemäß der Designprinzipien 1 *Explikation logischer Strukturen* und 3 *Scaffolding der strukturbezogenen Beweistätigkeiten* sind die logischen Strukturen des Beweisens in diesem Lehr-Lern-Arrangement in den folgenden Designelementen graphisch umgesetzt (Tabelle 6.1).

Die graphischen Darstellungen für die Argumente werden als Argument bezeichnet und die Beweisschritte als Argumentationsschritte. Diese Verwendung der Bezeichnung Argumente knüpft an die Argumentationen im Deutschunterricht an, in welchem im Rahmen des Textgenres Problemerörterung im Kompetenzbereich Schreiben Argumente und Gegenargumente für Thesen gesucht werden müssen (KMK 2004b, S. 12). Die graphischen Argumente und Argumentationsschritte sind auf Papier ausgeschnitten, um die Facetten logischer Strukturen explizit zu machen und damit auch enaktiv sortierbar während der strukturbezogenen Beweistätigkeiten (vgl. Beispiel in Abb. 6.3).

Tabelle 6.1 Graphische Darstellungen und Entsprechungen zum fachlichen Lerngegenstand

Graphische Darstellung (mit didaktischer Bezeichnung)	Facette logischer Strukturen
Graphische Argumentationsschritte	Beweisschritt
Graphische Argumente • gegebene Argumente-Karte • leere Argumente-Karte	Argument • verfügbare Argumente • für zukünftige Argumente

6.2.1   Graphische Argumentationsschritte als Unterstützungsformat

Die Grundlage für die graphischen Argumentationsschritte war das adaptierte verkürzte Modell von Toulmin (1958) (siehe Abschnitt 1.2.1), um die logischen Elemente für die Lernenden zu explizieren (Tsujiyama 2011) wie z. B. in dem Unterrichtsdesign von Moutsios-Rentzos & Micha (2018) (Abb. 6.4).

Für den Übergang vom intuitiven zum deduktiven Schließen ist besonders relevant, dass wahrgenommen wird, dass die Argumente wie Werkzeuge benutzt werden können und die gegebenen Voraussetzungen mit den Voraussetzungen in dem Argument übereinstimmen. Dabei kommt es also vor allem auf die logische Beziehung zwischen der vorliegenden Voraussetzung und der Voraussetzung in dem Argument an (Duval 1991; Tsujiyama 2011) (siehe genauer Abschnitt 1.2).

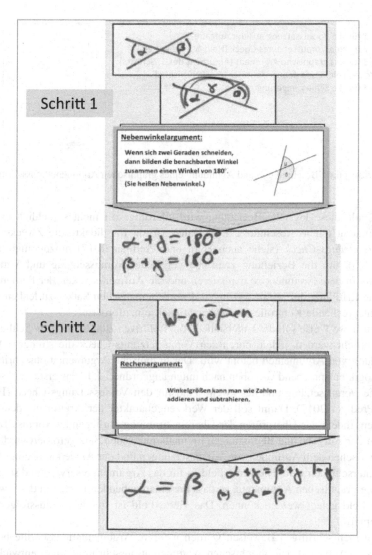

Abbildung 6.3 Alena und Jannis ausgefüllte Argumentationsschritte beim Beweis des Scheitelwinkelsatzes mit Sprachmitteln der Argumente im 3. Zyklus

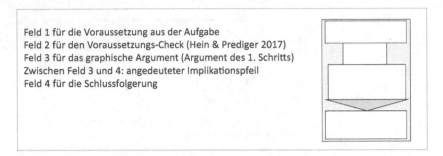

Feld 1 für die Voraussetzung aus der Aufgabe
Feld 2 für den Voraussetzungs-Check (Hein & Prediger 2017)
Feld 3 für das graphische Argument (Argument des 1. Schritts)
Zwischen Feld 3 und 4: angedeuteter Implikationspfeil
Feld 4 für die Schlussfolgerung

Abbildung 6.4 Beschreibung und Abbildung eines graphischen Argumentationsschritts

Gerade diese logische Beziehung wird allerdings oft nicht sprachlich explizit gemacht (siehe Abschnitt 2.3.1). Daher wurde für didaktische Zwecke der *Voraussetzungs-Check* (siehe auch Hein und Prediger 2017) hinzugefügt (vgl. Abb. 6.5), um die Beziehung zwischen gegebener Voraussetzung und Voraussetzung in dem Argument zu explizieren und die Aufmerksamkeit der Lernenden auf die Erfüllung der Voraussetzungen des mathematischen Satzes zu lenken und die entsprechende Kontrolle als Beweistätigkeit einzufordern.

Auf diese Weise soll der Unterschied vom intuitiven zum deduktiven Schließen verdeutlicht werden, indem durch den Voraussetzungs-Check die strengere Verwendung von Argumenten betont wird. Der graphische Argumentationsschritt ist der Logik entsprechend von oben nach unten angeordnet, d. h. das erste Feld steht für die Voraussetzung und das zweite Feld für den Voraussetzungs-Check (Hein und Prediger 2017). Damit soll der Werkzeugcharakter der Argumente deutlich werden, indem das Überprüfen der Übereinstimmung vorliegender Voraussetzungen in der Aufgabe und Bedingungen im mathematischen Satz gefordert wird und klar zwischen dem Auffinden von Voraussetzungen und der Anwendung eines Satzes unterschieden wird. Das dritte Feld ist für das Argument reserviert und so groß wie die graphischen Argumente, so dass die entsprechenden Karten in das jeweils dritte Feld gelegt werden können. Das vierte Feld ist für die Schlussfolgerung konzipiert.

Bei mehrschrittigen Beweisen werden mehrere Argumentationsschritte benötigt (vgl. Abb. 6.6). Die graphischen Argumentationsschritte sind so entwickelt, dass das letzte Feld eines Argumentationsschrittes durch Legen über das erste Feld des nächsten Schrittes direkt als neue Voraussetzung genutzt werden kann wie bei der Wiederaufnahme der Schlussfolgerung des vorherigen Schritts als Recycling

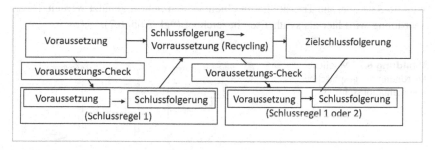

Abbildung 6.5 Didaktisch adaptiertes Modell von Toulmin (1958)

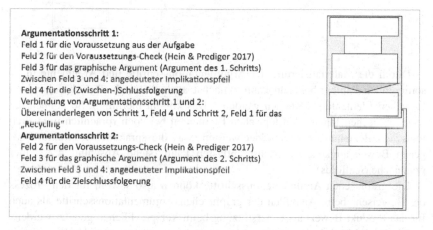

Abbildung 6.6 Beschreibung und Abbildung von zwei graphischen Argumentationsschritten

wie bei Duval (1991, 1995). Das letzte Feld des letzten Argumentationsschritts ist für die Zielschlussfolgerung (Knipping und Reid 2015).

Die Verknüpfung hintereinander nennt Aberdein (2006, S. 7) sequenziell, als eine von vier möglichen Arten, zwei Argumentationsschritte zu verknüpfen. Die graphischen Argumentationsschritte können auch zunächst parallel genutzt werden wie beim Beweis des Wechselwinkelsatzes, bei der zunächst mit dem Scheitelwinkelsatz und dem Stufenwinkelsatz die Gleichheit von je zwei Winkelpaaren geschlossen wird, und dann die beiden Schlussfolgerungen als Synthese mit dem Satz über die Transitivität in einem dritten Schritt genutzt werden. Diese Anordnung wird hier als synthetisch bezeichnet (vgl. Abb. 6.7).

Abbildung 6.7 Mögliche Anordnung der graphischen Argumentationsschritte

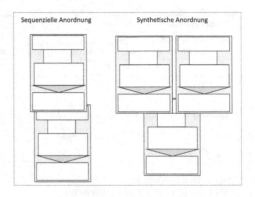

Durch die Materialisierung der Argumentationsschritte und Argumente in zu sortierenden Papierschnipseln kann zunächst auch deiktisch über die einzelnen logischen Elemente gesprochen werden („Das kommt hierhin."). So können die mathematischen Inhalte den logischen Elementen bei noch sprachlich impliziten logischen Beziehungen zugeordnet werden, was die sprachlichen strukturbezogenen Beweistätigkeiten zunächst entlasten kann (siehe Abschnitt 4.2.3, hier graphische Scaffolds).

Die graphischen Argumentationsschritte können also sowohl für den Prozess des Beweisens beim Ausfüllen der graphischen Argumentationsschritte als auch für das Produkt Beweis als Unterstützung beim Versprachlichen genutzt werden.

Die Funktionen der graphischen Argumentationsschritte sind also:

- Graphische Explikation der logischen Elemente
- Anregung der Explikation logischer Elemente und Unterstützung beim Umgang mit logischen Elementen
- Zuordnung des logischen Status zu den mathematischen Inhalten ohne explizite Sprache
- Unterstützung der nachträglichen Versprachlichung

Die logischen Funktionen der einzelnen Felder zur Darstellung der logischen Elemente gehen aus ihrer Anordnung, dem Pfeil und der Zuordnung des Arguments zum dritten Feld hervor. Das Feld für die Zielschlussfolgerung sollte direkt am Anfang ausgefüllt werden, um einen Zirkelschluss zu vermeiden, indem die Schlussfolgerung im zu beweisenden Satz direkt von den Voraussetzungen getrennt wird. Nur die Reihenfolge mehrerer Beweisschritte (Beweisschrittkette) kann nachträglich geändert werden, vorausgesetzt die einzelnen Schritte hängen nicht voneinander ab wie Beweis 3 des Wechselwinkelsatzes, bei dem Scheitelwinkel- und Stufenwinkelsatz parallel genutzt werden können. Nachträglich können dann die ausgefüllten graphischen Argumentationsschritte linear versprachlicht werden (siehe Abschnitt 6.3.2). Die logische Reihenfolge – und nicht zeitliche Reihenfolge – soll helfen, die spätere Versprachlichung zu unterstützen. Die logischen Beziehungen werden genauer in den Sprachangeboten expliziert (siehe Abschnitt 6.3.1).

6.2.2   Graphische Argumente als Unterstützungsformat

Im Lehr-Lern-Arrangement gibt es graphische Argumente sowohl mit vorgegebenen mathematischen Sätzen bzw. Axiomen als auch leere Argumente für neue mathematische Sätze durch die Argumente-Karten (vgl. Abb. 6.8). Die soziomathematische Norm (Yackel und Cobb 1996), jeden Schritt mit einem graphischen Argument zu begründen und das Schreiben hergeleiteter mathematischer Sätze auf einem leeren graphischen Argument wird im Laufe des Lehr-Lern-Arrangements etabliert.

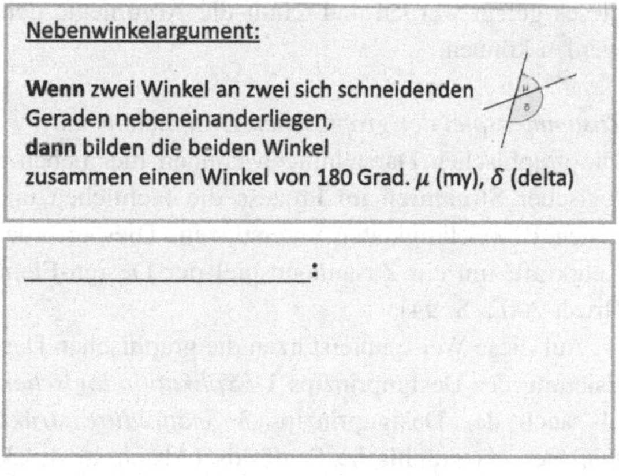

Abbildung 6.8 Abbildung einer gegebenen und einer leeren graphischen Argumente-Karte

Gegebene graphische Argumente
Auf den graphischen Argumente-Karten mit den gegebenen mathematischen Sätzen werden vorgegebene mathematische Sätze bereitgestellt. Die sprachliche Gestaltung mit einer Wenn-Dann-Formulierung der gegebenen Sätze ist im Sprachangebot beschrieben (siehe Abschnitt 6.3.1).
Graphische Funktionen der gegebenen Argumente:

• Graphische Explikation der verfügbaren Argumente („Werkzeugkasten")
• Graphisches Scaffold bei den strukturbezogenen Beweistätigkeiten

Leere graphische Argumente
Auf den leeren Argumente-Karten sollen die Lernenden die neuen, mathematischen Sätze verschriftlichen, die sie in Beweisaufgaben 1–3 herleiten.
Die leeren Argumente-Karten haben folgende Funktionen:

• Einfordern der eigenen Versprachlichung (siehe Abschnitt 6.3.2)
• Einfordern der inhaltlichen Verdichtung des Beweises
• Graphische Explikation des Statuswechsels zum neuen Argument
• Graphisches Scaffold bei den strukturbezogenen Beweistätigkeiten

Gegebene und leere graphische Argumente haben die gleiche Größe wie das entsprechende Feld auf dem graphischen Argumentationsschritt, so dass sie auf dieses gelegt werden und damit die Argumente den Beweisschritten zugeordnet werden können.

Zusammenspiel der graphischen Designelemente
Die graphischen Darstellungen können hier neben der Explikation der Facetten logischer Strukturen im Prozess die fachlichen und sprachlichen strukturbezogenen Beweistätigkeiten unterstützen. Dies erfordert eine Mediation durch die Lehrkraft, um ein Zusammenspiel der Design-Elemente herzustellen (Saye und Brush 2002, S. 94).
Auf diese Weise unterstützen die graphischen Designelemente sowohl die Realisierung des Designprinzips 1 *Explikation logischer Strukturen* (Abschnitt 4.2.1) als auch des Designprinzips 3 *Scaffolding strukturbezogener Beweistätigkeiten*, hier als graphische Scaffolds (Abschnitt 4.2.3). Die Versprachlichung mit Hilfe der graphischen Designelemente wird bei den folgenden sprachlichen Designelementen beschrieben (siehe Abschnitt 6.3).

6.3   Sprachliche Designelemente

Für das Erlernen der Verbalisierungen der logischen Strukturen des Beweisens ist das Wahrnehmen der Sprachmittel (siehe Abschnitt 6.3.1) und deren eigene Produktion notwendig (siehe Abschnitt 6.3.1), gegebenenfalls mit Unterstützung (siehe Abschnitt 4.2).

6.3.1   Sprachangebote als Unterstützungsformate

Die Sprachangebote im Lehr-Lern-Arrangement bauen auf die theoretisch und empirisch spezifizierten Sprachmittel auf (siehe Abschnitt 2.3.1) und dienen als sprachliches Unterstützungsformat. Zur Wahrnehmung der Facetten logischer Strukturen sollen zunächst die logischen Strukturen, die zumeist sprachlich verdichtet werden, sprachlich wahrnehmbar gemacht werden. Die Sprachangebote sind damit sowohl zur sprachlichen Explikation der logischen Strukturen durch grammatikalisch kohärente Sprachmittel (siehe Abschnitt 2.1.3) als auch im Sinne des Macro-Scaffoldings nach Gibbons (2002) als geplante Sprachhandlungen bzw. Sprache im Material gedacht. Zunächst war die Identifikation der fachlich relevanten sprachlichen Anforderungen erforderlich (Bailey 2007; Clarkson 2004), was hier empirisch mithilfe der Designexperimente erfolgte (Prediger und Hein 2017). Dabei wurden zumeist Begriffe aus dem Sprachregister der Alltags- und Bildungssprache identifiziert, die im Kontext des Beweisens spezifischere Bedeutungen einnehmen, die vor allem durch ihre Verwendung deutlich werden muss (siehe Abschnitt 2.2).

Sprachliche Formulierung der mathematischen Sätze und Axiome
Das Verstehen mathematischer Sätze bzw. Axiome und ihrer Implikationsstruktur ist eine große Herausforderung für viele Lernende (siehe Abschnitt 2.3.1). Zur sprachlichen Unterstützung wurden entsprechend des *Prinzips der Formulierungsvariation* (Prediger 2020, S. 93) unterschiedliche sprachliche Formulierungen mit Konditionalsatz bzw. Satz mit Prädikativ genutzt (siehe Tabelle 6.2).

Die gegebenen Argumente zu dem ersten zu beweisenden Satz (Scheitelwinkelsatz) wurden als Konditionalsatz mit der Lexik „Wenn…, dann…" formuliert, um Verständnis der Implikationsstruktur zu unterstützen.

Tabelle 6.2 Sprachmittel der mathematischen Sätze und Axiome

Sätze und Axiome	Lexik und Grammatik
Nebenwinkelaxiom	Wenn zwei Winkel an sich schneidenden Geraden nebeneinanderliegen, dann bilden die benachbarten Winkel zusammen einen Winkel von 180 Grad. (Konditionalsatz) (Name für die Lernenden: Nebenwinkelargument)
Winkeladditionsaxiom	Wenn zwei Winkel α und β sich nicht überschneiden, dann hat der zusammengesetzte Winkel die Größe $\alpha + \beta$, d. h. man kann die Winkel addieren und subtrahieren. (Konditionalsatz) (Name für die Lernenden: Winkel-Rechen-Argument)
Stufenwinkelsatz	Wenn zwei parallele Geraden s und t von einer dritten Geraden geschnitten werden, dann sind die Stufenwinkel δ und μ gleich groß. (hier als Implikation formuliert im Konditionalsatz) (Name für die Lernenden: Stufenwinkelargument)
Transitivitätsaxiom	Wenn für die Winkelgrößen δ, μ und π Folgendes gilt: $\delta = \mu$ und $\mu = \pi$, dann ist auch $\delta = \pi$. (Konditionalsatz). (Name für die Lernenden: Gleichheitsargument)
Scheitelwinkelsatz (Beweis 1)	Wenn sich zwei Winkel α und β am Geradenkreuz gegenüberliegen, dann sind die Winkel gleich groß. (Konditionalsatz) (Die Winkel sind in der Zeichnung die Scheitelwinkel.)
Wechselwinkelsatz (Beweis 2)	Die Winkel γ und α an den parallelen Geraden g und h *sind immer gleich groß*. (Satz mit Prädikativ) (Die Winkel γ und α sind in der Zeichnung die Wechselwinkel.)
Satz über Innenwinkelsumme im Dreieck (Beweis 3)	In jedem Dreieck ABC sind die Winkel α, β und γ zusammen 180° groß. (Satz mit Prädikativ) (Die Winkel α, β und γ sind in der Zeichnung der Aufgabe die Innenwinkel des Dreiecks.)

In den zu zeigenden mathematischen Sätzen in der Aufgabenstellung sind die mathematischen Sätze ab dem Beweis 2 (Wechselwinkelsatz) grammatikalisch als *Satz mit Prädikativ* formuliert, die zunächst in eine Wenn-Dann-Formulierung umgeformt werden muss (siehe Abschnitt 2.3.1) (Hein 2020). Die sprachlichen Formulierungen wurden im Laufe der Designexperiment-Zyklen 2–5 immer wieder überabeitet, um möglichst präzise und gleichzeitig zugänglich zu sein.

Sprachvorbild bei der Einführung der graphischen Darstellungen
In der Interaktion der Lernenden und der Designexperiment-Leiterin werden bei der Bearbeitung der 1. Aufgabe (Berechnung eines konkreten Nebenwinkels) die

graphischen Designelemente eingeführt (siehe Abschnitt graphische Designelemente). Damit soll an den intuitiven Zugang bzw. das Vorwissen der Lernenden angeknüpft werden und der Übergang zum deduktiven Schließen erleichtert werden.

Bei der Einführung der graphischen Argumentationsschritte sollen die logischen Elemente sprachlich expliziert und den einzelnen Feldern zugeordnet werden. Die logischen Elemente sollten durch Verben in grammatikalisch kohärente Sprachmittel aufgefaltet werden (siehe Abschnitt 2.3.1 und unten Abbildung aus dem SiMa-Material).

Der Voraussetzungscheck (zweites Feld) kann bei der Bearbeitung der graphischen Argumentationsschritte durch die Lernenden eingeführt werden, wenn nur ein Teil der gegebenen Voraussetzungen relevant ist. Bei mehrschrittigen Beweisen kann das Recycling im Sinne Duvals (1991) von einer Schlussfolgerung zur neuen Voraussetzung eines folgenden Beweisschritts auch enaktiv geschehen. Dafür muss das letzten Feldes eines graphischen Argumentationsschritts (Schlussfolgerung) auf das erste Feld (Voraussetzung) eines folgenden Argumentationsschritts gezogen werden (siehe Abschnitt 1.2.1).

Die möglichen Argumente werden sprachlich und graphisch expliziert, die sonst im Alltag weder graphisch noch sprachlich expliziert werden. Damit wird die soziomathematische Norm für dieses Lehr-Lern Arrangement eingeführt, dass jede Schlussfolgerung mit einem vorliegenden Argument begründet werden muss. Die graphischen leere Argumente-Karten werden nach dem Beweis des Scheitelwinkelsatzes eingeführt. Dabei ist von Bedeutung, dass hier der Beweis auf einen mathematischen Satz verdichtet wird. Die Voraussetzung des Beweises fließt in die Bedingung des mathematischen Satzes ein und die Zielschlussfolgerung des Beweises in die Schlussfolgerung des mathematischen Satzes. Hier kann schon auf die anderen mathematischen Sätze verwiesen werden, die mit ihrer Wenn-Dann-Formulierung (siehe oben Tab. 6.2) als sprachliches Scaffold dienen können.

Im SiMa-Material für das Klassensetting (Hein und Prediger 2021) wird diese im Laborsetting mündliche Explikation der logischen Elemente parallel zur graphischen Explikation schriftlich realisiert (Abb. 6.9).

Sprachvorbild für das Genre eines Beweistextes
Die Versprachlichung eines Beweises soll beim ersten Beweis (Scheitelwinkelsatz) durch das Sprachvorbild der Designexperiment-Leiterin bzw. im Klassensetting durch ein Tafelbild vorgemacht werden. Für den verdichteten Lerngegenstand der logischen Strukturen fungiert das Sprachvorbild zunächst für die sprachliche

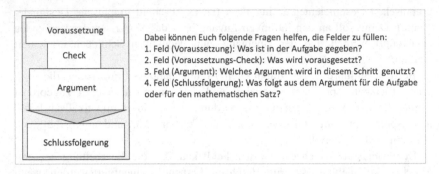

Abbildung 6.9 Darstellung der sprachlichen Explikation logischer Elemente im SiMa-Material

Explikation, die direkt mit der Darstellung der graphischen Argumentationsschritte und Argumente vernetzt ist.

Die mündliche Versprachlichung erfolgt konzeptuell schriftlich, indem alle mathematischen Inhalte der logischen Elemente genannt werden, mit denen die Lernenden die Felder auf den graphischen Argumentationsschritten ausgefüllt haben. Damit werden die Facetten logischer Strukturen mit grammatikalisch kohärenten Sprachmitteln für die logischen Beziehungen und der zuvor spezifizierten strukturbezogenen Meta-Sprachmittel versprachlicht (siehe Abschnitt 2.3.1). Damit soll primär die Strenge des Beweisens in der Textstruktur wahrnehmbar werden, wenn auch nicht formal symbolisch, sondern narrativ-deduktiv (siehe Abschnitt 2.1.1). Das Sprachvorbild kann nachträglich als sprachliches Scaffold bei den eigenen Versprachlichungen und damit als erster Vorbildtext genutzt werden. Der herausfordernde Übergang von der Alltagssprache und deren Nutzung zur mathematischen strengen Sprache soll hier auch durch die Graphiken unterstützt werden (Prediger et al. 2016).

Ein Schriftprodukt aus dem Designexperiment-Zyklus 2 diente als Vorlage für das Sprachvorbild des Beweistextes. Das Schriftprodukt entstand auf Grundlage der graphischen Argumentationsschritte, jedoch ohne gezielte sprachliche Unterstützung. Es handelt sich um den Beweistext zum Beweis des Wechselwinkelsatzes von Valentina und Jonas (siehe Abschnitt 5.3.2). Die folgende Analyse gibt einen ersten Einblick in die Sprachmittel, die bei der Verschriftlichung genutzt werden. Hierbei stehen den Lernenden auch die zuvor ausgefüllten graphischen Argumentationsschritte als Unterstützungsformate zur Verfügung. Die Bearbeitungsprozesse und Lernwege unter Rückgriff auf die graphischen Argumentationsschritte werden anhand anderer Lernendenpaare aus dem Zyklus 3 in

Eine Gerade wird von zwei
Geraden g und h geschnitten.
g und h sind parallel zueinander.
α ist Stufenwinkel zu α'
=> α = α' (Stufenwinkel-
argument) ∧
α' ist Scheitelwinkel zu γ,
d.h. α' ist gleich γ, da das   g∥h
Scheitelwinkelargument gilt.
Wir wissen, dass y gleich α' ist
und α gleich α' ist. Durch das
Gleichheitsargument lässt sich
schließen, dass y gleich α' und
somit gleich α ist.

Abbildung 6.10 Schriftprodukt von Valentina und Jonas

Abschnitt 7.2 und Kapitel 8 dargestellt. Abb. 6.10 zeigt das Schriftprodukt von
Valentina und Jonas.

Im Text sind die graphischen Argumentationsschritte (hier für die Anwendung
von Stufenwinkelargument, Scheitelwinkelargument und Gleichheitsargument) in
logischer Reihenfolge und fachlich korrekt verschriftlicht. Der Text ist relativ
ausführlich und konkret auf die Aufgabe bezogen. Es werden konsekutive Konjunktionen für die logische Beziehung von dem Argument zur Schlussfolgerung
genutzt (z. B. „dass y gleich α' ist und α gleich α'"). Schlussfolgerungen werden
aber auch symbolisch („ = >") eingeleitet. Teilweise werden strukturbezogene
Sprachmittel verwendet wie grammatikalisch kohärent (Verb) für das logische
Element der Voraussetzung („wir wissen"). Auch wenn hier schon viel mehr
logische Elemente und Beziehungen versprachlicht werden, sind die Sätze dabei
sprachlich relativ unverbunden.

Dieser erste empirische Einblick in die Verwendung von Sprachmitteln bei
der Verbalisierung mit Hilfe der graphischen Argumentationsschritte war die
Grundlage für das Sprachvorbild im Designexperiment-Zyklus 3. Es wurde dafür

aber noch weiter ausgebaut, um die Facetten logischer Strukturen deutlicher zu explizieren und dafür strukturbezogene Sprachmittel anzubieten.

In den Designexperiment-Zyklen 3 und 4 erfolgte das Sprachvorbild durch die mündliche Verbalisierung der Designexperiment-Leiterin. Dabei zeigt die Designexperiment-Leiterin jeweils auf die Stellen in den ausgefüllten graphischen Argumentationsschritten, um die Darstellungsvernetzung zu unterstützen. Im Designexperiment-Zyklus 5, der im Klassensetting durchgeführt wurde, wurde das Sprachvorbild mit Konjunktionen für die logischen Beziehungen und strukturbezogene Meta-Sprachmittel schriftlich in einem Lückentext und Tafelbild realisiert, ebenso im SiMa-Material (Hein und Prediger 2021). Abb. 6.11 zeigt das Tafelbild.

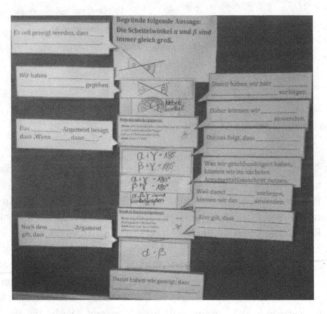

Abbildung 6.11   Tafelbild im Klassensetting

Die Nutzung des Lückentextes wird im Folgenden beschrieben. Im Designexperiment-Zyklus 5 wurde von den 20 Lernenden in der 8. Klasse jeweils ein Text über den Beweis des Wechselwinkelsatzes geschrieben. Im Lückentext mussten die mathematischen Inhalte aus den graphischen Argumentationsschritten in die Lücken gefüllt werden, und die Sprachmittel für die logischen Beziehungen waren vorgegeben, was auch beim späteren selbst geschriebenen Text genutzt werden konnte. Die graphische und sprachliche Darstellung der logischen Strukturen wurden nebeneinander dargestellt (Abb. 6.12), hier wie im Zyklus 3 auch beim Beweis 1, dem Beweis des Scheitelwinkelsatzes.

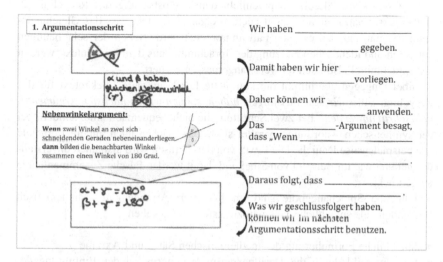

Abbildung 6.12 Ausschnitt des Lückentextes im Klassensetting

Zur Auswertung wurden 20 Schriftprodukte aus dem Klassensetting betrachtet, da 20 Lernende von den 23 Lernenden im letzten Designexperiment anwesend waren und den Beweistext geschrieben haben. Allerdings werden hier nur wenige Ausschnitte auf Grund einer kontrastiven Auswahl gezeigt, um exemplarisch einige Nutzungen zu zeigen. Tendenziell wurden die Textbausteine, also die komplette Lexik, aus dem Lückentext übernommen. Beispielsweise übernimmt Mia fast komplett die Lexik aus dem Lückentext im Beweisschritt bei der Anwendung des Scheitelwinkelsatzes: *„Wir haben zwei übereinanderliegende Winkel gegeben. Damit haben wir hier einen Scheitelwinkel vorliegen. Daher können wir das Scheitelwinkelargument anwenden. Das Scheitelwinkelargument besagt, dass zwei gegenüberliegende Winkel immer gleich groß sind. Was wir geschlussfolgert haben, können wie im nächsten Argumentationsschritt benutzen."*
Selten wurden die Formulierungen selbst angemessen variiert, wie beispielsweise durch Henriette oder Luca. Luca nutzt eigene Sprachmittel und schreibt

beispielsweise für den letzten Argumentationsschritt: *„Beim Gleichheitsargument soll gezeigt werden, dass beispielsweise $\alpha = \gamma$ sein kann. Dazu haben wir zuerst bewiesen dass $\gamma = \beta$ und $\beta = \alpha$ sein können. Danach haben wir das Gleichheitsargument miteinbezogen, was besagt, dass wenn $\delta = \mu$ und $\mu = \pi$ ist, dann ist $\delta = \pi$. Anschließend haben wir das Argument auf unser Beispiel übertragen und im letzten Schritt nachvollzogen und anhand von unserem Beispiel es bewiesen warum $\alpha = \gamma$ sein kann.“* Leon versprachlicht damit selbstständig das Recycling (2. abgedruckter Satz). Er formuliert auch in eigenen Worten, dass das Gleichheitsargument nun auf den eigenen Fall angewendet wird. Neben der sehr häufigen korrekten und identischen Nutzung der Sprachmittel aus dem Lückentext, werden die Sprachmittel also auch teilweise angemessen variiert.

Sibel hingegen übernimmt die komplette Lexik aus dem Lückentext für das Recycling: *„Was wir geschlussfolgert haben, können wir im nächsten Argumentationsschritt anwenden“* bei zwei Schritten, die nicht sequenziell sind, sondern bei der synthetischen Anordnung parallel sind. Das machen auch andere Lernende wie beispielsweise Daniela. Die Lexik von den Phrasen wird also auch unverstanden genutzt wie im Beispiel von Sibel und damit werden falsche Zusammenhänge ausgedrückt.

Folgende Sprachangebote sind im Lehr-Lern-Arrangement „Mathematisch Begründen" als sprachliche Unterstützungsformate gegeben:

- Sprachliche Formulierung der mathematischen Sätze und Axiome
- Sprachvorbild durch die Designexperiment-Leiterin bei der Einführung der graphischen Darstellungen (bei erster Aufgabe: konkreter Nebenwinkel) und Sprachvorbild für den Beweis bzw. Lückentext im SiMa-Material (beim Beweis 1 Scheitelwinkelsatz).

Die Sprachangebote im Lehr-Lern-Arrangement als sprachliche Unterstützungsformate haben damit folgende Funktionen:

- Explikation des sprachlichen Kontexts
- Implikationsstruktur der mathematischen Sätze explizieren
- Facetten logischer Strukturen durch grammatikalisch kohärente Sprachmittel und strukturbezogene Meta-Sprachmittel explizieren (Sprachliche Explikation)
- Sprachangebote später als Unterstützung für die Formulierung mathematischer Sätze und die lineare Versprachlichung der Beweise (Sprachliches Scaffolding)

6.3.2   Sprachaufgaben

Die Sprachaufgaben im Lehr-Lern-Arrangement sollen die sprachlichen strukturbezogenen Beweistätigkeiten interaktiv anregen. Diese sollen Lernende nach der
Wahrnehmung möglicher Sprachmittel (siehe Abschnitt 6.3.1) selbst umsetzen.
Die sprachlichen strukturbezogenen Beweistätigkeiten werden dafür in mündlichen und schriftlichen Sprachaufgaben eingefordert, damit die Lernenden selbst
Verbalisierungen produzieren und so die Bedeutungen internalisieren können
(siehe Abschnitt 4.1.2).

Aus schreibdidaktischer Perspektive sollten bei Schreibaufträgen die *Vorgaben*, die *Rahmenbedingungen* und *sprachlich-textuelle Akzentuierungen* gründlich
durchdacht werden (Baurmann 2002, S. 58). Der Inhalt des Beweistextes ist durch
den mathematischen Inhalt bestimmt, der bei einer ersten mündlichen Bearbeitung
geklärt werden kann. Als Rahmenbedingungen werden Partner- und Einzelarbeit
in unterschiedlichen Stufen der Textbearbeitung (wie Inhaltsklärung und Sortieren der mathematischen Inhalte) abgewechselt und die nachträgliche lineare
Versprachlichung unterstützt. Als sprachlich-textuelle Akzentuierung wird der
Beweistext mit explizierenden Sprachmitteln durch das Sprachvorbild bzw. die
sprachlichen Formulierungen der mathematischen Sätze und Axiome gegeben.
Die Sprachaufgaben im Lehr-Lern-Arrangement sind entsprechend:

- Mündliche Bearbeitung der Aufgabe (Partnerarbeit)
- Schriftliches Ausfüllen der graphischen Argumentationsschritte (Partnerarbeit)
- Schreiben eines neuen mathematischen Satzes auf dem leeren graphischen
  Argument (Partnerarbeit)
- Versprachlichung der Beweise (Einzelarbeit, in Zyklus 4 auch paarweise)

Die Sprachaufgaben im Lehr-Lern-Arrangement haben folgende Funktionen:

- Sprachliche strukturbezogene Sprachtätigkeiten einfordern
- Das Nicht-Explizierbare des Lerngegenstandes erlebbar machen

Die Sprachangebote und die Sprachaufgaben adressieren den sprachlichen Lerngegenstand. Die Sprachangebote unterstützen die Realisierung des Designprinzips
1 *Explikation logischer Strukturen* (Abschnitt 4.2.1) als auch des Designprinzips 3 *Scaffolding strukturbezogener Beweistätigkeiten* (Abschnitt 4.2.3), hier
durch sprachliche Scaffolds. Die Sprachaufgaben gehören zum Designprinzip 2
Interaktive Anregung der strukturbezogenen Beweistätigkeiten (Abschnitt 4.2.3).

6.4 Vernetzung und sukzessiver Aufbau der Designelemente

Für eine strukturierte Darstellung wurden die graphischen und sprachlichen Designelemente in Abschnitt 6.2 und 6.3 zunächst getrennt voneinander vorgestellt (vgl. zusammenfassend Tabelle 6.3).

Tabelle 6.3 Zusammenfassung der Designelemente und ihre konkreten Teile

Art der Designelemente	Designelemente	Designelemente-Teile
Graphisch	Graphische Darstellungen	• Graphische Argumentationsschritte • Graphische Argumente (gegebene und leere)
Sprachlich	Sprachangebote	• Einführung der graphischen Darstellungen • Sprachliche Formulierung der mathematischen Sätze und Axiome • Sprachvorbild für einen Beweis
	Sprachaufgaben	• Mündliche Bearbeitung der Aufgabe • Schriftliches Ausfüllen der graphischen Argumentationsschritte • Schreiben eines neuen mathematischen Satzes auf der leeren graphischen Argumente-Karte • Versprachlichung der Beweise in ihrer Textstruktur

Um das Zusammenspiel der Designelemente genauer zu verdeutlichen, lohnt eine Umsortierung nach den Facetten logischer Strukturen, die sie jeweils adressieren, denn die logischen Strukturen sind die Grundlage für die gegenstandsspezifischen Sprachmittel und die strukturbezogenen Beweistätigkeiten (siehe Kapitel 1 und 2). Die Bezüge sind in Tabelle 6.4 dargestellt.

Phasen der Aufgabenbearbeitung
Bei Erstellung eines Beweises müssen unterschiedliche Tätigkeiten ausgeführt werden (Boero 1999). Dies Tätigkeiten werden in den 4 Phasen der Beweisaufgaben im Lehr-Lern-Arrangement sukzessive eingefordert. Die Phase 2 *Ausfüllen der graphischen Argumentationsschritte* unterstützt den Übergang von der mündlichen Phase zum Schriftprodukt.

Tabelle 6.4 Zusammenhang der Facetten logischer Strukturen und die graphischen und sprachlichen Designelemente

Facetten logischer Strukturen	Graphische Designelemente	Sprachliche Designelemente
Logische Elemente	Felder in den graphischen Argumentationsschritten	Einführung der graphischen Argumentationsschritte mit Verben (grammatikalisch kohärent)
Argumente als besondere logische Elemente	Argumente-Karten	Sprachliche Formulierung der Argumente, Schreibauftrag zur Formulierung eigener Argumente
Logische Beziehungen	Reihenfolge im graphischen Argumentationsschritt	Konjunktionen im Sprachvorbild (grammatikalisch kohärent)
Beweisschritt und Beweisschrittkette	Mehrere graphische Argumentationsschritte	Strukturbezogene Meta-Sprachmittel und explizierende Konjunktionen im Sprachvorbild
Beweis als Ganzes	Zusammenspiel der graphischen Designelemente	Sprachaufgabe:Versprachlichung des ganzen Beweises

- Phase 1: Finden der Beweisidee und mündliche Begründung,
- Phase 2: Ausfüllen der graphischen Argumentationsschritte
- Phase 3: Schreiben des mathematischen Satzes
- Phase 4: Versprachlichung des Beweises

In den vier Phasen stehen sukzessive zunehmend die graphischen und sprachlichen Unterstützungsformate zur Verfügung.

Phase 1: Finden der Beweisidee und mündliche Begründung
Ab Beweisaufgabe 2 haben die Lernenden die Aufgabe, die mathematischen Sätze zunächst in eine Wenn-Dann-Formulierung umzuformulieren (Abb. 6.13).

Formuliert zu zweit dem Satz in eine WENN-DANN-Formulierung um:

Abbildung 6.13 Aufgabe zur Umformulierung

Im zweiten Aufgabenteil (Abb. 6.14) sind die Lernenden aufgefordert, sich in Partnerarbeit mündlich die Lösungen zu den jeweiligen Aufgaben zu erarbeiten. Dabei sollte zunächst die inhaltliche Klärung im Vordergrund stehen und an das intuitive Verständnis von Beweisen angeknüpft werden. Zur Bearbeitung der Aufgabe lesen die Lernenden die jeweilige Aufgabe und sollen die dazugehörige Zeichnung des mathematischen Inhalts verstehen.

> Bearbeitet zu zweit die Aufgabe mündlich.

Abbildung 6.14 Aufgabenteil zum Finden der Beweisidee und mündliche Begründung

Im Lehr-Lern-Arrangement wird schon im ersten Teil der Aufgaben die soziomathematische Norm eingeführt, dass in dem Lehr-Lern-Arrangement „Mathematisch Begründen" nur die Argumente genutzt werden können, die gegeben wurden bzw. schon im Verlauf des Lehr-Lern-Arrangements selbst bewiesen wurden. Auf diese Weise ist der Lernprozess so angelegt, dass die Lernenden sich zunehmend auf die Argumente fokussieren und sie explizit nutzen.

Phase 2: Ausfüllen der graphischen Argumentationsschritte
Im drittem Aufgabenteil (Abb. 6.15) sind die Lernenden aufgefordert, ihre mündlichen Lösungen aus dem vorherigen Aufgabenteil in die graphischen Argumentationsschritte zu schreiben.

> Schreibt zu zweit eure Anwendung auf die Argumentationsschritte.

Abbildung 6.15 Aufgabenteil zum Ausfüllen der graphischen Argumentationsschritte

Phase 3: Schreiben des mathematischen Satzes
In den Beweisaufgaben 1, 2 und 3 sind die Lernenden zusätzlich aufgefordert, einen neuen mathematischen Satz auf einem leeren graphischen Argument zu schreiben (Abb. 6.16).

> Schreibt zu zweit einen neuen mathematischen Satz auf Grundlage der
> Allgemeinen Anwendung in den Argumentationsschritten.

Abbildung 6.16 Aufgabenteil zum Schreiben des mathematischen Satzes

Phase 4: Versprachlichung des Beweises
Bei den Beweisaufgaben erfolgte anhand der zuvor ausgefüllten graphischen
Argumentationsschritten eine Versprachlichung. Beim Beweis 1 wird hier das
Sprachvorbild gegeben und bei Beweis 2 und 3 versprachlichen die Lernenden
selbst einen Beweis mündlich und schriftlich (Abb. 6.17).

> Findet zu zweit (erst einmal mündlich) gute Formulierungen.
> Schreibt eure Anwendung nun noch einmal alleine mit Worten auf,
> indem ihr eure ausgefüllten Argumentationsschritte nutzt.

Abbildung 6.17 Aufgabenteil zur Versprachlichung des Beweises

In diesem Aufgabenteil dienen die vorher ausgefüllten graphischen Argumentationsschritte als graphisches Scaffold. Das Sprachvorbild aus der ersten
Versprachlichung dient als sprachliches Scaffold.

Sukzessiver Aufbau und Vernetzung der Designelemente im Überblick
Die fachlichen und sprachlichen strukturbezogenen Beweistätigkeiten werden
über die Beweise der unterschiedlichen Winkelsätze und Phasen der Aufgaben
sukzessive und immer komplexer eingefordert. Durch das mehrfache Beweisen aufeinander aufbauender Winkelsätze können die gleichen strukturbezogenen
Beweistätigkeiten mit unterschiedlichen Schwierigkeitsgraden ausgeführt werden. Diese Schwierigkeitsgrade werden erzeugt durch die zunehmende Anzahl
der Beweisschritte, mehr verfügbare Argumente und die spätere Nutzung selbst
bewiesener Sätze (Tabelle 6.5).
   Die erste Aufgabe, bei der ein konkreter Nebenwinkel berechnet werden muss,
gilt als erster Einstieg, bei dem an die intuitiven Begründungen der Lernenden
angeknüpft wird. In der ersten Phase kennen hier die Lernenden die graphischen und sprachlichen Unterstützungsformate noch nicht. Nicht dargestellt in der
Tabelle sind hier die Begründungen B, D und F, bei denen die konkreten Winkel

Tabelle 6.5 Sukzessiver Aufbau in den Aufgaben und Aufgabenteilen

	Erste Aufgabe	Beweis 1	Beweis 2	Beweis 3
	Konkreter Nebenwinkel (Begründung A)	Scheitelwinkelsatz (Begründung C)	Wechselwinkelsatz (Begründung E)	Satz über Innenwinkelsumme im Dreieck (Begründung G)
Phase 1: Finden der Beweisidee und mündliche Begründung	Erste mündliche Begründung ohne Kenntnis der Materialien	Zweite mündliche Begründung (zum ersten Mal für einen Beweis)	Dritte mündliche Begründung (zweite für einen Beweis)	Vierte mündliche Begründung (dritte für einen Beweis)
Phase 2: Ausfüllen der graphischen Argumentationsschritte	Erste Nutzung der graphischen Argumentationsschritte	Zweite Nutzung der graphischen Argumentationsschritte (2 oder 3 Schritte)	Dritte Nutzung der graphischen Argumentationsschritte (3 Schritte)	Vierte Nutzung der graphischen Argumentationsschritte (4 Schritte)
Phase 3: Schreiben des mathematischen Satzes		Erstes Schreiben eines Satzes	Zweites Schreiben eines Satzes	Drittes Schreiben eines Satzes
Phase 4: Versprachlichung des Beweises		Sprachvorbild	Erste eigene Versprachlichung	Zweite eigene Versprachlichung

berechnet werden, bevor in dem folgenden Beweis die Sätze allgemein bewiesen werden. Durch den Aufbau der Aufgaben (erst eine konkrete Aufgabe (erste Aufgabe), ein Beweis mit Sprachvorbild (Beweis 1), ein Beweis mit Schreiben eines eigenen Textes (Beweis 2)) müssen sukzessive mehr Phasen bewältigt werden.

Der Aufbau der Aufgaben im Lehr-Lern-Arrangement „Mathematisch Begründen" ist entsprechend des intendierten Lernpfades strukturiert (siehe Abschnitt 3.2.4). Mit der ersten Aufgabe soll zunächst intuitiv geschlossen werden, auch wenn die Lernenden zumindest Wissen über die Größe eines Kreises oder auch eines gestreckten Winkels benötigen. Durch das Kennenlernen der graphischen Argumentationsschritte sollen zunehmend die logischen Elemente getrennt werden. Durch das Sprachvorbild in Beweis 1 sollen die logischen Beziehungen in Beweisschritten und zwischen Beweisschritten gelernt werden. Schließlich sollen bei Beweis 2 und 3 Beweise selbst geschrieben werden. Auf diese Weise ist intendiert, dass die Lernenden über die Aufgaben hinweg sukzessive die strukturbezogenen Beweistätigkeiten erlernen. In Tabelle 6.6 wird der intendierte Lernpfad mit den graphischen und sprachlichen Designelementen dargestellt.

Die graphischen und sprachlichen Designelemente spielen im Lehr-Lern-Arrangement eng zusammen und unterstützen teilweise die Arbeit mit dem jeweils anderen Designelement. Dabei haben die graphischen Darstellungen und die Sprachangebote als Unterstützungsformate eine *doppelte Funktion:*

- *Explikations-Funktion:* Auf der einen Seite machen die graphischen Darstellungen und Sprachangebote *das Explizierbare des Lerngegenstandes* (siehe Abschnitt 4.1.3) explizit. Dies erfüllt das Designprinzip 1 *Explikation logischer Strukturen* (Abschnitt 4.2.1).
- *Scaffolding-Funktion:* Auf der anderen Seite dienen sie als graphische und sprachliche Scaffolds für die strukturbezogenen Beweistätigkeiten bei der eigenen Bearbeitung der Lernenden, um das Lernen des *Nicht-Explizierbaren des Lerngegenstandes* (siehe Abschnitt 4.1.3) zu unterstützen. Dies erfüllt das Designprinzip 3 *Scaffolding strukturbezogener Beweistätigkeiten* (Abschnitt 4.2.3).

Die Beweisaufgaben mit den Winkelsätzen und die dazugehörigen Sprachaufgaben regen die fachlichen und dazugehörigen sprachlichen strukturbezogenen Beweistätigkeiten erst nach dem Designprinzip 2 *Interaktive Anregung strukturbezogener Beweistätigkeiten* an (Abschnitt 4.2.2). Indem die graphischen und

Tabelle 6.6 Vernetzung der graphischen und sprachlichen Designelemente entlang des Lernpfads

Stufe	Fach- und sprachkombinierter intendierter Lernpfad	Graphische Designelemente	Sprachliche Designelemente
1	Anknüpfen an intuitives Schließen bei der Beweisidee mit einfachen Inhalten unter Nutzung der eigensprachlichen Ressourcen wie Deiktika	Einführung der graphischen Darstellungen (Graphische Explikation)	Überschrift und Einführung des Lehr-Lern-Arrangements
2	Wahrnehmen, Identifizieren und Nutzen logischer Elemente in fremden und eigenen Beweistexten und mathematischen Sätzen in grammatikalisch kohärenten Sprachmitteln (Verben)	Graphischer Argumentationsschritt (hier Einfordern) Gegebene graphische Argumente (Graphische Explikation)	Grammatikalisch kohärente Verben für die logischen Elemente (Sprachliche Explikation) „Wenn..., dann...-"Formulierung
3	Wahrnehmen, Identifizieren und mündliches und schriftliches Nutzen logischer Beziehungen zwischen logischen Elementen im Beweisschritt und Beweisschrittketten bei mehreren aufbauenden Beweisen in explizierenden Sprachmitteln (Konjunktionen und strukturbezogene Meta-Sprachmittel) in Partnerarbeit	Ausgefüllte graphische Argumentationsschritte (hier als graphisches Scaffold) Leeres graphisches Argumente-Karte (Interaktive Anregung)	Sprachvorbild mit Konjunktionen für logische Beziehungen und strukturbezogene Meta-Sprachmittel (Sprachliche Explikation)
4	Schreiben von Beweisen mit logischen Beziehungen und logischen Elementen mit grammatikalisch inkohärenten Sprachmitteln für logische Elemente und gegebenenfalls logische Beziehungen in Einzelarbeit	Ausgefüllte graphische Argumentationsschritte (hier als graphisches Scaffold)	Konditionale Formulierung (hier als sprachliches Scaffold) Sprachaufgabe (Interaktive Anregung sprachlicher strukturbezogener Beweistätigkeiten)
Langfristig (nach dem Lehr-Lern-Arrangement umgesetzten Lernpfad)			
5	Schreiben von Beweisen mit symbolisch-formalen Darstellungen in Einzelarbeit	Fading-Out: ohne graphische Designelemente	Fading-Out: ohne sprachliche Designelemente

sprachlichen Designelemente unterschiedliche Funktionen (Explikation, interaktive Tätigkeitsanregung und Scaffolding) einnehmen, greifen die Designelemente synergetisch ineinander (siehe auch Hein 2020; Tabak 2004).

Das Designprinzip 4 *Sukzessiver Aufbau beim Umgang mit logischen Strukturen und ihre Versprachlichung beim Beweisen* (Abschnitt 4.2.4) findet sich im Aufbau der Beweisaufgaben, bei dem die graphischen und sprachlichen Designelemente sukzessive miteinander vernetzt aufgebaut sind. Die tatsächliche Nutzung der graphischen und sprachlichen Unterstützungsformate und deren Zusammenspiel in den einzelnen Phasen ist in Abschnitt 7.2 dargestellt.

6.5   Zusammenfassung

Der sukzessive Aufbau der fachlichen und sprachlichen strukturbezogenen Beweistätigkeiten erfolgt in dem entwickelten Lehr-Lern-Arrangement durch eine Vernetzung der graphischen und sprachlichen Designelemente und ihrer wechselnden Funktion von *Explikation logischer Strukturen* (Designprinzip 1), *interaktiver Anregung der strukturbezogenen Beweistätigkeiten* (Designprinzip 2) und als Scaffolds zum *Scaffolding der strukturbezogenen Beweistätigkeiten* (Designprinzip 3) über die unterschiedlichen Beweisaufgaben mit den Winkelsätzen hinweg als *Sukzessiver Aufbau beim Umgang mit logischen Strukturen und ihre Verbalisierung beim Beweisen* (Designprinzip 4). Die Designelemente und ihr Zusammenhang zu den Designprinzipien sind abschließend zusammenfassend in Tabelle 6.7 dargestellt.

Tabelle 6.7   Zusammenfassung der Designelemente und dahinterliegender Designprinzipien

Art der Designelemente	Designelemente	Designprinzipien
Graphisch	Graphische Darstellungen	DP1: Explikation Facetten logischer Strukturen (hier graphisch) DP2: Interaktive Anregung strukturbezogener Beweistätigkeiten DP3: Scaffolding strukturbezogener Beweistätigkeiten (hier graphische Scaffolds)
Sprachlich	Sprachangebote	DP1: Explikation Facetten logischer Strukturen (hier sprachlich) DP3: Scaffolding strukturbezogener Beweistätigkeiten (hier sprachlich)
	Sprachaufgaben	DP2: Interaktive Anregung strukturbezogener Beweistätigkeiten (hier sprachlich)
Sukzessiver Aufbau/Vernetzung	Alle Designelemente	DP4: Sukzessiver Aufbau beim Umgang mit logischen Strukturen und ihre Verbalisierung beim Beweisen

Unterstützungsbedarfe und Beweisprozesse mit Unterstützungsformaten

7

In diesem Kapitel werden anhand nicht gelingender Beweisprozesse in Zyklus 1 mögliche Unterstützungsbedarfe empirisch identifiziert und der Lerngegenstand eingegrenzt (Abschnitt 7.1). Dieser Analyseschritt hat im Design zur Entwicklung von den graphischen und sprachlichen Unterstützungsformaten geführt, die in Kapitel 6 eingeführt wurden. Um die möglichen Wirkungen und Gelingensbedingungen dieser entwickelten graphischen und sprachlichen Unterstützungsformate aufzuzeigen, werden anschließend gelingende Bearbeitungsprozesse bei Beweisaufgaben aus Zyklus 3 dargestellt (Abschnitt 7.2). Die Lernwege, wie Schülerinnen und Schüler an die Nutzung der Unterstützungsformate herangeführt werden, sind dann Gegenstand des Kapitels 8.

7.1 Empirische Identifikation der Unterstützungsbedarfe

In diesem Abschnitt werden in Übereinstimmung und Erweiterung der in der Forschungsliteratur bereits bekannten Herausforderungen beim Beweisen lernen (vgl. Abschnitt 1.3.1 und Abschnitt 2.3) mögliche Unterstützungsbedarfe für das Lehr-Lern-Arrangement empirisch rekonstruiert. Dies erfolgt auf Grundlage des Designexperiment-Zyklus 1 (siehe Abschnitt 5.3.2). Abschnitt 7.1 bearbeitet damit folgende Forschungsfrage:

(F1) Welche Unterstützung brauchen Lernende, um zu lernen, logische Strukturen in Beweisaufgaben zu bewältigen und zu verbalisieren? (*Unterstützungsbedarfe*)

© Der/die Autor(en), exklusiv lizenziert durch Springer Fachmedien Wiesbaden GmbH, ein Teil von Springer Nature 2021
K. Hein, *Logische Strukturen beim Beweisen und ihre Verbalisierung*, Dortmunder Beiträge zur Entwicklung und Erforschung des Mathematikunterrichts 46, https://doi.org/10.1007/978-3-658-35028-4_7

Entsprechend der fachlichen und sprachlichen Aspekte des Lerngegenstandes wird die Forschungsfrage in die folgenden Analysefragen ausdifferenziert:

(F1.1)　　Welche Facetten logischer Strukturen werden ohne Unterstützungsformate genannt?

(F1.2)　　Welche Sprachmittel werden ohne Unterstützungsformate verwendet?

Der Abschnitt liefert damit Einblicke über die Analyseprozesse, die zur Spezifizierung und Strukturierung des Lerngegenstandes und Entwicklung passender Unterstützungen geführt haben, wie er in Kapitel 6 bereits dargestellt ist, aber zum Zeitpunkt des Zyklus 1 noch nicht vorlag. Es zeigt insbesondere, dass die Explikation logischer Elemente und Beziehungen und deren Verbalisierung für Lernende keineswegs selbstverständlich sind und im Lehr-Lern-Arrangement spezifische Unterstützungsformate notwendig sind.

7.1.1　Setting und Aufgabe im Designexperiment-Zyklus 1

Setting
Der Zyklus 1 diente primär der Pilotierung des Materials und einer ersten Erkundung, was die Lernenden tun, welche Sprache sie verwenden und welche Merkmale ein Lehr-Lern-Arrangement haben muss. Er wurde als Pilotstudie im Laborsetting (Steffe und Thompson 2000) durchgeführt, um möglichst genau die Denkweisen der Lernenden zu erfassen. Umgesetzt wurden die Designexperimente von der Autorin selbst als Designexperiment-Leiterin an einer Gesamtschule im Raum Ruhrgebiet. Sie umfassten jeweils eine Sitzung (von etwa 30 Minuten Dauer) mit den beiden Lernendenpaaren Fabian und Silias bzw. Kasimir und Careen, die eine 9. Klasse besuchten. Die Lernenden hatten bereits den Satz des Pythagoras behandelt und werden von einem Lehrer unterrichtet, der viel Wert auf Sprachbildung im Mathematikunterricht legt.

Aufgabenbeschreibung
Das Lehr-Lern-Arrangement in Zyklus 1 wich sowohl inhaltlich als auch im Zugriff auf das Beweisen erheblich von dem finalen, in Kapitel 6 vorgestellten Lehr-Lern-Arrangement ab. Fachlicher Inhalt der Aufgabe waren noch nicht die Winkelsätze, sondern die zweimalige Anwendung des Satzes des Pythagoras, um die Diagonale im Würfel zu bestimmen. Die Aufgabe erfordert Mehrschrittigkeit, nämlich die zweimalige begründete Anwendung des gleichen Arguments. Dazu müssen die Voraussetzungen für den Satz des Pythagoras, also rechtwinklige

Dreiecke, zunächst im Würfel gefunden werden. Für die zweimalige Anwendung des Satzes des Pythagoras muss die Lösung aus dem ersten Schritt zum zweiten recycelt werden. Die erwartete Lösung war, dass die einzelnen Argumentationsschritte expliziert werden, indem der Satz des Pythagoras zweimal konkret auf die Voraussetzungen angewendet wird und die Schritte miteinander verbunden werden. Das war eine ungewohnte Erwartung entgegen des sonstigen Vorgehens im Mathematikunterricht, aber notwendig, um langfristig deduktives Schließen lernen zu können, weil sonst die logische Struktur unsichtbar bleibt. Eingebettet war die fachliche Aufgabe in eine sprachliche Aufgabe (siehe Abb. 7.1). Durch die vorgegebenen Dialoge sollten Sprachproduktionen und Begründungen anregt werden.

In der ersten Sprechblase in Aufgabenteil a) wird die konkrete Berechnung der Raumdiagonalen durch die Angabe der Kantenlänge eingefordert. Damit wird den Lernenden die Möglichkeit gegeben, die Begründung mit einem konkreten Wert zu bearbeiten. Durch die zweite Sprechblase sollen die Lernenden anregt werden, darüber nachzudenken und zu explizieren, dass rechtwinkligen Dreiecke im Würfel vorhanden sind, so dass auch hier die Voraussetzungen für den Satz des Pythagoras gegeben sind.

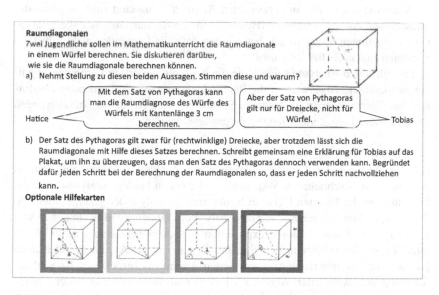

Raumdiagonalen
Zwei Jugendliche sollen im Mathematikunterricht die Raumdiagonale in einem Würfel berechnen. Sie diskutieren darüber, wie sie die Raumdiagonale berechnen können.
a) Nehmt Stellung zu diesen beiden Aussagen. Stimmen diese und warum?

Hatice — Mit dem Satz von Pythagoras kann man die Raumdiagnose des Würfe des Würfels mit Kantenlänge 3 cm berechnen.

Aber der Satz von Pythagoras gilt nur für Dreiecke, nicht für Würfel. — Tobias

b) Der Satz des Pythagoras gilt zwar für (rechtwinklige) Dreiecke, aber trotzdem lässt sich die Raumdiagonale mit Hilfe dieses Satzes berechnen. Schreibt gemeinsam eine Erklärung für Tobias auf das Plakat, um ihn zu überzeugen, dass man den Satz des Pythagoras dennoch verwenden kann. Begründet dafür jeden Schritt bei der Berechnung der Raumdiagonalen so, dass er jeden Schritt nachvollziehen kann.

Optionale Hilfekarten

Abbildung 7.1 Begründungsaufgabe Raumdiagonale in Zyklus 1

Der Schreibauftrag in Aufgabenteil b) (Abb. 7.1) hat Merkmale einer profilierten Schreibaufgabe (Bachmann und Becker-Mrotzek 2010). Durch Tobias als fiktives Gegenüber soll die Schreibaufgabe eine *kommunikative Funktion* haben. Das notwendige fachliche Wissen müsste den Lernenden, die vorher schon den Satz des Pythagoras im Unterricht hatten, als *Weltwissen* zur Verfügung stehen. Sie sollten gemeinsam einen Text schreiben, um in der *sozialen Interaktion* schreiben zu können. Im Gespräch mit der Designexperiment-Leiterin können sie direkt die *Wirkung* überprüfen.

Aus mathematischer Sicht entspricht die Schreibaufgabe mehr der Überzeugungsfunktion von Beweisen im Gegensatz zur in der in den späteren Designexperiment-Zyklen angestrebten Funktion des Verifizierens und Zusammenhängestiftens (de Villiers 1990). Die Aufforderung zur Begründung jedes Schrittes sollte die Explikation der einzelnen Schritte auch bei den unterschiedlichen Dreiecken (Dreieck in der Bodenfläche, Dreieck mit Diagonale als Hypotenuse) anregen. Die Schritte sollen verbunden werden, indem die Gleichungen aus dem ersten Schritt im zweiten Schritt weiterverwendet werden.

Die Explikation der einzelnen Schritte einschließlich der notwendigen Voraussetzungen und deren Reihenfolge soll durch die Betrachtung der einzelnen Dreiecke anregt werden. Optional gibt es Hilfekarten (vgl. Abb. 7.1), in denen die Voraussetzungen der zu verwendeten Argumente markiert sind im Sinne der „reading-and-coloring-strategy" (Heinze et al. 2008), nur dass hier die relevanten Informationen schon vorgegeben werden, falls die Lernenden nicht selbst die wichtigen Eigenschaften erkennen.

Die folgenden Analysen zeigen, wie die Analysen der ersten Lernprozesse helfen zu identifizieren, inwiefern die Begründungsaufgabe die Lernenden überfordert hat. Daraus können im Weiteren Schlussfolgerungen für die Anforderungen an das spätere Lehr-Lern-Arrangement gezogen werden.

Konkretes Analysevorgehen

Bei der Analyse der Lehr-Lern-Prozesse im Zyklus 1 werden aus dem in Abschnitt 5.4 beschriebenen Vorgehen nur die ersten beiden Analyseschritte (1. Identifikation der Facetten logischer Strukturen, 2. Analyse der gegenstandsspezifischen Sprachmittel) genutzt. Für die Analyse der Designexperimente des Zyklus 1 werden dabei nur grob die explizierten logischen Elemente (rechtwinklige Dreiecke als Voraussetzung [V], Satz des Pythagoras als Argument mit Namen [A], nur die Voraussetzung des explizierten Arguments [eAV], nur die Schlussfolgerung des explizierten Arguments [eAS]) und die Sprachmittel identifiziert, die die Begründungen und Schlussfolgerungen logisch verbinden, wie kausale und konsekutive Konjunktionen. Die strukturbezogenen Beweistätigkeiten werden nicht rekonstruiert, da diese in diesem ersten Lehr-Lern-Arrangement noch kaum angeregt wurden.

7.1.2 Fallbeispiel Fabian und Silias

Fabian und Silias bearbeiten die Aufgabe (Abb. 7.1) in Partnerarbeit.

Satz des Pythagoras explizieren

Zyklus 1: Gruppe 1 (Fabian (F) und Silias (S), Gesamtschule, Klasse 9), 1. Sitzung
Beginn: 00:14 min
Die Designexperiment-Leiterin (DL) erklärt zu Beginn der Sitzung, dass es um den Satz des Pythagoras geht.

5	DL	Ähm, wisst ihr noch so grob,…
6	S	Ja.
7	DL	…was der Inhalt vom Satz des Pythagoras – könnt ihr nochmal kurz sagen.
8	F	Also äh, a^2 plus b^2 – a^2 plus b^2 gleich c^2 ist der Satz.
9	S	Oder halt die Summe der Hypotenusen ist – Quadrate gleich die, äh, das Katheten-Quadrat. Andersrum. – Summe…
10	F	Katheten…
11	S	…der Katheten-Quadrate gleich Hypotenusen-Quadrat.
12	DL	Mhm. Genau, wisst ihr noch, was, was es dabei wichtig ist, oder für was es überhaupt geht. Also…
13	S	Für…
14	F	Ähm, Seiten auszurechnen zum Beispiel, zum Dreieck. Dann kann man's…
15	S	…für rechtwinklige Dreiecke.

Die Designexperiment-Leiterin will das Vorwissen der beiden Lernenden aktivieren und fragt nach dem Satz des Pythagoras (Turn 5 und 7). Fabian nennt die symbolische Darstellung der Schlussfolgerung des Satzes des Pythagoras [eAS] (Turn 8), jedoch ohne deren Voraussetzung. Silias ergänzt dann die Schlussfolgerung sprachlich mit der geometrischen Bedeutung der Schlussfolgerung vom Satz des Pythagoras (Turn 9–11). Die Voraussetzung des Arguments wird auch hier nicht genannt. Die Designexperiment-Leiterin fragt noch einmal nach der Voraussetzung der rechtwinkligen Dreiecke (Turn 12). Fabian antwortet erst mit „Seiten auszurechnen" (Turn 14) und beantwortet damit, für was man den Satz des Pythagoras anwenden kann. Silias antwortet schließlich mit „rechtwinklige Dreiecke" [eAV] (Turn 15).

Die Lernenden sind entsprechend des allgemeinen Mathematikunterrichts mehr auf die Anwendung des Satzes und dessen Ergebnis konzentriert und weniger auf eine Begründung für dessen Anwendbarkeit. Die Implikationsstruktur des Arguments wird nicht sprachlich verbalisiert, da hier Voraussetzung und Schlussfolgerung des Arguments auch nur einzeln genannt werden.

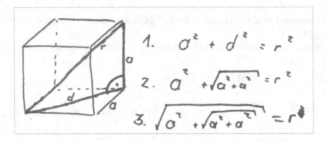

Abbildung 7.2 Fabian und Silias erstes Schriftprodukt

Erste Verschriftlichung
Silias zeichnet einen Würfel mit einer Diagonalen, markiert jedoch den rechten Winkel erst später (siehe Sequenz 4). Während Silias anfängt, die Lösung symbolisch mit der Variablen a allgemeingültig aufzuschreiben, schreibt er zunächst die Gleichung für den zweiten Schritt auf (siehe Abb. 7.2). In der zweiten Zeile setzt er direkt die Gleichung für den eigentlich ersten Schritt ein, dabei vergisst er das Quadrat, das die Wurzel eliminiert hätte.

Seine Umformungsschritte nummeriert er. Dann geht Silias auch auf den ersten Schritt ein und begründet die Notwendigkeit des ersten Schritts mit „da d nicht gegeben ist", die er mit einer kausalen Konjunktion („da") einleitet und den Zweck des Einsetzens formuliert (Turn 54). Im Anschluss nennt Silias das Dreieck, das er nicht explizit als rechtwinklig bezeichnet (Turn 54). Das Dreieck bezeichnet er als „grundsätzliches Dreieck" (Turn 54) und ordnet durch die Geste auf die Zeichnung der geometrischen Konstruktion zu, jedoch haben die Schüler in der Zeichnung den rechten Winkel noch nicht markiert.

Die Voraussetzung des rechtwinkligen Dreiecks explizieren sie also nicht. Mündlich verbalisiert Silias vor allem seine Rechenschritte, die Zusammenhänge zu den geometrischen Objekten werden gestisch angedeutet. Die logischen Beziehungen explizieren sie nicht. Durch diese Vorgehensweise haben sie die Berechnungsaufgabe (abgesehen von dem Quadrierungsfehler) gelöst, die Anwendbarkeit des Satzes jedoch nicht begründet und die Zusammenhänge zwischen den Schritten nicht expliziert.

Zweite Verschriftlichung
Nachdem Silias neben einer mündlichen Erklärung die algebraisch-symbolische Lösung geschrieben hat, bittet die Designexperimentleiterin darum, das Mündliche zu verschriftlichen. Fabian nennt mündlich auch rechtwinklige Dreiecke [eAV], die entstehen, wenn man ein Quadrat teilt (im nicht abgedruckten Transkriptteil). Silias schreibt darauf unter die symbolische Schreibweise einen Text (Abb. 7.3), der ebenfalls Nummerierungen nutzt, wenn auch nicht die Umformungsschritte aus seinem ersten Schriftprodukt.

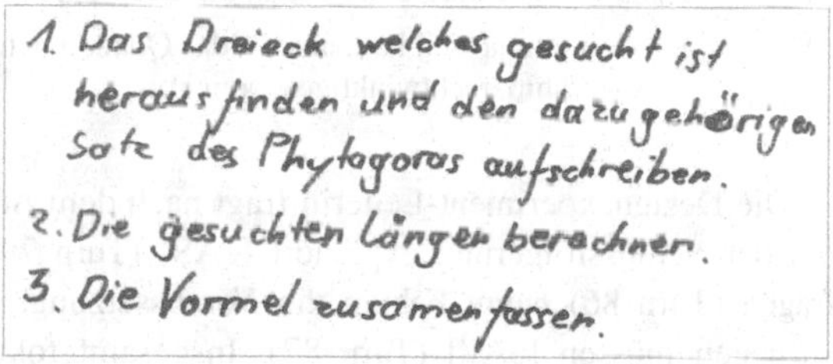

Abbildung 7.3 Fabian und Silias zweites Schriftprodukt

1. Das Dreieck welches gesucht ist heraus finden und den dazu gehörigen Satz des Phytagoras aufschreiben.
2. Die gesuchten Längen berechnen.
3. Die Formel zusammenfassen.

Die sprachliche Darstellung in Abbildung 7.3 ist eine allgemeine Anleitung, wie man den Satz des Pythagoras anwendet. Wie die Dreiecke und die Argumentationsschritte in der Aufgabe zusammenhängen, übernehmen die Lernenden nicht aus der mündlichen Begründung in das Schriftprodukt. Sprachlich ist der geschriebene Text einer Anleitung entsprechend eine Aneinanderreihung von Aussagesätzen, deren zeitliche Reihenfolge durch die Zahlen ausgedrückt wird.

Explikation des Satzes des Pythagoras

Beginn: 10:28 min

Nachdem die Designexperiment-Leiterin noch einmal nachgefragt hat, was der erste Punkt im Text bedeutet („den dazugehörigen Satz des Pythagoras aufschreiben") und Silias mit der Zuordnung der Formel auf die Situation antwortet, fragt die Designexperiment-Leiterin (DL) Folgendes.

78	DL	Und was sagt nochmal der Satz des Pythagoras?
79	S	[*Pause 4 Sek.*] Katheten-Quadrat plus Katheten-Quadrat gleich Hypotenusen-Quadrat. – Und hier ist halt a die...
80	F	...also...
81	S	...Kathete und b die Kathete und r die Hypotenuse.
82	DL	Mhm. – Da hat man ja eigentlich auch in dem Satz, wie du ihn jetzt formuliert hast, hat man ja auch gar keine Buchstaben.
83	F	Ja...
84	S	...ja.
85	F	Setzt man halt ein die, äh, Werte, die man hat (...)
86	DL	Und, warum kann man das überhaupt benutzen?
87	F	Äh, ja weil halt, ähm, – das Quadrat geteilt wird und dann is es halt 'n, ähm, rechtwinkliges Dreieck.

Die Designexperiment-Leiterin fragt nach dem Argument (Turn 78), das Silias mit der Schlussfolgerung expliziert [eAS] (Turn 79). Nach nochmaligen Nachfragen (Turn 86) nennt Fabian die Voraussetzung, dass rechtwinklige Dreiecke vorliegen müssen [eAV] (Turn 87). Insgesamt fokussieren die Lernenden sich auf die Formel sowie die Ergebnisse und folgen damit vermutlich den typischen Erwartungen ihres sonstigen Unterrichts.

Frage nach der konkreten Anwendung des Arguments

Beginn: 10:56 min

Nachdem Fabian und Silias gesagt haben, dass man die Werte in die Formel einsetzen muss, fragt die Designexperiment-Leiterin noch einmal nach den Voraussetzungen für das Argument.

86	DL	Und, warum kann man das überhaupt benutzen?
87	F	Äh, ja weil halt, ähm, – das Quadrat geteilt wird und dann is es halt 'n, ähm, rechtwinkliges Dreieck.
88	DL	Mhm, könnt ihr das auch noch irgendwie umformulieren, dass man da auch irgendwie – das muss man ja auch nutzen, diese – Voraussetzung, – dass es rechtwinklig ist.

89	S	Achso, ja.
90	F	Ähm.
91	DL	An welchen Stellen nutzt man das dann?
92	S	Ja, bei dem Würfel kann man das eigentlich überall nutzen, weil der ja aus rechten Winkeln nur besteht.
93	DL	Und an welchen Stellen eurer Erklärung nutzt man das?
94	S	Ähm. – Ja, die ganze Zeit über, weil man ja den rechten Winkel für den Satz des Pythagoras insgesamt benutzen muss. – Weil der ja nur geht, wenn es 'n rechtwinkliges Dreieck ist.
95–130		[*Fabian und Silias deuten mehrfach auf die Skizze, beschreiben wie man den Satz des Pythagoras anwenden kann und Silias zeichnet schließlich den rechten Winkel ein (siehe Abbildung oben)*]
131	F	Ja, ähm, und – dann teilen wir halt das und dann hat man halt so'n, ähm, – rechtwinkliges Dreieck und darauf kann man dann den Satz des Pythagoras anwenden. Also muss man rausfinden, was, äh, die beiden Katheten sind und was halt die Hypotenuse ist. [*deutet grob auf unteren Bereich der Skizze*]

Fabian nennt die Begründung, warum beim Würfel dennoch rechtwinklige Dreiecke vorliegen (Turn 87), wie es mit der Schreibaufgabe intendiert war. Die Designexperiment-Leiterin fragt nach, an welchen Stellen der Satz des Pythagoras genutzt wird (Turn 91). Silias (Turn 94) und Fabian (Turn 131) nennen daraufhin auch die Voraussetzung der rechtwinkligen Dreiecke [V] mündlich, ohne sie in einen Argumentationszusammenhang einzubinden.

Dritte Verschriftlichung
Die Designexperiment-Leiterin bittet um eine erneute Verschriftlichung (Turn 152). Silias nennt zuvor die rechtwinkligen Dreiecke als Voraussetzung [eAV]. Fabian schreibt darauf einen Text (Abb. 7.4).

In diesem Schriftprodukt steht wie im zweiten Schriftprodukt das Anwenden der Formel im Vordergrund und damit die Berechnungen. Der Sinn vom Satz des Pythagoras wird als Möglichkeit, unbekannte Größen bei einem Dreieck zu ermitteln, geklärt. Die Voraussetzung für das Anwenden des Satzes des Pythagoras, das Vorliegen rechtwinkliger Dreiecke, wird nicht expliziert. Im Text wird der Würfel als Bezug zur Aufgabe, der zuvor mündlich genannt wurde, nicht erwähnt. Damit übernehmen die Lernenden zuvor genannte logische Elemente wie die Voraussetzung der rechten Winkel für den Satz des Pythagoras nur teilweise in den Text. Die Anwendung des Satzes des Pythagoras beschreiben sie allgemein. Entsprechend eines Prozesses verwenden sie temporale Konjunktionen („dann"). Einmal

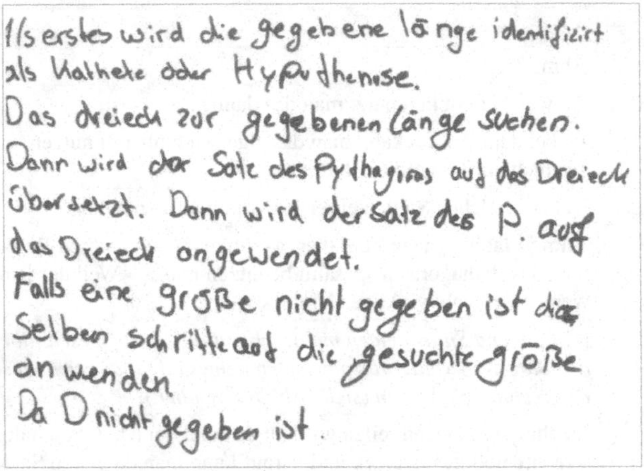
Als erstes wird die gegebene länge identifiziert
als Kathete oder Hypothenuse.
Das dreieck zur gegebenen Länge suchen.
Dann wird der Satz des Pythagoras auf das Dreieck
übersetzt. Dann wird der Satz des P. auf
das Dreieck angewendet.
Falls eine größe nicht gegeben ist die
Selben schritte auf die gesuchte größe
anwenden
Da D nicht gegeben ist.

Abbildung 7.4 Fabian und Silias drittes Schriftprodukt

verwenden sie die kausale Konjunktion „da" („da D nicht gegeben ist"), wobei hier keine logische Beziehung zwischen logischen Elementen ausgedrückt wird, sondern die Idee, dass die Diagonale *d* durch andere Variablen bestimmt werden soll.

Vierte Verschriftlichung
Nachdem Silias und Fabian selbst gemerkt haben, dass sie nun einen allgemeinen Text geschrieben haben, bittet die Designexperiment-Leiterin um eine weitere Verschriftlichung. Silias nennt hier den Würfel als Anwendungsobjekt (Turn 313 des nicht abgedruckten Transkriptteils). Dann schreibt Silias erneut einen Text (siehe Abb. 7.5).

Auch in diesem Text beschreiben Fabian und Silias primär die Mathematisierung sowie die Berechnung und versprachlichen Prozesse mit temporalen Konjunktionen („nachdem"). Sie beschreiben eine einmalige Anwendung des Satz des Pythagoras [A]. Dabei nennen sie das Dreieck, die Voraussetzung, wenn auch nicht rechtwinklig. Sie beschreiben, was die Katheten und Hypotenuse in dieser Aufgabe sind, wie also die Variablen in der Formel des Satz des Pythagoras mit der Aufgabe zusammenhängen. Dies drücken sie aus mit „in diesem Fall". Damit explizieren sie mit diesem Ausdruck die doppelte Struktur bei der Anwendung eines Arguments und setzen die geometrische Situation mit dem Satz des Pythagoras in Verbindung. Sie fokussieren darauf, welche Größen gesucht sind. Die

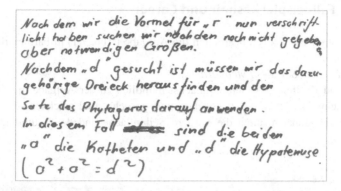

Abbildung 7.5 Fabian und Silias viertes Schriftprodukt

Raumdiagonale r ist gesucht und die ist wiederum abhängig von der Diagonalen der Würfelgrundfläche d. Damit wird hier auch ein Zusammenhang zur Aufgabe ausgedrückt.

Zusammenfassung des Fallbeispiels Fabian und Silias
In den mündlichen Phasen nennen Fabian und Silias zunächst nur die Schlussfolgerung aus dem Satz des Pythagoras und erst auf Nachfrage die rechtwinkligen Dreiecke als Voraussetzung. Sie lassen sich hoch motiviert darauf ein, mehrere Texte zu schreiben. Die Voraussetzungen für den Satz des Pythagoras, die rechtwinkligen Dreiecke, nennen sie nach und nach in den mündlichen Begründungen, aber übernehmen sie nicht in die Schriftprodukte. Letztlich schreibt Silias die Anleitung für die allgemeine Anwendung des Satz des Pythagoras mit der Identifikation eines Dreiecks und der Ermittlung unbekannter Größen. Es ist der Designexperiment-Leiterin nicht gelungen, den Fokus vom Berechnen zum Beweisen zu verschieben, weil die Verständigung über die Ziele der Aufgaben nicht zustande gekommen ist.

Sprachlich berücksichtigen Fabian und Silias im ersten Schriftprodukt die Schritte der Aufgabe mit den unterschiedlichen Dreiecken, jedoch in algebraisch-symbolischer Form. In den weiteren Schriftprodukten verliert sich der Bezug zur Aufgabe und der Prozess der Anwendung des Satz des Pythagoras wird durch Nummerieren oder temporale Konjunktionen verbunden. Am Ende verwenden die beiden auch kausale Konjunktionen, um durch die Vorgaben (Variable) das Vorgehen zu begründen.

7.1.3 Fallbeispiel Kasimir und Careen

Auch Kasimir und Careen bearbeiten die Aufgabe (Abb. 7.1) in Partnerarbeit.

Explikation vom Satz des Pythagoras
Careen und Kasimir diskutieren zunächst mündlich zu der Aufgabe in Abb. 7.1. Careen schreibt „1. Skizze + gegeben und gesucht" und zeichnet eine Skizze mit einer Diagonalen durch die vordere Seitenfläche und der Raumdiagonalen (Abb. 7.6).

Abbildung 7.6 Skizze von Kasimir und Careen zur Begründungsaufgabe aus Abb. 7.1

Zyklus 1: Lernende: Kasimir (K) und Careen (C), Gesamtschule, Klasse 9
Beginn: 05:56 min
Nachdem Careen einen Würfel gezeichnet hat mit der Diagonale als Hypotenuse eines Dreiecks, will sie den Satz des Pythagoras aufschreiben.

64	C	Öh, vielleicht einfach die Formel für den Satz des Pythagoras schon mal aufschreiben, also, erste Kathete Quadrat plus zweite Kathete-Quadrat gleich Hypotenusen-Quadrat.
65	DL	Mhm.
66	C	Und dann einfach noch einsetzen. Und umformen.

Careen fokussiert sich hier auf die Formel, die sie aber auch mit den geometrischen Objekten verknüpft (Kathete bzw. Hypotenuse) (Turn 64). Nachdem die Designexperiment-Leiterin die beiden auffordert, ihre Überlegungen aufzuschreiben, schreibt zunächst Careen und dann Kasimir ab dem 3. Schritt (Abb. 7.7).

In den ersten beiden Sätzen schreibt Careen die Anwendung der Formel des Pythagoras für die beiden Dreiecke, wobei sie irrtümlich die Quadrate der Katheten multipliziert statt addiert. Sie nimmt hier auch Bezug auf die geometrischen Entsprechungen der Variablen. In 2. beschreibt Careen mit dem präpositionalen Ausdruck „mit Hilfe" den inhaltlichen Zusammenhang zwischen den beiden Dreiecken, die gemeinsame Diagonale in der Grundfläche. Der Term 1. wird hier

Abbildung 7.7 Careens und Kasimirs erstes Schriftprodukt

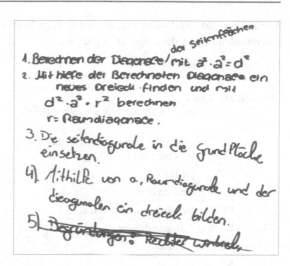

nicht übernommen. Die beiden Schritte wird in 3. Kasmir durch das Beschreiben des Einsetzens miteinander verbunden, ohne dass er es weiter ausführt. Unter 4. beschreibt Kasimir noch einmal das Dreieck, dass auch Careen in 2. schon verschriftlicht hat. Die beiden erwähnen das erste Dreieck als Teil der Grundfläche mit beiden Katheten der Länge a und die rechten Winkel der Dreiecke als Voraussetzung im Text nicht. Damit beschreiben Careen und Kasimir in den nummerierten Schritten das Berechnen. Sprachlich entspricht ihr Text dem einer Anleitung, deren zeitliche Reihenfolge durch die Nummerierung expliziert wird.

Begründung schreiben

Beginn: 17:53 min
Nachdem die Designexperiment-Leiterin noch einmal das Dreieck erwähnt hat und Kasimir meinte, dass man das nun ausrechnen kann, fragt die Designexperiment-Leiterin noch einmal nach.

222	DL	Und warum geht das jetzt?
223	K	Warum geht was?
224	DL	Warum können wir das jetzt ausrechnen?
225	K	Weil wir nen rechten Winkel haben?

Die Designleiterin fragt noch einmal nach der Voraussetzung (Turn 222). Kasimir fragt nach, was genau gefragt ist (Turn 225). Dann schreibt Kasimir den 5. Schritt (noch nicht durchgestrichen) (Abb. 7.7). Kasimir schreibt also explizit eine

Begründung auf, die Voraussetzung des rechten Winkels [V], die aber sprachlich unverbunden ist mit dem, was er begründet.

Begründung verbinden

Beginn: 18:22 min
Die Designexperiment-Leiterin geht noch einmal auf die vorherige Begründung von Kasimir ein.

232	DL	Also musst du noch aufschreiben für was die, für was das die Begründung ist.
233	C	[lacht]
234	K	Steht da doch.
235	DL	Begründung, rechter Winkel...
236	K	...Begründungen,...
237	DL	...und,...
238	K	...ja,...
239	DL	...was...
240	K	...rechter...
241	DL	...begründet es? Ne Begründung beinhaltet ja immer, wegen das, ist das.
242	K	Ja wegen dem rechten Winkel kann man das ausrechnen.

Die Designexperiment-Leiterin fragt nach (Turn 232). Daraufhin schreibt Kasimir einen Text (Abb. 7.8).

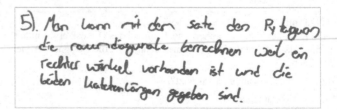

Abbildung 7.8 Careens und Kasimirs neue Formulierung des ersten Schriftprodukts

Die verschriftliche Begründung lautet „weil ein rechter Winkel vorhanden ist und die beiden Kathetenlängen gegeben sind" (siehe Abb. 7.8). Damit leitet

Kasimir die Begründung mit einer kausalen Konjunktion ein („weil"). Er verwendet also ein grammatikalisch kohärentes Sprachmittel für die logische Beziehung zwischen Voraussetzung („rechter Winkel" [V])) und Argument (Satz des Pythagoras [A]). Neben dem rechten Winkel werden die Kathetenlängen expliziert, die durch die Variable a bezeichnet sind. Damit explizieren die Lernenden neben der logischen Beziehung auch die Beweisidee, dass nämlich die Variablen der Würfelseiten in der Formel eingesetzt werden können und anschließend durch Umformen, die Diagonale durch die Seitenlängen ausgedrückt werden kann. Die Aufgabenstellung mit den beiden Dreiecken im Würfel werden im 5. aktualisierten Punkt nicht thematisiert. Dass zunächst die Formel für das erste rechtwinklige Dreieck angewandt werden muss, wird nicht zusätzlich expliziert.

Zweite Verschriftlichung

Beginn: 21:37 min
Die Designexperiment-Leiterin nimmt Bezug auf die Aufgabenstellung der Schreib aufgabe sowie den fiktiven Tobias und nimmt die Problemstellung auf, dass es sich um einen Würfel handelt und zunächst keine Dreiecke.

283	DL	Und mündlich könnt ihr das ja super. Es geht nur darum, das nochmal – auszudrücken – ohne auf Bilder zu verweisen. – Also, wenn ihr vielleicht möchtet, ich hab – noch – ich hab noch – Bilder, die euch vielleicht helfen, – die eigenen Argumentationsschritte – zu formulieren. Ich mein, ihr habt die alle schon – auch gesagt, so. Ich möchte, dass ihr so quasi nochmal als Gedankenstütze – ähm, – und die is jetzt auch in loser Reihenfolge – die euch vielleicht aber helfen –
284	C	Also, einfach nur vier Schritte machen…
285	DL	…den gesamten Text zu…
286	C	…und ne Begründung. Also, die vier Schritte so erklären und dann die Begründung.

Die Designexperiment-Leiterin fordert Kasimir und Careen noch einmal dazu auf, einen Text zu schreiben (Turn 283). Sie spricht davon, nicht auf Bilder zu verweisen, meint damit vermutlich weniger Deiktika und präsentiert gleichzeitig die Hilfekarten aus Abb. 7.1 (oben) (Turn 283). Careen spricht von vier Schritten und einer Begründung (Turn 286). Die Begründung betrachtet sie also als letzten Teil und nicht als inhärenten Teil des Textes. Nach dieser Aufforderung schreibt Careen im Gespräch mit Kasimir einen zweiten Text (Abb. 7.9).

Im ersten Satz wird das Argument genannt [A] und mit der kausalen Konjunktion „da" die Beweisidee begründet („da wir d benötigen um die Raumdiagonale berechnen zu können"). Der Schwerpunkt liegt hier auf den benötigten Angaben

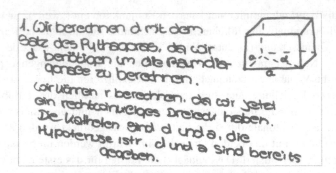

Abbildung 7.9 Careens und Kasimirs zweites Schriftprodukt

und dem Ziel der Berechnungen. Damit wird jedoch keine logische Beziehung zwischen logischen Elementen ausgedrückt. Hingegen verweisen die Lernenden im zweiten Satz mit der kausalen Konjunktion „da" auf die Voraussetzung für den zweiten Schritt und drücken damit eine logische Beziehung zwischen Voraussetzung und Argument aus, aber das eigentliche Argument, für die das rechtwinklige Dreieck [V] benötigt wird, bleibt an dieser Stelle implizit. Die Unterscheidung zwischen der Begründung von möglichen Berechnungsschritten und der Begründung, warum die Diagonale mit dem Satz des Pythagoras berechnet werden kann (Im Würfel liegen rechtwinklige Dreiecke vor, wodurch der Satz des Pythagoras erst auf das erste Dreieck in der Grundseite und dann auf das Dreieck im Würfel mit der Diagonalen als Hypotenuse übertragen werden kann), ist hier nicht trivial und nicht eindeutig von der Aufgabe eingefordert. In dem Ausdruck „da wir jetzt ein rechtwinkliges Dreieck haben" sind beide Arten der hier vorkommenden Begründungen vermischt: Zum einen die Begründung des Vorgehens und damit „jetzt" im zweiten Schritt d auch durch a a ausgedrückt werden kann. Zum anderen das rechtwinklige Dreieck als Voraussetzung vom Satz des Pythagoras, das unabhängig von den möglichen Angaben oder Variablen für Seiten existiert. In dem Text sind beide Argumentationsschritte in der logischen Reihenfolge expliziert.

Zusammenfassung des Fallbeispiels Kasimir und Careen
Gleichermaßen wie Fabian und Silias fokussieren sich auch Kasimir und Careen auf die Schlussfolgerung vom Satz des Pythagoras bzw. dessen Formel, ebenso ausdauernd schreiben sie mehrere Texte. Wie bei Fabian und Silias ist der erste Text symbolisch, allerdings ist der Zusammenhang zur geometrischen Bedeutung

schon sprachlich ausgedrückt. Der erste Text wiederholt sich teilweise, nachdem Kasimir von Careen das Schreiben übernommen hat. Kasimir und Careen explizieren den ersten Argumentationsschritt mit dem rechtwinkligen Dreieck in einer Würfelseite zunächst nicht, sondern gehen direkt auf das zweite Dreieck ein, das die Raumdiagonale enthält. Begründungen geben sie schließlich sowohl für das Vorgehen als auch für die Möglichkeit, den Satz des Pythagoras anzuwenden. Im letzten Text werden schließlich beide Argumentationsschritte versprachlicht, wobei Begründungen für das Vorgehen und die Möglichkeit, den Satz des Pythagoras anzuwenden, vermischt werden.

In den Analysen zeigt sich insgesamt, dass die Aufgabenstellung mehr zum Berechnen und dem Erläutern der Berechnungsschritte angeregt hat als zum Beweisen und dass diese Aufgabe nicht eindeutig Begründungen mit der Explikation logischer Beziehungen einfordert, sondern auch Berechnungen und Begründungen, ob diese Berechnungen möglich sind. Dies zeigt sich insbesondere darin, dass bei sprachlich markierten Begründungen („da") mit dem Vorhandensein von Variablen (die Lernenden nutzen hier ambitioniert die abstrakten Größen und nicht den konkreten Wert aus der Sprechblase) die Möglichkeit der Berechnung begründet wird. Auf diese Weise hat sich die Aufgabe als nicht geeignet erwiesen, um den danach ausgeschärften Lerngegenstand zu adressieren. Dies hat zu einer großen Änderung der Aufgabenstellungen und dem Wechsel hin zu Winkelsätzen geführt (siehe Kapitel 6).

Die Analysen der Prozesse der beiden Lernendenpaare ermöglichen dennoch, mögliche Unterstützungsbedarfe genauer zu identifizieren und Konsequenzen für ein Lehr-Lern-Arrangement abzuleiten. In Abschnitt 7.1.4 und 7.1.5 werden die Unterstützungsbedarfe bzw. die Konsequenzen dargestellt, die für die Unterstützungsformate im Lehr-Lern-Arrangement gezogen werden.

7.1.4 Zusammenfassung zentraler Unterstützungsbedarfe

Aus der Analyse der Lernprozesse zweier hoch motivierter Lernendenpaare aus Zyklus 1 wird deutlich, inwiefern die Aufgabenstellung aus Abbildung 7.1 nicht geeignet war, um Lernende an das Beweisen heranzuführen. Aus den empirischen Einblicken aus Designexperiment-Zyklus 1 lassen sich damit die folgenden Unterstützungsbedarfe ableiten:

- *Fokus der Lernenden auf Berechnen statt Begründen*: Bei den Begründungen für den gefragten Rechenweg zur Berechnung der Raumdiagonale (Abb. 7.1) stehen die Berechnungen selbst und die Anwendung des Satzes des Pythagoras im Vordergrund und nicht, warum der Satz des Pythagoras angewendet werden kann oder wie die Schritte mit den beiden rechtwinkligen Dreiecken zusammenhängen. Obwohl die Lernenden allgemein mit a für die Seitenlänge arbeiten, und nicht mit der konkreten Angabe aus der Sprechblase, steht hier das Umformen in einen Ausdruck, der a enthält, im Vordergrund. Dies entspricht dem Umformen von Gleichungen, um Unbekannte zu eliminieren. Die Aufgabenstellung mit dem Satz des Pythagoras fördert hier mit seiner herausfordernden Formel zusätzlich den Fokus auf Berechnungen, da bei seiner Anwendung zumeist die Mathematisierung und das korrekte Nutzen der Formel im Vordergrund steht. Daher wurde das Themenfeld zu den Winkelsätzen gewechselt.

- *Fehlende Explikation der Begründungsanforderungen:* Dass die Lernenden auf das Berechnen statt Begründen fokussiert blieben, liegt an der fehlenden Explizitheit sowohl in der Aufgabe als auch der Gesprächsführung, denn auch die Nachfragen der Designexperiment-Leiterin konnten nicht die Erwartungen an die Art und Struktur der Schriftprodukte deutlich machen. Sowohl die Aufgabe als auch die Designexperiment-Leiterin sind nicht eindeutig in ihren Anforderungen und Erwartungen. Die ungewöhnliche Erwartung, die logischen Elemente zu nennen, wird nicht ausreichend explizit gemacht. Der strukturelle Übergang, der zum deduktiven Schließen notwendig ist, ist nicht deutlich, da bei der Aufgabe die Formel einfach wie bei Berechnungen mit konkreten Zahlen angewendet werden kann. Für den später ausgeschärften Lerngegenstand der logischen Strukturen ist jedoch die Wahrnehmung der logischen Strukturen als Objekte notwendig, die bewusst im Lehr-Lern-Prozess gefördert werden muss (Miyazaki und Yumoto 2009).

- *Sortieren der Argumentationsschritte:* Die Lernenden explizieren die Argumentationsschritte nicht immer in ihrer logischen Reihenfolge. In den ersten Entwürfen der Schriftprodukte werden die Rechnungen teilweise in ihrer logischen Reihenfolge durchgeführt, aber ohne logische Beziehungen zu versprachlichen. In den späteren Texten werden teilweise mehr logische Elemente genannt, aber nicht mehr alle Argumentationsschritte und mit weniger Bezug zur Aufgabe. Die Notwendigkeit und Erwartung, die Schritte zu sortieren und einzeln zu explizieren, wird durch die Aufgabe nicht ausreichend explizit. Insbesondere um später auch erfolgreich Beweise zu führen, muss zunächst das Methodenwissen beispielsweise über logische Reihenfolgen aufgebaut werden (Heinze und Reiss 2003).

- *Argumente:* Die Lernenden explizieren die Argumente wie im Alltag insbesondere auf Nachfrage. Dabei nennen sie vor allem die Schlussfolgerung mit der Übertragung der Formel auf die Längen im rechtwinkligen Dreieck. Die Voraussetzungen im Satz des Pythagoras werden nach mehrmaligen Nachfragen expliziert, nicht aber die Implikationsstruktur im Satz. Für das Verstehen deduktiver Schritte muss aber die abweichende Bedeutung der mathematischen Argumente und insbesondere das Überprüfen der Voraussetzungen als bedeutungsvolle Aufgabe zunächst thematisiert werden, damit die Lernenden diesen Unterschied von alltäglichem und mathematischem Vorgehen erkennen können (Duval 1991).

- *Strukturbezogene Sprachmittel:* In den Schriftprodukten im Zyklus 1 werden die logischen Beziehungen wenig und hauptsächlich mit der temporalen Konjunktion „nachdem" verbalisiert. Nur nach der Intervention wird auch mit der kausalen Konjunktion „da" begründet. Die Sätze haben oft keine verbale Verbindung oder es wird die Reihenfolge des Vorgehens durch eine Nummerierung vorgegeben. Damit entsprechen die Sprachmittel oft mehr Prozessen wie beim Rechnen. Mathematische Begründungen geben keine zeitlichen, sondern logische Zusammenhänge wieder, deren Sprachmittel erst unterstützt und selbst ausprobiert werden müssen (Marks und Mousley 1990).

Auf Grundlage dieser Unterstützungsbedarfe wurde der fachliche und sprachliche Lerngegenstandes in Kapitel 1 erst eingegrenzt und im Rahmen der späteren Designexperiment-Zyklen weiter ausgeschärft.

7.1.5 Konsequenzen für das Lehr-Lern-Arrangement: Einführung von Unterstützungsformaten

Aus den identifizierten Lern- und Unterstützungsbedarfen bei der Bearbeitung der Aufgabe im Zyklus 1 wurden folgende Konsequenzen für die Gestaltung des Lehr-Lern-Arrangements „Mathematisch Begründen" gezogen.

- *Mathematischer Inhalt:* Der mathematische Inhalt der Aufgaben sollte so geändert werden, dass weniger auf die Berechnungen und Formeln und mehr auf die Begründungen geachtet werden kann. In dem Lehr-Lern-Arrangement wurde der Themenbereich der Winkelsätze gewählt, bei denen Berechnungen überschaubar sind (siehe Abschnitt 6.1).
- *Logische Elemente einfordern und Reihenfolge unterstützen:* Die logischen Elemente sollten systematischer eingefordert und die logische Reihenfolge unterstützt werden. Insbesondere der Übergang von den mündlichen Begründungen zu den Schriftprodukten sollte unterstützt werden. Zu diesem Zweck

wurde als Übergang zwischen den Phasen die graphischen Argumentionenschritte entwickelt, die nicht linear ausgefüllt, aber in logischer Reihenfolge im Nachhinein beim Schreiben als Unterstützung genutzt werden können (siehe Abschnitt 6.2.1).

- *Bedeutung und Struktur der Argumente betonen*: Die Argumente sollten expliziert vorgegeben werden, um ihre Bedeutung und insbesondere auch ihre Voraussetzungen zu betonen und das Lesen der Argumente stärker zu unterstützen. Zu diesem Zweck wurden die gegebenen Argumente graphisch als Karten und mit einer zunehmenden sprachlichen Explikation der Implikationsstruktur durch konditionale Formulierungen gegeben (siehe Abschnitt 6.2.2 und 6.3.1).
- *Sprachmittel für logische Strukturen unterstützen*: Bei der Versprachlichung erscheint eine Unterstützung von denjenigen Sprachmitteln sinnvoll, die logische Zusammenhänge ausdrücken und die Facetten logischer Strukturen explizieren (siehe auch 2.3.1). Aus diesem Grund wurden Sprachangebote in Form des Sprachvorbilds für einen Beweistext und der Formulierung der Argumente entwickelt (siehe Abschnitt 6.3.1).

Generell müssen im Lehr-Lern-Arrangement sowohl die fachlichen als auch sprachlichen Erwartungen an die Lernenden deutlicher herausgestellt werden. Im entwickelten Lehr-Lehr-Arrangement wird zu diesem Zweck die Beweiserstellung in Stufen eingefordert und unterstützt. So werden primär mit graphischen und sprachlichen Unterstützungsformaten, nämlich den graphischen Darstellungen und den Sprachangeboten, die strukturbezogenen fachlichen und sprachlichen Beweistätigkeiten eingefordert und unterstützt (siehe Kapitel 6).

Aufbauend auf den eben dargestellten Unterstützungsbedarfen werden im folgendem Abschnitt 7.2 die Bearbeitungsprozesse bei den Beweisaufgaben mit den daraufhin entwickelten graphischen und sprachlichen Unterstützungsformaten aufgezeigt. Darin zeigen sich die möglichen Wirkungen der eingeführten Elemente.

7.2 Bearbeitungsprozesse mit den eingeführten Unterstützungsformaten

Dieser Abschnitt beschreibt, wie die Lernenden die sprachlichen und graphischen Unterstützungsformate des entwickelten Lehr-Lern-Arrangements (siehe Kapitel 6) bei der Bearbeitung der Beweisaufgaben nutzen. In diesem Abschnitt werden die Bearbeitungsprozesse bei den Beweisaufgaben mit den graphischen und sprachlichen Unterstützungsformaten beschrieben. Damit werden entsprechend der Methodologie wichtige Designelemente des Lehr-Lern-Arrangements bzgl. ihrer Wirkungen im Prozess erforscht. Hiermit werden lokale, beschreibende Theorien über das Lehr-Lern-Arrangement entwickelt, indem die intendierte Wirkung der Unterstützungsformate mit der tatsächlichen Nutzung verglichen und reflektiert wird (Prediger 2019b). Die übergeordnete Forschungsfrage lautet:

(F2)   Wie nutzen Lernende die eingeführten Unterstützungsformate, um logische Strukturen in Beweisaufgaben zu bewältigen und zu verbalisieren? (*Bearbeitungsprozesse*)

Die Forschungsfrage lässt sich entsprechend der Trennung in sprachliche und graphische Unterstützungsformate in folgende Analysefragen ausdifferenzieren:

(F2.1)   Wie nutzen die Lernenden die graphischen Unterstützungsformate in einer Beweisaufgabenbearbeitung zum Ausführen der (fachlichen und sprachlichen) strukturbezogenen Beweistätigkeiten?

(F2.2)   Wie nutzen die Lernenden die sprachlichen Unterstützungsformate in einer Beweisaufgabenbearbeitung zum Ausführen der (fachlichen und sprachlichen) strukturbezogenen Beweistätigkeiten?

Entsprechend der Vernetzung der sprachlichen und graphischen Unterstützungsformate (siehe Abschnitt 6.4) lässt sich folgende Frage formulieren:

(F2.3)   Wie vernetzen die Lernenden die Nutzung der graphischen und sprachlichen Unterstützungsformate beim Ausführen der (fachlichen und sprachlichen) strukturbezogenen Beweistätigkeiten?

Die intendierten Wirkungen der jeweiligen Unterstützungsformate für die Umsetzung der Designprinzipien in den Lehr-Lern-Prozessen wurde in Kapitel 6 vorgestellt. Zur Untersuchung der Bearbeitungsprozesse werden in diesem Kapitel die unterschiedlichen Phasen der Beweisaufgabenbearbeitung untersucht, wie sie im Lehr-Lern-Arrangement angelegt sind. Die Phasen der Beweisaufgaben (1. Mündliche Begründung und Finden der Beweisidee, 2. Ausfüllen der graphischen Argumentationsschritte, 3. Schreiben des mathematischen Satzes, 4. Versprachlichung des Beweises) lassen sich grob der idealtypischen Reihenfolge der fachlichen und sprachlichen strukturbezogenen Beweistätigkeiten zuordnen, die bei der Erstellung eines Beweises ausgeführt werden müssen (siehe Abschnitt 2.3.2). Es ist mit der Anlage des Lehr-Lern-Arrangements intendiert, dass die fachlichen und sprachlichen strukturbezogenen Beweistätigkeiten der Lernenden sich in den einzelnen Phasen und damit auch die Nutzung der Unterstützungsformate unterscheiden.

In Tabelle 7.1 werden die in den Phasen erwarteten fachlichen und sprachlichen strukturbezogene Beweistätigkeiten (FB bzw. SB) aufgelistet und welche Unterstützungsformate dabei potenziell genutzt werden können. Tabelle 7.1 ist als prospektive Analyse zu verstehen, die dann retrospektiv mit den Beobachtungen aus den Bearbeitungsprozessen der Beweisaufgaben verglichen werden kann.

Tabelle 7.1 Potenzielle strukturbezogene Beweistätigkeiten und situative Nutzung der Unterstützungsformate in den vier Phasen der Beweisbearbeitung

Phasen	Erwartete fachliche und sprachliche strukturbezogene Beweistätigkeiten	Unterstützungsformate und deren potenzielle Nutzung
1. Phase Mündliche Begründung	• Identifizieren von Voraussetzungen (1) und Zielschlussfolgerung (2) im zu beweisenden Satz (FB1) • Sprachliches Auffalten von Voraussetzung (1) und Schlussfolgerung (1) aus dem Aufgabentext (SB1) • Identifizieren der zu verwendenden mathematischen Argumente (1) und deren logischer Struktur (2) (FB2) • Nennen (1) und sprachliches Auffalten (2) der Argumente (SB2).	• **Gegebene Argumente-Karten** werden genutzt, um die zu verwendenden Argumente zu identifizieren. • Die **Wenn-Dann-Formulierung** der gegeben Argumente wird verwendet, um die logische Struktur der Sätze zu identifizieren und sprachlich aufzufalten.
2. Phase Ausfüllen der graphischen Argumentationsschritte	• Herstellen logischer Beziehungen zwischen den logischen Elementen in den einzelnen Beweisschritten (FB3) • Sortieren und Herstellen von Beziehungen zwischen den Beweisschritten (FB4) • Nutzen von Sprachmitteln für die logischen Beziehungen innerhalb von Beweisschritten (SB3) • Nutzen von Sprachmittel für die logischen Beziehungen zwischen den Beweisschritten (SB4)	• **Graphische Argumentationsschritte** werden genutzt, um die logischen Elemente in der logischen Reihenfolge aufzuschreiben. • **Wenn-Dann-Formulierung** wird genutzt als Unterstützung bei der Nutzung der Argumente durch die sprachliche Trennung von Voraussetzung und Schlussfolgerung.

(Fortsetzung)

Tabelle 7.1 (Fortsetzung)

Phasen	Erwartete fachliche und sprachliche strukturbezogene Beweistätigkeiten	Unterstützungsformate und deren potenzielle Nutzung
3. Phase Schreiben des mathematischen Satzes	• Vollziehen des Statuswechsels des zu beweisenden mathematischen Satzes zum neuen Argument (FB6) • Nennen als neues Argument und Verdichten zum Namen des Satzes (SB6)	• **Leere Argumente** werden genutzt, um darauf den Satz in Wenn-Dann-Formulierung aufzuschreiben. • **Wenn-Dann-Formulierung** anderer gegebener Argumente werden als sprachliches Scaffold genutzt.
4. Phase Versprachlichung des Beweises	• Lineares Darstellen des Beweises als Ganzes (FB5) • Lineares Versprachlichen des Beweises mit Sprachmitteln für die Facetten logischer Strukturen und zur Herstellung von Textkohärenz (SB5)	• **Ausgefüllte graphische Argumentationsschritte** werden zur nachträglichen linearen Verschriftlichung genutzt. • **Sprachvorbild bei Einführung der ersten graphischen Argumentationsschritte und ersten Beweis** wird als sprachliches Scaffold bei eigener Verschriftlichung genutzt.

Sampling der Lernenden und Aufgabe

Alena und Jannis wurden als eines von drei Fokuslernendenpaaren aus dem Zyklus 3 ausgewählt, um ihre Bearbeitungsprozesse der Beweisaufgaben mit den Unterstützungsformaten genauer darzustellen. Beide sind 15 Jahre alt und gehen in die 10. Klasse eines Gymnasiums. Mögliche Bearbeitungsprozesse werden hier exemplarisch an dem gewählten Fokus-Lernendenpaar gezeigt, sind aber ähnlich wie bei anderen Paaren, die die Aufgaben erfolgreich bearbeiten.

Als Aufgabe für die Forschungsfrage wurde der Beweis des Wechselwinkelsatzes (Beweis 2) gewählt. Bei der Aufgabe schreiben die Lernenden als erstes einen Beweistext, so dass die Bearbeitungsprozesse durchgehend über die Phasen der Aufgabenbearbeitung hinweg dargestellt werden können, bis zum Schreiben des ersten Beweistextes. Die Auswahl der Fokus-Lernendenpaare und der Aufgabe ist genauer dargestellt in Abschnitt 5.3.2.

Aufgrund der iterativen Weiterentwicklung hatte das Lehr-Lern-Arrangement in den Designexperiment-Zyklen 2–5 unterschiedliche Versionen. Im Gegensatz zu der finalen Fassung, die in Kapitel 6 vorgestellt wurde (Hein und Prediger 2021), war in Zyklus 3 auch der erste zu beweisende mathematische Satz, der

Scheitelwinkelsatz, als Satz mit Prädikativ formuliert. Außerdem schreiben die Lernenden den Satz erst nach dem Ausfüllen der graphischen Argumentationsschritte in die Wenn-Dann-Formulierung um, nachdem der Satz bewiesen wurde und damit als neues Argument benutzt werden kann. Die Formulierungen der Argumente auf den gegebenen Argumente-Karten unterscheidet sich teilweise zwischen den einzelnen Designexperiment-Zyklen.

Konkretes Analysevorgehen
Bei der Analyse der Bearbeitungsprozesse der vier graphischen bzw. sprachlichen Unterstützungsformate werden folgende vier Analyseschritte durchgeführt: 1. Identifikation der Facetten logischer Strukturen, 2. Analyse der Sprachmittel und Schritt 3 und 4: Rekonstruktion der fachlichen und sprachlichen strukturbezogenen Beweistätigkeiten (siehe genauer Abschnitt 5.4). Dafür werden zunächst die Phasen der Beweisaufgabenbearbeitung, wie sie in dem vorliegenden Lehr-Lern-Arrangement im Zyklus 3 angelegt war, prospektiv mit den erwarteten fachlichen und sprachlichen strukturbezogenen Beweistätigkeiten, den Aufgaben und verfügbaren, potenziell genutzten Unterstützungsformaten vorgestellt. Die Analyse erfolgt dann wie folgt:

- Die logischen Elemente werden im Text codiert:
  [V] für die Voraussetzung des ersten Schritts
  [A] für die Nennung des ersten Arguments mit Namen
  [eA] für das explizierte Argumente
  [eAa] für das explizierte Argument direkt angewendet
  [eAaV] expliziertes Argument mit Voraussetzung in Bezug zur Aufgabe
  [eAaS] expliziertes Argument mit Schlussfolgerung in Bezug zur Aufgabe
  [S1] für erste Schlussfolgerung
  [nA] neues Argument (das bewiesen wird)
  [neAV] Voraussetzung des neuen Arguments (zu beweisender Satz)
  [neAS] Schlussfolgerung des neuen Arguments (des zu beweisenden Satzes)
  [V→A] logische Beziehung von der Voraussetzung zur Schlussfolgerung
  [A→S] logische Beziehung vom Argument zur Schlussfolgerung
  [V→S] logische Beziehung Voraussetzung zur Schlussfolgerung
  [A→eA] Einleitung der Explikation des Arguments
- Insgesamt wird dabei jeweils nummeriert, um die namentliche Nennung des Arguments zum Beweisschritt zuzuordnen (siehe genauer Abschnitt 5.4.3). Hier in der Aufgabe ist das Scheitelwinkelargument A1, Stufenwinkelargument A2 und Gleichheitsargument A3.

- Die gegenstandsspezifischen Sprachmittel werden auf ihre Grammatik hin untersucht, insbesondere Wortarten und inwiefern sie grammatikalisch kohärent oder inkohärent sind (siehe genauer Abschnitt 5.4.4).

- Die fachlichen und sprachlichen strukturbezogenen Beweistätigkeiten werden auf der Grundlage der Analyse der Facetten logischer Strukturen und der gegenstandsspezifischen Sprachmittel zusammenfassend dargestellt. Bei den Analyseschritten zur Rekonstruktion der strukturbezogenen Beweistätigkeiten wird miteinbezogen, welche und wie die Unterstützungsformate genutzt werden (zur Rekonstruktion der strukturbezogenen Beweistätigkeiten siehe auch Abschnitt 5.4.5). Selbstverständlich können hier nur die beobachtbaren strukturbezogenen Beweistätigkeiten und Nutzungen der Unterstützungsformate beschrieben werden.

7.2.1 Phase 1: Finden der Beweisidee und der mündlichen Begründung

Unterstützungsformate und erwartete strukturbezogene Beweistätigkeiten
In dieser Phase stehen den Lernenden die Aufgabe zu den Winkelsätzen sowie die sprachlichen und graphischen Unterstützungsformate zur Verfügung. Exemplarisch ist in Abbildung 7.10 die Aufgabe zum Beweis des Wechselwinkelsatzes abgebildet, wie sie auch Alena und Jannis bekommen.

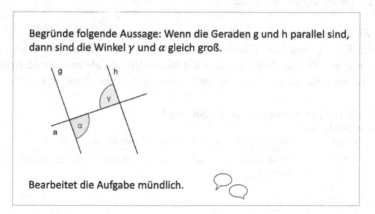

Abbildung 7.10 Inhaltliche Aufgabenstellung und Aufgabe für die mündliche Begründung und das Finden der Beweisidee in Zyklus 3

In der Phase 1 *Finden der Beweisidee und mündliche Begründung* werden im Lehr-Lern-Arrangement sukzessive die Argumente auf den Karten und mit den sprachlichen Formulierungen gegeben: Bei der ersten Aufgabe werden erst nach der mündlichen Begründung die ersten beiden Argumente („Nebenwinkelargument", „Rechenargument") gegeben. Die weiteren Argumente folgen in weiteren Aufgaben. Beim Beweis des Wechselwinkelsatz, bei dem hier exemplarisch die Bearbeitungsprozesse untersucht werden, sind das der Nebenwinkelsatz, das Rechenargument, der Stufenwinkelsatz, das Gleichheitsargument und der von den Lernenden beim Beweis des Scheitelwinkelsatzes selbst geschriebene Scheitelwinkelsatz, den Alena und Jannis „Gegenüberwinkelargument" genannt haben (Abb. 7.11).

Prospektiv sind, wie in Tabelle 7.1 dargestellt in dieser Phase folgende strukturbezogene Beweistätigkeiten in Bezug auf die vorgestellten Unterstützungsformate zu erwarten: Bei der Phase 1 *Finden der Beweisidee und der mündlichen Begründung* wird prospektiv damit gerechnet, dass die Voraussetzungen und Zielschlussfolgerung im zu beweisenden Satz (FB1) in der Aufgabenstellung identifiziert werden und dabei die *Informationen aus dem Aufgabentext (Voraussetzung und Schlussfolgerung sprachlich aufgefaltet we*rden (SB1). Für das Finden der Beweisidee sollten außerdem die zu verwendenden *mathematischen Argumente identifiziert* (FB2.1) und *genannt werden* (SB2.1), was durch die gegebenen Argumente auf den Karten unterstützt werden soll.

Die Wenn-Dann-Formulierung auf den gegebenen Argumente-Karten soll dabei unterstützen, die *logische Struktur der Argumente zu identifizieren* (FB2.2) und *sprachlich aufzufalten* (SB2.2).

Beim Finden der Beweisidee und der mündlichen Begründung
Bei der Bearbeitung des allgemeinen Wechselwinkelsatzes greifen Alena und Jannis nur auf die Bearbeitung davor zurück, indem sie als mündliche Antwort ausschließlich auf die vorherige Aufgabe verweisen (siehe Transkript).

Zyklus 3, Gruppe 4 (Alena & Jannis), Sitzung 1
Beginn: 39:33 min
Alena schaut kurz auf die Aufgabe zum Beweis des Wechselwinkelsatzes.

| 578 | A | Das ist ja. [*Pause 16 Sek.*] Alles klar. Wieder mit dem [*zeigt auf die vorherige Aufgabe*] |

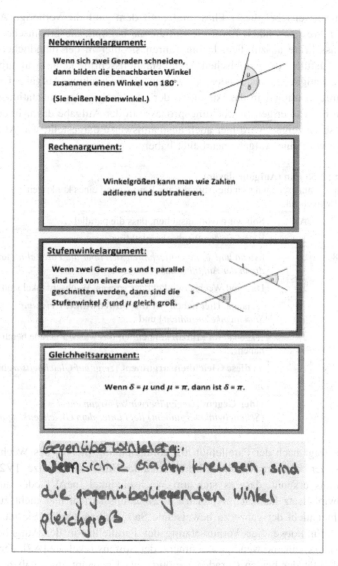

Abbildung 7.11 Argumente von Jannis und Alena beim Beweis des Wechselwinkelsatz

Alena verweist bei dieser Phase mit „mit dem" auf die vorherige Aufgabe (konkreter Wechselwinkel) bevor sie mit Jannis beginnt, die graphischen Argumentationsschritte auszufüllen. Damit führen sie hier in der mündlichen Phase vor dem Ausfüllen der graphischen Argumentationsschritte keine strukturbezogenen Beweistätigkeiten aus, sondern verweisen auf die konkrete Aufgabe davor und gehen direkt routiniert in das Ausfüllen der graphischen Argumentationsschritte über. Um die vorherigen Bearbeitungsprozesse in der Aufgabe davor in der gleichen Phase zu zeigen, wird hier auch ausnahmsweise dargestellt, wie Alena und Jannis die vorherige Aufgabe bearbeitet haben.

Beginn: 32:58 min (Aufgabe davor)
Alena und Jannis schauen sich die Aufgabe zur Berechnung eines konkreten Wechselwinkels an.

491	A	Soll wir davon ausgehen, dass die parallel ...
492	J	... das ist das Wechselwinkelding.
493–498		[*Alena und Jannis unterhalten sich über die Parallelität und wo die in der Aufgabe steht.*]
499	J	Das sind Wechselwinkel oder so was. Wechselwinkel sind ja ...
500	A	... jajaja. Hier haben wir **das Stufenwinkel** [*zeigt auf Stufenwinkelargument*] und ...
501	J	... genau im Prinzip können wir das was wir gerade benutzt haben...
502	A	... **diese Gleichheitsargument** [*zeigt auf Gleichheitsargument*].
503	J	Ja
504	A	**Oder Gegen-** [*Gegenüberwinkel-Argument (Scheitelwinkelargument) liegt unter dem Gleichheitsargument*]

Alena fragt nach der Parallelität als Voraussetzung [neAV] des Wechselwinkelsatzes, der bewiesen werden soll oder auch des Stufenwinkelsatzes [V2] (Turn 491). Jannis erkennt, dass es sich um Wechselwinkel [neAV] oder auch den Wechselwinkelsatz handelt [nA] (Turn 492). Jannis spricht hier nicht zu Ende, so dass hier nicht der ganze zu beweisende Satz explizit wird. Sie identifizieren die dafür notwendige Voraussetzung der Parallelität in der Aufgabe (Turn 493–498). Das eine notwendige Argument, der Stufenwinkelsatz [A2], der gerade die Parallelität der beiden Geraden benötigt, wird genannt „hier haben wir das Stufenwinkel" und darauf gezeigt (Turn 500). Jannis verweist auf die vorherige Bearbeitung „was wir gerade genutzt haben" (Turn 501). Der Scheitelwinkelsatz wurde in der vorherigen Aufgabe hergeleitet. Gleichheitsargument [A3] und Gegenüberwinkelargument [A1] (Scheitelwinkelargument)werden genannt. In weiteren Turns nennen die beiden wiederholt noch das Scheitelwinkelargument und das Stufenwinkelargument.

Gezeigte strukturbezogene Beweistätigkeiten mit den Unterstützungsformaten
Beim Beweis des Wechselwinkelsatzes zeigen Alena und Jannis in dieser Phase keine strukturbezogenen Beweistätigkeiten, weil sie auf die vorherige Aufgabe verweisen, bevor sie direkt mit der nächsten Phase starten. Bei den Bearbeitungsprozessen der vorherigen Aufgabe, die keine Beweisaufgabe ist, haben Alena und Jannis folgende strukturbezogene Beweistätigkeiten gezeigt: Weil kein Beweis geführt wird, ist FB1 und SB1 nur eingeschränkt möglich, da es keine Zielschlussfolgerung gibt. Die Voraussetzung der Parallelität mit den Wechselwinkeln wird hier aber genannt, also werden die Tätigkeiten *Identifikation der Voraussetzungen, aber keiner Zielschlussfolgerung* (FB1.1) und *sprachliches Auffalten von Voraussetzung aus dem Aufgabentext* (SB1.1) (Turn 491, 499) ausgeführt. Die strukturbezogenen Beweistätigkeiten in Bezug auf die Argumente (FB2 und SB2) werden folgendermaßen ausgeführt: Die *zu verwendenden mathematischen Argumente werden identifiziert* (Turn 500, 502, 504) (FB2.1), aber die logische Struktur des Arguments wird nicht beobachtbar (FB2.2). Durch die sprachliche Darstellung als nominalisierte Nennung (z. B. „Gleichheitsargument") *die Argumente genannt* (Turn 500, 502, 504) (SB2.1), aber nicht sprachlich aufgefaltet.

Hiermit nimmt Alena auf das graphische Unterstützungsformat der gegebenen Argumente-Karten Bezug, indem sie darauf zeigt und den Namen nennt. Die sprachliche Formulierung der Argumente wird allerdings nicht expliziert und damit deren inhaltliche Bedeutung auch nicht aufgefaltet.

Auch in den Tiefen- und Breitenanalysen zur Rekonstruktion der Lernwege in Kapitel 8 zeigt sich, dass in der Phase der mündlichen Begründung die Lernenden vor allem die Argumente nominalisiert nennen und auf die Karten zeigen, nachdem sie in Aufgabe 1 eingeführt wurden. Dagegen falten sie nur selten die Argumente mit der Implikationsstruktur sprachlich auf, beispielsweise durch die konditionalen Formulierungen. Am häufigsten ist es beim Transitivitätsaxiom zu beobachten, das für die Lernenden ungewohnt ist, dass das Argument aufgefaltet wird (siehe Kapitel 8 und Abschnitt 7.2.4).

7.2.2　Phase 2: Ausfüllen der graphischen Argumentationsschritte

Unterstützungsformate und erwartete strukturbezogene Beweistätigkeiten
Für diese Phase wurde die Aufgabenstellung in Abb. 7.12 bearbeitet. In dieser Phase arbeiten die Lernenden mit den leeren graphischen Argumentationsschritten, nachdem die Designexperiment-Leiterin die logischen Elemente, die in die Felder der graphischen Argumentationsschritte gehören, vorher mündlich expliziert hat (siehe Transkript).

Bitte schreibt in Partnerarbeit eure Argumentation auf die Argumentationsstrukturen.

Abbildung 7.12 Aufgabenstellung zum Ausfüllen der graphischen Argumentationsschritte im 3. Zyklus

---

Beginn: 03:14 min (Sprachliches Auffalten durch Designexperiment-Leiterin bei der ersten Verwendung in der ersten Aufgabe)
Die Designexperiment-Leiterin führt die graphischen Argumentationsschritte mündlich bei Alena und Jannis nach der mündlichen Bearbeitung der ersten Aufgabe (konkreter Nebenwinkel) ein.

48	DL	.[…] Ins erste Feld kommen die Voraussetzungen. Also hier haben wir ja geometrische Voraussetzungen, also vielleicht das ganze Geometrische **was man hat**. Dieses große Feld in der Mitte ist vorgesehen für Argumente, wobei dieses Feld hier [*zeigt auf das zweite Feld (Voraussetzungs-Check)*] nochmal dazu da ist, um zu **prüfen**, ob die Bedingungen für das Argument wirklich da sind. Oder was von der Gesamtvoraussetzung ist überhaupt relevant für das Argument. Ähm, und dabei ist ja auch wichtig, dass – So ein Argument hat ja immer so zwei Seiten, ne? Also man hat hier so 'ne Bedingung [*zeigt auf die beiden Argumente*]: Wenn man Winkelgrößen hat oder wenn man zwei Geraden hat, die sich kreuzen. Und dann hat man 'ne Schlussfolgerung. Das heißt man muss erstmal diese Bedingung prüfen, habe ich die Bedingung erfüllt, um das Argument anzuwenden.
49	A	Kreuzen sich zwei Geraden.

| 50 | DL | Genau. Und darum geht es auch, bzw. auch, dass ich hier benachbarte Winkel habe, um das Nebenwinkelargument zu nutzen. [...] Also dass ihr die komplett geometrische Voraussetzung, die Bedingung fürs Argument, **was daraus folgt** und wenn man mehrere Schritte hat, dann kann man die halt auch so aneinanderlegen [*legt einen zweiten Argumentationsschritt unter den ersten*] oder teilweise ist dann ja auch die Schlussfolgerung die Voraussetzung für das neue Argument. [...] |

In der Designexperiment-Sitzung mit Alena und Jannis expliziert die Designexperiment-Leiterin die Voraussetzung mit „was man hat" (Turn 48) sprachlich mit einem Verb. Der Voraussetzungs-Check wird mit „prüfen, ob die Bedingungen für das Argument wirklich da sind" verbalisiert. Die Schlussfolgerung wurde in „was daraus folgt" in grammatikalisch kohärente Sprachmittel (folgt = Verb) ausgedrückt (Turn 50). „Daraus" ist ein Pronominaladverb, das auf den Inhalt vorher Bezug nimmt. Die Designexperiment-Leiterin versprachlicht mit „ist dann ja auch die Schlussfolgerung die Voraussetzung für das neue Argument" (Turn 50) das Recycling zum neuen Schritt mit Nominalisierungen für die logischen Elemente, nun also mit grammatikalisch inkohärenten, bereits verdichteten Sprachmitteln (Nomen statt Verben).

Prospektiv sind in der Phase 2 Ausfüllen der graphischen Argumentationsschritte, wie in Tabelle 7.1 dargestellt folgende strukturbezogene Beweistätigkeiten in Bezug auf die vorgestellten Unterstützungsformate zu erwarten: Die graphischen Argumentationsschritte werden genutzt, um die logischen Elemente in der logischen Reihenfolge aufzuschreiben und damit *logische Beziehungen zwischen den logischen Elementen in den einzelnen Beweisschritten herzustellen* (FB3) bzw. durch das Arbeiten mit mehreren graphischen Argumentationsschritten auch die *Beweisschritte zu sortieren und Beziehungen zwischen den Beweisschritten herzustellen* (FB4). Die Wenn-Dann-Formulierung kann durch die sprachliche Trennung von Voraussetzung und Schlussfolgerung als Unterstützung genutzt werden, um bei der Anwendung des Arguments die Übereinstimmung mit den Voraussetzungen zu überprüfen und die Schlussfolgerungen zu ziehen und so die Verbalisierung mit *Sprachmitteln für die logischen Beziehungen innerhalb von Beweisschritten* (SB3) zu unterstützen. Die *Nutzung von Sprachmittel für die logischen Beziehungen zwischen den Beweisschritten* (SB4) können durch die Verwendung mehrerer graphischer Argumentationsschritte unterstützt werden.

Beim Ausfüllen der graphischen Argumentationsschritte
Beim Beweis des Wechselwinkelsatzes nutzen Alena und Jannis die Argumente
in Abb. 7.13.

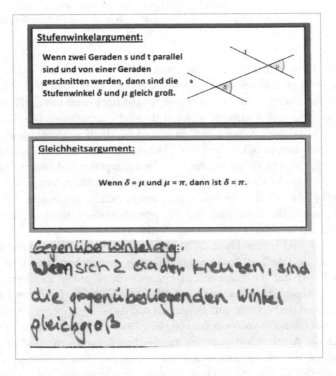

Abbildung 7.13　Von Alena und Jannis genutzte Argumente bei dem Beweis des Wechselwinkelsatzes

　　　Im Laufe der folgenden Sequenzen füllen Alena und Jannis die graphischen
Argumentationsschritte aus. Das Ergebnis ist zum besseren Verständnis vorweg
in Abbildung 7.14 abgebildet.

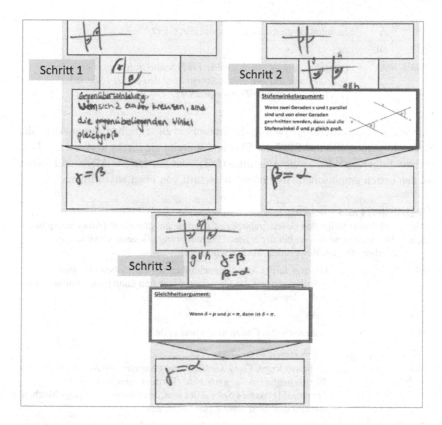

Abbildung 7.14 Alena und Jannis ausgefüllte graphische Argumentationsschritte für den Wechselwinkelsatz

Alena und Jannis füllen die graphischen Argumentationsschritte wie in den Transkripten dargestellt aus.

Beginn: 39:51 min		
Nach der mündlichen Begründung füllen Alena und Jannis die graphischen Argumentationsschritte für den Beweis des Wechselwinkelsatzes aus, indem sie zunächst die Zielschlussfolgerung in das letzte Feld des potenziell letzten Schritts schreiben.		
579	J	Okay. Also erstmal wieder allgemein begründen.
580	DL	Genau, das heißt, dass ihr diesmal auch wieder auf dem letzten Schritt was schreibt.

581	A	Ja, mhm. γ gleich α? Das ist doch γ, oder?
582	DL	Ja.
583	A	[*schreibt „$\gamma = \alpha$" in das vierte Feld (Schlussfolgerung) des zweiten Schrittes und legt den ersten Schritt über den zweiten Schritt*] [*Fortsetzung nächste Transkriptstelle*]

Nach der Aufforderung, etwas in das letzte Feld zu schreiben, nennt Alena die Schlussfolgerung [S3/neAS] (Turn 581) und schreibt sie direkt in das letzte Feld (Schlussfolgerung) des zweiten Schritts (583). Danach fangen Alena und Jannis an, den ersten graphischen Argumentationsschritt von oben auszufüllen.

Beginn: 40:14 min
Alena und Jannis füllen den ersten graphischen Argumentationsschritt (Anwendung des Scheitelwinkelsatzes, den sie bei der eigenen Formulierung „Gegenüberwinkelsatz" genannt haben) für den Beweis des Wechselwinkelsatzes aus.

583	A	[*Fortsetzung*] Okay. Hier schreiben wir dann oben hin, ähm – Sollen wir erst das Ganze aufmalen und dann in der Prüfung den Fokus legen?
584	J	.. Äh?
585	A	Sollen wir das Ganze malen und in der Prüfung den …
586	J	… Ja. …
587	A	… Fokus legen. Okay. [*zeichnet die geometrische Konstruktion der Wechselwinkel in das erste Feld (Voraussetzung) des ersten Schrittes*] [*Pause 14 Sek.*] Alles klar. Jetzt haben wir hier – Machen wir erst das, ähm, das Gegen-, nein, das …
588–592		[*A und L diskutieren, ob nun das Scheitelwinkelargument oder Stufenwinkelargument genutzt werden soll, indem sie sie nennen ohne Begründung*]
593	A	Das ist das Gleiche. [*zeichnet die Zeichnung in das zweite Feld (Voraussetzung-Check)*] [*Pause 11 Sek.*] β. Eins, Zwei [*markiert die Scheitelwinkel grün*]
594	J	Gegenwinkelargument [*Scheitelwinkelsatz ist gemeint*]
595	A	[*schreibt „GÜWarg" in das dritte Feld (Argument)*] [*Pause 6 Sek.*] Ähm. [*schreibt „$\gamma = \beta$" in das vierte Feld (Schlussfolgerung) des ersten Schrittes*]

Alena und Jannis füllen hier die Felder für die Anwendung des Scheitelwinkelsatzes in logischer Reihenfolge nacheinander mit den logischen Elementen [V1, A1, S1] aus. Den Voraussetzung-Check bezeichnet Alena als „Prüfung", wobei sie das Verb „prüfen" aus der Einführung der graphischen Argumentationsschritte nominalisiert bzw. spricht sie nach der Nachfrage von Jannis (Turn 583) auch von „Fokus legen" (Turn 587), womit sie den Voraussetzungs-Check meint. Sie markiert die für den Scheitelwinkelsatz notwendigen Scheitelwinkel grün (Turn 593) [V1]. Mehrfach wird mit dem Deiktikon „hier" (Turn 583, 587) auf die Felder verwiesen, aber sprachlich keine logischen Beziehungen ausgedrückt.

Beginn: 41:48 min
Alena und Jannis füllen den zweiten graphischen Argumentationsschritt (Anwendung des Stufenwinkelarguments) für den Beweis des Wechselwinkelsatzes aus.

599	A	Ähm und jetzt haben wir das Stufen – Ne?
600	J	Ja. [*A schreibt in das dritte Feld (Argument) des letzten Schrittes:* „SWarg"] [*Pause 7 Sek.*] […].
601–602		[*Gespräch über Dokumentation der Argumente auf graphischen Schritten*]
603	A	[*Nebenbemerkung*] [*zeichnet Stufenwinkel in das zweite Feld (Voraussetzungs-Check)*] Das sind zwei. β, α und das sind g und h. Und g parallel zu h. So (…) Ähm, und was haben wir in der Voraussetzung geschrieben?
604	J	Da haben wir auch die Zeichnung.
605	A	Die Ganze?
606	J	Äh, ja. Obwohl, doch ich glaube schon, ja. Aber wir hatten das schon mit dem Nebenwinkel, Stufenwinkel eingezeichnet.
607	A	Ja, machen wir das Ganze nochmal. Nee, aber hier [*malt die Stufenwinkel im zweiten Feld (Voraussetzungs-Check) nochmal mit grün*] haben wir das Ganze in grün. [*zeichnet die geometrische Konstruktion der Wechselwinkel in das erste Feld (Voraussetzung) des zweiten Schritts*] [*Pause 7 Sek.*] Ne? Passt.
608	J	Ja…
609	A	So. Fehlt Ihnen was? [*schiebt DL den 2. Argumentationsschritt entgegen*] …
610	DL	Nein. Jetzt habt ihr ja das, genau, dass γ gleich β ist und γ gleich α. Jetzt wolltet ihr ja zeigen, dass γ gleich …
611	J	… Achso.
612	DL	Achso. Nee. Hier habt ihr – … was ist das? [*zeigt auf den Winkel Beta im zweiten Feld (Voraussetzungs-Check) des zweiten Schritts*] Ist das β?
613	A	Ja. Wir haben erst …
614	DL	… Achso. Da folgt jetzt erst eigentlich – Aus dem Stufenwinkelargument weiß man eigentlich erst was?

615	A	Warum? Das passt doch. ... Ja und ´ne, nee. Ja, dass β gleich α ist.
616	DL	Mhm.
617	A	Oder dann – Okay dann haben wir nochmal den, ähm, den hier ...
618	J	... Rechenwinkel...
619	A	... Nein, dann haben wir das Gegenüber... Gar nicht.
620	J	Also hieraus [*zeigt auf den zweiten Argumentationsschritt*] folgt jetzt erstmal, dass – wie haben wir es benannt – α gleich ...
621	DL	... das war wohl ein β da ...
622	J	... β. [*lacht*] β ist so (...)
623	A	Wir haben jetzt hier, äh, das [*ändert das γ dem letzten Feld (Schlussfolgerung) auf dem zweiten Schritt in ein β*], ne?

Auf dem zweiten Argumentationsschritt steht schon die Zielschlussfolgerung im vierten Feld (Schlussfolgerung). Beim zweiten Argumentationsschritt einigen sich Alena und Jannis zunächst auf das Stufenwinkelargument [A2] (Turn 599–600) und Alena schreibt dies zuerst in das Feld für die Argumente (Turn 600). Sie zeichnet zunächst die gesamte geometrische Konstruktion in das zweite Feld, den Voraussetzungscheck, und schreibt die Parallelität auf (Turn 603). Sie markiert die Stufenwinkel in grün (Turn 607). Bei der Voraussetzung orientieren sie sich an vorherigen Bearbeitungen und Alena zeichnet die gesamte geometrische Konstruktion in das erste Feld [V2] (Turn 607). Die Schlussfolgerung im vierten Feld [S2] gibt die Gleichheit der Winkelmaße der Wechselwinkel und nicht der Stufenwinkel wieder, weil Alena hier schon die Zielschlussfolgerung aufgeschrieben hat, aber der zweite Schritt nicht der letzte ist. Deswegen fragt die Designexperimente-Leiterin nach der Schlussfolgerung aus dem Stufenwinkelsatz (Turn 614). Alena folgert dann die richtige Gleichung (Turn 615) und nach Überlegungen der beiden (Turn 615–619) folgert auch Jannis die richtige Gleichung (Turn 622), die er auch sprachlich einleitet mit „Also hieraus [*zeigt auf den Argumentationsschritt*] folgt jetzt erstmal, dass" [A2→S2] (Turn 620). Damit drückt er hier auch mit dem Verb „folgt" und der konsekutiven Konjunktion „dass" die logische Beziehung aus.

Die Argumentationsschritte werden dann von Alena und Jannis umorganisiert, da auf dem zweiten Argumentationsschritt noch nicht die Zielschlussfolgerung folgt (Turn 623). Insgesamt erfolgt das Ausfüllen dieses Argumentationsschritts mit den logischen Elementen, indem zuerst das Argument gewählt wird. Die logischen Elemente werden dabei mit den mathematischen Inhalten sprachlich explizit („Stufenwinkel", „Stufenwinkelargument" und „β gleich α") und den

Feldern zugeordnet; deren logische Beziehungen werden dabei aber sprachlich kaum ausgedrückt, außer zur Schlussfolgerung von Jannis.

Beginn: 44:16 min

A Alena und Jannis füllen den dritten graphischen Argumentationsschritt (Anwendung des Gleichheitsarguments) für den Beweis des Wechselwinkelsatzes aus.

624	DL	Genau… Ihr habt ja noch ein Argument, was ihr noch nie benutzt habt.
625	J	Ja. Gleichheitsargument.
626	A	Okay. Okay.
627	DL	Worum geht es? Worum geht es?
628	A	Aber, einen Moment. G.Ü.
629	J	Wir haben drei Winkel.
630	A	Das ist auch ein Gegenüber [*ändert die Bezeichnung des Gegenüberwinkelargument auf dem ersten Schritt*] [*Nebenbemerkung*]
631–633		[*Jannis will die Schritte nummerieren.*]
634	DL	Sag erstmal warum – warum kann man das nehmen.
635	J	Wir haben drei verschiedene Winkel.
636	DL	Ja. Nicht nur.
637	A	Eins, zwei drei [*zeigt dabei jeweils auf die drei Winkel in der Zeichnung*]
638	DL	Das ist, ja – Das ist ein, aber noch nicht hinreichend. Also was braucht man Also was sagt denn das Gleichheitsargument?
639	A	Und die sind gleich. Also das und das ist gleich [*zeigt auf γ und β*] und das und das ist gleich [*zeigt auf β und α*]. **Daraus folgt, dass das und das** [*zeigt auf γ und β*] gleich ist.
640	DL	Genau.
641	A	Wir haben [fängt an in das erste Feld (Voraussetzung) des dritten Argumentationsschritts zu zeichnen] eins, zwei drei. α, β, γ. Das ist *g* und das ist *h. g* ist parallel zu *h.*
642	DL	Jetzt könnt ihr nochmal mit dem Gleichheitsargument jetzt quasi prüfen für das Argument …
643	J	… Ja, also …
644	A	… Genau…
645	DL	… Warum, warum das jetzt?
646	A	Wollte ich gerade machen. Ähm.

647	J	Dann können wir eigentlich als Prüfung doch einfach die beiden [*zeigt auf die vierten Felder (Schlussfolgerung) der beiden vorherigen Schritte*] aufschreiben.
648	A	Ja genau. Wollte ich gerade machen. [*schreibt in das zweite Feld (Voraussetzungs-Check): „$\gamma = \beta$, $\beta = \alpha$"*].. Und ...
649	J	β gleich α.
650	A	Die Konsequenz **daraus ist** gleich -
651	J	Ist γ gleich α.
652	A	Ja. [*schreibt in das vierte Feld (Schlussfolgerung): „$\gamma = \alpha$"*]

Auf Nachfrage der Designexperiment-Leiterin (Turn 638) identifiziert Alena die Voraussetzungen für das Gleichheitsargument (Turn 639), indem sie auf die Winkelpaare (Stufenwinkel und Scheitelwinkel) zeigt. Dann verbalisiert sie die Gleichheit der Winkel deiktisch mit „das gleich ist", während sie auf die Wechselwinkel zeigt. Das Gleichheitsargument wird so indirekt aufgefaltet in seiner Anwendung [eAa3] (Turn 639) und nicht mit den Variablen auf dem gegebenen Argument. Die logische Beziehung im Gleichheitsargument wird versprachlicht mit „Daraus folgt, dass" (Pronominaladverb „Daraus", folgen (Verb, grammatikalisch kohärent für Schlussfolgerung und konsekutive Konjunktion „dass") [eAaV3→eAaS3]. Dass das Gleichheitsargument etwas über Größen (hier von Winkeln) aussagt unabhängig von ihrer Lage, wird nicht expliziert. Dass damit die Parallelität von g und h unnötigerweise in das Feld für den Voraussetzungs-Check eingetragen wird, bemerkt Alena später beim Schreiben des Beweistextes, wie man ihrer Frage ableiten kann (siehe Abschnitt 7.2.4).

Jannis verbalisiert indirekt (Turn 647) das Recycling der Schlussfolgerungen der ersten beiden Schritte sequenziell zum dritten Schritt mit „Dann können wir eigentlich als Prüfung doch einfach die beiden aufschreiben" und durch das Zeigen auf die Felder, was Alena in den Voraussetzungs-Check des dritten Argumentationsschritts schreibt (Turn 648).

Alena verbalisiert, dass nun die Schlussfolgerung kommt, explizit mit „Die Konsequenz daraus ist..." („Daraus" Pronominaladverb, „Konsequenz" für Schlussfolgerung (Nomen, grammatikalisch inkohärent)) [A3→S3] (Turn 650). Das 3. Feld für das Argument bleibt leer und wird von der Designexperiment-Leiterin zu Dokumentation später mit Gleichheitsargument beschriftet.

Gezeigte strukturbezogene Beweistätigkeiten mit den Unterstützungsformaten
Insgesamt füllen Alena und Jannis die Felder der graphischen Argumentationsschritte für den Beweis des Wechselwinkelsatzes mit den logischen Elementen aus

und bringen sie so in eine logische Reihenfolge, auch wenn das Ausfüllen selbst nicht unbedingt in der logischen Reihenfolge erfolgt. Beim zweiten Schritt wählen Alena und Jannis erst das Stufenwinkelargument und überlegen dann, wie die Felder ausgefüllt werden müssen und überprüfen damit auch den Zusammenhang zwischen Voraussetzungen und Argument. Besonders auch beim ungewohnten Gleichheitsargument explizieren Alena und Jannis mehr und überlegen genauer, was in welches Feld gehört.

Alena expliziert in dieser Phase die Zielschlussfolgerung (Turn 581) und führt damit die Tätigkeit *Auffalten der Schlussfolgerung aus dem zu beweisenden Satz* (SB1.2) aus. Dadurch und durch das Schreiben ins Feld (Turn 583) führt sie das *Identifizieren von Zielschlussfolgerung im zu beweisenden Satz* (FB1.2) aus.

Durch das Ausfüllen der drei graphischen Argumentationsschritte (Turn 583–595, 600–623, 641–652) werden die *logischen Beziehungen zwischen den logischen Elementen* (FB3) durch die Graphiken dargestellt. Die logischen Beziehungen in den Beweisschritten werden wenig ausgedrückt (Turn 620, 659) und einmal innerhalb des Gleichheitsarguments (Turn 639). Meistens wird auf die Felder mit Deiktika („hier") verwiesen.

Durch den Übertrag der Schlussfolgerungen von den ersten beiden Argumentationsschritten ins erste Feld des letzten Argumentationsschritts stellen sie eine *logische Beziehung zwischen den Beweisschritten her* (FB4) (Turn 647–648).

Das ungewohnte Gleichheitsargument wird auf Nachfragen der Designexperiment-Leiterin *sprachlich aufgefaltet* (SB2.2), jedoch direkt in der Anwendung.

Damit führen sie zusammengefasst mit der ersten Phase alle bis hierhin erwarteten fachlichen strukturbezogenen Beweistätigkeiten aus (siehe Tabelle 7.1), indem sie die Felder graphischen Argumentationsschritte zeigen, darauf schreiben oder damit handeln und selten dabei die logischen Beziehungen versprachlichen.

Sprachliche strukturbezogene, wie die *logischen Beziehungen innerhalb der Beweisschritte sprachlich auszudrücken* (SB3), werden selten ausgeführt. Die Tätigkeit *Nutzen von Sprachmittel für die logischen Beziehungen zwischen den Beweisschritten* (SB4) kommt nicht vor. Dies ist möglich, indem die Lernenden die fachlichen strukturbezogenen Beweistätigkeiten ohne sprachliche Darstellung ausführen, indem sie auf die Felder zeigen oder mit Deiktika die logischen Reihenfolgen und Zuordnungen zu den Feldern klären. Damit werden durch die graphischen Argumentationsschritte für die fachlichen strukturbezogenen Beweistätigkeiten ohne Versprachlichungen genutzt (siehe auch Abschnitt 7.2.5).

7.2.3 Phase 3: Schreiben des mathematischen Satzes

Unterstützungsformate und erwartete strukturbezogene Beweistätigkeiten
Für diese Phase gab es im Designexperiment-Zyklus 3 noch keine schriftliche Aufgabe. Das Schreiben des bewiesenen mathematischen Satzes wurde mündlich im Anschluss an das Ausfüllen der graphischen Argumentationsschritte eingefordert. In dieser Phase stehen als graphische Unterstützungsformate die vorher ausgefüllten graphischen Argumentationsschritte (siehe Abschnitt 7.2.2) und die leeren Argumente zur Verfügung (siehe Abb. 7.15).

Abbildung 7.15
Abbildung einer leeren
graphischen
Argumente-Karte

Als sprachliches Unterstützungsformat wurden die gegebenen Argumente mit schon teilweiser Wenn-Dann-Formulierung entwickelt. Im Zyklus 3 waren alle zu beweisenden mathematischen Sätze als Satz mit Prädikativ formuliert und mussten in dieser Phase in die Wenn-Dann-Formulierung umformuliert werden.
Erwartet wurde bei der Phase 3 *Schreiben des mathematischen Satzes* wie in Tabelle 7.1 dargestellt, dass die folgenden strukturbezogenen Beweistätigkeiten mit folgenden Unterstützungsformaten ausgeführt werden. Durch das Schreiben auf den leeren Argumente-Karten soll der *Statuswechsels des zu beweisenden mathematischen Satzes zum neuen Argument vollzogen werden* (FB6) und durch das Benennen des Satzes auch das *neue Argument zum Namen des Satzes verdichtet* werden (SB6). Die Wenn-Dann-Formulierung anderer gegebener Argumente wie der Stufenwinkelsatz kann als sprachliches Scaffold genutzt werden.

Alena und Jannis beim Schreiben des mathematischen Satzes
In dieser Sequenz schreiben Alena und Jannis den Wechselwinkelsatz (siehe Abb. 7.16).

Abbildung 7.16
Wechselwinkelargument
von Jannis und Alena

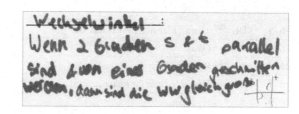

Beginn: 46:08 min
Nachdem Alena und Jannis die graphischen Argumentationsschritte ausgefüllt haben, schreiben sie das Wechselwinkelargument bei dem Beweis des Wechselwinkelsatzes.

656	J	Das Wechselwinkelargument.
657	A	Stufenwinkel, die.. gegenüber, also praktisch Stufenwinkel plus Gegenüberwinkel gleich Wechselwinkel. [*lacht*] …
658	J	Ah.
659	A	Also.
660	J	Was hatten wir schon mal. Wechselwinkel. Moment.
661	A	Kreuzen zwei parallele Gerade, Gera – lalalalala – kreuzen zwei parallele Geraden eine weitere Gerade. Wollen wir so antangen?
662	J	Wir können das doch eigentlich so machen, oder [*zeigt auf das Stufenwinkelargument*]? **Wenn** zwei Geraden *s* und *t* parallel sind und von einer Geraden geschnitten werden, **dann** sind die Wechselwinkel.. δ …
663	A	… Wir kennen die Winkelgrößen nicht, eheh.
664	J	… und weiß ich jetzt gar nicht, gleich groß.
665	A	Reicht das so? [*DL nickt*]
666	DL	Ja guckt euch nochmal …
667	A	… wir wissen …
668	DL	… eure Argumentation an …
669	A	… nein, nein, nein. …
670	DL	… das war die Voraussetzung [*zeigt auf die Zeichnung auf dem ersten Argumentationsschritt*].
671	A	Aber wir definieren den Begriff Wechselwinkel nicht.
672	J	Wieso. Hier [*zeigt auf das Stufenwinkelargument*] wird ja auch schon direkt Stufenwinkel.
673	DL	Da, wenn ihr dann noch'ne Zeichnung dazu macht
674	A	… okay. Perfekt. …

675	DL	... und klar macht was das ist.
676	J	Okay.
677	A	Perfekt.
678	DL	Und also dass ihr quasi ...
679	A	... Jajaja. ...
680	DL	... hier [*zeigt auf das erste Feld (Voraussetzung) auf dem ersten Argumentationsschritt*] als Voraussetzung und was folgt daraus.
681	A	[*schreibt das Wechselwinkelargument (Abb. 7.18)*] [*Pause 12 Sek.*] s und t parallel sind und von einer Geraden – Ich hoffe, Sie werden das lesen können. [*Pause 7 Sek.*] Die Wechselwinkel gleich groß.
682	J	Auf die Rückseite noch ´ne Zeichnung. [A nimmt sich einen Kugelschreiber und zeichnet eine Zeichnung auf das Argument] Oder da...

Jannis nennt das neue Argument „Wechselwinkelargument" [nA] (Turn 656), auch wenn „Argument" nicht aufgeschrieben wird. Alena überlegt anlog zum Beweis, wie die Wechselwinkel mit den Scheitelwinkeln und Stufenwinkeln zusammenhängen (Turn 657). Alena nennt Voraussetzungen (Turn 661). Jannis nutzt das Stufenwinkelargument als sprachliches Scaffolding (Turn 662 und Turn 672), was inhaltlich und sprachlich dem Wechselwinkelargument sehr ähnlich ist, beispielsweise durch die parallelen Geraden. Auf diese Weise verbalisieren Alena und Jannis den zu beweisenden Satz vollständig mit Voraussetzung und Schlussfolgerung (Turn 661–664). Alena fällt auf, dass die Wechselwinkel nicht definiert sind (Turn 671). Die Designexperiment-Leiterin macht darauf aufmerksam, dass eine Zeichnung genutzt werden kann (Turn 673). Sie zeigt auch zweimal auf die Voraussetzung im ersten Feld des ersten Argumentationsschritts (Turn 670 und Turn 680). Bei den Überlegungen zur Verschriftlichung des mathematischen Satzes überlegen Alena und Jannis also sowohl, ob die vorherigen Argumente benötigt werden als auch, wie die Wechselwinkel beschrieben werden können.

Gezeigte strukturbezogene Beweistätigkeiten mit den Unterstützungsformaten
Insgesamt reflektieren die Lernenden bei der Verschriftlichung des Satzes teilweise, was inhaltlich in den mathematischen Satz aufgenommen werden muss. Jannis verweist hier eigeninitiativ auf die sprachliche Formulierung des Stufenwinkelsatzes, nutzt also das Unterstützungsangebot der Wenn-Dann-Formulierungen auf dem gegebenen Argument als sprachliches Scaffolds beim eigenen Schreiben des mathematischen Satzes. Insbesondere der auch inhaltliche Stufenwinkelsatz wird als Vorbild für den Wechselwinkelsatz genommen. Die

Wenn-Dann-Formulierung der selbst geschriebenen Sätze ist dann korrekt. Damit verschriftlichen die Lernenden in dieser Phase den bewiesenen mathematischen Satz aus der Aufgabe in der konditionalen Formulierung.

Indem ein leeres Argument beschrieben wird, wird die fachliche strukturbezogene Beweistätigkeit *Vollziehen des Statuswechsels des zu beweisenden Satzes zum neuen Argument* (FB6) angeregt (Turn 656–682), die dann in den folgenden Aufgaben entsprechend als Argument verwendet wird. Indem Jannis dem neuen Argument die Überschrift „Wechselwinkelargument" gibt, wird es sprachlich zum *Nomen verdichtet und als neues Argument benannt* (SB6) (Turn 656). Erst hier wird durch die Umformulierung des Satzes aus der Aufgabenstellung in eine konditionale Form sowohl *Voraussetzung als auch Schlussfolgerung aus der Aufgabenstellung gemeinsam expliziert* (FB1) und durch die *sprachliche Form der Satz mit Voraussetzung und Schlussfolgerung komplett aufgefaltet* (SB1) (Turn 661–664).

7.2.4   Phase 4: Versprachlichung des Beweises mit mündlichem Vorbild

Unterstützungsformate und erwartete strukturbezogene Beweistätigkeiten
In der Phase 4 *Versprachlichung des Beweises* stehen als graphisches Unterstützungsformat die ausgefüllten graphischen Argumentationsschritte aus der vorherigen Bearbeitung und als sprachliche Unterstützungsformate das mündliche Sprachvorbild vom Beweis des Scheitelwinkelsatzes bzw. im Klassensetting der Lückentext zur Verfügung (siehe 7.2.6). Die Aufgabe im Designexperiment-Zyklus 3 war wie in Abb. 7.17 formuliert.

Bitte schreibt eure Argumentation nun noch einmal **alleine** mit Worten auf.
(Versucht dabei alles zu nennen, was zur Argumentation beiträgt und
die Zusammenhänge erklärt, so dass es auch ein anderer verstehen kann.)

Abbildung 7.17 Aufgabe zur Verschriftlichung des Beweises in Zyklus 3

Erwartet wurden hier wie in Tabelle 7.1 dargestellt als strukturbezogene Beweistätigkeiten das *Lineare Darstellen des Beweises als Ganzes* (FB5) bzw. (da es in sprachlicher Darstellung formuliert werden soll) auch sprachlich als

Lineares Versprachlichen des Beweises mit Sprachmitteln für die Facetten logischer Strukturen und zur Herstellung von Textkohärenz (SB5). Dabei sollen die zuvor ausgefüllten graphischen Argumentationsschritte als Unterstützung und die Sprachmittel aus dem Sprachvorbild bei Einführung der ersten graphischen Argumentationsschritte und des ersten Beweises als sprachliches Scaffold genutzt werden.

Das sprachliche Unterstützungsformat *Sprachvorbild* wird beim Beweis 1 (Beweis des Scheitelwinkelsatzes) gegeben. Das mündliche Sprachvorbild wird jeweils von der Designexperiment-Leiterin anhand der vorliegenden graphischen Argumentationsschritte formuliert, da es Varianten gibt. Beispielsweise werden die beiden Nebenwinkelpaare bei dem Scheitelwinkel in einem oder zwei graphischen Argumentationsschritten betrachtet.

Alenas und Jannis' ausgefüllte graphische Argumentationsschritte (Abb. 7.18) für den Beweis des Scheitelwinkelsatzes (also Beweis vor den hier betrachteten Bearbeitungsprozessen beim Beweis des Wechselwinkelsatzes) waren Grundlage der Versprachlichung der Designexperiment-Leiterin des ersten Beweises.

Im Transkript ist das mündliche Sprachvorbild der Designexperiment-Leiterin als sprachliches Unterstützungsformat für die Versprachlichung des Beweises dargestellt, das vorher in der Sitzung mit Alena und Jannis beim Beweis des Scheitelwinkelsatzes gegeben wurde.

Beginn: 30:14 min (Sprachvorbild aus Beweisaufgabe 1, vorher!)
Nachdem die Lernenden die graphischen Argumentationsschritte ausgefüllt haben, versprachlicht die Designexperiment-Leiterin den Beweis anhand der von Alena und Jannis ausgefüllten Argumentationsschritte mündlich

| 465 | DL | [...] Also wir **haben** ein Geradenkreuz, wobei wir zwei gegenüberliegende Winkel betrachten und **zeigen** möchten, dass diese beiden gegenüberliegenden Winkel gleich groß sind. Dabei werden zunächst, ähm, zwei – oder zweimal zwei Nebenwinkel betrachtet. **Weil** wir Nebenwinkel haben, gilt das Nebenwinkelargument. [*organisiert die graphischen Argumentationsschritte und Argumente*] Das **Nebenwinkelargument besagt, dass** die Nebenwinkel 180° sind, deswegen gilt es auch für unsere bei – also zweimal zwei Nebenwinkel. Das haben wir als Gleichungen aufgeschrieben. **Weil** wir Winkelgrößen haben, können wir **damit** rechnen, **weil** wir nach dem Rechenargument wissen, dass man auch mit Winkelgrößen rechnen kann. Und dann haben wir hier [*zeigt auf das vierte Feld (Schlussfolgerung) des zweiten Argumentationsschrittes*], ähm, durch das Gleichsetzen ausgerechnet, **dass** α gleich β ist. |

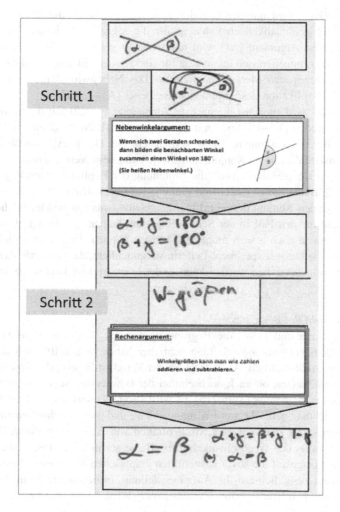

Abbildung 7.18 Alenas und Jannis ausgefüllte graphische Argumentationsschritte für den Scheitelwinkelsatz

Im ersten Satz wird mündlich Voraussetzung [neAV] und Schlussfolgerung [neAS] vom zu beweisenden mathematischen Satz getrennt. Die Voraussetzung wird dabei mit dem Verb „wir haben" und die Schlussfolgerung mit „zeigen" umschrieben, also mit grammatikalisch kohärenten Sprachmitteln für logische

Elemente. Dann wird mit der kausalen Konjunktion „weil" auf die Voraussetzungen [V1] grammatikalisch kohärent für die logische Beziehung verwiesen [V1→A1]. Das Argument [A1] wird nominalisiert genannt („Nebenwinkelargument"), also grammatikalisch inkohärent für ein logisches Element, und dann nach den strukturbezogenen Meta-Sprachmitteln „Das Nebenwinkelargument besagt, dass..." die Explikation des Arguments eingeleitet [A1→eA1].

Mit „weil" wird zunächst die nächste Voraussetzung [V2] mit der Schlussfolgerung verbunden [V2→S2] und mit dem Pronominaladverb „damit" auf vorher Gesagtes Bezug genommen. Dann verbalisiert die Designexperiment-Leiterin noch einmal mit kausaler Konjunktion „weil" und dem Verb „wissen" und der konsekutiven Konjunktion „dass" die Einleitung der Explikation des Arguments [A2→eA2]. Beide Sprachmittel sind grammatikalisch kohärent. Mit „dann", also einer temporalen Konjunktion, wird hier eingeleitet, was das Axiom Rechenwinkelargument für den Fall in der Schlussfolgerung bedeutet, nämlich, dass damit die Gleichungen nach $\alpha = \beta$ umgestellt werden können. In den anschließenden Turns hatte die Designexperiment-Leiterin versprachlicht, dass nun das Argument allgemein aufgeschrieben werden kann und wie es konkret lauten würde (Turn 467).

Beim Schreiben des Beweistextes
Nachdem Alena und Jannis die Begründung für den Wechselwinkelsatz in die graphischen Argumentationsschritte geschrieben haben, verschriftlichen sie selbst den Beweis in Einzelarbeit. Alena fragt bei der Verschriftlichung des Beweises des Wechselwinkelsatzes, ob auch noch einmal der Beweis des Scheitelwinkelsatzes beschrieben werden muss (Turn 715). Es wird also reflektiert, wie viel der lokalen Ordnung sichtbar gemacht werden muss. Alena und Jannis schreiben ungefähr 10 Minuten – mit zwei kurzen Zwischenfragen von Alena – an ihrem Beweistext zum Beweis des Wechselwinkelsatzes. Beide schauen beim Schreiben ihrer Beweistexte lange auf die zuvor ausgefüllten graphischen Argumentationsschritte. Jannis schaut zusätzlich auf die Aufgabenstellung, insbesondere beim Zeichnen der geometrischen Konstruktion. Zwischenzeitlich hat Alena eine Frage.

Beginn: 58:11 min
Bei der Verschriftlichung für den Beweis des Wechselwinkelsatzes hat Alena eine Frage.

735	A	(…) Muss ich beim Gleichheitsargument nochmal schreiben, dass, ähm, die zwei Geraden parallel zueinander sind?
736	DL	Brauchst du das für das Gleichheitsargument?..
737	A	[*schaut kurz aufs Gleichheitsargument*] Nein, eigentlich nicht.

In Abb. 7.19 bzw. 7.20 sind die Schriftprodukte von Alena und Jannis abgebildet, die sie am Ende der Bearbeitungsprozesse beim Beweis des Wechselwinkelsatzes schreiben.

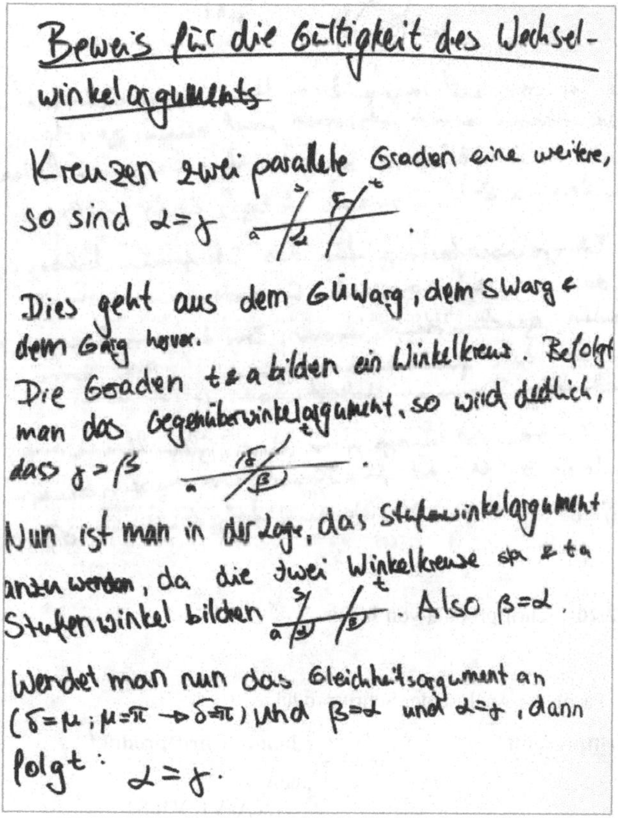

Beweis für die Gültigkeit des Wechselwinkelarguments

Kreuzen zwei parallele Geraden eine weitere,
so sind $\alpha = \gamma$.

Dies geht aus dem GÜWarg, dem SWarg &
dem Garg hervor.
Die Geraden t & a bilden ein Winkelkreuz. Befolgt
man das Gegenüberwinkelargument, so wird deutlich,
dass $\gamma = \beta$.

Nun ist man in der Lage, das Stufenwinkelargument
anzuwenden, da die zwei Winkelkreuze s & a & t & a
Stufenwinkel bilden . Also $\beta = \alpha$.

Wendet man nun das Gleichheitsargument an
($\delta = \mu$; $\mu = \pi \rightarrow \delta = \pi$) und $\beta = \alpha$ und $\alpha = \gamma$, dann
folgt: $\alpha = \gamma$.

Abbildung 7.19 Schriftprodukt von Alena

In Tabelle 7.2 ist die fachliche Analyse der explizierten logischen Elemente dargestellt mit Semikolon zwischen Schritten.

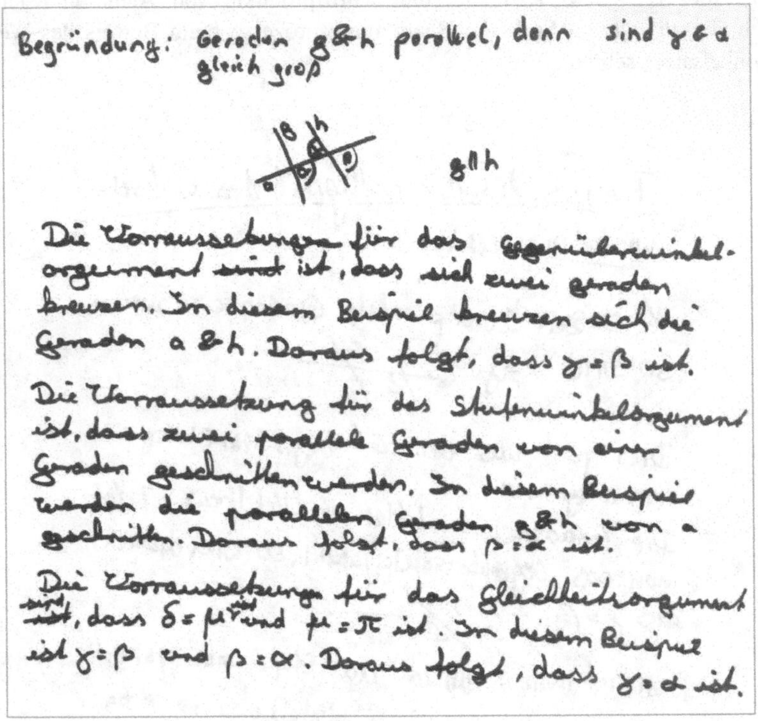

Begründung: Geraden g & h parallel, denn sind γ & α gleich groß

g ∥ h

Die Voraussetzung für das Gegenüberwinkel-argument ist, dass sich zwei geraden kreuzen. In diesem Beispiel kreuzen sich die Geraden a & h. Daraus folgt, dass γ = β ist.

Die Voraussetzung für das Stufenwinkelargument ist, dass zwei parallele Geraden von einer Geraden geschnitten werden. In diesem Beispiel werden die parallelen Geraden g & h von a geschnitten. Daraus folgt, dass β = α ist.

Die Voraussetzungen für das Gleichheitsargument sind, dass δ = μ und μ = π ist. In diesem Beispiel ist γ = β und β = α. Daraus folgt, dass γ = α ist.

Abbildung 7.20　Schriftprodukt von Jannis

Tabelle 7.2　Fachliche Analyse der Schriftprodukte

Alenas Schriftprodukt	Jannis Schriftprodukt
neA	neA
A1, A2, A3	A1, eAaV1, V1, S1
V1, A1, S1	A2, eAaV2, V2, S2
A2, V2, S2	A3, eAaV3, V3, S3
A3, eA3, V3, S3	

In ihren Schriftprodukten schreiben Alena und Jannis also alle logischen Elemente (Voraussetzung, Argument, Schlussfolgerung) der drei Beweisschritte mit Hilfe der ausgefüllten graphischen Argumentationsschritte auf und explizieren

damit die mathematischen Inhalte. Die Beweisschritte werden in ihrer logischen
Reihenfolge expliziert, die logischen Elemente innerhalb eines Beweisschritts
in unterschiedlichen Reihenfolgen. Alena expliziert vorweg den Wechselwinkelsatz, der bewiesen werden soll und zählt die Argumente auf (zum Vergleich mit
anderen Schriftprodukten siehe Abschnitt 8.1, Tabelle 8.1).

Im Folgenden wird analysiert, inwiefern die gegenstandsspezifischen Sprachangebote der Einführung der graphischen Argumentationsschritte (siehe Phase
2: Ausfüllen der Schritte), das mündliche Sprachvorbild für den Beweis
(siehe hier) und die Wenn-Dann-Formulierung der gegebenen Argumente (siehe
Abschnitt 6.3.1) mit den Sprachmitteln in den Texten von Alena und Jannis
übereinstimmen. Übereinstimmungen der Sprachmittel bedeutet entweder Übereinstimmung in der Lexik, also exakt die gleichen Wörter, die damit auch
der gleichen Grammatik entsprechen, oder nur die gleiche Grammatik, wie
beispielsweise die gleiche Wortart, aber andere Lexik.

Um zu untersuchen, welche Sprachmittel Alena und Jannis aus den Sprachangeboten für ihre eigenen Versprachlichungen verwenden, werden im Folgenden
die gegenstandsspezifischen Sprachmittel der Sprachangebote mit denen von
Alena und Jannis verglichen. In Tabelle 7.3 ist aufgelistet, welche gegenstandsspezifischen Sprachmittel von Alena und Jannis Schriftprodukten mit
denen der Designexperiment-Leiterin bei der mündlichen Einführung der graphischen Argumentationsschritte, der Versprachlichung der ersten ausgefüllten
Argumentationsschritte oder den Wenn-Dann-Formulierungen übereinstimmen.

In den Schriftprodukten nutzen die Lernenden also teilweise die gleichen
Sprachmittel wie die der Designexperiment-Leiterin bei der Einführung der graphischen Argumentationsschritte bzw. bei der mündlichen Versprachlichung des
ersten Beweises – teils wortwörtlich, aber auch nur in Übereinstimmung der
Grammatik wie bei den kausalen Konjunktionen bei Alena.

Die logischen Elemente werden primär mit den mathematischen Inhalten
expliziert. Die Voraussetzungen werden auch einmal mit einem Verb „gegeben",
also grammatikalisch kohärent, oder nominalisiert als „Voraussetzungen" expliziert, also grammatikalisch inkohärent. Insbesondere die Sprachmittel für die
logischen Beziehungen wie die kausalen und konsekutiven Konjunktionen stimmen in Lexik oder auch nur Grammatik mit der Einführung der graphischen
Argumentationsschritte bzw. dem Sprachvorbild der Designexperiment-Leiterin
überein.

Gezeigte strukturbezogene Beweistätigkeiten mit den Unterstützungsformaten
In der Analyse der Phase 4 zeigt sich also, dass Alena und Jannis die strukturbezogene Beweistätigkeit *lineare Darstellung des Beweises als Ganzes* (FB5)

Tabelle 7.3 Übereinstimmung der strukturbezogenen Sprachmittel aus sprachlichen Unterstützungsformaten und den Schriftprodukten (Beweis des Wechselwinkelsatzes)

Lernender	Übereinstimmende Lexik (damit auch Grammatik) oder nur Grammatik
Alena	• „Kreuzen zwei parallele Graden eine weitere, so sind $\alpha = \gamma$." Konditionalsatz, nur nicht wie in den gegebenen Argumenten in der Wenn-Dann Formulierung, sondern uneingeleitet und mit „so" statt „dann" (gleiche Grammatik) (In Breitenanalyse als neues expliziertes Argument [neA]), worin auch die Implikationsstruktur expliziert wird mit „so").
	• „da die zwei Winkelkreuze s/a & ta Stufenwinkel bilden" kausale Konjunktion für logische Beziehung zur Voraussetzung grammatikalisch wie in der Versprachlichung (da war es „weil", gleiche Grammatik) [V→A]
	• „so wird deutlich, dass" gleiche konsekutive Konjunktion wie in der Versprachlichung für die logische Beziehung zur Schlussfolgerung (gleiche Lexik) [A→S]
Jannis	• „Voraussetzungen für das Gegenüberwinkelargument ist, dass" bzw. „Stufenwinkelargument" bzw. „Gleichheitsargument", Voraussetzung ist eine Nominalisierung wie in der Einführung der graphischen Argumentationsschritte (gleiche Lexik) für logisches Element „Voraussetzung".
	• „Daraus folgt, dass" nutzt Jannis bei allen drei Schritten für die logische Beziehung von dem Argument zur Schlussfolgerung [A→S] „daraus folgt" stimmt mit Sprachmitteln bei der Einführung der graphischen Argumentationsschritte überein („daraus" Pronominaladverb, Sprachmittel für Text-kohärenz), „dass" als konsekutive Konjunktion für die logische Beziehung zur Schlussfolgerung stimmt mit Sprachmitteln der Versprachlichung der Designexperimente-Leiterin überein (gleiche Lexik).

ausführen. Dabei nutzen sie die zuvor ausgefüllten graphischen Argumentationsschritte, indem sie beim Schreiben sehr lange auf die Graphiken schauen. Dabei werden die Facetten logischer Strukturen durch gegenstandspezifische Sprachmittel wie Konjunktionen und Nominalisierungen ausgedrückt, aber auch temporale Sprachmittel verwendet (z. B. „Nun" bei Alena). Das Recycling zum dritten Schritt versprachlichen beide Lernende folgendermaßen: Jannis drückt es aus, indem er in einem Aussagesatz noch einmal die Schlussfolgerungen der vorherigen Schritte als Voraussetzungen deutlich macht („Die Voraussetzung für das Gleichheitsargument ist, dass $\delta = \mu$ ist und $\mu = \pi$ ist."). Damit werden grundsätzlich in der Phase 4 *Versprachlichung des Beweises*, die fachliche strukturbezogene Beweistätigkeit *Lineares Darstellen des Beweises als Ganzes* (FB5) (Turn 704–743) und teilweise die sprachliche strukturbezogene Beweistätigkeit *Lineares Versprachlichen des Beweises mit Sprachmitteln für die Facetten logischer Strukturen und zur Herstellung von Textkohärenz* (SB5) ausgeführt. Darin enthalten sind mit den Sprachmitteln für die Beweisschritte und der Verbindung zwischen den Beweisschritten in den Schriftprodukten teilweise auch die sprachlichen strukturbezogenen Beweistätigkeiten *Nutzen von Sprachmitteln für die logischen*

Beziehungen innerhalb von Beweisschritten (SB3) bzw. *Nutzen von Sprachmitteln für die logischen Beziehungen zwischen den Beweisschritten* (SB4). Beide Lernende führen durch die Explikation des Gleichheitsarguments das *sprachliche Auffalten der Argumente* aus (SB2.2) (Alena in Klammern, Jannis durch die Anwendung der Voraussetzung auf den konkreten Fall), jedoch nicht der anderen.

Damit zeigen Alena und Jannis in der Phase der Versprachlichung, hier in schriftlicher Form, größtenteils die fachlichen strukturbezogenen Beweistätigkeiten, auch die sprachlichen strukturbezogenen Beweistätigkeiten wie sie für die Phase erwartet wurden.

7.2.5 Ausgeführte strukturbezogene Beweistätigkeiten

Im Folgenden werden die von Alena und Jannis ausgeführten fachlichen und sprachlichen strukturbezogenen Beweistätigkeiten beim Beweis 2 des Wechselwinkelsatzes mit den Unterstützungsformaten im Zyklus 3 dargestellt. Dabei werden auch mögliche Erklärungen beschrieben.

Beim Vergleich der erwarteten fachlichen und sprachlichen strukturbezogenen Beweistätigkeiten in den Phasen der Beweisaufgabenbearbeitung (Tabelle 7.1) mit den ausgeführten Beweistätigkeiten von Alena und Jannis lassen sich Unterschiede bei den Zeitpunkten feststellen. Die strukturbezogenen Beweistätigkeiten, die Alena und Jannis erst in späteren Phasen ausführen, sind in Tabelle 7.4 fett markiert.

Im Folgenden werden die Abweichungen genauer betrachtet: Die fachliche strukturbezogene Beweistätigkeit *Identifizieren von Voraussetzung und Zielschlussfolgerung im zu beweisenden Satz* (FB1) wird erst vollständig beim Ausfüllen der graphischen Argumentationsschritte ausgeführt, indem die Zielschlussfolgerung ins letzte Feld des potenziell letzten Schritts geschrieben wird. Die dazugehörige sprachliche strukturbezogene Beweistätigkeit (SB1) wird komplett durch gemeinsame *Explikation von Voraussetzung und Schlussfolgerung* erst spät beim Schreiben auf der leeren Argument-Karte ausgeführt. Die sprachlichen strukturbezogenen Beweistätigkeiten in Bezug auf die *Sprachmittel für die logischen Beziehungen innerhalb der Beweisschritte* (SB3) und *zwischen den Beweisschritten* (SB4) werden selten parallel zu den dazugehörigen fachlichen strukturbezogenen Beweistätigkeiten gezeigt, sondern größtenteils erst bei der Verschriftlichung. Aus dem Vergleich der erwarteten und gezeigten strukturbezogenen Beweistätigkeiten ergeben sich folgende zentrale Beobachtungen:

Tabelle 7.4 Zusammenfassende Rekonstruktion der von Alena und Jannis ausgeführten strukturbezogenen Beweistätigkeiten (in fett später als erwartet)

Phasen der Beweisbearbeitung	Rekonstruierte fachliche strukturbezogene Beweistätigkeiten	Rekonstruierte sprachliche strukturbezogene Beweistätigkeiten
1. Phase Mündliche Begründung	• Identifizieren von Voraussetzung im zu beweisenden Satz (FB1.1) (in Turn 491,499) • Identifizieren der zu verwendenden mathematischen Argumente (FB2.1). (Turns 500, 502, 504 der vorherigen Aufgabe, auf die verwiesen wird)	• Sprachliches Auffalten von Voraussetzung aus dem Aufgabentext (SB1.1) (Turn 491,499) • Nennen der Argumente (SB2.1). (bei vorheriger Aufgabe 500, 502, 504, auf die verwiesen wird)
2. Phase Ausfüllen der graphischen Argumentationsschritte	• **Identifizieren Zielschlussfolgerung im zu beweisenden Satz (FB1.2), (Turn 581, 583)** • **Identifizieren der logischen Struktur (der verwendeten Argumente) (FB2.2) (639)** • Herstellen logischer Beziehungen zwischen den logischen Elementen in den einzelnen Beweisschritten (FB3) (Turn 583–595, 600–623, 641–652) • Sortieren und Herstellen von Beziehungen zwischen den Beweisschritten (FB4) (Turn 647–648)	• **Sprachliches Auffalten von Schlussfolgerung aus dem Aufgabentext (SB1.2) (Turn 581)** • **Sprachliches Auffalten der Argumente (SB2.2) (in der Anwendung Turn 639)** • Nutzen von Sprachmitteln für die logischen Beziehungen innerhalb von Beweisschritten (SB3) (Turn 620, 639, 650)
3. Phase: Schreiben des mathematischen Satzes	• Vollziehen des Statuswechsels des zu beweisenden mathematischen Satzes zum neuen Argument (FB6) (Turn 656–682)	• **Sprachliches Auffalten von Voraussetzung und Schlussfolgerung aus dem Aufgabentext (SB1) (Turn 661–664)** • Nennen als neues Argument und Verdichten zum Namen des Satzes (SB6) (Turn 656)
4. Phase: Versprachlichung des Beweises	• Lineares Darstellen des Beweises als Ganzes (FB5) (Schriftprodukt)	• **Nutzen von Sprachmittel für die logischen Beziehungen zwischen den Beweisschritten (SB4) (Schritt 1 und 2 zu 3)** • **Sprachliches Auffalten der Argumente (SB2.2) (Schritt 3)** • Lineares Versprachlichen des Beweises mit Sprachmitteln für die Facetten logischer Strukturen und zur Herstellung von Textkohärenz (SB5) (Schriftprodukt)

- *Sprachliches Auffalten von Voraussetzung und Schlussfolgerung des zu beweisenden Satzes erfolgt erst spät:* Die Voraussetzung und Schlussfolgerung im zu beweisenden Satz wird erst spät gemeinsam sprachlich aufgefaltet und konditional verbunden, spätestens beim Schreiben des neuen Arguments auf der leeren Argumente-Karte. Bei der mündlichen Begründung am Anfang wird dies auch nicht vom Lehr-Lern-Arrangement aktiv eingefordert. Inwiefern die Lernenden die Trennung schon in der ersten mündlichen Begründung wahrnehmen, lässt sich nicht beobachten. Aus diesem Grund wurde für die finale Version des Lehr-Lern-Arrangements das sprachliche Auffalten von Voraussetzzung und Schlussfolgerung aktiv schon am Anfang der Beweisaufgabe initiiert, indem die Umformulierung des Satzes in eine Wenn-Dann-Formulierung eingefordert wird. Damit wird der Vorgang vom Aufschreiben auf die leere Argumente-Karte getrennt, bei der jetzt nur noch der Statuswechsel vom zu beweisenden Satz zum neuen Argument vollzogen wird.
- *Fachliche strukturbezogene werden größtenteils vor den sprachlichen Beweistätigkeiten ausgeführt:* Die fachlichen strukturbezogenen Beweistätigkeiten wie Wahl der Argumente oder das Aufschreiben der fachlichen Inhalte in die Felder der graphischen Argumentationsschritte werden teilweise zunächst ohne sprachliche Darstellung, also nicht als sprachliche strukturbezogene Beweistätigkeiten ausgeführt. Dies ist durch die graphischen Unterstützungsformate (Argumente-Karten und graphische Argumentationsschritte) möglich, indem die Lernenden darauf zeigen oder mit Deiktika auf diese verweisen. Deswegen werden die sprachlichen strukturbezogenen Beweistätigkeiten anfangs weniger von den Lernenden ausgeführt und teilweise erst bei der Verschriftlichung am Ende. Insbesondere werden erst im Schriftprodukt bestimmte Sprachmittel für die logischen Beziehungen in den Beweisschritten und zwischen den Beweisschritten verwendet.
- Damit werden hier die graphischen Darstellungen wie intendiert, zunächst als Scaffolds genutzt, die gleichzeitig die Sprache entlasten (siehe Abschnitt 4.2.3). Anschließend werden aber, wie intendiert, bei der Verschriftlichung teilweise auch sehr viele Sprachmittel für die Versprachlichung der Facetten logischer Strukturen und der Textkohärenz genutzt (siehe auch Abschnitt 8.2). Die Erwartungen an den Zeitpunkt der Ausführung der sprachlichen strukturbezogenen Beweistätigkeiten entsprachen nicht der ursprünglichen Intention des Lehr-Lehr-Arrangements. Diesbezüglich wurden die Erwartungen verändert und diese auch in der finalen Fassung des Lehr-Lern-Arrangements und dem zugehörigen didaktischen Kommentar erst später verankert.

7.2.6 Wirkungsweisen der Unterstützungsformate

Zusammenfassend lässt sich für die untersuchten Unterstützungsformate festhalten, dass sie in den analysierten Bearbeitungsprozessen der Beweisaufgaben eines Fokuspaares genutzt und die strukturbezogenen Beweistätigkeiten größtenteils damit ausgeführt werden. Wie in Kapitel 8 noch weiter auszuführen sein wird, zeigten sich auch in weiteren Analysen anderer Lernender, dass die Lernenden die graphischen und sprachlichen Unterstützungsformate (graphische: Gegebene und leere Argumente-Karten, graphische Argumentationsschritte; sprachliche: Wenn-Dann-Formulierung und Sprachvorbild für logische Elemente und Versprachlichung des Beweistextes) konkret auf folgende Weise bei den Bearbeitungen der Beweisaufgaben nutzen:

Gegebene und leere Argumente-Karten
Neben den hier analysierten Lernenden nehmen auch andere Lernende die gegebenen Argumente-Karten in der Phase 1 *Finden der Beweisidee und der mündlichen Begründung* auf oder zeigen darauf. So können sie die zu verwendenden mathematischen Argumente identifizieren, wenn auch teilweise ohne ihre logische Struktur erkennbar wahrzunehmen.

Beim Ausfüllen der graphischen Argumentationsschritte legen die Lernenden die gegebenen Argumente oder Argumente mit selbst geschriebenen mathematischen Sätzen meist korrekt auf das dritte Feld. Durch die Zuordnung der Argumente zu den graphischen Argumentationsschritten kann so pro Beweisschritt ein eindeutiges Argument zugeordnet werden.

Durch das Schreiben der bewiesenen mathematischen Sätze auf die *leeren Argumente-Karten* kann der Statuswechsel vom zu beweisenden Satz zum Argument graphisch sichtbar werden. Viele Lernende nutzen dann die eigenen Sätze auch in anderen Aufgaben.

Graphischen Argumentationsschritte
Die graphischen Argumentationsschritte können wie bei Alena und Jannis schon bei mündlichen Begründungen genutzt werden und durch Zeigen auf bestimmte Felder die mathematischen Inhalte den logischen Elementen zugeordnet werden.

Während die Lernenden die graphischen Argumentationsschritte mit den logischen Elementen ausfüllen, können insbesondere die fachlichen strukturbezogenen Beweistätigkeiten (FB 1–4) angeregt werden, nur teilweise allerdings die sprachlichen strukturbezogenen Beweistätigkeiten. Es sind durch die Materialisierung in den graphischen Argumentationsschritten vor allem auch Deiktika möglich.

Beim Trennen von Voraussetzung und Zielschlussfolgerung wird von den vielen Lernenden hauptsächlich die Zielschlussfolgerung fokussiert, jedoch nicht die Voraussetzungen des zu beweisenden Satzes. Beim Feld für den Voraussetzungs-Check können aber insbesondere die Voraussetzungen für die Argumente expliziert werden, auch wenn einigen Lernenden anfangs Schwierigkeiten haben, die Unterschiede der Felder zu verstehen (siehe auch Abschnitt 8.3).

Bei der Verschriftlichung der Beweise können die zuvor ausgefüllten graphischen Argumentationsschritte genutzt werden, so wie sie Alena und Jannis intensiv nutzen, indem lange auf die graphischen Argumentationsschritte geschaut wird. Auf diese Weise können Texte geschrieben werden, in denen die Beweisschritte in logischer Reihenfolge expliziert und alle logischen Elemente enthalten sind.

Wenn-Dann-Formulierungen
Die *Wenn-Dann-Formulierungen* können bei der Umformulierung der Sätze mit Prädikativ in Konditionalsätze genutzt werden. Beim Verbinden der logischen Elemente in den Beweisschritten betrachten viele Lernende die sprachlichen Formulierungen wiederholt, wie z. B. beim Feld des Voraussetzungs-Checks oder wenn nachträglich bei der Verschriftlichung überdacht wird, wie bei Alena, die beim Schreiben ihres Textes merkt, dass sie keine parallele Geraden für das Gleichheitsargument braucht. Die sprachlichen Formulierungen wurden für die finale Version des Lehr-Lern-Arrangements überarbeitet, so dass die Lernenden zunehmend eigenständig an Wenn-Dann-Formulierungen herangeführt werden (siehe Abschnitt 6.3.1).

Sprachmittel aus dem mündlichen bzw. schriftlichen Sprachvorbild
Die *Sprachmittel aus dem Sprachvorbild bei der Einführung der graphischen Argumentationsschritte und dem für den Beweistext* können bei der Verschriftlichung des Beweises genutzt werden. Dabei können sowohl die Lexik als auch nur die Grammatik für die gleichen logischen Elemente (Explikation als logisches Element („Voraussetzung")) oder auch für die logischen Beziehungen übernommen werden. Wie in Abschnitt 6.3.1 kurz dargestellt, wird beim Lückentext im Zyklus 5 in der Regel die komplette Lexik in den eigenen Text abgeschrieben, teilweise angemessen selbst variiert oder auch unreflektiert übernommen. Selbstverständlich kann der anspruchsvolle Lerngegenstand der Facetten logischer Strukturen nicht automatisch mit Hilfe der gegebenen Sprachangebote gelernt werden. Der mathematische Inhalt, dessen logische Beziehungen und die zugehörigen Sprachmittel müssen auch verstanden werden, um adäquat versprachlicht zu werden.

Die Sprache ist selbst Lerngegenstand und muss eng verzahnt mit dem fachlichen Lerngegenstand erworben werden.

Im Vergleich der mündlichen und schriftlichen Sprachangebote für die Verschriftlichung des Beweises kann als mögliche Gelingensbedingung abgeleitet werden, dass vermutlich mündlich präsentierte Sprachmittel flexibler genutzt werden können und weniger unverstanden übernommen werden. Die Gefahr einer z. T. unverstandenen Übernahme von Sprachmitteln aus schriftlichen Sprachangeboten ist auch aus anderen Projekten bekannt (z. B. Pöhler 2018). Schriftliche Sprachvorbilder dürfen daher erst nach Aufbau des Verständnisses ihrer Bedeutung angeboten werden. Dieser Zeitpunkt ist im Laborsetting mit nur zwei Lernenden leichter zu finden als im Klassensetting.

Vernetzung von graphischen und sprachlichen Unterstützungsformaten
Auch wenn hier die situative Nutzung der Unterstützungsformate einzeln beschrieben wurden, ist die enge Vernetzung von graphischen und sprachlichen Unterstützungsformaten beim Ausführen der fachlichen und sprachlichen strukturbezogenen Beweistätigkeiten intendiert. Ihre potenzielle Vernetzung entlang des Lernpfads ist bei der Darstellung des Lehr-Lern-Arrangements beschrieben (siehe Abschnitt 6.4, Tabelle 6.6).

Nachdem die gegebenen Argumente auf den Argumente-Karten bei der ersten Aufgabe mit den konkreten Nebenwinkeln eingeführt wurden (Explikation der Argumente), können die Argumente bei den Begründungen nominalisiert genannt werden und auf diese gezeigt werden (sprachliche und graphischen Unterstützungsformate als Scaffolds).

Wenn infolge der Einführung der graphischen Argumentationsschritte die logischen Elemente sprachlich expliziert wurden (sprachliche Explikation der logischen Elemente durch Sprachmittel), können die logischen Elemente beim Ausfüllen der graphischen Argumentationsschritte in ihre logische Reihenfolge gebracht werden (graphische Argumentationsschritte als graphische Scaffolds). Beim Ausfüllen der graphischen Argumentationsschritte übernehmen einige Lernende auch Sprachmittel aus der mündlichen Einführung der graphischen Argumentationsschritte der Designexperiment-Leiterin. Beispielsweise nutzen Alena und Jannis beim Voraussetzungs-Check die Nominalisierung („Prüfung") ähnlich wie bei der Designexperiment-Leiterin „um zu prüfen, ob die Bedingungen für das Argument wirklich da sind" (Turn 48) (Sprachmittel als Scaffolds). Die logischen Beziehungen müssen dabei sprachlich wenig expliziert werden, sondern können zunächst durch den Verweis auf die graphischen Argumentationsschritte mit Deiktika ausgedrückt werden.

Die Wenn-Dann-Formulierung auf den gegebenen Argumenten kann genutzt werden, um die Beziehungen zwischen den Voraussetzungen in der Aufgabe und dem Argument bzw. die Schlussfolgerung in dem Argument und die der Aufgabe zu klären bzw. das Feld für den Voraussetzungs-Check auszufüllen (Wenn-Dann-Formulierung als sprachliches Scaffold beim Ausfüllen der graphischen Argumentationsschritte oder Verschriftlichung). Das sprachliche Unterstützungs-format Wenn-Dann-Formulierung kann beim Umschreiben der mathematischen Sätze von Satz mit Prädikat in Konditionalsätze genutzt werden (sprachliches Scaffold beim Schreiben des Satzes).

Die ausgefüllten graphischen Argumentationsschritte können bei der Verschriftlichung durch die Lernenden genutzt werden, wie es auch die Designexperiment-Leiterin beim Beweis 1 vormacht, dem Beweis des Scheitelwinkelsatzes. Die Lernenden können bei der Verschriftlichung auf die zuvor ausgefüllten Argumentationsschritte schauen (graphische Argumentationsschritte als graphisches Scaffold für die Reihenfolge und Vollständigkeit bei der Sprachaufgabe). Die Sprachmittel aus dem Sprachvorbild können dabei übernommen werden (als sprachliches Scaffold in der Sprachaufgabe Schreiben des Textes). Beides erfolgt bei einigen Lernenden nur nach expliziter Aufforderung.

Insgesamt zeigen diese ersten Analysen, dass die Lernenden die graphischen und sprachlichen Unterstützungsangebote nach ihrer expliziten Einführung größtenteils als graphische und sprachliche Scaffolds für die strukturbezogenen fachlichen und sprachlichen Beweistätigkeiten nutzen können, so wie dies intendiert war.

Einschränken muss man allerdings, dass dies in den Designexperimenten teilweise unter der engen Begleitung durch die Designexperiment-Leiterin erfolgt und nur ein Lernendenpaar genauer dargestellt wurde. Die Bearbeitungsprozesse und die Nutzung der Unterstützungsformate bei anderen Lernendenpaaren sind ähnlich, wie in den Analysen der Lernprozesse in der Breitenanalyse von Lernenden aus Zyklus 3 und 4 (Abschnitt 8.1 und 8.2) bzw. der Tiefenanalyse der beiden anderen Fokus-Lernendenpaaren (Abschnitt 8.3) dargestellt ist.

Analyse der fachlichen und sprachlichen Lernwege

8

In diesem Kapitel werden die fachlichen und sprachlichen Lernwege mit den Unterstützungsformaten des Lehr-Lern-Arrangements entsprechend des spezifizierten fachlichen und sprachlichen Lerngegenstandes untersucht. Die Forschungsfrage lautet:

(F3) Wie lernen die Lernenden, logische Strukturen in Beweisaufgaben mit den Unterstützungsformaten zu bewältigen und zu verbalisieren? *(Lernwege)*

Zur Bearbeitung der Forschungsfrage werden die fachlichen und sprachlichen Lernwege der Lernenden auf Grundlage der Facetten logischer Strukturen und der gegenstandsspezifischen Sprachmittel in Abschnitt 8.1 in der Breite dargestellt. In Abschnitt 8.2 wird das Zusammenspiel der Facetten logischer Strukturen und der Sprachmittel in den Beweistexten genauer untersucht. Durch die kombinierte Analyse, bei der auch die logischen Beziehungen und die dafür genutzten Sprachmittel graphisch dargestellt werden, können Unterschiede und Gemeinsamkeiten mehr herausgearbeitet werden. Exemplarisch werden vier Fallbeispiele vorgestellt. Anhand von zwei Fokus-Lernendenpaaren wird in Abschnitt 8.3 dargestellt, wie die Lernenden in allen vier Phasen das Lehr-Lern-Arrangement mit den graphischen und sprachlichen Unterstützungsformaten kennenlernen. Auf dieser Grundlage werden auch die fachlichen und sprachlichen strukturbezogenen Beweistätigkeiten rekonstruiert. In Abschnitt 8.4 werden schließlich die empirischen Ergebnisse über die Lernwege im Vergleich zu den intendierten Lernwegen zusammengefasst.

K. Hein, *Logische Strukturen beim Beweisen und ihre Verbalisierung*, Dortmunder Beiträge zur Entwicklung und Erforschung des Mathematikunterrichts 46, https://doi.org/10.1007/978-3-658-35028-4_8

8.1   Breitenanalyse der Lernwege

In diesem Abschnitt werden zunächst die Lernwege grob mit 16 Lernenden untersucht. Dabei werden die Phasen 1 und 4 von der Beweiserstellung im Lehr-Lern-Arrangement berücksichtigt, da hier der wichtige Anfang von der mündlichen Begründung (Phase 1) und das Schriftprodukt (Phase 4) als Endprodukt des Beweisprozesses berücksichtigt werden.

F3.1   konkretisiert F3 in Bezug auf Anfangs- und Endphase bei der allgemeinen
        Beweiserstellung (Boero 1999) ohne Unterstützungsformate und lautet
        daher:

(F3.1)   Wie lernen die Lernenden, in den Phasen der mündlichen Begründung
         und bei der Verschriftlichung, logische Strukturen in Beweisaufgaben
         mit den Unterstützungsformaten zu bewältigen und zu verbalisieren?

Berücksichtigt werden dabei die Aufgaben zu Beweis 2 und 3, da nur bei diesen Aufgaben die Lernenden selbst Beweistexte schreiben. Die Phase 2 Ausfüllen der graphischen Argumentationsschritte und Phase 3 Schreiben eines eigenen Textes wird in 8.3 bei den Tiefenanalysen untersucht.

Sampling der Lernenden und der Aufgaben
Für die Breitenanalyse zu der Analysefrage 3.1 wurden die Lernwege aller Lernenden betrachtet, die im Designexperiment-Zyklus 3 und 4 videographiert wurden und in Einzelarbeit einen Text geschrieben haben. Das sind neben den drei Fokuslernendenpaaren, die bereits in Abschnitt 7.2 analysiert wurden bzw. in Abschnitt 8.3 analysiert werden, zwei weitere Lernendenpaare aus dem Zyklus 3 und sechs Lernende aus dem Zyklus 4.

Die Vorgehensweise der Breitenanalyse wird in Abschnitt 8.1.1 exemplarisch an Petra (Zyklus 4) illustriert, die mit Linus ein Lernendenpaar bildet und wie die Fokuslernenden aus Abschnitt 7.2 ausführliche Beweistexte geschrieben hat und damit verschiedene Sprachmittel untersucht werden können. In Abschnitt 8.1.2 werden dann die Analyseergebnisse der fachlichen und sprachlichen Breitenanalyse für die anderen Lernenden verdichtet vorgestellt. Bei der Breitenanalyse werden die Beweisaufgabe 2 und 3 betrachtet, weil hier die Schriftprodukte entstehen. In den konkreten Anwendungsaufgaben gibt es keine Beweistexte und der Beweis 1 wird von der Designexperiment-Leiterin als Sprachvorbild versprachlicht. Der Übergang von der ersten mündlichen Idee zum Schriftlichen ist interessant, um Anfang und Ende der Beweiserstellungsschritte (Boero 1999) zu untersuchen.

8.1.1 Verdeutlichung des Analysevorgehens am Fallbeispiel Petra

Im Folgen werden punktuelle Analysen von Petras fachlichem und sprachlichem Lernweg gemacht. Sie war in der Partnerarbeit mit Linus im Designexperiment-Zyklus 4. Im Zyklus 4 waren neben der Designexperiment-Leiterin noch zwei weitere Forschungsteammitglieder anwesend. Ein Forschungsteammitglied davon, das mit Linus und Petra im Gespräch war, ist in den folgenden Transkripten mit DL2 bezeichnet.

Konkretes Analysevorgehen
Auf Grundlage der in Abschnitt 5.4 genauer dargestellten Analysewerkzeuge werden für die Breitenanalyse der Lernwege folgende Analyseschritte durchgeführt:

- Für die fachliche Analyse werden die Facetten logischer Strukturen entsprechend des Analyseschritts 1 mit dem adaptierten Toulmin-Modell durchgeführt. Wie in Abschnitt 5.4.3 dargestellt, werden dabei die logischen Elemente als initiale Situation [I], Voraussetzung [V], Argument [A] und Schlussfolgerung [S], falsche Argumente [(A)], verneinte Argumente [-A], neues Argument [nA], neues explizertes Argument [neA], explizertes Argument angewendet auf Schlussfolgerung [eAaS], explizertes Argument angewendet auf Voraussetzung [eAaV], und die logischen Beziehungen zwischen den logischen Elementen [z. B. V→A, A→S] identifiziert (siehe genauer Abschnitt 5.4.3)
- Für die Analyse der Sprachmittel wird die systemisch-funktionale Grammatik entsprechend des Analyseschritts 2 durchgeführt (siehe Abschnitt 5.4.4).

Für die Breitenanalyse der Lernprozesse werden folgende Analyseschritte durchgeführt: Für die fachliche Analyse werden die Facetten logischer Strukturen entsprechend des Analyseschritt 1 mit dem adaptierten Toulmin-Modell durchgeführt. Für die Analyse der Sprachmittel wird die systemisch-funktionale Grammatik entsprechend des Analyseschritts 2 durchgeführt (siehe Abschnitt 5.4). Das Analysevorgehen ist exemplarisch an Petra dargestellt. Die Ergebnisse für die anderen Fälle werden direkt verdichtet dargestellt.

Analyse der Phase 1: Finden der Beweisidee und mündliche Begründung zum Wechselwinkelsatz
Der zweite in dem Lehr-Lern-Arrangement zu führende Beweis zielt auf den Wechselwinkelsatz (siehe Abb. 8.1), dessen Gültigkeit mit dem Stufenwinkelargument (in den Transkripten und Analysen abgekürzt als A1), dem Scheitelwinkelargument [A2] und dem Gleichheitsargument [A3] zu beweisen ist. Entsprechend wird die Voraussetzung vom Argument A1 als V1 codiert, die Schlussfolgerung von A3 als S3, usw.

Abbildung 8.1
Aufgabenstellung zum
Beweis des
Wechselwinkelsatzes

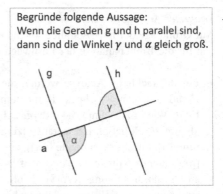

Begründe folgende Aussage:
Wenn die Geraden g und h parallel sind,
dann sind die Winkel γ und α gleich groß.

Der erste Transkriptauszug zeigt die mündliche Begründung der beiden Lernenden.

Zyklus 4, Gruppe 1 (Petra & Linus), 2. Sitzung		
Beginn: 4.35 min		
Petra und Linus beginnen die mündliche Bearbeitung des Beweises des Wechselwinkelsatzes, wobei α und γ die Wechselwinkel in der Zeichnung sind.		
2	P	Hier kann man [*zeigt auf die Zeichnung der Aufgabenstellung*] irgendwie machen, dass das einmal diese Winkel sind [*zeigt auf α und seinen Stufenwinkel*]. **Weil** – Wenn das hier Stufenwinkel sind und dann einmal das Scheitelwinkel sind. Hmm?	V1 V2
3	L	(…)	
4	P	Okay. Wenn das jetzt so machen, wofür brauchen wir das Argument [*zeigt auf das Gleichheitsargument*] – dann brauchen wir das nicht machen.	−A3
5	L	(…) dann sind das Stufenwinkel.	V1

6	P	Ja.	
7	L	Und dann, wenn man, nutzt man das Wechselwinkelargument. Und das zeigt dann, dass zwei Winkel gleich sind eigentlich. Dann braucht man das Gleichheitsargument (…)	(nA) S3 A3
8	P	Also wäre es α gleich dieser Buchstabe [*zeigt auf den Buchstaben μ im Gleichheitsargument*]. Wie hieß er?	eAaV3
9	L	μ.	
10	P	μ. Und μ gleich π?	
11	L	γ.	
12	P	**Dann** ist α gleich dem [*zeigt auf den Winkel γ*]. Ist das γ?	eAaS3
13	L	Ja.	
14	P	Kann dann überhaupt dann, ähm, – Das Scheitel – Scheitelwinkelargument oder kann man dann Stufenwinkel machen und dann – weißt du?	A2, V1
15	L	Also wir müssen das Scheitelwinkelargument machen.	A2
16	P	Wir brauchen alle drei?	A1, A2, A3
17	L	Jep.	
18 19		[*Petra und Linus organisieren die graphischen Argumentationsschritte und klären, wer schreibt.*]	
20	P	Auf der ersten haben wir Stufenwinkel, dann Scheitelwinkel und dann das [*legt das Gleichheitsargument zu den anderen beiden Argumenten*], oder?	A1, A2, A3
21	L	Ähm …	
22	P	… Also das ist eigentlich das Fazit.	
23	L	Ja, das ist das Fazit.	

In der fachlichen Analyse zeigt sich, dass Petra zunächst auf die Voraussetzungen Stufenwinkel und Scheitelwinkel in der Zeichnung zeigt und sie auch sprachlich expliziert (Turn 2: [V1] und [V2]). Petra will zunächst das Gleichheitsargument nicht benutzen (Turn 3: [−A3]). Linus schließt zyklisch, da er das Wechselwinkelargument benutzten will, was ja gezeigt werden soll (Turn 7: [(nA)]). Linus schaut sich dann aber das Gleichheitsargument (Turn 7: [A3]) genauer an und Petra macht den Voraussetzungs-Check, indem sie die Variablen auf dem Argument mit den Variablen in der Aufgabe gleichgesetzt (Turn 8–12: [eAaV3, eAaS3]). Am Ende wiederholt Petra noch einmal die Argumente in der Reihenfolge, wie sie schließlich von den beiden genutzt werden (Turn 20: [A1,

A2, A3] In der Kurzform der Breitenanalyse wird die Reihenfolge von Petras Adressierung dann wie folgt notiert: [V1, V2, −A3, V1, (nA), S3, A3, eAaV3, eAaS3, A2, V1, A2, A1, A2, A3].

In der *sprachlichen Analyse* zeigt sich, dass Petra mit dem Deiktikon „Hier" (Turn 2) auf die Voraussetzungen in der Aufgabe verweist. Petra expliziert dann mit „weil" als kausale Konjunktion (grammatikalisch kohärent) die logische Beziehung von der Voraussetzung der Stufenwinkel zum Stufenwinkelargument [V1→A1]. Die Voraussetzungen und Argumente werden vor allem nominalisiert genannt (Stufenwinkel, Scheitelwinkelargument) und es wird nicht immer sprachlich präzise zwischen den Voraussetzungen und den Argumenten unterschieden. Am Ende sprechen Linus und Petra von „Fazit" und versprachlichen damit nominalisiert die Zielschlussfolgerung, also grammatikalisch inkohärent, schon verdichtet für das logische Element.

Analyse von Petras Schriftprodukts zum Beweis 3 des Wechselwinkelsatzes aus Phase 4: Versprachlichung des Beweises
Bei der Verschriftlichung des Beweises liegt Petra und Linus die zuvor ausgefüllten graphischen Argumentationsschritte (Abb. 8.2) vor.

Nachdem Petra und Linus die graphischen Argumentationsschritte ausgefüllt haben, schreibt Petra einen Text (siehe Abb. 8.3).

Fachliche Analyse: Petra expliziert in ihrem Schriftprodukt alle logischen Elemente (die Initiale Situation I, die Voraussetzungen V1, V2, V3, Argumente A1, A2, A3 und Schlussfolgerungen S1, S2, S3). Die Beweisschritte sind in der richtigen Reihenfolge. Innerhalb der Schritte hat sie unterschiedliche Reihenfolgen der Explikation der logischen Elemente eines Schritts genutzt. In der Kurzform der Breitenanalyse werden die Reihenfolgen der Explikation logischer Elemente auf folgende Weise notiert werden: I, A1, V1, S1, V2, A2, S2, A3, V3, S3.

Sprachliche Analyse: Mit dem Verb „gegeben" drückt Petra die initiale Situation I, also die gesamte Voraussetzung mit ihrem logischen Status, grammatikalisch kohärent aus (Verb). Mit dem Pronominialadverb „dadurch" nimmt Petra auf die Voraussetzungen Bezug und verbindet sie mit der Schlussfolgerung [V1→S1 und V2→S2]. Die Begründungen mit dem Argument schiebt sie beim 2. Schritt noch dazwischen mit der kausalen Präposition „laut" [A2→S2]. Mit der temporalen Konjunktion „Nun" geht Petra zum dritten Schritt über, aber begründet auch noch einmal mit der kausalen Konjunktion „da" die logische Beziehung von der Vorrausetzung zur Schlussfolgerung [V3→A3].

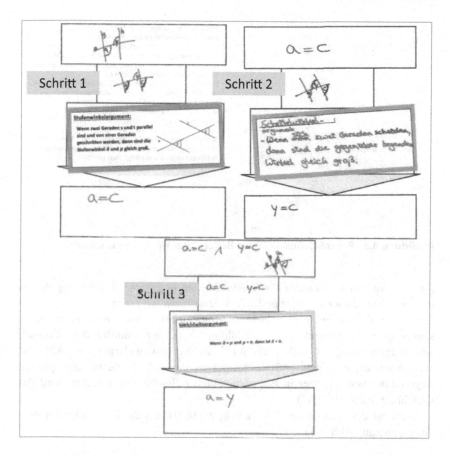

Abbildung 8.2 Ausgefüllte graphische Argumentationsschritte von Petra und Linus

Mit dem Pronominaladverb „Daraus" wird auf die vorherigen logischen Elemente Bezug genommen und mit der konsekutiven Konjunktion („dass") die logische Beziehung von dem Argument zur Schlussfolgerung [A3→S3] ausgedrückt. Die kausale Präposition „laut" steht hier im Gegensatz zu anderen Beispielen am Ende des Satzes und ist mit anderen Ausdrücken kombiniert.

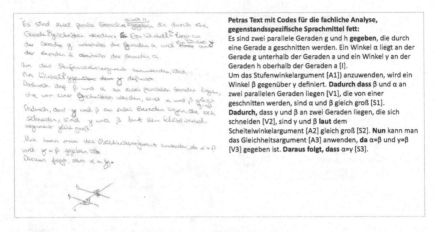

Petras Text mit Codes für die fachliche Analyse, gegenstandsspezifische Sprachmittel fett:

Es sind zwei parallele Geraden g und h **gegeben**, die durch eine Gerade a geschnitten werden. Ein Winkel α liegt an der Gerade g unterhalb der Geraden a und ein Winkel γ an der Geraden h oberhalb der Geraden a [I].
Um das Stufenwinkelargument [A1]) anzuwenden, wird ein Winkel β gegenüber γ definiert. **Dadurch dass** β und α an zwei parallelen Geraden liegen [V1], die von einer geschnitten werden, sind α und β gleich groß [S1].
Dadurch, dass β und β an zwei Geraden liegen, die sich schneiden [V2], sind γ und β **laut** dem Scheitelwinkelargument [A2] gleich groß [S2]. **Nun** kann man das Gleichheitsargument [A3] anwenden, da α=β und γ=β [V3] gegeben ist. **Daraus folgt, dass** α=γ [S3].

Abbildung 8.3   Petras Schriftprodukt zum Beweis 2 des Wechselwinkelsatzes

Analyse der Phase 1: Finden der Beweisidee und mündliche Begründung Beweis des Innenwinkelsummensatzes im Dreieck gemeinsam mit Linus

Der dritte Beweis in dem Lehr-Lern-Arrangement betrifft den Innenwinkelsummensatz im Dreieck (siehe Abbildung 8.4), der mithilfe des Wechselwinkelarguments [hier notiert als A1], das Nebenwinkelargument [A2], das Winkel-Rechen-Argument [A3] hergeleitet werden soll. Nicht bei der späteren Begründung benutzt, aber in Petras mündlicher Bearbeitung erwähnt, wird das Gleichheitsargument [(A4)].

Während der mündlichen Begründung ergänzt Petra die Zeichnung auf dem Aufgabenblatt (Abb. 8.5).

Begründe folgende Aussage: In jedem Dreieck ABC sind die Winkel α, β und γ zusammen 180 groß.
Die Gerade k durch B ist parallel zur Seite AC.

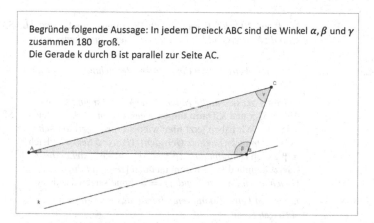

Abbildung 8.4 Aufgabenstellung zum Beweis des Wechselwinkelsatzes

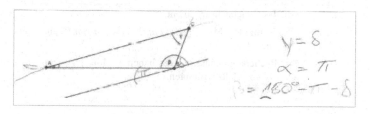

Abbildung 8.5 Zeichnung der Aufgabe zum Beweis des Innenwinkelsummensatzes im Dreieck mit Ergänzungen und Notizen von Petra

---

Zyklus 4, Gruppe 1 (Petra & Linus), 2. Sitzung. DL2 = 2. Designexperiment-Leiter Beginn: 61:50 min
Petra und Linus arbeiten mündlich an der Beweisidee für den Innenwinkelsummensatz im Dreieck

227	L	Wir schreiben α und γ nach unten.	V1
228	P	Nach unten?	
229	L	Ja und **da** nutzen wir das Nebenwinkelargument, **dass** [*zeigt auf den Winkel β und seine beiden Nebenwinkel in der Aufgabenstellung*] β, äh δ, äh, γ –nee dass π plus β plus δ gleich 180° sind.	A2 S2

230	P	Ja. [*Pause 20 Sek.*]. **Dass** β gleich 180 minus γ und α sind. [*L schreibt Notizen und Rechnungen auf sein Aufgabenblatt*] [...]	S3
231–233		[*Linus und Petra klären die korrekte Bezeichnung von π und δ.*]	
234	P	[*zeichnet bei sich in die Aufgabe die Winkel π und δ, siehe Abb. 8.5*] π und δ. **Dann folgt** y [*meint vermutlich γ*] gleich δ, ja γ -... Wir haben jetzt **hier** wieder [*verlängert die Seite AC des Dreiecks zu einer Geraden*]. [*Pause 5 Sek.*]. α gleich π. β gleich [*schreibt auf: „β = 180° – π – δ ", siehe Abb. 8.5*] – Jetzt kommt doch mit dem da oben [*zeigt auf ihre Gleichungen „α = π " und „γ = δ "*] und setzen das da ein.	S1 S2
235–240		*Linus und Petra diskutieren, ob man das jetzt einfach einsetzen kann.*	
241	L	Also wir haben das **Nebenwinkelargument** und das **Wechselwinkelargument.**	A2 A1
242	DL2	Mhm. Und?	
243	L	Äh, das Gleichheitsargument.	(A4)
244	DL2	Was ist mit dem Minus [*zeigt auf die Notizen von P*] und dem Argument?	
245	L	Das Rechenargument, aber das haben wir **hier** [*zeigt auf seine Notizen*] übersprungen.	A3

Fachliche Analyse: Petra nennt etwas ungenau die Voraussetzungen für das Wechselwinkelargument, indem sie sagt: „Wir schreiben α und γ nach unten", womit sie hier die Wechselwinkel von α und γ einzeichnen möchte (Turn 227: [V1]). Petra zeigt auf die Nebenwinkel, aber expliziert sie nicht als Voraussetzung, sondern nur die Schlussfolgerung (Turn 229: [S2]). Petra verdeutlicht noch einmal die Voraussetzungen der Wechselwinkel mit den parallelen Geraden, indem sie die Seite des Dreiecks zu einer Geraden verlängert und dann die Schlussfolgerung der gleich großen Wechselwinkelpaare nennt (Turn 234: [S1], [S2]). Sie überlegen dann, wie man die Gleichungen zusammenbringen kann (Turn 234: [S1, S2]). Petra und Linus zählen dann noch einmal Argumente auf (Turn 241–243: [A2], [A1], [(A4)]). Der zweite Designexperimentleiter macht auf das Rechenargument aufmerksam (Turn 244) und Linus nennt dann das Rechenargument, das übersprungen wurde (Turn 245: [A3]). In der Kurzform der Breitenanalyse werden die Reihenfolgen der Explikation logischer Elemente auf folgende Weise notiert: V1, A2, S2, S3, S1, S2, A2, A1, (A4), A3.

Sprachliche Analyse: Auch in dieser mündlichen Phase werden die Argumente nominalisiert inhaltlich expliziert (z. B. „Nebenwinkelargument und das Wechselwinkelargument" (Turn 241)). Petra und Linus explizieren die Voraussetzungen nicht sprachlich, sondern verweisen teilweise mit Deiktika wie „da" (Turn 229) oder „hier" (Turn 234) auf sie. Die logische Beziehung zur Schlussfolgerung wird grammatikalisch kohärent mit „dass" (konsekutive Konjunktion) (Turn 230: [A3→S3]) bzw. auch mit temporaler Konjunktion mit „dann folgt" eingeleitet (Turn 234), wobei „folgt" grammatikalisch kohärent als Verb für die Schlussfolgerung ist.

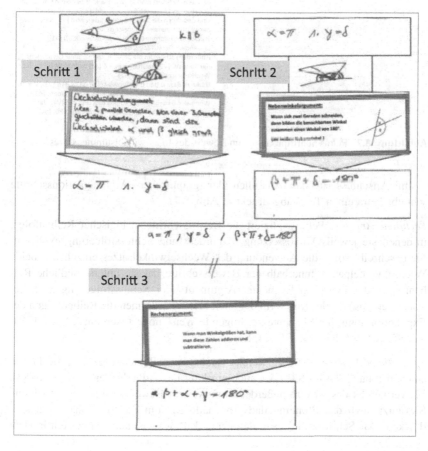

Abbildung 8.6 Ausgefüllte graphische Argumentationsschritte von Petra und Linus

Analyse von Petras Schriftprodukt zum Beweis 3 des Innenwinkelsummensatzes aus Phase 4: Versprachlichung des Beweises
Auch bei der Verschriftlichung von Beweis 3 des Innenwinkelsummensatzes liegen Petra und Linus die zuvor ausgefüllten graphischen Argumentationsschritte aus der Phase davor vor (siehe Abb. 8.6).

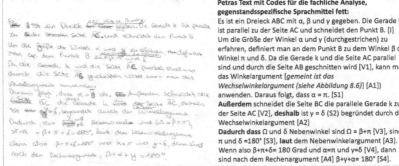

Petras Text mit Codes für die fachliche Analyse, gegenstandsspezifische Sprachmittel fett:
Es ist ein Dreieck ABC mit α, β und γ gegeben. Die Gerade k ist parallel zu der Seite AC und schneidet den Punkt B. [I]
Um die Größe der Winkel α und γ (durchgestrichen) zu erfahren, definiert man an dem Punkt B zu dem Winkel β die Winkel π und δ. Da die Gerade k und die Seite AC parallel sind und durch die Seite AB geschnitten wird [V1], kann man das Winkelargument *[gemeint ist das Wechselwinkelargument (siehe Abbildung 8.6)]* [A1]) anwenden. Daraus folgt, dass α = π. [S1]
Außerdem schneidet die Seite BC die parallele Gerade k zu der Seite AC [V2], **deshalb** ist γ = δ (S2) begründet durch das Wechselwinkelargument [A2]
Dadurch dass Ω und δ Nebenwinkel sind Ω = β+π [V3], sind β, π und δ =180° [S3], **laut** dem Nebenwinkelargument [A3].
Wenn also β+π+δ= 180 Grad und α=π und γ=δ [V4], dann sind nach dem Rechenargument [A4] β+γ+α= 180° [S4].

Abbildung 8.7   Petras Schriftprodukt zum Beweis des Innenwinkelsummensatzes

Im Anschluss an das Ausfüllen der graphischen Argumentationsschritte schreibt Petra einen Text (abgedruckt in Abb. 8.7).

Fachliche Analyse: Petra expliziert die Beweisschritte in logischer Reihenfolge, in denen sie jeweils Voraussetzung, Argument und Schlussfolgerung expliziert. Sie beschreibt sogar die Anwendung des Wechselwinkelsatzes einzeln für beide Wechselwinkelpaare. Innerhalb der Beweisschritte hat sie unterschiedliche Reihenfolgen der logischen Elemente (Argument oder Schlussfolgerung nach der Voraussetzung). In der Kurzform der Breitenanalyse können die Reihenfolgen der Explikation logischer Elemente auf folgende Weise notiert werden: I, V1, A1, S1, V2, S2, A2, V3, S3, A3, V4, A4, S4.

Sprachliche Analyse: Petra verwendet für logische Beziehungen kausale Präpositionen („laut") [A3→S3] oder auch ein kausales Adverb (deshalb) [V2→S3]. Sie verwendet das Adverb außerdem, um weitere Beweisschritte zu explizieren. Sie nutzt auch das Pronominaladverb „dadurch" um die Textkohärenz auszudrücken. Das Schriftprodukt von Petra zum 3. Beweis ist auch dargestellt in Hein

(2019a). Auch Linus' Schriftprodukt ist dort analysiert, der vor allem kausale Präpositionen für die logische Beziehung von dem Argument zur Schlussfolgerung benutzt.

8.1.2 Breitenanalyse der fachlichen Lernwege von 16 Lernenden

In diesem und dem folgenden Abschnitt wird die fachliche Analyse (Abschnitt 8.1.2) und die sprachliche Analyse (Abschnitt 8.1.3) der mündlichen Begründung und der Schriftprodukte analog zum Fallbeispiel Petra mit anderen Lernendenpaaren aus dem Zyklus 3 und 4 dargestellt, jedoch schon verdichteter (zur Auswahl der Lernenden siehe Abschnitt 5.3.2).

Die gegenstandsspezifischen Sprachmittel in den Schriftprodukten und deren Zusammenhang zur Explikation der Facetten logischer Strukturen werden daher in Abschnitt 8.2 anhand einer vertieften Analyse von Schriftprodukten dargestellt. Die mündlichen Begründungen werden in den Tiefenanalysen in Abschnitt 8.3 genauer analysiert. Zuvor werden die fachlichen Lernwege in der Breite analysiert, weil dies die Grundlage für die sprachlichen Analysen bildet.

Nachdem also für das Fallbeispiel Petra dargestellt wurde, wie die vier Schritte im Lernprozess (Beweis 2 mündlich, Beweis 2 schriftlich, Beweis 3 mündlich, Beweis 3 schriftlich) jeweils fachlich und sprachlich analysiert werden, kann auf die Kurznotationen für die Breitenanalyse der 16 anderen Lernendenpaare aus Zyklus 3 und 4 zurückgegriffen werden. Dazu werden wiederum die mündlichen Begründungen und Schriftprodukte fachlich analysiert (Zusammenfassung in Tabelle 8.1). Die sprachliche Breitenanalyse der Schriftprodukte erfolgt genauer in Abschnitt 8.2. Einige zugehörige mündliche Begründungen von Emilia und Katja bzw. Cora und Lydia finden sich konkret bei der Analyse der Lernwege mit weiteren Analysekategorien in 8.3.2.

In Tabelle 8.1 sind analog zu Petras Beispiel die Ergebnisse der fachlichen Analyse der vier Schritte im Überblick dargestellt, indem für jede Person die Reihenfolge der *Explikation der logischen Elemente* als Grundelemente der Facetten logischer Strukturen angegeben wird (in der mündlichen Phase paarweise, in den Schriftprodukten einzeln). Ein Teil der Tabelle (Lernende aus Zyklus 3) ist schon veröffentlicht in Prediger & Hein (2017), sie wird hier ergänzt um Lernende aus Zyklus 4. Logische Elemente eines Beweisschritts sind in einer Zeile aufgeführt. Die Codes sind am Ende der Tabelle kurz dargestellt (zur genaueren Erläuterung siehe Abschnitt 5.4.1).

Tabelle 8.1 Logische Elemente in der mündlichen Phase und den Schriftprodukten

Lernende	Beweis 2: Wechselwinkelsatz		Beweis 3: Innenwinkelsatz im Dreieck	
	Mündlich	Schriftlich	Mündlich	Schriftlich
Petra (Zyklus 4) (siehe oben)	V1 V2 −A3 V1 (nA)	I A1, V1, S1 V2, A2, S2 A3, V3, S3	V1 A2, S2 S3 S1 S2	I, V1, A1, S1 V2, S2, A2 V3, S3, A3 V4, A4, S4
& Linus (Zyklus 4)	S3, A3, eAaV3, eAaS3 A2 V1 A2 A1 A2 A3 A1 A2 A3	I A1, S1 A2, V2, S2 V3; A3, S3	A2 A1 (A4) A3	V A1/2, S1/2 A3, S3 A4, S4
Cora (Zyklus 3)	A3 A2 A1 A2 V1/A1, V1	I, V1, A1, S1 V2, A2, eAaS2 A3, eAa3 nA, neA	A1, V1, A1, S1 V1 A2/3, S2/3 V4, S4	I, V1, S1 A2/3, eA2/3 V2/3, S 2/3 S4, V1, S1 nA, neA
& Lydia (Zyklus 3)	V2 A3 V2 eA3 V1 −A3 A1 A2 S1 S2 S3 A1 A3 A1 A3 (siehe auch 8.3.2)	I V1, A1, S1 A2, eAaS2 S3, A3, S3		I V1, A1, eAa1 V2/3, A2/3, S2/3 V4, S4
Emilia (Zyklus 3)	A1, V1, S1 V2 V1 A2, S2 S1 S3, A3 (siehe auch 8.3.2)	I, neA A1 A2 A1, eA1, S1 V2, A2, eA2, S2 V3, A3, eA3, V3, S3, S3, nA, neA	V2 S1 S2 V3 S1 S3	I, V1, A1, eA1, S1 V2, A2, eA2, V2, S2 V3, A3, eA3 A1, S1 A2, S2 nA, neA

(Fortsetzung)

Tabelle 8.1 (Fortsetzung)

Lernende	Beweis 2: Wechselwinkelsatz		Beweis 3: Innenwinkelsatz im Dreieck	
	Mündlich	Schriftlich	Mündlich	Schriftlich
& Katja (Zyklus 3)		I, A1, V1, S1 V2, A2, S2 A3, eA3, eAaV3, S3 nA, neA		I, neA V1, A1, eA1, S1 neA A2, V2, S2 S1 V3, A3, eA3, S3 neA, nA
Leonard (Zyklus 3)	A1, A2, S2 S2 S1 A3, S3	I, A1, S1 A2, S2 V3, A3, eA3, V3, S3 (siehe auch 8.2.1)	V3, A3, S3 S1 S2 A1/2 S3	V3, A3, S3 A1/2, eA1/2, S1/2 V4, S4 neA
& Johannes (Zyklus 3)		I, A2, S2 A1, S1 A3, eA3, S3		I, A1/2, S1/2, V1/2 S3, A3, eA3 V4, S4
Alena (Zyklus 3)	neAV/V2 neAVnA A2 A3 A1 A2, A2 A1, A1, A1	neA A1, A2, A3 V1, A1, S1 A2, V2 S2 A3, eA3, V3, S3 (siehe auch 7.2.4 und 8.2.1)	(A) V3 V1, S1, A1	neA I, V1, A1, S1 V2, A2, S2 V3, A3, S3 neA
& Jannis (Zyklus 3)	A2, A2 A1, A1 (bei konkretem Wechselwinkel) (siehe auch 7.2.1)	neA A1, eAaV1, V1, S1 A2, eAaV2, V2, S2 A3, eAaV3, V3, S3 (siehe auch 7.2.4)		A1, eA1, V1, S1 A2, eaV2, V2, S2 A3, eaV3, V3, S3
Florian (Zyklus 3)	A1, S1 A2, S2 S1, A1 S2, A2 A3, S3	A1, S1 A2, S2 A3, S3	V1, S1 V2 S1/S2	V2 S1, V1 S1/2, V1/2, S1/2 nA
& Lasse (Zyklus 3)		A1, S1 A2, S2 A3, (S) (siehe auch 8.2.1)		I, V2, A2 A1, S1/2 A3, S3
Leon (Zyklus 4)	(A4) A1 A2 (A4) A1 A2	I, V1, A1, S1 V2, A2, S2 V3, A3, S3	V2/V3 A1, V1, V1, V1, S1 V2/V3, S2/S3 S4 A1 A2/A3	V1, A1, S1 V2, A2, S2 V3, A3, S3 V4, A4, S4 neA
& Lars (Zyklus 4)	(A4) A1, A2 A2	I, V1, A1, S1 V2, A2, S2 A3, V3, S3	V1 A2/A3	I, V1, A1, S1 A2, S2, V2 V3, A3, S3

(Fortsetzung)

Tabelle 8.1   (Fortsetzung)

Lernende	Beweis 2: Wechselwinkelsatz		Beweis 3: Innenwinkelsatz im Dreieck	
	Mündlich	Schriftlich	Mündlich	Schriftlich
Dennis (Zyklus 4)	A2, (A4), (A5)	I, A1, V1, S1 V2, A2, S2 V3, A3, S3?	A1/A2 A3, S3	V1, S1 V2, S2 A3, S3, V3
& Leif (Zyklus 4)	A2 A1 V1 V2 A5 −A3	I, V1, A1, S1 V2, A2, S2 V3, A3, (S3) (siehe auch 8.2.1)		I, V3, A3, S3 (A5), S4

Codes: [I] initiale Situation, Voraussetzung [V], Argument [A] und Schlussfolgerung [S], falsche Argumente [(A)], verneinte Argumente [−A], neues Argument [nA], neues expliziertes Argument [neA], expliziertes Argument angewendet auf Schlussfolgerung [eAaS], expliziertes Argument angewendet auf Voraussetzung [eAaV],/nicht eindeutig

Durch tabellarische Übersicht der fachlichen Analyseergebnisse von Beweis 2 und 3 (Abbildung 8.1) werden Unterschiede zwischen mündlicher und schriftlicher Begründung ersichtlich:

- In der *mündlichen Phase der Begründung* werden die logischen Elemente und die Schritte wiederholt und oft nicht in der logischen Reihenfolge genannt. Vor allem die Argumente werden genannt, gefolgt von den Schlussfolgerungen. Manchmal gibt es am Ende der mündlichen Phase noch eine Zusammenfassung durch Auflistung der benötigten Argumente, wobei diese aber nicht inhaltlich expliziert werden.
- Im Gegensatz zur mündlichen Phase werden in den *Schriftprodukten* die Schritte zumeist in der logischen Reihenfolge genannt (erkennbar an den Nummern). Dabei werden die logischen Elemente eines Beweisschritts hintereinander genannt (in der Tabelle mehrere logische in einer Zeile). Es werden schriftlich auch mehr Voraussetzungen expliziert. Es kommt kaum zu Wiederholungen im Gegensatz zur mündlichen Phase.

Die Schriftprodukte der unterschiedlichen Lernenden unterscheiden sich, bleiben aber bei den einzelnen Lernenden in Beweis 2 und 3 relativ stabil:

- In einigen Schriftprodukten werden nur *wenig logische Elemente*, primär das Argument und die Schlussfolgerung eines Beweisschritts genannt [A, S]. Beispielsweise bei Florian und Lasse.
- Andere Lernende nennen in ihren Schriftprodukten oft *alle drei logischen Elemente eines Beweisschritts*, auch die Voraussetzung [V, A, S]. Dabei werden

auch häufiger der zu beweisenden Satz mit Namen genannt [nA] oder mit seinem Inhalt expliziert [neA] (z. B. Alena, Jannis, Petra).

Diese beiden Arten werden in Abschnitt 8.2 kontrastiv auf ihre gegenstandsspezifischen Sprachmittel untersucht.

Es gibt noch Merkmale einzelner Lernender, die in beiden Schriftprodukten stabil bleiben wie z. B.:

- Alena expliziert immer vorne weg das zu beweisende Argument.
- Jannis übersetzt immer die Voraussetzung des Arguments für den konkreten Fall.

Bei den einzelnen Lernenden ergeben sich also wenig Veränderungen zwischen Beweis 2 und 3. Die fachlichen Lern-Prozesse für Beweis 2 sind ausführlicher in 8.3 dargestellt.

8.1.3 Sprachliche Lernprozesse

Die verwendeten Sprachmitteln in der mündlichen Begründung und den Schriftprodukten unterscheiden sich deutlich, wie auch in der exemplarischen Analyse von Petra ersichtlich (siehe Abschnitt 8.1.1). Der für Petra exemplarisch vorgestellte sprachliche Lernweg zeigt sich ähnlich auch für die anderen Lernenden: Auch bei allen anderen 15 Lernenden unterschieden sich die mündlich und schriftlich genutzten Sprachmittel erheblich. Sie nutzen bei der *mündlichen Begründung* eine Bandbreite an Sprachmitteln, vor allem viele Deiktika wie „hier", um auf Voraussetzungen zu zeigen. Mit den Sprachmitteln „und dann" (anreihende Konjunktion „und" mit temporaler Konjunktion „dann") werden oft die Schritte geplant und dann die nominalisierten Argumente genannt. Die Argumente werden zumeist ohne Begründung mit dem Namen genannt, nur das sie „gebraucht" oder „nicht gebraucht" werden. Dies wird teilweise auch mit der kausalen Konjunktion „weil" formuliert, ohne das eine wirkliche Begründung verbalisiert wird. Die logischen Beziehungen werden wenig sprachlich expliziert, stattdessen bleibt vieles implizit. Eine weitere sprachliche Analyse der mündlichen Begründungen sind noch anhand der die Fokuslernendenpaare in der Tiefenanalyse (siehe Abschnitt 8.3.1) dargestellt.

In den Schriftprodukten dagegen werden elaboriertere *Sprachmittel* genutzt: Für die logischen Elemente Verben und Nomen, für die logischen Beziehungen primär Konjunktionen und kausale Präpositionen. Teilweise werden aber auch in Aussagesätzen die logischen Zusammenhänge expliziert. Für die Facetten logischer Strukturen werden eine Bandbreite an *Sprachmitteln in den Schriftprodukten* genutzt. Für den logischen Status der logischen Elemente werden Verben („gegeben") und Nomen („Annahme"), für die logischen Beziehungen primär Konjunktionen („dass") und kausale Präpositionen („laut") genutzt. Teilweise werden aber auch in Aussagesätzen die logischen Zusammenhänge expliziert („Das ist jetzt die neue Voraussetzung."). Die gegenstandsspezifischen Sprachmittel in den Schriftprodukten und deren Zusammenhang zur Explikation der Facetten logischer Strukturen wird im Folgenden anhand einer vertieften Analyse von Schriftprodukten dargestellt (siehe Abschnitt 8.2).

8.2   Breitenanalyse der Beweistexte

Aufbauend auf der fachlichen Breitenanalyse aus Abschnitt 8.1.2 (Tabelle 8.1) werden nachfolgend die Beweistexte der Lernenden sprachlich untersucht bzgl. des Zusammenspiels mit den Facetten logischer Strukturen. Die Beweistexte sind die Schriftprodukte der Lernenden, die sie bei der Bearbeitung der Beweise 2 und 3 in Phase 4 erstellen. Wie bei den Bearbeitungsprozessen in Abschnitt 7.2 gezeigt wurde, werden viele sprachliche strukturbezogene Beweistätigkeiten erst bei der Verschriftlichung initiiert. Aus diesem Grund bieten die verschriftlichen Beweistexte, neben den mündlichen Gesprächen die Möglichkeit, präzise Tiefenanalysen der von den Lernenden aktivierten Sprachmittel für die Facetten logischer Strukturen und der Textkohärenz vorzunehmen.

Die Aufarbeitung des Forschungsstands in Abschnitt 2.3 hat ergeben, dass eine Identifizierung gegenstandsspezifischer Sprachmittel für strukturbezogene Beweistätigkeiten in bisherigen Untersuchungen zu wenig erfolgt ist, um daraus mögliche Unterstützungsformate für das Design des Lehr-Lern-Arrangements abzuleiten. Gegenstandspezifische Sprachmittel für Beweistätigkeiten sind ein Desiderat, welches erst durch die Design-Experimente ermittelt werden konnte.

Die Breitenanalyse der Beweistexte hat somit eine doppelte Funktion: Zum einen werden die als Unterstützung dienenden, rekonstruierten gegenstandsspezifischen Sprachmittel dargestellt. Zum anderen können fortgeschrittener Lernwege der Lernenden im Lehr-Lern-Arrangement durch die vertiefte Untersuchung der Beweistexte identifiziert und dargestellt werden. Die Analysefrage für diesen Abschnitt lautet demgemäß:

(F3.2)   Wie hängen die fachlichen und sprachlichen Aspekte in den Schrift
produkten aus Phase 4 zusammen?

Sampling der Lernenden und Aufgabe
Für die empirische Rekonstruktion der Sprachmittel der Facetten logischer Strukturen wurden die 20 Schriftprodukte (10 Lernende mit jeweils 2 Texten) aus dem Zyklus 3 (Klasse 9 und 10) und 16 Schriftprodukte (8 Lernende mit jeweils 2 Texten) aus dem Zyklus 4 (Klasse 12) genutzt. Das bedeutet, dass die Schriftprodukte von allen Lernenden aus Zyklus 4 enthalten sind, die ihr Schriftprodukt einzeln erstellt haben (vgl. zur Auswahl der Lernenden Abschnitt 5.3.2).

Auf Grundlage der Analyse der 36 Schriftprodukte wurden kontrastiv Beispiele ermittelt, die die Bandbreite von sehr verdichteten und sehr explizierenden Texten bezüglich der genannten Facetten logischer Strukturen als auch der verwendeten Sprachmittel zeigen (siehe auch Hein 2019a). Wie auch anhand der fachlichen Breitenanalyse (Tabelle 8.1) ersichtlich ist, gibt es Lernende, die nur *wenige logische Elemente* in ihren Texten explizieren, insbesondere Argument und Schlussfolgerung. Dies sind beispielsweise Leonard und Lasse, aber auch andere Lernende wie z. B. Linus und Florian. Anhand Linus' Beweisschritt zur Anwendung des Stufenwinkelsatzes (Hein 2018b) und seinem Text zur Innenwinkelsumme im Dreieck (Hein 2019a) sind Beispiels schon genauer auch mit den Sprachmitteln beschrieben.

Texte *mit mehr explizierten Facetten logischer Strukturen* haben beispielsweise Cora und Leif, aber auch Emilia, Katja, Lydia, Jannis, Alena, Petra und Leon. Explizierende Beispiel sind schon analysiert von Jannis über die Anwendung des Stufenwinkelsatzes (Hein 2019b), Petras Beweis zum Innenwinkelsummensatz (Hein 2019a), Katjas Anwendung des Nebenwinkelarguments (Hein 2018b) bzw. des Gleichheitsarguments (Hein und Prediger 2017).

Im Folgenden sind vier Beispiele der Analysen der Schriftprodukte von Lasse und Leonard (Texte mit wenigen logischen Elementen) und Emilia bzw. Leif (mit mehr logischen Elementen) dargestellt, um hier die unterschiedlichen fachlichen und sprachlichen Explikationsgrade zu zeigen.

8.2.1 Verdeutlichung des Analysevorgehens an vier Fallbeispielen

Konkretes Analysevorgehen
Die in diesem Abschnitt analysierten Schriftprodukte sind Ergebnis der sprachlichen strukturbezogenen Beweistätigkeit *Lineares Versprachlichen des Beweises mit Sprachmitteln für die Facetten logischer Strukturen und zur Herstellung von Textkohärenz* (SB5): Für diese strukturbezogene Beweistätigkeit werden nun die dazugehörigen Sprachmittel empirisch genauer ausgeschärft.

Die sprachliche Breitenanalyse der Schriftprodukte baut auf der fachlichen Breitenanalyse auf, nutzt also den in Abschnitt 5.4.3 dargestellten Analyseschritt 1 zur Identifikation der Facetten logischer Strukturen als Voraussetzung. Ihre graphische Darstellung im Toulmin-Modell ermöglicht zudem, auch die logischen Beziehungen genauer in den Blick zu nehmen und mit Pfeilen darzustellen. Die logischen Beziehungen werden auf Grundlage der Sprachmitteln ermittelt und in Abhängigkeit von den Sprachmitteln dargestellt.

In dem hier zentralen zweiten Analyseschritt wird die Grammatik der gegenstandsspezifischen Sprachmittel mit der systemisch-funktionalen Grammatik genauer bestimmt (siehe Abschnitt 5.4.4). In der graphischen Darstellung im Toulmin-Modell werden sie in der Art der Pfeile unterschieden (vgl. Abb. 8.8):

- Kausale Konjunktionen wie „weil" oder Adverbien wie „so" werden mit durchgezogenen Pfeilen dargestellt.
- Kausale Präpositionen wie „laut" werden mit gestrichelten Pfeilen dargestellt.
- Rein temporale Konjunktionen werden nicht verbildlicht, weil damit keine logische Beziehung, sondern eine zeitliche Abfolge angegeben wird.

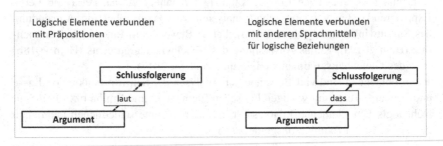

Abbildung 8.8 Graphische Darstellung der kombinierten Analyse der Schriftprodukte (hier exemplarisch für die logische Beziehung [A→S])

Durch die kombinierte Analyse und Darstellung werden die Analysen der Schriftprodukte noch genauer untersucht, inwiefern die sprachlichen und fachlichen Aspekte in den Schriftprodukten zusammenhängen. Auf diese Weise können die Texte gleichzeitig fachlich und sprachlich verglichen werden und Unterschiede und Gemeinsamkeiten untersucht werden.

Das kombinierte Analysevorgehen, bei der die Facetten logischer Strukturen und die Sprachmittel kombiniert berücksichtigt werden, wird zunächst an vier

Fallbeispielen von Beweistexte verdeutlicht (Abschnitt 8.2.1) und dann in der Breite aller 36 Texte verwendet (Abschnitt 8.2.2).

Dargestellt werden zum Vergleich die Schriftprodukte zum Beweis des Wechselwinkelsatzes (siehe Abb. 8.9), bei dem die Lernenden als erstes einen Beweistext selbst geschrieben haben. Er eignet sich besonders, weil hier von den Lernenden insbesondere auch explizierende Sprachmittel bei der Anwendung des Gleichheitsarguments (Transitivitätsaxioms) genutzt wurde, die auszudifferenzieren sind. Außerdem lassen sich hier auch die Versprachlichungen von einer synthetischen Anordnung der Beweisschritte untersuchen, da hier in Phase 4 des Beweises 2 intendiert ist, parallel den Stufenwinkelsatz und Scheitelwinkelsatz und dann im dritten Schritt das ungewohnte Gleichheitsargument zu nutzen. Die parallelen Schritte werden in der zusammenfassenden Darstellung untereinander dargestellt und der dritte Schritt rechts davon.

Im Folgenden sind vier Analysen der Schriftprodukte der Lernenden zum Beweis des Wechselwinkelsatzes dargestellt.

Abbildung 8.9
Aufgabenstellung zum
Beweis des
Wechselwinkelsatzes

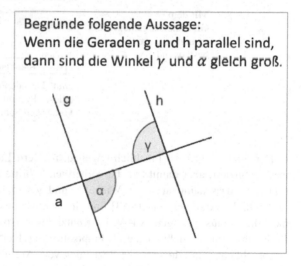

Begründe folgende Aussage:
Wenn die Geraden g und h parallel sind,
dann sind die Winkel γ und α gleich groß.

Beispiel 1: Lasses Schriftprodukt zum Wechselwinkelsatz
In Tabelle 8.2 ist das analysierte Schriftprodukt von Lasse zum Wechselwinkelsatz, also Beweis 2, dargestellt (aus Designexperiment-Zyklus 3, 9. Klasse). Sein erster Beweisschritt wurde bereits in Hein (2019a) analysiert, hier wird er auf den ganzen Beweis vervollständigt.

Tabelle 8.2 Analyse von Lasses Schriftprodukt für den Beweis des Wechselwinkelsatzes

Beweisschritt	Abschrift des Schriftprodukts (mit Codes für logische Elemente)	Fachliche und sprachliche Analyse
1	α und β sind **laut** des Stufenwinkelarguments [A1] gleich groß [S1].	Schritt 1 → Schlussfolgerung, laut, Argument „laut" kausale Präposition [A1→S1]
2	**Durch** das Gegenüberwinkelargument [A2] sind β und γ gleich groß [S2].	Schritt 2 → Schlussfolgerung, durch, Argument „durch" kausale Präposition [A2→S2]
3	**Mit** dem Gleichheitsargument [A3] kann man diese Schritte bestätigen [(S)]	Schritt 3 → Schlussfolgerung, mit, Argument „mit" kausale Präposition [A3→(S)] „diese" Pronomen für die Bezug auf die vorherigen Schritte

Der letzte Schritt ist inhaltlich ungenau, insofern Lasse das Gleichheitsargument expliziert, aber damit nur die vorherigen Schritte bestätigt nennt und nicht
expliziert, dass damit auch die Winkel α und γ gleich groß sind. Lasse expliziert nur die Argumente [A1–A3] und die Schlussfolgerungen [S1–S3], jedoch
nicht die Voraussetzungen [V1–V3]. Er nutzt zur Versprachlichung der logischen
Beziehungen ausschließlich kausale Präpositionen („laut", „durch" und „mit") und
versprachlicht damit die logische Beziehung vom Argument zur Schlussfolgerung
[A→S]. Er verwendet keine Konjunktionen und versprachlicht nicht die logische Beziehung von der Voraussetzung (nicht genannt) zu den Argumenten. Die
Analyse von Lasses Schriftprodukt ist in Abb. 8.10 zusammengefasst.

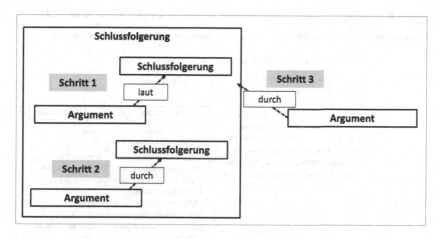

Abbildung 8.10 Zusammenführung der Analyse von Lasses Schriftprodukt

Beispiel 2: Leifs Schriftprodukt zum Wechselwinkelsatz
In Tabelle 8.3 ist die Analyse von Leifs Schriftprodukt dargestellt (aus Zyklus 4, Klasse 12).

Leif nennt alle logischen Elemente der drei Beweisschritte [V1–V3; A1–A3, S1–S3] und verbindet alle mit Sprachmitteln, die die logischen Beziehungen zwischen den logischen Elementen ausdrücken. Er verwendet für die logische Beziehung von der Voraussetzung zum Argument ein Pronomen („diese", [V1→A1]), ein Pronominaladverb („Dadurch" [V2→A2]) und eine kausale Konjunktion („da", [V3→A3]). In allen drei Schritten verwendet Leif für die logische Beziehung vom Argument zu Schlussfolgerung konsekutive Konjunktionen („dass", [A3→S3]). Auf diese Weise drückt er alle logischen Beziehungen aus. Leif verwendet im Kontrast zu Lasse (oben) keine kausalen Präpositionen.

Mit „das ist auch die neue Voraussetzung" wird am Ende des ersten Schritts die Schlussfolgerung recycelt, auch wenn das hier nicht notwendig ist für den zweiten Schritt, sondern erst für den dritten Schritt Die Schlussfolgerung geht erst im dritten Schritt als neue Voraussetzung ein. In Abb. 8.11 ist die Analyse von Leifs Schriftprodukt zusammengefasst. Im Bild ist als Überblick deutlich, dass Leif alle logischen Elemente nennt, keine kausalen Präpositionen verwendet und das Recycling versprachlicht.

Tabelle 8.3   Analyse von Leifs Schriftprodukt für den Beweis des Wechselwinkelsatzes

Beweisschritt	Abschrift des Schrift produkts (mit Codes für logische Elemente)	Fachliche und sprachliche Analyse
1	Voraussetzung ist, dass zwei parallele Geraden geschnitten werden. Es liegen zwei Winkel vor. [I] Wir fügen einen weiteren Winkel β hinzu, welcher Scheitelwinkel von α ist [V1]. Auf diese beiden Winkel **trifft** das Scheitelwinkelargument **zu** [A1]. Dies besagt, **dass** α = β ist [S1]. Das ist auch die neue Voraussetzung.	Initiale Situation — Voraussetzung — trifft zu — Schlussfolgerung — dass — Schritt 1 — Argument • „Voraussetzung ist, dass" (strukturbezogene Meta-Sprachmittel zur Explikation der funktionalen Stellung) • „Auf diese beiden Winkel trifft das Scheitelwinkelargument zu" [V1→A1] • „diese" Pronomen, Bezug zu den Winkeln im Satz davor • „dies" Pronomen • „besagt, dass" konsekutive Konjunktion, aber keine Trennung von Argument und Anwendungsfall • Strukturbezogene Meta-Sprachmittel: • „Das ist auch die neue Voraussetzung" für das Recycling, das für 3. Schritt benötigt wird [S1→V3], „Voraussetzung" Nomen für logisches Element
2	β ist nun Stufenwinkel von γ. [V2] **Dadurch** gilt das Stufenwinkelargument [A2] welches besagt, **dass** β = γ [S2].	Voraussetzung — Schlussfolgerung — Schritt 2 — dadurch — dass — Argument • „dadurch" Pronominaladverb [V2→A2] • „dass" konsekutive Konjunktion [A2→S2]
3	**Da** wir zwei Gleichungen mit zwei gleichen Variablen haben [V3] gilt das Gleichheitsargument [A3]. Dies besagt nun, **dass** α = β. [*falsche Variablen*] [S3]	Voraussetzung — Schlussfolgerung — Schritt 3 — da — dass — Argument • „wir zwei Gleichungen mit zwei gleichen Variablen haben" [S1/S2→V3] • „da" kausale Konjunktion [V3→A3] • „dies" Pronomen für Bezug zum Gleichheitsargument im Satz davor • „dass" konsekutive Konjunktion [A3→S3]

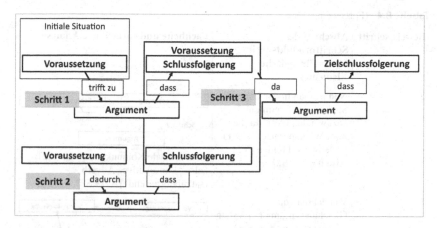

Abbildung 8.11 Zusammenfassung der Analyse von Leifs Schriftprodukt

Beispiel 3: Alenas Schriftprodukt zum Wechselwinkelsatz
In Tabelle 8.4 ist die Analyse von Alenas Schriftprodukt dargestellt (aus Zyklus 3, Klasse 10). Vor den hier graphisch dargestellten Beweisschritten beschreibt Alena ihre Beweisidee: „Kreuzen zwei parallele Geraden eine weitere so sind $\alpha = \gamma$ [mit Zeichnung] [neA]. Dies geht aus dem GÜWarg [Gegenüberwinkelargument] [A1], dem SWarg [Stufenwinkelargument] [A2] & dem Garg [Gleichheitsargument] hervor [A3]." Die Parallelen heißen in ihrer Zeichnung s und t.

Tabelle 8.4 Analyse von Alenas Schriftprodukt für den Beweis des Wechselwinkelsatzes

Beweis-schritt	Abschrift des Schriftprodukts (mit Codes für logische Elemente)	Fachliche und sprachliche Analyse
1	Die Geraden t & a bilden ein Winkelkreuz. [V1] Befolgt man das Gegenüberwinkelargument [A1], so wird deutlich, **dass** $\gamma = \beta$ [S1]	„so" satzübergreifendes Adverb konsekutive Konjunktion „dass" [A1→S1]

(Fortsetzung)

Tabelle 8.4 (Fortsetzung)

Beweis-schritt	Abschrift des Schriftprodukts (mit Codes für logische Elemente)	Fachliche und sprachliche Analyse
2	Nun ist man in der Lage, das Stufenwinkelargument anzuwenden [A2], **da** die zwei Winkelkreuze s\a & ta Stufenwinkel bilden [V2] **Also** $\beta = \alpha$. [S2]	„Da" kausale Konjunktion [V2→A2], „also" konsekutives Adverb (satzübergreifend) [A2→S2]
3	Wendet man das Gleichheitsargument [A3] an $(\delta = \mu; \mu = \pi \rightarrow \delta = \pi)$ [eA3] <u>und</u> $\beta = \alpha$ und $\alpha = \gamma$ [V3], **dann** folgt: $\alpha = \gamma$. [S3]	Das Argument wird in Klammern expliziert. Von der additiv mit „und" verbundenen Voraussetzung und dem Argument wird die Schlussfolgerung mit dem Adverb „dann" gezogen [V3/A3→S3]

Alena expliziert alle logischen Elemente [V1–V3; A1–A3, S1–S3]. Sie verwendet eine kausale Konjunktion, um die Voraussetzung im zweiten Schritt mit dem Argument zu verbinden [V3→A3] und nutzt Adverbien („so", „dann", „also") und eine kausale Konjunktion („dass"), um die logische Beziehung zwischen Argument und Schlussfolgerung auszudrücken [A→S]. Im dritten Schritt nennt sie Voraussetzung und Argument additiv mit „und". Insgesamt verwendet Alena unterschiedliche Sprachmittel für die logischen Beziehungen, jedoch keine kausalen Präpositionen ähnlich zu Leif.

Sie expliziert sowohl einmal die logische Beziehung von der Voraussetzung zum Argument [V3→A3] und alle vom Argument zur Schlussfolgerung [A→S]. Abb. 8.12 fasst die Analyse von Alenas Schriftprodukt zusammen. In der Abbildung sieht man, dass Alena alle logischen Elemente expliziert, insbesondere eine Vielzahl an Voraussetzungen, und dabei viele unterschiedliche Sprachmittel für die logischen Beziehungen verwendet, jedoch keine kausalen Präpositionen.

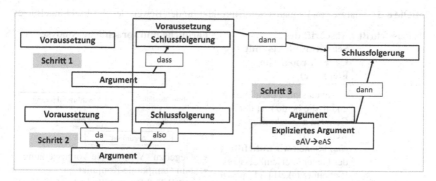

Abbildung 8.12 Zusammenführung der Analyse von Alenas Schriftprodukt

Beispiel 4: Leonards Schriftprodukt zum Wechselwinkelsatz
In Tabelle 8.5 ist die Analyse von Leonards Schriftprodukt dargestellt (aus Zyklus 3, Klasse 9). Leonard expliziert in seinem Text die Argumente [A1–A3] und die Schlussfolgerungen [S1–S3], jedoch nur explizit die Voraussetzung im dritten Schritt [V3]. Leonard benutzt ähnlich wie Lasse (Beispiel 1) ausschließlich kausale Präpositionen für die logischen Beziehungen vom Argument zur Schlussfolgerung [A→S]. Dabei wird das Argument nominalisiert genannt („des Gegenüberwinkelsatzes" bzw. „Stufenwinkelargument"). Nur beim dritten Schritt wird mit bei der kausalen Präposition („Auf Grund") das Argument mit der Voraussetzung und der Schlussfolgerung verbunden, indem das Einsetzen der Winkel (Voraussetzung) und die Schlussfolgerung $\gamma = \beta$ additiv verbunden werden mit der nebenordnenden Konjunktion „und". Nach der generellen Beschreibung der geometrischen Konstruktion, der initialen Situation, wird der erste Schritt mit „Nun", einer temporalen Konjunktion, eingeleitet.

Die konkreten Voraussetzungen für die Argumente und die logischen Beziehungen von den Voraussetzungen zu den Argumenten werden nicht expliziert bis auf den letzten Schritt, wo die Werte eingesetzt werden sollen. Konjunktionen oder beispielsweise Adverbien, die in anderen Texten verwendet werden, um die Voraussetzungen mit den Argumenten zu verbinden, werden nicht für die logischen Beziehungen zwischen Voraussetzung und Argument bzw. Argument und Schlussfolgerung genutzt.

Leonard nutzt beim dritten Schritt den Einleitungssatz „welches besagt, dass", um die Explikation des eher schwierigeren Arguments des Transitivitätsaxioms einzuleiten. In Abb. 8.13 ist die Analyse von Leonard zusammengefasst.

Tabelle 8.5　Analyse von Leonards Schriftprodukt für den Beweis des Wechselwinkelsatzes

Beweis-schritt	Abschrift des Schrift-produkts (mit Codes für logische Elemente)	Fachliche und sprachliche Analyse
1	Gegeben sind 2 parallelen g und h, die beide von der 3. Geraden a geschnitten werden. [I] *Nun* können wir **mit Hilfe** des Gegenüberwinkelsatzes [Scheitelwinkel] [A1] $\gamma = \alpha$ setzen, [S1]	• „Gegeben" Verb für die Voraussetzung • „nun" temporale Konjunktion • „mit Hilfe" Präposition [A1→S1]
2	Und **mit** dem Stufenwinkelargument setzen wir $\alpha = \beta$.	„mit" kausale Präposition [A2→S2]
3	**Nun** haben wir 3 Winkel bei denen **bekannt ist, dass** $\gamma = \alpha$ und $\beta = \alpha$ ist. [V3] Als nächstes wenden wir das Gleichheitsargument an [A3], **welches besagt, dass wenn** man 3 Winkel hat, wobei $\delta = \mu$ und $\mu = \pi$ ist, **dann** ist $\delta = \pi$ [eA3] **Auf Grund** dieses Gesetzes setzen wir $\gamma = \alpha$ <u>und</u> $\alpha = \beta$ ein [V3], und erhalten $\gamma = \beta$ [S3]	• „nun" temporale Konjunktion • „Nun haben wir… bei denen bekannt ist" strukturbezogene Meta-Sprachmittel für das Recycling, [S1/S2→V3] • Expliziertes Argument wird eingeleitet mit „welches besagt, dass" (Strukturbezogene Meta-Sprachmittel) [A3→eA3] • konditionale Konjunktion „wenn" wird expliziert • Auf Grund (= aufgrund), kausale Präposition • „dieses Gesetzes" nimmt auf das Argument Bezug durch Pronomen • „und" Konjunktion

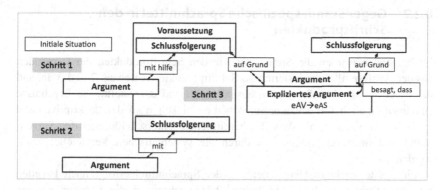

Abbildung 8.13 Zusammenführung der Analyse von Leonards Schriftprodukt

Darin sind man im Überblick, dass er für die logischen Beziehungen, außer zum Auffalten des Arguments, nur kausale Präpositionen benutzt. Die Voraussetzung in der initialen Situation führt er nicht weiter aus, und auch die Voraussetzung für den 2. Beweisschritt wird nicht genannt. Die Präposition „aufgrund" im 3. Beweisschritt nutzt er, um zu begründen, dass die Werte eingesetzt werden müssen. Dies ist insofern ungenau, da auf Grund der Werte, das Argument genutzt werden kann.

Vergleich der kombinierten Analysen
Beim Vergleich der kombinierten Analysen der sprachlichen und fachlichen Aspekte in den Schriftprodukten lassen sich einige Beobachtungen feststellen. Die vier Beweistexte der Lernenden unterscheiden sich nicht nur darin, welche logische Elemente und logischen Beziehungen expliziert werden, sondern auch darin, wie sie artikuliert werden. Die Sprachmittel ermöglichen unterschiedliche Arten von Verknüpfungen. Werden nur Argumente [A] und Schlussfolgerungen [S] genannt, werden zur Verbalisierung der logischen Beziehungen meistens nur kausale Präpositionen benutzt. Bei der Explikation von zusätzlich mehr Voraussetzungen [V] werden andere Sprachmittel genutzt. Diese Ergebnisse werden mit Bezug auf alle weiteren analysierten Texte im nächsten Abschnitt genauer dargestellt.

8.2.2 Gegenstandsspezifische Sprachmittel in den Schriftprodukten

Im Folgenden werden die Sprachmittel in den Schriftprodukten der Lernenden aus der Analyse aller analysierten 36 Schriftprodukte zu Beweis 2 und 3 anhand der Facetten logischer Strukturen zusammenfassend dargestellt. Die Ergebnisse sind insofern auch Teil der in dieser Arbeit entwickelten lokalen deskriptiven und explanativen Theorie, als dass die begrifflichen Unterscheidungen der Sprachmittel und ihrer Funktionen erst durch die systematischen Vergleiche erzielt wurden.

Eine erste wichtige Unterscheidung der Sprachmittel erfolgt nach Facetten logischer Strukturen (vgl. Abschnitt 1.2.2), auch wenn die Facetten so eng zusammenhängen, dass sich die Sprachmittel für die Textkohärenz nicht immer trennscharf den Beweisschritten, Beweisschrittketten oder dem Beweis als Ganzes zuordnen lassen. Aus diesem Grund werden die Sprachmittel der Textkohärenz nur bei der Facette Beweisschritt und Beweisschrittkette in einer Tabelle zusammengefasst (siehe Tabelle 8.8), die auch für die Sprachmittel der Textkohärenz beim Beweis als Ganzes gilt.

Zunächst werden Beispiele aus den Schriftprodukten für die unterschiedlichen Facetten logischer Strukturen mit den unterschiedlichen Sprachmitteln aufgeführt, die dann jeweils in einer Tabelle mit weiteren Sprachmitteln aus den Schriftprodukten zusammengefasst werden.

Sprachmittel für logische Elemente
Für die logischen Elemente (Voraussetzung, Argument, Schlussfolgerung) verwenden die Lernenden in ihren Schriftprodukten unterschiedliche Sprachmittel, um nicht nur den mathematischen Inhalt, sondern auch deren logischen Status zu explizieren. Im Folgenden werden die Sätze für einen ganzen Beweisschritt dargestellt und die relevanten Sprachmittel fett markiert.

Beispiele für Sprachmittel in den 36 Schriftprodukten werden im Folgenden dargestellt (Überblick siehe Tabelle 8.6):

Der logische Status von Voraussetzungen [V] wird mit Nominalisierungen expliziert oder auch mit Verben:

- „Aus diesen **Prämissen** können wir anhand des Rechenarguments folgern, dass alle Winkel des Dreiecks zusammen 180° ergeben." (Lars, Zyklus 4, Beweis 3 des Innenwinkelsummensatzes, Anwendung des Rechenarguments; **Nomen**)

- „**Gegeben** sind zwei Parallelen g und h, die von einer Geraden geschnitten werden." (Emilia, Zyklus 3; Beweis 2 des Wechselwinkelsatzes, Initiale Situation am Anfang des Beweistextes; **Verb**)
- Die Argumente [A] werden sprachlich aufgefaltet oder nur als Nomen mit dem Namen expliziert: „Da der Winkel β mit zwei anderen Winkeln, nennen wir sie α' und γ', an der Geraden k liegt, können wir das Nebenwinkelargument anwenden, was besagt, dass **wenn Winkel an zwei geschnittenen Geraden liegen, zusammen 180° ergeben**. Da wir das alles gegeben haben, können wir sagen, dass α', β und γ' zusammen 180° ergeben (müssen)." (Katja, Beweis Innenwinkelsumme im Dreieck, Anwendung des Nebenwinkelarguments; **Konditionalsatz**)
- „Die Innenwinkel eines Dreiecks betragen zusammen immer 180 Grad." (Leon, Zyklus 4, Beweis 3, neues Argument am Ende; **Satz mit Prädikativ**)
- „Die Winkel α und β sind gemäß des **Stufenwinkelargument** gleich groß." (Linus, Zyklus 4, Beweis 2 des Wechselwinkelsatzes, Anwendung des Stufenwinkelarguments; **Nomen für Name des Arguments**)

Der logische Status der Schlussfolgerungen [S] wird in der Regel durch Verben ausgedrückt wie:

- „Dann können wir das Stufenwinkelargument anwenden und daraus **folgt**, dass β genauso groß ist wie α." (Katja, Zyklus 3, Beweis 2 des Wechselwinkelsatzes; Anwendung des Stufenwinkelarguments; **Verb**).

Als Nomen wird die Schlussfolgerung in den Schriftprodukten nicht mit ihrem logischen Status expliziert. Alena und Jannis im Zyklus 3 nutzen aber beim Ausfüllen der graphischen Argumentationsschritte beispielsweise „Fazit" für die Schlussfolgerung wie auch Petra & Linus (Turn 22 und 23):

- „Ist dann das **Fazit** einfach, dass die Winkel zusammen 180° ergeben?" (Jannis, Zyklus, Turn 135, Ausfüllen der graphischen Argumentationsschritte, erste Aufgabe, Anwendung des Nebenwinkelarguments; **Nomen**)

In Tabelle 8.6 sind mehr Beispiele der Sprachmittel für die drei unterschiedlichen logischen Elemente ausgeführt.

Mit strukturbezogenen Meta-Sprachmitteln wie „Annahme" (Nomen, grammatikalisch inkohärent, also schon verdichtet zu einem Objekt) oder auch „gegeben" bzw. „folgt" (Verben, grammatikalisch kohärent, also als Prozess) werden insbesondere auch die Voraussetzung und Schlussfolgerung mit ihrem jeweiligen logischen Status expliziert (zu den Begriffen grammatikalisch kohärent und inkohärent siehe Abschnitt 2.1.3). Das bedeutet, dass jeweils nicht nur der mathematische Inhalt, wie Nebenwinkel oder die Gleichheit zweier Winkel, expliziert, sondern gleichzeitig der logische Status verdeutlicht wird. Die Argumente werden aufgefaltet mit ihrer Implikationsstruktur, vor allem das ungewohnte Gleichheitsarguments als Konditionalsatz inhaltlich mit Nomen wie dem Namen der Argumente expliziert („Gleichheitsargument").

Tabelle 8.6 Sprachmittel in den Schriftprodukten für den logischen Status der logischen Elemente

Bedeutung	Grammatik	Lexik (aus den Schriftprodukten)
Voraussetzung [V]	Verb (grammatikalisch kohärent)	Bekannt ist; wissen; gegeben; weiß
	Nomen (grammatikalisch inkohärent)	Voraussetzung, Fakten, Prämissen, Annahme
Argument [A]	Nomen	Gleichheitsargument
	Konditionalsatz	wenn $\alpha = \alpha' = \gamma$, dann auch $\alpha = \gamma$.
	Satz mit Prädikativ	Die Innenwinkel eines Dreiecks betragen zusammen immer 180 Grad.
Schluss folgerung [S]	Verb (grammatikalisch kohärent)	folgern, erkennt man (ungenau), geschlossen werden, sehen wir

Sprachmittel für logische Beziehungen

Während die einzelnen logischen Elemente Voraussetzung, Argument und Schlussfolgerung oft mit dem mathematischen Inhalt expliziert sind, sind die logischen Beziehungen zwischen logischen Elementen nur durch Sprachmittel auszudrücken. Sie sind von besonderer Relevanz, da sie die Beziehungen zwischen den logischen Elementen sprachlich explizieren und damit deren logischen Status deutlich machen: So wird beispielsweise mit „weil" auf die inhaltlichen Voraussetzungen Bezug genommen. In den mündlichen Phasen des Beweisfindens werden von den Lernenden viele Deiktika genutzt, um auf mathematische Inhalte wie verschiedene Winkel zu zeigen und während des Ausfüllen der graphischen Argumentationsschritte, um auf die Felder zu verweisen („und das hier hin"). Durch das Zeigen auf die Felder wird deren logische Reihenfolge und dadurch die logischen Beziehungen wiedergeben. Hingegen werden in den Beweistexten vielfältige, explizitere Sprachmittel genutzt, um logische Beziehungen auszudrücken.

Die logischen Beziehungen können damit differenziert betrachtet werden, indem sie in Abhängigkeit von den logischen Elementen beschrieben werden, die sie miteinander verbinden:

- logische Beziehungen zwischen Voraussetzung im zu beweisenden Satz zum Argument [V→A]
- zwischen der Voraussetzung zur Schlussfolgerung innerhalb eines mathematischen Satzes [eAV→eAS]
- zwischen Argument zur Schlussfolgerung [A→S] oder auch
- direkt von der Voraussetzung zur Schlussfolgerung [V→S].

Diese muss nicht ausgedrückt werden, ist sie doch der Schluss ohne die Explikation des Arguments (siehe Abb. 8.14).

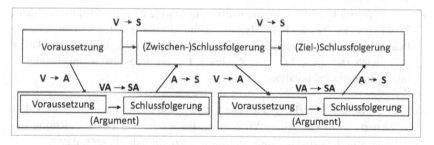

Abbildung 8.14 Arten der logischen Beziehungen bestimmt durch logische Elemente

Zum Ausdrücken von logischen Beziehungen werden vor allem Konjunktionen, Adverbien und kausale Präpositionen genutzt. Dies wird im Folgenden anhand der Beispiel aus den Schriftprodukten exemplifiziert:

Mit kausalen Konjunktionen wird die logische Beziehung von der Voraussetzung zum Argument [V→A] versprachlicht:

- „Da $\alpha = \beta$ und $\beta = \gamma$ Gleichungen sind die wir gleichsetzen können, können wir das Gleichheitsargument anwenden. Durch dieses wissen wir das α und

γ gleich groß sind." (Dennis, Zyklus 4, Beweis 2 des Wechselwinkelsatzes, Anwendung des Gleichheitsarguments; kausale Konjunktion)

Wie die logische Struktur im Argument versprachlicht wird, ist schon beschrieben beim *Sprachmittel für logische Elemente* (Argument).

Mit konsekutive Konjunktionen, kausalen Adverbien und kausalen Präpositionen wird die logische Beziehung vom Argument zur Schlussfolgerung [A→S] sprachlich ausgedrückt:

- „Der Winkel β liegt sowohl im Dreieck, als auch an der Geraden k. Neben ihm liegen die Winkel α' und γ'. Durch das Nebenwinkelargument wissen wir, dass die Winkel an einer Seite der Geraden zusammen 180° ergeben. Daraus folgt, **dass** α', β und $\gamma' = 180°$ sind. (Emilia, Zyklus 3, Beweis 3 des Innenwinkelsatzes, Anwendung des Nebenwinkelarguments; **konsekutive Konjunktion**)
- „Nun ist man in der Lage, das Stufenwinkelargument anzuwenden, da die zwei Winkelkreuze s\a & ta Stufenwinkel bilden. **Also** $\beta = \alpha$. (Alena, Zyklus 3, Beweis 2 des Wechselwinkelsatzes, Anwendung des Stufenwinkelarguments; **kausales Adverb**)
- „α und β sind **laut** des Stufenwinkelarguments gleich groß." (Florian, Zyklus 3, Beweis des Wechselwinkelsatzes, beim Stufenwinkelargument; **kausale Präposition**) oder „**Gemäß** des Nebenwinkelarguments sind die Winkel β, π, δ gleich 180° groß." (Linus, Zyklus 4, Beweis 3 des Innenwinkelsummensatzes; **kausale Präposition**)

Bei der logischen Beziehung zwischen dem Namen des Arguments und dem aufgefalteten Argument (A→eA) werden zur *Einleitung der Explikation des Arguments* strukturbezogene Sprachmittel benutzt wie „das besagt, dass".

- „Jetzt kann man das Gleichheitsargument benutzen, **welches besagt, dass**, wenn $\delta = \mu$ und $\mu = \pi$, dann $\delta = \pi$." (Emilia, Zyklus 3, Beweis 2 des Wechselwinkelsatzes, Anwendung des Gleichheitsarguments; **Einleitung eines Nebensatzes**)
- „Nun wenden wir das Gleichheitsargument an **das besagt**, wenn $\alpha = \alpha' = \gamma$, dann $\alpha = \gamma$." (Cora, Zyklus 3, Beweis 2 des Wechselwinkelsatzes, Anwendung des Gleichheitsarguments; **Einleitung eines Nebensatzes**)

In beiden Beispielen wird mit „besagt" der Nebensatz mit der Explikation des Arguments eingeleitet und damit das Argument auch inhaltlich und teilweise mit seiner Implikationsstruktur aufgefaltet. Cora unterscheidet allerdings nicht zwischen der Schlussfolgerung im Argument und in der Aufgabe, da sie die Variablen der Aufgabe und nicht des gegebenen Arguments nutzt.

Tabelle 8.7 Sprachmittel in den Schriftprodukten für die logischen Beziehungen

Bedeutung	Grammatik	Lexik
$[V \rightarrow A]$	Kausale Konjunktionen (Begründung)	weil, da
$[eAV \rightarrow aAS]$	Konditionale Konjunktionen	wenn
	Satz mit Prädikativ	… ist
$[A \rightarrow S]$	Konsekutive Konjunktionen	dass; so dass
	Kausale Präpositionen (grammatikalisch inkohärent, benötigen Nomen und behindern Explikationen)	gemäß, laut, aufgrund, durch, mit, wegen
	Adverbien	so, deswegen, also, somit
$[V \rightarrow S]$	Kausale Konjunktionen (oft ohne Nennung des Arguments)	weil
$[A \rightarrow eA]$	Einleitung eines Nebensatzes	besagt, dass

In Tabelle 8.7 sind eine Auswahl ausgewählter Sprachmittel aufgeführt, die in Schriftprodukten genutzt wurden, um die logischen Beziehungen zwischen den unterschiedlichen logischen Elementen auszudrücken. Das sind mögliche Versprachlichungen der unterschiedlichen logischen Beziehungen, die in den Schriftprodukten auftreten.

Es lässt sich ein interessanter Zusammenhang in den untersuchten Schriftprodukten beobachten: Die Lernenden mit wenig explizierten Facetten logischer Strukturen nutzen vermehrt kausale Präpositionen („laut") und nicht Konjunktionen, um logische Beziehungen auszudrücken (z. B. Lasse, Leonard, Florian oder Linus). Damit wird das (oft nur mit Titel genannten) Argument verdichtet ausgedrückt und ausschließlich die logische Beziehung vom Argument zur Schlussfolgerung versprachlicht (prototypisch: „Laut dem Argument sind die Winkel gleich groß"). Die anderen Lernenden hingegen nutzen tendenziell konsekutive Konjunktionen („folgt, dass"), um auch aufgefaltete Argumente zu verknüpfen. Damit wird in den Schriftprodukten ein Unterschied zwischen der Verwendung von kausalen Präpositionen und anderen Sprachmitteln für die logischen Beziehungen festgestellt, der im Folgenden genauer beschrieben wird:

Kausale Präpositionen für die logischen Beziehungen: Bei der vermehrten Verwendung von kausalen Präpositionen (z. B. „laut" oder „gemäß") werden in den Beweistexten neben der logischen Beziehung [A→S] vor allem das Argument und die Schlussfolgerung expliziert, jedoch selten die Voraussetzung. Werden ausschließlich kausale Präpositionen ohne Konjunktionen benutzt, ergibt sich in der Regel eine Aneinanderreihung von Sätzen ohne Verbindungen (siehe Fallbeispiel Lasse). Kausale Präpositionen für logische Beziehungen sind grammatikalisch inkohärent im Sinne der systemisch-funktionalen Grammatik, da vorrangig Konjunktionen Beziehungen ausdrücken, bei Präpositionen schon eine Nutzung wie im Sprachregister Bildungs- und Fachsprache erfolgt (vgl. Abschnitt 2.1.3 zu grammatikalisch kohärenten und inkohärenten Sprachmitteln). Dass mit Präpositionen meist nur die logische Beziehung von dem Argument zur Schlussfolgerung ausgedrückt wird, lässt sich durch ihre grammatikalischen Besonderheiten erklären: Präpositionen benötigen im Deutschen sprachlich Substantive und insbesondere „laut" benötigt Substantive, die etwas Gesprochenes oder Geschriebenes beschreiben (DUDEN 1998, S. 391). Dementsprechend benötigt das Argument also beispielsweise einen Namen (z. B. „laut dem Gleichheitsargument"). Daher können, rein sprachlich, mit den kausalen Präpositionen nur logische Elemente verbunden werden, die mit einzelnen Worten ausgedrückt sind und nicht beispielsweise solche, die ausformulierten Wenn-Dann-Aussagen oder Sätze über die mathematischen Voraussetzungen enthalten. Damit werden meistens nur die logischen Beziehungen vom Argument, das mit Namen genannt wird, und der Schlussfolgerung ausgedrückt, bzw. ist es sprachlich herausfordernder, dennoch beispielsweise die Voraussetzungen in einem Satz mit kausaler Präposition zu explizieren. Dies gelingt z. B. Petra in folgendem Satz:

- „Dadurch, dass Ω und δ Nebenwinkel sind ($\Omega = \beta + \pi$), sind $\beta + \pi + \delta = 180°$, **laut** dem Nebenwinkelargument." (Petra, Zyklus 4, Beweis 3 des Innenwinkelsummensatzes, Anwendung des Nebenwinkelarguments; **kausale Präposition**)

Petra stellt hier die kausale Präposition mit dem Namen des Arguments an das Ende des Satzes (siehe Hein 2019a). Im Gegensatz zu den Verwendungen der kausalen Präpositionen, die meist am Anfang des Satzes stehen, gelingt es ihr auf diese Weise, nicht nur die Schlussfolgerung, sondern auch die Voraussetzungen („Dadurch, dass Ω und δ Nebenwinkel sind ($\Omega = \beta + \pi$)") zu explizieren.

Mit den kausalen Präpositionen lassen sich also vor allem sprachliche Verdichtungen durch Substantivierungen verknüpfen, während ganze Facetten logischer Strukturen wie die Voraussetzung, die logischen Beziehungen zur Voraussetzung und die Auffaltung des Arguments selten ausgedrückt werden (siehe auch die Beispiele beim logischen Element Argument [A]). Aus diesem Grund scheint es so, dass Präpositionen an dieser Stelle als grammatikalisch inkohärente Sprachmittel nicht nur das Verständnis, sondern auch das sprachliche Ausdrücken logischer Beziehungen und bestimmter logischer Elemente wie der Voraussetzungen, die nicht verdichtet als Nomen vorliegen, erschweren. Diese sind jedoch notwendig, um den strukturellen Wechsel zum deduktiven Schließen zu verstehen (Duval 1991). Ein solcher Zusammenhang zwischen der Explikation der fachlichen Aspekte und den dafür nutzbaren Sprachmitteln wird nicht nur für den Lerngegenstand logische Strukturen des Beweisens festgestellt (siehe auch Prediger 2018), sondern auch für andere Lerngegenstände wie beispielsweise Funktionen (Prediger und Zindel 2017).

Sprachmittel für Beweisschritte und Beweisschrittkette
Je nach Art der Sprachmittel für die logischen Beziehungen in den Schriftprodukten werden mehr logische Elemente und logische Beziehungen ausgedrückt, dies gilt sowohl *innerhalb* eines Beweisschritts (siehe auch logische Beziehungen) als auch *zwischen* Beweisschritten.

Um innerhalb eines *Beweisschritts* alle drei logischen Elemente (Voraussetzung, Argument, Schlussfolgerung) in mehreren Sätzen miteinander zu verbinden, werden teilweise Pronomen und Pronominaladverbien genutzt, wie in den folgenden Beispielen:

- „Da wir zwei Gleichungen mit zwei gleichen Variablen haben gilt das Gleichheitsargument. **Dies** besagt nun, dass $\alpha = \beta$." (Leif, Zyklus 4, Beweis 2 des Wechselwinkelsatzes, Anwendung des Gleichheitsarguments, **Pronomen**)
- „Die Voraussetzung für das Stufenwinkelargument ist, dass zwei parallele Geraden von einer Geraden geschnitten werden. In **diesem** Beispiel werden die parallelen Geraden g & h von a geschnitten. **Daraus** folgt, dass $\alpha = \beta$ ist." (Jannis, Zyklus 3, Beweis 2 des Wechselwinkelsatzes, Anwendung des Stufenwinkelarguments; **Pronomen und Pronominialadverb**)

Um die Verbindungen der Beweisschritte zu einer *Beweisschrittkette* auszudrücken, werden eine Bandbreite an Sprachmitteln verwendet.

Mit *temporalen Konjunktionen* werden teilweise zeitliche Abfolgen dargestellt und neue Beweisschritte eingeleitet, ohne jedoch die Verbindung der Beweisschritte sprachlich zu explizieren.

- „**Nun** kann man das Stufenwinkelargument anwenden." (Lydia, Zyklus 3, Beweis 2 Wechselwinkel, Anwendung des Stufenwinkelsatzes; **temporale Konjunktion**)

Andere Lernende nutzen teilweise auch die temporalen Konjunktionen, um den Schritt einzuleiten, jedoch nutzen sie ganz explizit strukturbezogene Meta-Sprachmittel, um den Zusammenhang zu den anderen Schritten auszudrücken. Insbesondere gilt dies für das Recycling der beiden Schlussfolgerungen aus den ersten beiden Beweisschritten zur neuen Voraussetzung entsprechend der synthetischen Anordnung der Beweisschritte beim Wechselwinkelsatz. In den folgenden Beispielen sind jeweils schon die Gleichungen aus den ersten beiden Beweisschritten (Anwendung des Scheitelwinkelsatzes und/oder Stufenwinkelsatzes) einmal expliziert. Die Lernenden knüpfen in den darauffolgenden Sätzen daran an:

- „Nun haben wir die Voraussetzung, dass $\alpha = \alpha' = \gamma$." (Cora, Zyklus 3, Schriftprodukt zu Beweis 2, zwischen Schritt 2 und 3; **Aussagesatz mit Nebensatz**)
- „Nun haben wir 3 Winkel bei denen bekannt ist, dass $\gamma = \alpha$ und $\beta = \alpha$ ist." (Leonard, Zyklus 3, Beweis 2 des Wechselwinkelsatzes, Anfang Anwendung des Gleichheitsarguments; **Aussagesatz mit Nebensatz**)

Tabelle 8.8 Sprachmittel in den Schriftprodukten für Beweisschritte und Beweisschrittkette

Bedeutung	Grammatik	Lexik
Textkohärenz im Schritt oder zwischen Schritten	Pronomen	welches, welchem, dies, diese, dieses, das
	Pronominaladverbien	dadurch, damit, daraus, dadurch
Recycling	Aussagesatz mit Nebensatz	Nun haben wir die Voraussetzung, dass $\alpha = \alpha' = \gamma$.
	Aussagesatz	Das ist auch die neue Voraussetzung. (hier mit Pronomen)

- „Das ist auch die neue Voraussetzung." (Leif, Zyklus 4, Beweis 2 des Wechselwinkelsatzes, nach Anwendung des Scheitelwinkelarguments; **Aussagesatz**)

Cora und Leonard explizieren die Schlussfolgerungen der vorherigen Schritte
noch einmal als neue Voraussetzungen. Leif schreibt am Ende des ersten Schritts
nach der Schlussfolgerung noch einen zusätzlichen Satz, indem er die Schlussfolgerung, auf die er mit „das" verweist, als neue Voraussetzung expliziert, die er
jedoch erst im übernächsten Schritt beim Gleichheitsargument benötigt.

Wenn das Recycling sprachlich expliziert wird, werden auf diese Weise oft
Aussagesätze genutzt, bei denen die mathematischen Inhalte mit ihren logischen
Status durch strukturbezogene Sprachmittel („Voraussetzung" oder „haben") ausgedrückt werden. Die mathematischen Inhalte werden dabei teilweise in Neben-
sätzen expliziert. Die Sätze werden partiell auch mit der temporalen Konjunktion
„nun" eingeleitet, die keine logische Beziehung ausdrückt, jedoch die Wiederho-
lung des mathematischen Inhalts einleitet oder danach mit dem Pronomen „das"
darauf Bezug nimmt. Damit wird sprachlich expliziert, dass der mathematische
Inhalt seinen logischen Status von der Schlussfolgerung zur neuen Voraussetzung
wechselt. Die Bandbreite an Sprachmitteln in und zwischen Beweisschritten ist
zusammengefasst in Tabelle 8.8.

Sprachmittel für den Beweis als Ganzes
Beim Beweis als Ganzes, bei dem also der Beweis global betrachtet wird, sind
Sprachmittel der Textkohärenz relevant, ebenso wie innerhalb der Beweisschritte.
In den untersuchten Beweistexten zeigen sich intertextuelle Bezugswörter wie
Pronomen („dieses") und Pronominaladverbien („damit" oder „daraus"), die die
Sätze über Teile eines Beweisschritts oder mehrerer Beweisschritte miteinander
verbinden. Mit diesen Sprachmitteln wird auf das Vorherige Bezug genommen
(DUDEN 1998, S. 372), indem die vorherigen Aussagen über die Bezugswörter mit in den neuen Satz genommen werden. Diese Sprachmittel sind laut der
Textlinguistik grammatikalisch dafür prädestiniert, um Kohärenz, also Verbindungen herzustellen, in Bezug auf den Lerngegenstand logische Strukturen also
zwischen Aussagen über logische Elemente oder auch mehrere Schritte. Zusätzlich zu dem Beispiel der Textkohärenz in den Beweisschritten bezieht sich in
folgendem Beispiel das Pronomen auf den ganzen Beweis:

- „Mit dem Gleichheitsargument kann man **diese** Schritte bestätigen." (Lasse,
  Pronomen verbindet hier den letzten Schritt mit den anderen Schritten, siehe
  Fallbeispiel X in Abschnitt 8.2.2).

Wie in den Beweisschritten und Beweisschrittketten werden Pronomen und Pronominaladverbien genutzt, um die Textkohärenz herzustellen. Diese Sprachmittel sind hier auch nicht eindeutig den Facetten Beweisschritt und Beweisschrittkette oder Beweis als Ganzes zuzuordnen. Die Ergebnisse entsprechen daher den Sprachmitteln für die Textkohärenz in Tabelle 8.8.

Sprachmittel für logische Ebenen

Tabelle 8.9 Sprachmittel in den Schriftprodukten für die Beweisschritte und Beweisschrittketten

Bedeutung	Grammatik	Lexik
Verdichtung zum neuen Argument	Aussagesatz mit Nebensatz	Da es sich um ein allgemeines Beispiel ohne konkrete Zahlen handelt, kann man daraus das Wechselwinkelargument ziehen.
Explikation neues Argument	Aussagesatz mit Nebensatz	Aus dieser Lösung können wir das Scheitel-Stufenwinkelargument herleiten, das besagt, dass, wenn zwei parallele Geraden von einer weiteren geschnitten werden, die sich schräg gegenüberliegenden Winkel (α, γ) gleich groß sind.

Zur Verdichtung der Beweisschrittkette zum neuen Argument werden strukturbezogene Meta-Sprachmittel verwendet (siehe auch Tabelle 8.9):

- „Da es sich um ein allgemeines Beispiel ohne konkrete Zahlen handelt, kann man daraus das Wechselwinkelargument ziehen" (Emilia, Zyklus 3 Beweis 2, Ende des Schriftprodukts; **Aussagesatz mit Nebensatz**).

Zur Explikation des neuen Arguments werden beispielsweise diese Sprachmittel verwendet:

- „Aus dieser Lösung können wir das Scheitel-Stufenwinkelargument herleiten, das besagt, dass, wenn zwei parallele Geraden von einer weiteren geschnitten werden, die sich schräg gegenüberliegenden Winkel (α, γ) gleich groß sind." (Cora, Zyklus 3; **Aussagesatz mit Nebensatz**)

Zusammenfassung und Konsequenzen für das Lehr-Lern-Arrangement
Insgesamt lassen sich in den Schriftprodukten eine Bandbreite an Sprachmitteln für die verschiedenen Facetten logischer Strukturen beobachten. Die strukturbezogenen Sprachmittel für die logischen Elemente sind, wie in der Theorie abgeleitet, Verben oder Nomen, wie in der Theorie beschrieben, wenn der logische Status expliziert wird, beispielsweise mit „Voraussetzung" (vgl. Tabelle 8.6). Jedoch werden für die logischen Elemente, vor allem die mathematischen Inhalte wie unter anderem Nebenwinkel (als Voraussetzung), expliziert. Die Sprachmittel für die logischen Beziehungen sind von großer Bedeutung, da sie die Beziehungen zwischen den mathematischen Inhalten explizieren und damit den logischen Elementen ihren logischen Status zuweisen. In den Schriftprodukten nutzen einige Lernende primär kausale Präpositionen und drücken damit ausschließlich die logische Beziehung vom Argument zur Schlussfolgerung aus (z. B. Lasse). Jedoch explizieren diese Lernenden die für den strukturellen Übergang zum Beweisen als deduktives Schließen wichtige logische Beziehung von der Voraussetzung zum Argument *nicht*. Lernende, die Konjunktionen für die logische Beziehung zur Schlussfolgerung nutzen (z. B. Leif), verwenden oft auch andere Sprachmittel, um die logischen Beziehungen zur Voraussetzung auszudrücken und drücken die Voraussetzungen häufiger explizit aus. Die Sprachmittel der Textkohärenz wie Pronomen und Pronominaladverbien sind sprachlich notwendig, um mehrere logische Elemente in einem Schritt oder mehrere Beweisschritte miteinander zu verbinden. Damit ergeben sich zusammenfassend folgende Sprachmittel für die Facetten logischer Strukturen und der Textkohärenz:

- Grammatikalisch inkohärente (Nomen) und grammatikalisch kohärente Sprachmittel (Verben) zur Explikation des logischen Status der mathematischen Inhalte
- Grammatikalisch kohärente und inkohärente Sprachmittel für die logischen Beziehungen
- Strukturbezogene Meta-Sprachmittel zur Einleitung der Auffaltung des Arguments mit seiner Implikationsstruktur, des Recyclings zwischen mehreren Beweisschritten und dem Wechsel des logischen Status vom zu beweisenden Satz zum neuen Argument, beispielsweise durch Aussagesätze
- Sprachmittel der Textkohärenz wie Pronomen und Pronominaladverbien für Beweisschritte, -kette und Beweis als Ganzes

Die kombinierte Analyse für die fachlichen und sprachlichen Aspekte in den Schriftprodukten geben Hinweise darauf, welche Sprachmittel besonders geeignet sind, die Facetten logischer Strukturen sprachlich zu explizieren. Aus den kombinierten Analysen der explizierten Facetten logischer Strukturen und der dafür verwendeten gegenstandsspezifischen Sprachmittel lassen sich konkrete didaktische Konsequenzen für das fachliche Lernen ableiten, um die Facetten logischer Strukturen durch Sprachmittel zu explizieren und damit ein Wahrnehmen dieser zu ermöglichen:

Um die Facetten logischer Strukturen zum Wahrnehmen und Lernen der logischen Strukturen zu explizieren, sollten zunächst explizierende Sprachmittel genutzt werden. Dafür sollten insbesondere Konjunktionen wie „weil" eingesetzt werden, die nicht nur helfen, die logischen Beziehungen, beispielsweise von der Voraussetzung zum Argument, zu explizieren, sondern gleichzeitig die Explikation der logischen Elemente wie der Voraussetzungen selbst und das sprachliche Auffalten der Argumente sprachlich erleichtern. Zusätzlich sind Sprachmittel der Textkohärenz (Pronomen, Pronominaladverbien) notwendig, um intertextuelle Zusammenhänge innerhalb von Beweisschritten und im ganzen Beweis zu explizieren.

Später, nach der Internalisierung der Facetten logischer Strukturen, können auch mehr sprachliche Verdichtungen genutzt werden, insbesondere auch kausale Präpositionen für die logischen Beziehungen (grammatikalisch inkohärent), wie es auch im Sprachregister *mathematische Fachsprache* üblich ist (siehe Abschnitt 2.2)

Eine Zusammenfassung dieser Ergebnisse wurde in die theoretische Fundierung dieser Arbeit bereits in Abschnitt 2.3.1 integriert, erst die Breitenanalyse der Texte hat diese theoretische Fundierung empirisch begründet hervorgebracht. Die Ergebnisse sind auch eingeflossen in die sprachlichen Unterstützungsformate des Lehr-Lern-Arrangements (siehe Abschnitt 6.3.1).

Auf Grundlage der Breitenanalyse wird deutlich, dass zwischen dem 2. und 3. Beweis sowohl von den Facetten logischer Strukturen als auch von den Sprachmitteln her bei den einzelnen Lernenden kein beschreibbarer Unterschied besteht. Die explizierten logischen Elemente und die verwendeten Sprachmittel bleiben bei den einzelnen Lernenden relativ stabil Im Folgenden werden die Lernprozesse bis zum Beweis 2 beschrieben.

8.3   Tiefenanalysen der fachlichen und sprachlichen Lernwege

In diesem Abschnitt werden Lernwege der Schülerinnen und Schüler aus Zyklus 3 mit den in Zyklus 2 entwickelten Unterstützungsformaten untersucht, um zu zeigen, wie die Lernenden die Unterstützungsformate kennenlernen und damit die strukturbezogenen Beweistätigkeiten mehr und mehr zeigen. Dabei werden alle vier Phasen des Beweisens (vgl. Abschnitt 6.4) betrachtet, nicht nur (wie in Abschnitt 8.2) die letzte Phase der Verschriftlichung. Verfolgt wird somit folgende Analysefrage:

(F3.2)   Wie erlernen die Lernenden die Unterstützungsformate in den Phasen der Beweisaufgabenbewältigung?

8.3.1   Sampling und Analysevorgehen in den Tiefenanalysen

Für die Tiefenanalyse der sprachlichen und fachlichen Lernwege wurden die Fokus-Lernendenpaar Emilia und Katja sowie Cora und Lydia aus Zyklus 3 ausgewählt. Cora (15 Jahre) und Lydia (14 Jahre) gingen beide in die 9. Klasse, Emilia (14 Jahre) und Katja (16 Jahre) gingen beide in die 10. Klasse (zur Auswahl der Fokus-Lernendenpaare siehe Abschnitt 5.3.2).

Um nachzuvollziehen, wie die Lernenden die Nutzung der Unterstützungsformate bis hin zum Beweis 2 des Wechselwinkelsatzes nach und nach erlernen, wurden für die Tiefenanalyse die erste Aufgabe mit dem konkreten Nebenwinkel und Beweisaufgabe 1 (Scheitelwinkelsatz) und Beweis 2 (Wechselwinkelsatz) ausgewählt. Die Aufgabe mit dem konkreten Nebenwinkel ist interessant, weil in dieser Aufgabe die Lernenden das Design des Lehr-Lern-Arrangements mit sprachlichen und graphischen Designelementen kennenlernen.

Die ersten beiden Beweisaufgaben wurden gewählt, weil hier die Beweisaufgaben im Fokus des Lerngegenstandes liegen. Die erste konkrete Aufgabe mit der Berechnung eines Nebenwinkelsatzes dient dem Einstieg, um an die Begründungen der Lernenden anzuknüpfen. Die Argumente, die nach dem Design des Lehr-Lern-Arrangements zu Verfügung stehen, sind in der ersten Phase dieser Aufgabe den Lernenden noch nicht bekannt. Die Phase 1 Finden der Beweisidee und mündliche Begründung und die Schriftprodukte aus Phase 4 sind für den Beweis 3 des Innenwinkelsummensatzes in der Breitenanalyse dargestellt (siehe Abschnitt 8.1).

Um die Progression der fachlichen und sprachlichen Lernwege bei jeweils vergleichbaren Beweistätigkeiten nachzuvollziehen, werden die vier Phasen des Beweisens über unterschiedliche Aufgaben hinweg verglichen, hierzu wird jeweils die Progression der drei Durchläufen analysiert (siehe Tabelle 8.10).

Tabelle 8.10 Untersuchte Aufgaben in den vier Phasen des Beweisens

Phasen der Aufgaben	Erste Aufgabe	Beweis 1	Beweis 2
Phase 1: Finden der Beweisidee und mündliche Begründung	Konkreter Nebenwinkel	Scheitelwinkelsatz	Wechselwinkelsatz
Phase 2: Ausfüllen der graphischen Argumentationsschritte		Abschnitt 8.3.1 Abschnitt 8.3.2	
Phase 3: Schreiben eines Satzes	nicht vorhanden		Abschnitt 8.3.3
Phase 4: Versprachlichung des Beweises	nicht vorhanden	durch Design experiment-Leiterin	Abschnitt 8.3.4

Es werden zunächst die Lernwege von Cora und Lydia über die Aufgaben hinweg in einer Phase der Beweisaufgabenbearbeitung analysiert und dann zum Vergleich die Lernwege von Emilia und Katja.

Bei der Analyse der individuellen Lernwege der beiden Fokus-Lernendenpaare werden exemplarische Sequenzen analysiert. Dabei werden die Facetten logischer Strukturen (Analyseschritt 1) und die gegenstandsspezifischen Sprachmittel (Analyseschritt 2) identifiziert (siehe Abschnitt 5.4). Anhand der gezeigten Facetten logischer Strukturen und Sprachmitteln in den Lernprozessen der Phasen werden zusammenfassend jeweils die mit den Unterstützungsformaten gezeigten strukturbezogenen Beweistätigkeiten beschrieben (Analyseschritt 3 und 4). Die genauere Darstellung der Analysen ist in den jeweiligen Abschnitten vorgestellt.

8.3.2   Analyse der Phase 1: Finden der Beweisidee und mündliche Begründung

Konkretes Analysevorgehen
Auf Grundlage der in Abschnitt 5.4 genauer dargestellten Analysewerkzeuge werden mit dem Toulmin-Modell die logischen Elemente Voraussetzung (V), Argument (A) und Schlussfolgerung (S) identifiziert (siehe Abschnitt 5.4.3) und die Grammatik der gegenstandsspezifischen Sprachmitteln mit der systemisch-funktionalen Grammatik genauer bestimmt (siehe Abschnitt 5.4.4). In den Tiefenanalysen werden anhand der Facetten logischer Strukturen und der Sprachmittel die strukturbezogenen Beweistätigkeiten rekonstruiert (siehe Abschnitt 5.4.5).

Die Analyseergebnisse werden in den jeweiligen Phasen unterschiedlich dargestellt, um den unterschiedlichen Gegebenheiten und Prozessen gerecht zu werden:

- Für die Analyse der Lernwege in Phase 1 jeder Aufgabe (Finden der Beweisidee und mündliche Begründung) werden die fachlichen Analysen mit einer bildlichen Darstellung auf Grundlage des Toulmin-Modells mit folgenden logischen Elementen verdichtet dargestellt: [I] Initiale Situation, Voraussetzung [V], Argument [A] und Schlussfolgerung [S] zu identifiziert, falsche Argumente [(A)], verneinte Argumente [−A], neues Argument [nA], neues expliziertes Argument [neA], expliziertes Argument angewendet auf Schlussfolgerung [eAaS], expliziertes Argument angewendet auf Voraussetzung [eAaV], /nicht eindeutig (siehe Abschnitt 5.4.3).

Zusätzlich zu diesen Codierungen werden für die mündlichen Begründungen weitere Codes verwendet, um die ungenauen Aussagen und Gesten aufs Material zu berücksichtigen.

- U: Ungenaue Angabe: Bei ungenauen oder implizit Angaben werden die Codierungen um ein U (wie ungenau) erweitert. Beispiel: „sind das jetzt 40°" (Cora, Zyklus 3, Aufgabe konkreter Nebenwinkel, Turn 15, [V1U])
- DZ: Deiktika/Zeigen/Zeichnen: Wird ein logisches Element durch Gesten, Zeichnungen und/oder durch Deiktika auf die logischen Elemente expliziert, wird ein DZ hinzugefügt (Deiktisch/Zeigen/Zeichnen). Beispiel: [nimmt auch die Stufenwinkelargument-Karte] (Cora, Turn 505, Beweis 2 des Wechselwinkelsatzes, [A2DZ])
- ?: Logisches Element als Frage formuliert: Die Codierung wird um ein Fragezeichen erweitert, wenn das logische Element in einer Frage expliziert wird. Beispiel: die müssten gleich groß sein, ne? (Cora, Zyklus 3, Turn 26, [S1?]).

In den bildlich verdichteten Zusammenfassungen der Analysen sind Kästen für diejenigen logischen Elemente:

- grau, die nicht erwähnt werden,
- schwarz, wenn sie explizit genannt werden
- gestrichelt, wenn sie ungenau oder gestisch expliziert werden.
- durchgestrichen bei falschen oder nicht benötigten Elementen
- andere logische Elemente umfassend, wenn Schlussfolgerungen in neuen Voraussetzungen enthalten sind

Beweisschritte bestehend aus V, A, S sind

- übereinander angeordnet bei parallelen Beweisschritten
- von links nach rechts bei aufeinander aufbauenden Beweisschritten

Die Unterstützungsformate für die Phase 1, die gegebenen Argumente-Karten und Wenn-Dann-Formulierung im Designexperiment-Zyklus 3, sind dargestellt in Abb. 8.15. Die Argumente werden sukzessive in den Aufgaben bereitgestellt.

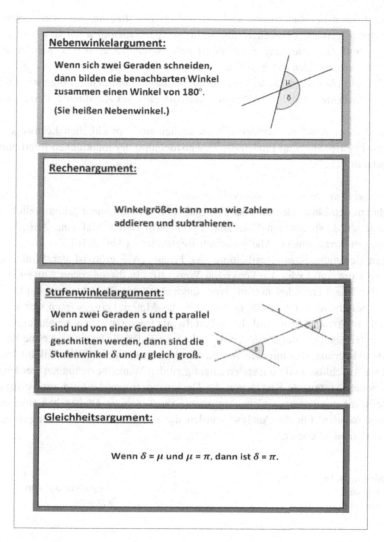

Abbildung 8.15 Gegebene Argumente-Karten

Entsprechend der Spezifizierung des Lerngegenstandes werden bei der Bearbeitung des Lehr-Lern-Arrangements fachliche und sprachliche strukturbezogenen Beweistätigkeiten erwartet (siehe Abschnitt 2.3.2, Tabelle 2.4). In der ersten

Phase *Finden der Beweisidee und der mündlichen Begründung* wird erwartet, dass die folgenden Tätigkeiten ausgeführt werden: *Identifizieren von Vorausset- zungen und Zielschlussfolgerung im zu beweisenden Satz* (FB1), *Identifizieren der zu verwendenden mathematischen Argumente und deren logischer Struktur* (FB2), *Sprachliches Auffalten von Voraussetzungen und Schlussfolgerungen aus dem Aufgabentext* (SB1) und *Nennen und sprachliches Auffalten der Argumente* (SB2).

In diesem Abschnitt werden die fachlichen und sprachlichen Lernwege der beiden Fokuspaare beim Finden der Beweisidee und der mündlichen Begründung dargestellt.

Cora und Lydia beim konkreten Nebenwinkel
Nachdem den Lernenden die Idee des Lehr-Lern-Arrangement grundsätzlich vor- gestellt wurde, bearbeiten Cora und Lydia zum ersten Mal eine Aufgabe im Lehr-Lern-Arrangement „Mathematisch Begründen" (Abb. 8.16).

Mit der mündlichen Bearbeitung der Frage „Wie groß ist der Winkel α?" suchen Cora und Lydia den konkreten Wert (40°) in dieser ersten Anwendungs- aufgabe. Die Lernenden nutzen dazu, dass ein Kreis 360° hat und explizieren den Scheitelwinkelsatz, schon, bevor sie in das Material eingewiesen wurden. Im Lehr-Lern-Arrangement wird der Scheitelwinkelsatz als Scheitelwinkelargument erst später gegeben. Bei der ersten Aufgabe begründen die Lernenden ohne Kennt- nis des Materials, aber mit dem Wissen aus dem vorherigen Mathematikunterricht. Erst im Anschluss an diesen ersten Zugang zu den Winkelbeziehungen werden die gegebenen Argumente-Karten von der Designexperiment-Leiterin zur Verfügung gestellt, die explizieren, welche Argumente im Anschluss als gegeben angesehen werden können. Für die Analyse wurden die Schritte der Bestimmungsaufgabe folgendermaßen codiert:

Abbildung 8.16 Aufgabe
zum konkreten
Nebenwinkel

Wie groß ist der Winkel α?
Begründe.

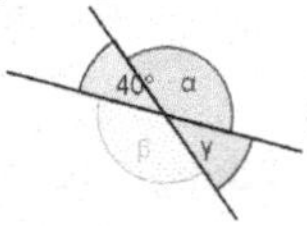

A1/V1/S1 – Schritt 1: $\gamma = 40°$ (auf Grund des Scheitelwinkelsatzes),

A2/V2/S2 – Schritt 2: $\alpha = \beta$ (auf Grund des Scheitelwinkelsatzes),

A3/V3/S3 – Schritt 3: $\alpha + \beta + \gamma + 40° = 360°$ (Definition des Kreises),

A4/V4/S4 – Schritt 4: $\alpha + \beta = 280°$ (Einsetzen und Rechnen),

A5/V5/S5 – Schritt 5: $\alpha = 140°$ (da beide Winkel gleich groß sind und durch 2 geteilt).

Zyklus 3, Gruppe 1 (Cora & Lydia), Sitzung 1
Beginn: 1:14 min
Cora und Lydia bei der Bearbeitung der ersten Aufgabe (konkreter Nebenwinkel) vor der Kenntnis der graphischen und sprachlichen Designelemente

15	C	Da sind, ähm, also sind das jetzt 40° [*zeigt auf die Zeichnung der Abbildung 8.16*], das müssten ja.. ähm. Das sind (…) α …	V1U, V1DZ
16–17	C/L	[*Diskussion über Namen der Winkel*]	
22	C	Ja. Die 40°, dass ähm müsste dann nicht γ auch 40° sein? oder sind das Versetzte? Obwohl das geht gar nicht.	V1U S1? V6?
23	L	Ne ich glaube, das sind …	
24	C	… das müssten …	
25	L	40° sind auch γ …	S1
26	C	…die müssten gleich groß sein, ne?	S1?
27	L	Ja. [*lachen*] Und dann ist α ja gleich β.	S2
28	C	Ja und das [*zeigt auf alle vier Winkel beim konkreten Nebenwinkel*] müssten ja eigentlich 360 sein …	V3DZ S3
29	L	…Ja, das heißt wir müssen…	
30	C	…minus 80 sind.. 280? [*beide lachen*]	S4?U
31	L	Ähm.. ja und das dann …	
32	C	… sind 140.	S5
33	L	Mhm?	
34	C	140. Die Hälfte von 280 ist …	S5, V5
35	L	…ja…	
36	C	140 [*beide nicken*]	S5

Bei der ersten mündlichen Begründung nennen Cora und Lydia keine Argumente, daher sind diese in der graphischen Zusammenfassung in Abbildung 8.17 grau markiert. Sie nennen jedoch alle fünf Schlussfolgerungen S1–S5 (Turn 25, 27, 28, 32, 34, 36), teilweise auch als Frage (Turn 22, 26, 30). Auf die Voraussetzungen zeigen sie teilweise (abgekürzt mit V1DZ wie Deiktikon in Turn

15, 28) oder explizieren sie ungenau (wie V1U in Turn 15, 22, 30). Mit diesen Schwerpunktsetzungen in ihren Explikationen erfüllen Cora und Lydia die Anforderungen an eine Anwendungsaufgabe der konkreten Winkelbestimmung. Es werden keine strukturbezogenen Beweistätigkeiten gezeigt, da auch kein Argument genannt wird, was in der konkreten Aufgabe auch möglich wäre. Die Analyse ist verdichtet dargestellt in Abb. 8.17 (Ziffern geben die Turns an, grau die nicht explizierten Elemente, gestrichelte ungenau oder deiktisch explizierte, durchgestrichen die falschen. Voraussetzung 4 umfasst Schlussfolgerungen 1–3).

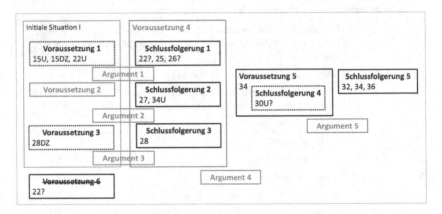

Abbildung 8.17 Bildlich verdichtete Analyse der mündlichen Begründung beim konkreten Nebenwinkel von Cora und Lydia

Cora und Lydia beim Beweis 1 des Scheitelwinkelsatzes
In Abb. 8.18 ist die Aufgabenstellung wie im Zyklus 3 abgebildet.

Abbildung 8.18 Aufgabe
zum Beweis des
Scheitelwinkelsatzes

Die Schritte wurden folgendermaßen codiert: Nebenwinkelargument für β und Nebenwinkel [A1], Nebenwinkelargument für α und Nebenwinkel [A2], Rechenargument [A3].

Zyklus 3, Gruppe 1 (Cora & Lydia), Sitzung 1
Beginn: 26:06 min

320	C	Da können wir das wieder mit dem Nebenwinkelargument (…) …	A1/A2
321	L	… Ja, **weil** dieser [*zeigt auf den Winkel zwischen α und β*] Nebenwinkel, nenne ich ihn γ, der [*zeigt auf den eben genannten Winkel auf C's Blatt*], ähm, ist ja der und β sind ja 180° und der gleiche Winkel plus α sind ja 180°.	V1→S1 V1DZ V1DZ S1 V2U, S2
322	C	Ja.	
323	L	Das heißt sie müssen gleich groß sein.	S3

Lydia expliziert die logische Beziehung von der Voraussetzung zur Schlussfolgerung grammatikalisch kohärent mit der kausalen Konjunktion „weil" (Turn 321). Lydia und Cora nennen das Nebenwinkelargument als Argument für zwei Beweisschritte und alle Schlussfolgerungen. Lydia zeigt auf die Voraussetzung der Nebenwinkel auch deiktisch. In Abb. 8.19 ist die Analyse der Begründung von Cora und Lydia verdichtet dargestellt (Ziffern geben die Turns an, grau die nicht explizierten Elemente, gestrichelte ungenau oder deiktisch explizierte, beschriftete Pfeile die sprachlich explizierten logischen Beziehungen).

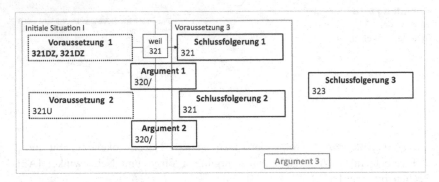

Abbildung 8.19 Bildlich verdichtete Analyse der mündlichen Begründung beim Beweis des Scheitelwinkelsatzes von Cora und Lydia

Cora und Lydia beim Beweis 2 des Wechselwinkelsatzes
In Abb. 8.20 ist die Aufgabe zum Beweis des Wechselwinkelsatzes wie im Zyklus 3 abgebildet.

Abbildung 8.20
Aufgabenstellung zum
Beweis des
Wechselwinkelsatzes

Beim Beweis nutzen Cora und Lydia das Scheitelwinkelargument [A1], das Stufenwinkelargument [A2] und das Gleichheitsargument [A3].

Zyklus 3, Gruppe 1 (Cora & Lydia), Sitzung 1
Beginn: 43:39 min
Cora und Lydia fangen mit der Beweisidee und mündlichen Begründung zum Beweis des Wechselwinkelsatzes an.

505	C	[...] Da brauchen wir Gleichheitsargument [*nimmt das Gleichheitsargument und legt sie neben ihre Aufgabe*] auf jeden Fall und Stufenwinkelargument [*nimmt auch die Stufenwinkelargument-Karte*] und Scheitelwinkelargument [*legt die Scheitelwinkelargument-Karte neben die anderen beiden*] [*Pause 7 Sek.*] Ehm. ... Also erst glaube ich müssen wir das Stufenwinkel – oder?	A3, A3DZ A2, A2DZ A1, A1DZ A2
506	L	Nee. Erst Scheitelwinkel. Also wir bilden jetzt zum Beispiel den Scheitelwinkel von α. Dann ist das der Stufenwinkel zu γ. [*Pause 3 Sek.*]	V1/A1 V1 V2
507	C	Ja. [*Pause 3 Sek.*]	
508	L	Und dann können wir sagen, dass ...	
509	C	...Aber irgendwie brauchen wir noch ein Gleichheitsargument glaube ich da drin.	A3
510		Irgendwie nicht, oder? [*lacht*] Weil g und h sind ja parallel	−A3, V2U
511	C	Warte mal. Wenn δ gleich was ist das nochmal [*zeigt auf die Gleichheitsargument-Karte*] ...	A3DZ
512–514		[*Lydia und Cora klären den Namen μ*].	
515	C	μ [*beide lachen*] Wenn δ gleich μ ist gleich π gleich π...	eAV3
516	L	π...	
517	C	π. Meine ich doch.	
518	L	Und **dann** ist δ gleich π. Das haben wir ...	eAV3eAS3, eAS3
519-529		[*Gespräch mit der Designexperimentleiterin, warum man das Gleichheitsargument gebrauchen könnte.*]	
530	C	Also theoretisch kann man dann halt hier [*zeigt auf den Winkel gegenüber von α in der Aufgabe*], wenn wir das erstmal den Scheitelwinkel dazu bilden ...	V1DZ, V1
531	L	... ja ...	
532	C	... ist das dann halt..	
533	L	Aber dann brauchen wir doch kein Gleichheitsargument, weil das ist dann doch einfach ...	−A3
534	C	...ja aber ...	

535	L	... nur Scheitelwinkel und Stufenwinkel.	A1, A2
536	C	Ja eigentlich schon, aber –... Dann könnte man irgendwie noch da reinbringen, dass α [*zeigt auf den Winkel α*] gleich α′ und α′ ist gleich γ.	V1DZ S1, S2
537	L	Ja.	
538	C	Und das heißt α ist γ. Das heißt wir brauchen nicht wieder irgendwie, weißt du – verstehst du was ich meine?	S3
539	L	Ja. [*lacht*]	
540	C	Okay. Wir bräuchten glaube ich eigentlich das Stufenwinkelargument nicht [*legt die Stufenwinkelargument-Karte wieder zur Seite*], sondern nur das Scheitelwinkelargument und das Gleichheitsargument.	−A2, −A2DZ A1, A3
541	L	Auch gut.	
542	C	Weil, erst Scheitelargument – Scheitelargument – Scheitelwinkelargument [*zeigt auf den Winkel gegenüber von α*] und dann Gleichheitsargument [*zeigt auf γ*].	A1, V1DZ A3, V2DZ

Cora plant den Beweis, indem sie die Argumente-Karten nimmt (Turn 505: [A3DZ, A2DZ, A1DZ]) und deren Namen expliziert (Turn 505). Sie listet sie auf, ohne zu begründen, warum die Argumente benötigt werden bzw. warum und wie sie den Stufenwinkelsatz als erstes anwenden möchte. Cora zeigt auf das Gleichheitsargument (Turn 511: [A3DZ]) und expliziert gemeinsam mit Lydia das Gleichheitsargument (Turn 511–518: [eAV3, eAV3→eAS3, eAS3]) und dabei auch die logische Beziehung im Argument mit „dann". Lydia meint doch nicht das Gleichheitsargument zu benötigen (Turn 533: [−A3]), sondern nur Scheitel- und Stufenwinkelargument (Turn 535: [A1, A2]). Cora nennt dann alle Schlussfolgerungen (Turn 536, 538: [S1, S2, S3]).

Hier, in dem verdichteten Bild (Abb. 8.21; Voraussetzung 3 umfasst synthetisch die Schlussfolgerungen 1 und 2), sieht man, dass Cora und Lydia in ihrem mündlichen Prozess insgesamt fast alle logischen Elemente [V1–V2, A1–A3, S1–S3] nennen (schwarze Kästchen), wenn auch chronologisch durcheinander, und zusätzlich auch mit vielen Deiktika oder Ungenauigkeiten. Die Schlussfolgerungen [S1 und S2] werden nicht explizit zur Voraussetzung 3 versprachlicht. Das ungewohnte Gleichheitsargument wird auch sprachlich aufgefaltet mit der logischen Beziehung mit „dann".

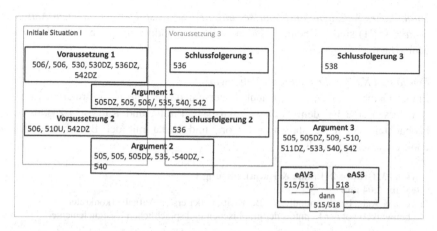

Abbildung 8.21 Bildlich verdichtete Analyse der mündlichen Begründung beim Beweis des Wechselwinkelsatzes von Cora und Lydia

Zusammenfassung von Coras und Lydias Lernweg beim dreimaligen Durchlaufen der Phase 1 (Finden der Beweisidee und mündliche Begründung)

Bei der ersten Anwendungsaufgabe nennen Cora und Lydia keine Argumente. Diese werden im Unterstützungsformat der gegebenen Argumente-Karten nach der Anwendungsaufgabe und vor dem Beweis 1 expliziert. Unterstützt durch die Argumente-Karten explizieren Cora und Lydia im Beweis 1 mit Ausnahme von Argument 3 alle Argumente und beim Beweis 2 alle (Turn 320, 505, 506, 509, 535, 540, 542). Das ungewöhnliche Transitivitätsaxiom („Gleichheitsargument") explizieren sie vollständig (Turn 515–518). Damit zeigen Cora und Lydia zunehmend die strukturbezogene Beweistätigkeit *Identifizieren der zu verwendenden mathematischen Argumente* (FB2.1) und *Nennen der Argumente* (SB2.1) und bei dem Transitivitätsaxiom auch *Identifizieren der logischen Struktur der Argumente* (FB2.2) bzw. sprachlich *Auffalten der Argumente* (SB2.2).

Anfangs werden die logischen Beziehungen zwischen den logischen Elementen und den Beweisschritten nicht sprachlich ausgedrückt. Beim Beweis 1 nutzt Lydia eine grammatikalisch kohärente Konjunktion (Turn 321). Damit zeigt sie die strukturbezogene Beweistätigkeit *Herstellen logischer Beziehungen zwischen den logischen Elementen in den einzelnen Beweisschritten* (FB3) bzw. auch sprachlich *Nutzen von Sprachmitteln für die logischen Beziehungen innerhalb von Beweisschritten* (SB3). Die strukturbezogenen Beweistätigkeiten *Identifizieren von Voraussetzungen und Zielschlussfolgerung im zu beweisenden Satz* (FB1) und

Sprachliches Auffalten von Voraussetzung und Schlussfolgerung aus dem Aufga-
bentext (SB1) sind bei beiden Mädchen dieser mündlichen Phase noch nicht zu
beobachten.

Emilia und Katja beim konkreten Nebenwinkel
Einige Gemeinsamkeiten, aber auch Unterschiede zu dem rekonstruierten Lernweg lassen sich bei dem zweiten Fokuspaar, Emilia und Katja aus Zyklus 3,
beobachten. Auch sie starten wie Cora und Lydia mit der Berechnung des
konkreten Nebenwinkels.

Zyklus 3, Gruppe 2 (Emilia & Katja), Sitzung 1 **Beginn: 2:04 min** Emilia & Katja bei der mündlichen Bearbeitung der ersten Aufgabe (konkreter Nebenwinkel) vor der Kenntnis der graphischen und sprachlichen Designelemente.			
19	E	Okay, also ich fang dann mal an. Also zwei Nebenwinkel sind ja zusammen an einer Geraden, ähm, 180°	eA
20	DL	Mhm. Genau.	
21	E	Von daher kann man das eigentlich benutzen, um dann quasi, äh, 180° minus, äh 40° zu rechnen, und dann..	A1U/S1U S2U
22	DL	...Mhm...	
23	E	... einfach rauszubekommen, würd ich sagen-	S2U

Emilia nennt direkt den Nebenwinkelsatz als Satz mit Prädikativ (Turn 19:
[A1], der ihr aus dem Mathematikunterricht bekannt ist.

In Abb. 8.22 wird deutlich, dass die Voraussetzungen komplett implizit bleiben
(Voraussetzungen in grau). Das ungewohnte Rechenargument explizieren die beiden Schülerinnen erwartungsgemäß nicht und deuten die Schlussfolgerung nur an
(Turn 23, 21: [S1U/S2U], in gestrichelten Kästen). Sprachlich drücken sie keine
logischen Beziehungen aus (Ziffern geben die Turns an, grau die nicht explizierten Elemente, gestrichelte ungenau oder deiktisch, Voraussetzung 2 umfasst in
sequenzieller Anordnung der Schritte die Schlussfolgerung 1.).

Abbildung 8.22 Bildlich verdichtete Analyse der mündlichen Begründung beim konkreten Nebenwinkel von Emilia und Katja

Emilia und Katja beim Beweis 1 des Scheitelwinkelsatzes
Das folgende Transkript zum Beweis des Scheitelwinkels ist bereits in Hein & Prediger (2017) analysiert.

Zyklus 3, Gruppe 2 (Emilia & Katja), Sitzung 1
Beginn: 28:22 min
Emilia & Katja beim Finden der Beweisidee und der mündlichen Begründung beim Beweis des Scheitelwinkelsatzes. Emilia will zuerst nur die Aufgabe davor mit konkreten Winkelmaßen nutzen, Emilia zeichnet die Winkel γ und δ ein (Nebenwinkel von α bzw. β).

358	E	(„..] [*zeichnet mit blau den Winkel γ ein, siehe Abb. 8.23*]	V1DZ/V2DZ
359	K	Ja	
360	E	[*zeichnet mit schwarz den Winkel δ ein*]	V3DZ
361	K	Und dann einfach…	
362	E	…Und dann könnte man jetzt eigentlich sagen, – dass α plus γ 180° [...]	S1
367	E	Und dass, ähm,	
368	K	γ plus β	S2U
369	E	Ja, also eigentlich kann man das dann ja – [*Abweichung zur konkreten Aufgabe wird genannt*] – also ich weiß nicht, ob man das dann so ganz kleinschrittig überhaupt machen kann, weil wie ja gar keine Zahlen haben, aber dann könnte man ja sagen, α plus γ gleich 120, äh, 180° und β plus δ gleich 120, äh 180°	S1 (S3)
370	DL	Mhm.	
371	K	Und…	
372	E	… und dementsprechend..	

373	K	...γ plus β – plus δ und dann..	S2U (S3U)
374	E	...ja, okay, aber eigentlich brauchen wir ja nur einen, oder? Dann war der gerade unnötig, der Winkel [*zeigt auf ihrem Aufgabenblatt auf den Winkel δ*] – Also ich würd sagen...	–V3U V3DZ
375	K	...wir müssen das ja mit – [*Pause 6 Sek.*] ja, α plus γ 180°, – dann ist halt 180° minus – β, – (...)	S1
376	E	Nee, also ich würde einfach aufschreiben...	
377	K	...(...)	
378	E	...α plus γ gleich 180° und β plus γ gleich 180°.	S1 S2
379	DL	Ja.	
380	E	Und dann, wenn man, man könnte eigentlich theoretisch'nen Gleichungssystem machen.	V4

Katja nennt direkt „Scheitelwinkel" (Turn 339). und es ist unklar, ob sie hier die allgemeine Voraussetzung oder den Scheitelwinkelsatz meint, der hier hergeleitet werden soll. Die Scheitelwinkelbeziehung (d. h. die Konstellation, dass sich die Winkel am Geradenkreuz gegenüberliegen) sind auch Gesamtvoraussetzung, die initiale Situation. Emilia zeichnet die Nebenwinkelkonstellation als Voraussetzung des Nebenwinkelarguments ein (siehe Abbildung 8.23) (Turn 358: [V1DZ/V2DZ]). Emilia expliziert die notwendige Rechnung (Turn 369: [S1]). Dabei werden keine Argumente expliziert. Emilia bemerkt auch, dass sie den Winkel δ nicht benötigen und zeigt dabei auch auf den Winkel (Turn 374: [–V3U, V3DZ]) (als Schritt 3 codiert in Abb. 8.24). Die Beweisschritte werden mit der temporalen Konjunktion „dann" wie ein Prozess bzw. Rechnung aufgelistet und nicht deren logische Beziehung formuliert (Turn 369 und 380). Auch die neue Voraussetzung aus den beiden Schlussfolgerungen wird expliziert mit „theoretisch'nen Gleichungssystem machen" (Turn 380: [V4]).

Abbildung 8.23
Zeichnung von Emilia

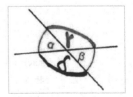

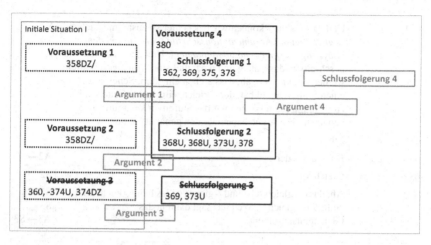

Abbildung 8.24 Bildlich verdichtete Analyse der mündlichen Begründung beim Beweis des Scheitelwinkelsatzes von Emilia und Katja

Emilia und Katja beim Beweis 2 des Wechselwinkelsatzes

Zyklus 3, Gruppe 2 (Emilia & Katja), Sitzung 1
Beginn: 55:43 min
Emilia & Katja fangen an beim Beweis des Wechselwinkelsatzes die Beweisidee zu finden und mündliche Begründungen zu suchen.

628	E	Dann, äh, also, werden wir jetzt da erst das Scheitel, [...]	A1
629	K	γ	
630	E	[...] also γ hat'n Scheitelwinkel δ.	V1
631	K	δ	
632	E	Können wir ja δ nennen. Ähm, – das heißt, γ gleich δ. Also, ähm, können wir das ja aufschreiben. [*zeigt auf ersten Argumentationsschritt der vorherigen Aufgabe (konkreter Wechselwinkel)*] [...]	S1

634	E	Und dann, ähm – können wie das ja hier so zusammenziehen [*legt die beiden Argumentationsschritte (von vorher) dem Recycling entsprechend übereinander*]. Und dann können wie ja schreiben, dass, äh, g und h parallel sind, von a geschnitten werden – und das b, äh, dass α eben ein, ähm, Scheit-, äh, einen Stufenwinkel hat, der – gleichzeitig der Scheitelwinkel zu γ ist und dann können wir das Stufenwinkelargument benutzen, dass – wie haben wir den genannt? δ, ne?	V2 V1 A2
635	K	Mhm.	
636	E	**Dass**, äh, α der	A2→S2
637	K	Gleich δ	S2
638	E	Äh, dass α gleich δ ist und δ gleich γ, das heißt gleich, äh, das heißt α ist gleich γ. **Weil** das sagt dann ja das Gleichheitsargument.	S2, S1 S3 A3→S3 A3

Emilia expliziert nicht nur die Voraussetzungen von Scheitel- und Stufenwinkelsatz (Turn 634: [V2, V1], sondern gleichzeitig auch die Beweisidee (Turn 634). Emilia und Katja explizieren zusammen auch die anderen logischen Elemente [V1–V2, A1–A3, S1–S3]. Logische Beziehungen werden teilweise nicht expliziert. Emilia versprachlicht nur temporal den Prozess mit „und dann" (634), aber dann auch die logischen Beziehungen mit „dass" (konsekutive Konjunktion) für die logische Beziehung zur Schlussfolgerung (Turn 636: [A2→S2]) bzw. „weil" (kausale Konjunktion, grammatikalisch kohärent) zur Begründung der Schlussfolgerung mit dem Gleichheitsargument (Turn 638: [A3→S3]). Damit explizieren wie in Abb. 8.25 dargestellt, Emilia und Katja insgesamt nicht nur alle logischen Elemente (außer V3), sondern auch zwei logische Beziehungen (beschriftete Pfeile verdeutlichen die sprachlich explizierten logischen Beziehungen, Voraussetzung 3 umfasst synthetisch die Schlussfolgerungen 1 und 2).

Zusammenfassung von Emilias und Katjas Lernweg beim dreimaligen Durchlaufen der Phase 1 (Finden der Beweisidee und mündliche Begründung)
In der Anwendungsaufgabe zu konkreten Nebenwinkeln, als die gegebenen Argumente-Karten noch nicht gegeben sind, versprachlicht Emilia das Nebenwinkelargument inhaltlich, aber als Satz mit Prädikativ wie eine empirische Eigenschaft. Damit zeigt sie erst die strukturbezogene Beweistätigkeit *sprachliches Auffalten eines Arguments* (SB2.2), wenn auch als Satz mit Prädikativ (Turn 19). Ob sie das Nebenwinkelargument bereits in diesem Moment als *Argument*

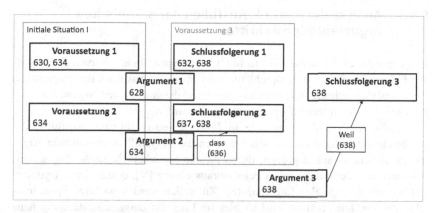

Abbildung 8.25 Bildlich verdichtete Analyse der mündlichen Begründung beim Beweis des Wechselwinkelsatzes von Emilia und Katja

wahrnimmt und als solches mit seiner logischen Struktur identifiziert (FB2), kann nicht mit Sicherheit gesagt werden. Beim 1. Beweis (Scheitelwinkelsatz) wird kein Argument genannt, Emilia zeichnet hier die Voraussetzung der Nebenwinkel ein. Beim Beweis 2 (Wechselwinkelsatz) explizieren Emilia und Katja alle logischen Elemente (V1–V3, A1–A3, S1–S3). Damit nimmt das *Identifizieren der zu verwendeten mathematischen Argumente* (FB1.1) bzw. *Nennen der Argumente* (SB2.1) zu.

Erst bei Beweis 2 drückt Emilia logische Beziehungen durch Konjunktionen (Turn 636, 638) aus und zeigt damit die strukturbezogenen Beweistätigkeiten *Herstellen logischer Beziehungen zwischen den logischen Elementen in den einzelnen Beweisschritten* (FB3) bzw. wegen seiner sprachlichen Form *Nutzen von Sprachmitteln für die logischen Beziehungen innerhalb von Beweisschritten* (SB3). Die ersten strukturbezogenen Beweistätigkeiten *Identifizieren von Voraussetzungen (1) und Zielschlussfolgerung (2) im zu beweisenden Satz* (FB1) und *Sprachliches Auffalten von Voraussetzung und Schlussfolgerung aus dem Aufgabentext* (SB1) sind dagegen in Phase 1 bei Emilia und Katja nicht beobachtbar.

8.3.3 Analyse der Phase 2: Ausfüllen der graphischen Argumentationsschritte

In diesem Abschnitt werden die fachlichen und sprachlichen Lernwege der beiden Fokuspaare in den drei Durchläufen der Phase 2 (Ausfüllen der graphischen Argumentationsschritte) rekonstruiert, bei denen die graphischen Argumentationsschritte als Unterstützungsformate angeboten wurden.

Für die Analyse der Lernwege in Phase 2 jeder Aufgabe (Ausfüllen der graphischen Argumentationsschritte) werden die ausgefüllten graphischen Argumentationsschritte selbst gezeigt, durch die die logischen Elemente eingefordert werden: erstes Feld und zweites Feld: Voraussetzung [V], drittes Feld; Argument [A], viertes Feld: Schlussfolgerung [S]. Zusätzlich werden wichtige Sprachmittel analysiert. Die Analyse wird ab hier im Fließtext dargestellt, da der genaue Vergleich für diese Phase nicht in der Breitenanalyse dargestellt wird.

In der Phase 2 (Ausfüllen der graphischen Argumentationsschritte) werden, wie in Abschnitt 7.2, Tabelle 7.1 dargestellt folgende fachliche und sprachliche strukturbezogene Beweistätigkeiten von den Lernenden erwartet: Durch das Schreiben in den Feldern der graphischen Argumentationsschritte werden die logischen Elemente in der logischen Reihenfolge aufgeschrieben und damit *logische Beziehungen zwischen den logischen Elementen in den einzelnen Beweisschritten herzustellen* (FB3) ausgeführt. Durch die Handlungen mit mehreren graphischen Argumentationsschritten wird auch die Tätigkeit *Beweisschritte zu sortieren und Beziehungen zwischen den Beweisschritten herzustellen* (FB4) ausgeführt. Die *Sprachmitteln für die logischen Beziehungen innerhalb von Beweisschritten* (SB3) und *Sprachmittel für die logischen Beziehungen zwischen den Beweisschritten* (SB4) werden verwendet.

Cora und Lydia beim konkreten Nebenwinkel
Cora und Lydia füllen zum ersten Mal die graphischen Argumentationsschritte aus.

Zyklus 3, Gruppe 1 (Cora & Lydia), Sitzung 1
Beginn: 6:45 min
Cora und Lydia fangen an, die graphischen Argumentationsschritte zum ersten Mal auszufüllen.

| 78 | C | … machen wir es mal wie im Matheunterricht. [*schreibt „ggb:" in das obere Kästchen*] [*Pause 3 Sek.*] |

...		[*Cora zeichnet die geometrischen Konstruktionen in das 1 und auch ins 2. Feld, nachdem die Designexperiment-Leiterin erklärt hat, dass man im 2. Feld (Voraussetzungs-Check) das für das Argument Relevante aufschreiben soll.*]
152	L	[*schreibt „Nebenwinkelargument: 40° + α = 180°" mit dem schwarzen Stift in das dritte Feld (Argument)*] [*Pause 35 Sek.*]
153	DL	Das ist ja eigentlich das, was eigentlich schon folgt [*zeigt auf das 4. Feld (Schlussfolgerung)*], ne?
154	L	Ach so.
155	DL	Also hier 3 [*zeigt auf das mittlere Rechteckfeld*] ist ja eigentlich das Argument.
156	L	Ja. [*Pause 4 Sek.*]
157	C	Also theoretisch könnte man das **hier** hin legen [*nimmt die Nebenwinkelargument-Karte und legt sie auf das mittlere Rechteckfeld*] und dann **daraus folgt, dass** ...
158	DL	... Mhm...
159	C	40 plus, 40° plus α gleich 180° ergeben.
160	DL	Genau.
161	C	So **darunter** [*zeigt auf das „α = ?" im 4. Feld (Schlussfolgerung)*] schreiben dann.
162	L	Okay. [*schreibt „40° + α = 180°" ins 4. Feld (Schlussfolgerung)*]

Cora verbalisiert in Turn 78 den logischen Status der Voraussetzung, die in dieser Aufgabe mit einem konkret gegebenen Winkel wie bei einer Rechenaufgabe ist, mit „ggb." (gegeben, Verb für die Voraussetzung, grammatikalisch kohärent) (siehe Abb. 8.26). Cora markiert die geometrischen Konstruktionen durch Zeichnungen in die Felder als Voraussetzung bzw. als Voraussetzung für das Nebenwinkelargument. Die Schülerinnen fragen nach und sind sich nicht sicher, in welches Feld, welche Information gehört. Lydia schreibt schon die Schlussfolgerung ins Feld für das Argument (Turn 152). Die Designexperiment-Leiterin macht deutlich, dass das Feld nur für das Argument ist, Cora verbalisiert mündlich die Schlussfolgerung (Turn 159: [S1]) und Lydia schreibt schließlich die Schlussfolgerung ins 4. Feld (Turn 153–162).

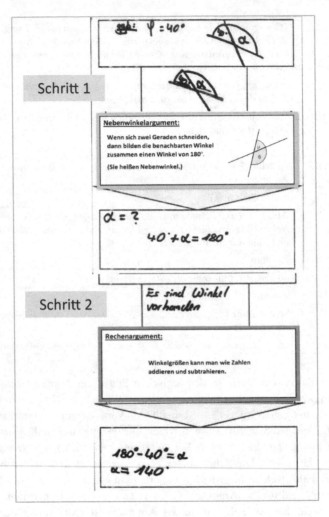

Abbildung 8.26 Ausgefüllte graphische Argumentationsschritte von Cora und Lydia zum konkreten Nebenwinkel

Dabei verwenden Cora und die Designexperiment-Leiterin Deiktika wie „hier" (Turn 157) und „darunter" (Turn 161), um auf die Felder zu verweisen. Cora versprachlicht auch die logische Beziehung vom Argument zur Schlussfolgerung [A→S] mit „daraus folgt, dass" (Turn 157).

Zyklus 3, Gruppe 1 (Cora & Lydia), Sitzung 1
Beginn: 14:08 min
Bei der ersten Aufgabe (konkreter Nebenwinkel) beim Ausfüllen der graphischen Argumentationsschritte nimmt Cora, nachdem sie mit Lydia den ersten Argumentationsschritt ausgefüllt hat, den nächsten Argumentationsschritt.

167	C	Du kannst es ganz elegant machen, indem wir so machen [*legt die beiden Argumentationsbögen so untereinander, dass der neuen Bogens bis zum mittleren Rechteckfeld von dem vierten Feld des ersten Bogens überdeckt wird*].
168	L	Ja [*Pause 4 Sek.*]
169	DL	Obwohl das ist ja erstmal nur die Voraussetzung, ne? [*zieht den oberen Bogen so, dass das zweite Feld (Voraussetzungs-Check) über dem dritten Feld (Argument) wieder sichtbar ist*] [*Pause 3 Sek.*]
170	L	Ja.

Cora macht enaktiv das Recycling von der Schlussfolgerung des einen Schritts zur Voraussetzung des nächsten Schritts– hier noch für einen konkreten Fall (Turn 167). Mit dem Adverb „so" nimmt Cora sprachlich auf ihre Handlung Bezug. Cora legt die beiden Schritte selbstinitiiert fürs Recycling übereinander [S1→V2]. Beim Voraussetzungs-Check beim 2. Argumentationsschritt sind die beiden Schülerinnen sich unsicher. Der Voraussetzungs-Check beim ungewohnten Rechenargument ist auch besonders herausfordernd, insbesondere, weil es im 3. Designexperiment-Zyklus auch noch prädikativ formuliert war. Die Schlussfolgerung [S2] schreiben sie nun ins 4. Feld bzw. nutzen die Schlussfolgerung des Arguments, dass man rechnen kann, indem sie rechnen. Die Klärung, welche Informationen in welches Feld gehören, erfolgt in dieser Szene sowohl durch die Schülerinnen und die Designexperiment-Leiterin primär durch Zeigen. Die Voraussetzungen werden dabei graphisch expliziert.

Cora und Lydia beim Beweis 1 des Scheitelwinkelsatzes

Beginn: 26:45 min
Cora und Lydia beim Erarbeiten des Beweises des Scheitelwinkelsatzes, nachdem sie
schon zweimal graphische Argumentationsschritte ausgefüllt haben und die Aufgabe
schon mündlich besprochen haben. Cora hat schon die Voraussetzungen in das erste Feld
gezeichnet.

330	C	[...] Machen wir erstmal α und β?
331	L	Hmm?
332	C	α und γ meine ich. [...]
335	DL	Ähm. Vielleicht könnt ihr auch noch die: „Wo wollt ihr hin?" aufschreiben.
336	C	Mhm.
337	L	Ach so.
338	C	[*nimmt den zweiten Argumentationsschritt*] ... Ähm. Kann man **da** einfach schreiben dann α gleich β?

Cora plant die Reihenfolge der Schritte. Sie will im ersten Beweisschritt das
Nebenwinkelpaar α und γ [V1] betrachten (Turn 330–332) und betrachtet dann
auch beim ersten Argumentationsschritt diese Winkel (siehe auch Abb. 8.27). Hier
beim ersten Beweis gibt die Designexperiment-Leiterin den Hinweis in das letzte
Feld zu schreiben, wo die Zielschlussfolgerung vermerkt werden soll („Wo wollt
ihr hin?", Turn 335). Am Ende steht die Gleichung doppelt im letzten Feld, da die
Lernenden dies am Ende noch einmal hinschreiben. Beim zweiten Schritt fehlt die
Voraussetzung wie beim Recycling, obwohl der zweite Schritt parallel zum ersten
ist (siehe Abbildung 8.27).

Insgesamt wird über den Inhalt gesprochen und dieser nur implizit den logischen Elementen zugeordnet (z. B. „da", Turn 338), indem die Felder ausgefüllt
werden. Dies erfolgt mit Ausnahme der Zielschlussfolgerung von oben nach
unten.

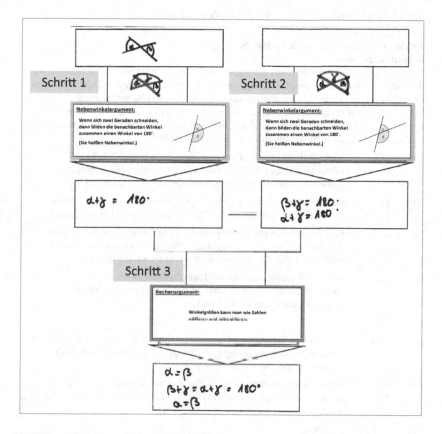

Abbildung 8.27 Ausgefüllte graphische Argumentationsschritte von Cora und Lydia zum Beweis des Scheitelwinkelsatzes

Cora und Lydia beim Beweis 2 des Wechselwinkelsatzes

Zyklus 3, Gruppe 1 (Cora & Lydia), Sitzung 1
Beginn: 48:47 min
Cora und Lydia füllen gemeinsam die graphischen Argumentationsschritte beim Beweis des Wechselwinkelsatzes aus. Cora fängt an mit „gegeben haben wir" (Turn 548) bevor sie mit Emilia die ersten beiden Argumentationsschritte ausfüllt, wobei sie die Voraussetzungen für die Argumente in das jeweils 2 Feld (Voraussetzungs-Check) zeichnen und die Geraden bei den Stufenwinkeln nicht als parallel kennzeichnen, fangen die beiden an, den dritten Argumentationsschritt auszufüllen.

598	C	Den [Stift] da [*zeichnet mit dem roten Stift in das 2. Feld (Voraussetzungs-Check) des dritten Argumentationsschritts die Zeichnung, hierbei werden alle Winkel rot eingezeichnet*]
599	L	[*schreibt in das mittlere Feld des zweiten Argumentationsschritts das Wort „Stufenwinkelargument" (Dokumentation)*] [*Pause 11 Sek.*]
600	DL	(…) ihr **hier** [*zeigt auf das erste Feld (Voraussetzung) des dritten Argumentationsschritts*] nochmal – Welche Voraussetzung hast du jetzt? Also was für ein Argument willst du nutzen und was …
601	L	Ach so. Voraussetzung ist die **hier** [*legt den zweiten Argumentationsschritt so, dass er das erste Feld des dritten Argumentationsschritts bedeckt*] Ja.
602	C	Ja.
603	DL	Ja, welches Argument willst du denn nutzen, da brauchst du vielleicht noch mehr Voraussetzungen als das da [*zeigt auf das letzte Feld des zweiten Argumentationsschritts*]
604	C	Ähm, vielleicht, **dass** [*schiebt den zweiten Argumentationsschritt etwas nach oben und schreibt in das erste Feld des dritten Bogens: „$\alpha' = \gamma$, $\alpha = \alpha'$"*] α Strich ist gleich γ…
605	DL	…Mhm…
606	C	…und α ist gleich α'.

Cora zeichnet beim dritten Argumentationsschritt direkt alle Winkel mit rot in das Feld für den Voraussetzungs-Check (Turn 598) (siehe Abb. 8.28), auch wenn deren Lage für das Gleichheitsargument irrelevant sind. Lydia will die Schlussfolgerung vom zweiten Schritt [S2] zur Voraussetzung des dritten Schritts [V3] recyceln, indem sie die jeweiligen Schritte übereinander zieht. Dabei vergisst sie, nachdem die Designexperiment-Leiterin nach den Voraussetzungen gefragt hat, den ersten, der bei der synthetischen Anordnung relevant wäre (Turn 601). Die Designexperiment-Leiterin fragt noch einmal nach notwendigen Voraussetzungen für das Gleichheitsargument (Turn 603). Cora schreibt dann die Schlussfolgerungen von den beiden ersten Schritten [S1 und S2] in das erste Feld des 3. Schritts

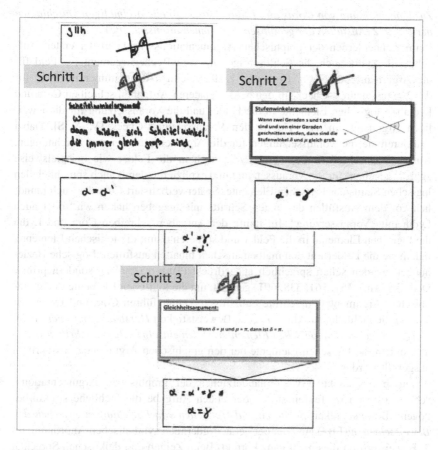

Abbildung 8.28 Ausgefüllte graphische Argumentationsschritte von Cora und Lydia zum Beweis des Wechselwinkelsatzes

(Turn 604–606) [V3]. Sowohl Lydia als auch die Designexperiment-Leiterin verwenden das Dietikon „hier" (Turn: 600, 601), um auf die Felder zu verweisen. Cora verbalisiert die logische Beziehung zu der Schlussfolgerung mit der kausalen Konjunktion „dass" (Turn 604).

Zusammenfassung von Coras und Lydias Lernweg beim dreimaligen Durchlaufen der Phase 2 (Ausfüllen der graphischen Argumentationsschritte)

Beim Kennenlernen der graphischen Argumentationsschritte in der ersten Aufgabe will Lydia auch die Schlussfolgerung vom Rechenargument ins Feld für die Argumente schreiben. Cora und Lydia zeichnen dann immer ins Feld für den Voraussetzungs-Check. In den beiden späteren Aufgaben schreiben Cora und Lydia die logischen Elemente in die Felder und die Voraussetzung für die jeweiligen Argumente in das Feld für den Voraussetzungs-Check [V, A, S]. Dabei markieren sie die Voraussetzungen für die Argumente immer mit Zeichnungen. Am Anfang schreiben Cora und Lydia auch in die Felder wie beispielsweise „ggb." (gegeben) für die Voraussetzung und explizieren damit auch sprachlich den logischen Status der logischen Elemente. Später verbalisiert Cora das auch mündlich vor dem Ausfüllen des ersten Schritts mit „gegeben haben wir" oder auch Lydia mit „Voraussetzung". Im Laufe der Aufgaben schreiben Cora und Lydia die logischen Elemente in die Felder und sortieren damit die logischen Elemente, indem sie die Felder mit den mathematischen Inhalten ausfüllen. Logische Beziehungen werden selten sprachlich ausgedrückt (Turn 157, 604), sondern primär Deiktika (Turn 157, 161, 338, 601) genutzt, um die logischen Elemente in die graphischen Argumentationsschritte einzufügen. Damit führen Cora und Lydia fast korrekt die fachliche strukturbezogene Beweistätigkeit *Herstellen logischer Beziehungen zwischen den logischen Elementen in den einzelnen Beweisschritten* (FB3) aus, indem die logischen Elemente bei den graphischen Argumentationsschritten ausgefüllt werden.

Durch das enaktive Übereinanderziehen der graphischen Argumentationsschritte (Turn 167) führen sie ab der ersten Aufgabe die fachliche strukturbezogene Beweistätigkeit *Sortieren und Herstellen von Beziehungen zwischen den Beweisschritten* (FB4) aus. Bei der herausfordernden synthetischen Anordnung im 2. Beweis erfolgt dies nicht ganz korrekt. Beim Zeigen und deiktischen Sprechen wird die Beweistätigkeit *Nutzen von Sprachmitteln für die logischen Beziehungen innerhalb von Beweisschritten* (SB3) kaum ausgeführt und das enaktive Recycling zwischen den graphischen Argumentationsschritten durch Übereinanderlegen ohne entsprechende Versprachlichung nicht als *Nutzen von Sprachmittel für die logischen Beziehungen zwischen den Beweisschritten* (SB4) versprachlicht.

Emilia und Katja beim konkreten Nebenwinkel

Wie auch das erste Fokus-Lernendenpaar Cora und Lydia füllt auch das zweite Fokus-Lernendenpaar, Emilia und Kaja aus Zyklus 3, bei den Aufgaben die graphischen Argumentationsschritte aus, wobei Gemeinsamkeiten und Unterschiede beim rekonstruierten Lernweg beobachtet werden können. Auch sie füllen die graphischen Argumentationsschritte zum ersten Mal bei der Aufgabe zum konkreten Nebenwinkel aus.

Zyklus 3, Gruppe 2 (Emilia & Katja), Sitzung 1
Beginn: 10:02 min
Emilia und Katja füllen zum ersten Mal die graphischen Argumentationsschritte bei der Bearbeitung der ersten Aufgabe (konkreter Nebenwinkel) aus vor der Kenntnis der graphischen und sprachlichen Designelemente und gerade, nachdem sie mündlich die Aufgabe bearbeitet haben. Katja zeichnete schon die Geraden und Winkel in das erste Feld (siehe Abb. 8.29).

89	E	Also reicht das so?
90	DL	Ja, das würd' meines Erachtens als Voraussetzung reichen, wenn ihr jetzt noch im zweiten Feld deutlich macht, was ihr jetzt genau wirklich fokussiert.
91	E	Okay. Dann würd' ich jetzt da wahrscheinlich hinschreiben, ähm, dass wir die Winkel als Kombination, also weil Winkel zusammen quasi benutzen. Also…
92	K	…(…)…
93	E	…kann man das jetzt schon den, den Neben-, das also, das nennen, das Nebenwinkelargument?
94	DL	Ich würde das Nebenwinkelargument nicht nennen, aber ihr dürft sagen, dass das Nebenwinkel sind. Weil es ja grad um den Unterschied geht: Ich habe einmal Nebenwinkel und dann hab ich ne Aussage über Nebenwinkel. Das ist ja 'n Unterschied.

Emilia will schon das ganze Nebenwinkelargument [A1] in das Feld für den Voraussetzungs-Check schreiben (Turn 93). Die Designexperiment-Leiterin macht den Unterschied zwischen Voraussetzung für ein Argument und dem Argument als Implikation deutlich (Turn 94) und expliziert damit die Anforderungen vom Feld für den Voraussetzungs-Check.

Beginn: 11:32 min
Emilia und Katja beim Ausfüllen des 4. Feldes des ersten Schritts (siehe Abb. 8.29).

123	E	Okay. Und dann würd' ich **hier** schreiben [*zeigt auf das 4. Feld vom ersten Schritt (Schlussfolgerung)*] Hä, die Schlussfolgerung wäre ja jetzt, dass man dann mit dem Rechenargument(…)…
124	DL	…Ja und was, was folgt jetzt erstmal aus dem Argument? Also wenn man jetzt erstmal ganz, ganz kleinschrittig denkt?
125	K	**Dass** α und δ zusammen 180°

Emilia will direkt im ersten Schritt zusätzlich das Rechenargument [A2] nutzen, wobei sie mit dem Deiktikon „hier" auf das Feld für die Schlussfolgerung verweist und die beiden Schritte vermischt (Turn 123). Auf Nachfrage der Designexperiment-Leiterin kann sie auch die korrekte Schlussfolgerung nennen (Turn 125: [S1]). Sie versprachlicht dabei die logische Beziehung vom Argument zur Schlussfolgerung mit der konsekutiven Konjunktion „dass".

Beginn: 12:04 min
Emilia und Katja beim Ausfüllen des 2. Schritts beim konkreten Nebenwinkel (siehe Abb. 8.29).

137	E	Dann würd' ich jetzt **hier** weitermachen. [*zeigt auf den zweiten Argumentationsschritt*] Ähm, also sollen wir das denn jetzt **hier** übertragen, dann sagen, was jetzt noch, was wir jetzt noch wissen, quasi?
138	DL	Ja, obwohl ich, äh, neulich so die Verwendung gesehen hab, letztendlich man ja auch sagen, wenn man ineinander übergeht, das hier ist die neue Voraussetzung. [*legt die beiden Argumentationsschritte so übereinander, dass das letzte Feld (Schlussfolgerung) vom ersten Argumentationsschritt zum ersten (Voraussetzung) des zweiten Argumentationsschritt wird*]

Emilia kommt selbständig darauf, dass sie nun die Schlussfolgerung vom ersten Schritt auf dem zweiten Schritt benötigt [V2] (Turn 137). Sie nimmt deiktisch auf den Schritt Bezug („hier übertragen"). Die Designexperiment-Leiterin zeigt das enaktive Recycling bei sequenziellen Schritten (Turn 138).

Beginn: 14:02 min
Emilia und Katja beim Ausfüllen des 2. Argumentationsschritts beim 2. Feld (Voraussetzungs-Check) (siehe Abb. 8.29).

154	K	Also das wäre jetzt –
155	E	Ich würde sagen, also wir können mit Winkelgrößen rechnen.
156	DL	Das, das sagt ja das Argument. [*zeigt auf das Rechenargument*]. Also, die Voraussetzung ist ja eigentlich, dass ihr Winkelgrößen habt.
157	E	Ach so ja, okay. Ja, wir haben Winkelgrößen. [*lacht*]
158	K	Wir haben Winkelgrößen.
159	E	Mit denen wir rechnen können, würd' ich schreiben.

Emilia will in das Feld für die Voraussetzung für das Rechenargument schon die Schlussfolgerung schreiben (Turn 155, 159).

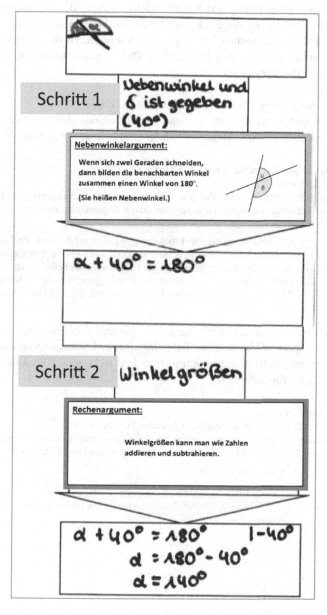

Abbildung 8.29 Ausgefüllte graphische Argumentationsschritte von Emilia und Katja zum konkreten Nebenwinkel

Insgesamt müssen Emilia und Katja zunächst mithilfe der Designexperiment-Leiterin die Verwendung der Felder verstehen. Sie nennen die Inhalte [V1–V2, A1–A2, S1–S2] und machen ihre logischen Status durch das Zeigen auf die jeweiligen Felder (siehe Abb. 8.29) deutlich. Die Argumentationsschritte werden chronologisch durchgegangen.

Emilia und Katja beim Beweis 1 des Scheitelwinkelsatzes
Wie Emilia und Katja die graphischen Argumentationsschritte dieser Aufgabe ausfüllen, ist auch schon in Hein & Prediger (2017, Sequenz 2) analysiert.

Zyklus 3, Gruppe 2 (Emilia & Katja), Sitzung 1
Beginn: 32:17 min
Emilia und Katja beim Ausfüllen der graphischen Argumentationsschritte beim Beweis des Scheitelwinkelsatzes. Emilia fängt an beim ersten Argumentationsschritt (siehe Abb. 8.30).

| 391 | E | Ich würd irgendwie **hierhin** schreiben [*zeigt auf das erste Feld des ersten Argumentationsschritts (Voraussetzung)*] – Ich glaube jetzt einfach wieder abmalen, ist glaub ich das Einfachste. Aber ohne γ, äh, ohne δ [*zeigt auf ihrem Aufgabenblatt auf ihre eingezeichneten Winkel*, siehe Abb. 8.23] weil ich würd mal sagen, dass wir den nicht brauchen. |

Emilia verweist mit „hierhin" (Turn 391) auf die Voraussetzung der ganzen Beweisschrittkette [V1], das erste Feld des ersten Argumentationsschritts. Sie plant die geometrische Konstruktion abzumalen, sieht aber Alternativen, da es ihr zufolge „das Einfachste" sei.

Beginn: 33:05 min
Nachdem Emilia die Voraussetzungen in das erste Feld des ersten Argumentationsschritts gemalt hat, fordert die Designexperiment-Leiterin beim ersten Beweis die Schülerinnen auf die Zielschlussfolgerung in das letzte Feld zu schreiben.

398	DL	Und jetzt euer Ziel.
399	E	Achso. **Dass,** ich würde einfach schreiben, α gleich β.
400	K	[*schreibt ins 4. Feld (Schlussfolgerung) von einem weiteren Argumentationsschritt* „$\alpha = \beta$"]

Nach der Aufforderung (Turn 398) nennt Emilia die Zielschlussfolgerung (Turn 399: [S3]) mit der konsekutiven Konjunktion „dass" und Katja schreibt sie direkt auf (Turn 400).

Zyklus 3, Gruppe 2 (Emilia & Katja), Sitzung 1
Beginn: 33:34 min
Emilia und Katja fangen an das dritte Feld (Argument) vom ersten Argumentationsschritt auszufüllen, bevor sie das zweite (Voraussetzungs-Check) ausfüllen.

403	E	Also dann – also, ich würde sagen – weiß ich, glaub ich, wenn wir **hier** erst [*zeigt auf das dritte Feld vom ersten Argumentationsschritt (Argument)*] einmal reinschreiben, dass das Nebenwinkelargument unser Argument ist. Dann überlegen, was **da** auch noch rein muss [*zeigt auf das zweite Feld (Voraussetzungs-Check)*].
404	K	[*schreibt „Nebenwinkelargument in das dritte Feld (Argument) vom ersten Argumentationsschritt*] [*Pause 21 Sek.*] Ja, dass hier...
405	E	...Ah, ich wollt' schreiben, dass..
406	K	...dass wir γ rein.
407	E	Ja, dass α und β den gleichen Nebenwinkel γ haben.
408	K	...[*Pause 3 Sek.*] Wo?
409	E	**Hier.** [*zeigt auf das zweite Feld vom ersten Argumentationsschritt (Voraussetzungs-Check)*]

Emilia überlegt nach der Wahl des Arguments [A1], was dann die dafür nötige Voraussetzung ist [V1] (Turn 403). Ihre Formulierung enthält nicht nur die Voraussetzung der beiden Nebenwinkelpaare, sondern auch die Beweisidee, dass nämlich beide Winkel den gleichen Nebenwinkel haben (Turn 407). Emilia und Katja nutzen den ersten Argumentationsschritt dann auch für die Anwendung des Nebenwinkelsatzes auf beide Nebenwinkelpaare (siehe Abb. 8.30). Sie verwenden viele Deiktika (Turn 403, 409).

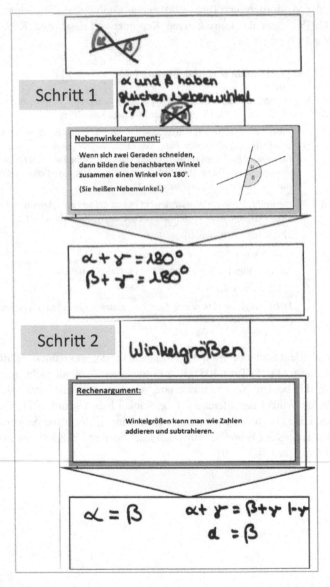

Abbildung 8.30 Ausgefüllte graphische Argumentationsschritte von Emilia und Katja zum Beweis 1 des Scheitelwinkelsatzes

Emilia und Katja beim Beweis 2 des Wechselwinkelsatz

Zyklus 3, Gruppe 2 (Emilia & Katja), Sitzung 1
Beginn: 58:20 min
Emilia und Katja beim Ausfüllen der graphischen Argumentationsschritte beim Beweis
des Wechselwinkelsatzes (siehe Abb. 8.31).

654	E	Aber dann kann man's nicht einzeichnen. – Okay, dann machen wir es erst da. Ähm, – einfach schreiben, dass α einen Scheitelwink-, äh, einen Stufenwinkel hat, der gleichzeitig der Scheitelwinkel von γ ist. [*schreibt in das zweite Feld vom 2. Argumentationsschritt (Voraussetzungs-Check) „α hat einen Stufenwinkel β, der der Scheitelwinkel von γ ist" (siehe Abb. 8.31)*] [*Pause 31 Sek.*] Müsste man nicht dann gleich direkt – [*Pause 5 Sek.*] Schon gut. – Ähm, okay, dann würd ich jetzt **hier** das, äh, Scheitelwinkel...
655	K	...Scheitel...
656	E	...argument.

Emilia schreibt nicht nur die Scheitelwinkel [S1] als Voraussetzung für den Scheitelwinkelsatz in das Feld für den Voraussetzungs-Check, sondern auch die Beweisidee (Turn 654). Sie verweist wieder mit dem Dietikon „hier" (Turn 654) auf die Felder.

Beginn: 60:38 min
Emilia und Katja bei der Bearbeitung des Beweises des Wechselwinkelsatzes beim
Ausfüllen des zweiten graphischen Argumentationsschritts beim zweiten Feld.

671	K	[*zeigt auf das zweite Feld vom 2. Argumentationsschritt (Voraussetzungs-Check)*] Also kommt **da** – β ist...
672	E	....dass g und
673	K	...Stufen
674	E	Soll ich schreiben, dass g und h parallel sind, dann, dass die Stufenwinkel sind.
675	K	Ja.
676	E	[*schreibt ins 2. Feld vom 2. Argumentationsschritt „g ‖h" und „g;h ≠ a"*] Ähm. [*schreibt „α ist"*] Das heißt, eigentlich hätten wir das da weglassen können mit dem Stufenwinkel, ne? [*zeigt auf das 2. Feld vom ersten Argumentationsschritt (Voraussetzungs-Check für Scheitelwinkel)*]

Beim zweiten Schritt erkennt Emilia (Turn 676), dass sie beim ersten Schritt und nur die Scheitelwinkel gebraucht hätte und nicht die Stufenwinkel, die sie nun im 2. Schritt benötigt (siehe auch Abb. 8.31). Der Prozess des Schreibens wird sprachlich ausgedrückt „schreiben..., dann, dass...".

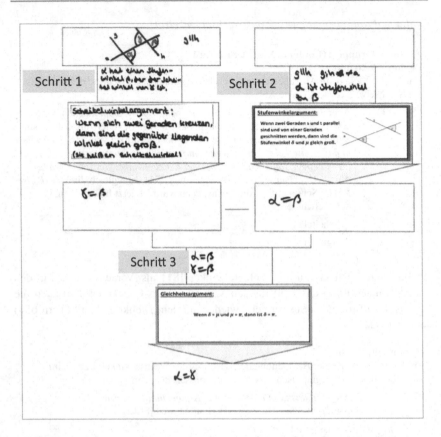

Abbildung 8.31   Ausgefüllte graphische Argumentationsschritte von Emilia und Katja zum Beweis 2 des Wechselwinkelsatzes

Zusammenfassung von Emilias und Katjas Lernweg beim dreimaligen Durchlaufen der Phase 2 (Ausfüllen der graphischen Argumentationsschritte)

Bei der ersten Aufgabe sind die Felder der graphischen Argumentationsschritte noch nicht bekannt und die Schülerinnen wollen das Argument in das 2. Feld (Voraussetzungs-Check) bzw. die Schlussfolgerung in das Feld für das Argument schreiben.

Nach der expliziten Erarbeitung der Funktion der Felder nutzen Emilia und Katja das Feld für den Voraussetzungs-Check teilweise nicht nur für den Voraussetzungs-Check, sondern auch, um die Beweisidee deutlich zu machen,

bezogen auf die Voraussetzung (gemeinsamer Nebenwinkel, Winkel der Stufenwinkel bzw. Scheitelwinkel zu anderen Winkeln ist). Beim zweiten Schritt des
Wechselwinkelsatzes erkennt Emilia, dass dies nicht notwendig gewesen wäre und
sie nur die für das Argument relevanten Winkel aufschreiben muss. Sie denkt beim
Stufenwinkelsatz von dem Argument aus, um den Voraussetzungs-Check auszufüllen. Nach und nach explizieren Emilia und Katja (wie auch Cora und Lydia)
alle logischen Elemente (V1–V3, A1–A3, S1–S3) in den dafür vorgesehenen
Feldern in den graphischen Argumentationsschritten.

Durch das Sortieren der logischen Elemente in die eingeführten Felder zeigen Emilia und Katja die strukturbezogene Beweistätigkeit *Herstellen logischer
Beziehungen zwischen den logischen Elementen in den einzelnen Beweisschritten* (FB3). Durch das Übereinanderlegen der graphischen Argumentationsschritte
wird auch die Tätigkeit *Sortieren und Herstellen von Beziehungen zwischen den
Beweisschritten* (FB4) ausgeführt. Sprachlich werden beim Ausfüllen der graphischen Argumentationsschritte vor allem Deiktika („hier" oder „da") genutzt, um
auf die Felder der Argumentationsschritte zu zeigen (Turn 123, 135, 391, 403,
409, 654, 671), also auf die logischen Elemente, oder einfach in der Reihenfolge
genannt, in der die Felder ausgefüllt werden. Selten drücken die Schülerinnen
auch mit Konjunktionen logische Beziehungen aus (Turn 125, 399), so dass sehr
selten die Beweistätigkeit *Nutzen von Sprachmitteln für die logischen Beziehungen
innerhalb von Beweisschritten* (SB3) ausgeführt wird.

Emilia versprachlicht das Recycling zwischen den Beweisschritten implizit
mit „hier übertragen" (Turn 137) und führt damit nicht die Tätigkeit *Nutzen von
Sprachmittel für die logischen Beziehungen zwischen den Beweisschritten* (SB4)
aus. Durch das Ausfüllen des letzten Feldes des potenziell letzten Schritts bei
den Beweisaufgaben führen Emilia und Katja das *Identifizieren von zu beweisen-
dem Satz* (FB1.2) bzw. das *sprachliche Auffalten von der Schlussfolgerung aus
dem Aufgabentext* (SB1.2) aus. Im Vergleich zur Phase 1 zeigt sich somit, wie
viel Scaffolding die graphischen Argumentationsschritte für die Initiierung der
intendierten Beweistätigkeiten leisten.

8.3.4   Analyse der Phase 3: Schreiben des mathematischen Satzes

In diesem Abschnitt werden die fachlichen und sprachlichen Lernwege der
beiden Fokuspaare beim Schreiben des mathematischen Satzes dargestellt. Mögliche Unterstützungsformate sind die Formulierungen der gegebenen Argumente-
Karten (siehe Abbildung 8.15, oben). Für die Analyse der Lernwege in Phase 3

jeder Aufgabe (Schreiben des mathematischen Satzes) werden die selbstgeschriebenen Sätze gezeigt und die Lernprozesse analysiert.

Bei der Phase 3 Schreiben des mathematischen Satzes wird prospektiv erwartet, dass wie in Tabelle 7.1 dargestellt, der *Statuswechsel des zu beweisenden mathematischen Satzes zum neuen Argument vollzogen* wird (FB6) und als *neues Argument genannt und zum Namen des Satzes verdichtet* wird (SB6).

Cora und Lydia beim Schreiben des Scheitelwinkelsatzes (Beweis 1)

Zyklus 3, Gruppe 1 (Cora & Lydia), Sitzung 1
Beginn: 33.37 min
Cora & Lydia überlegen wie sie den Scheitelwinkelsatz schreiben könnten.

394	L	… zwei gegenüberliegende Winkel …
395	C	…wenn sie denselben Nebenwinkel haben, immer gleich groß sind.
396	L	Wenn sie gegenüberliegen, haben sie immer denselben Nebenwinkel.
397	C	Scht. Das kann man ja nochmal erklären.

Bei der ersten Formulierung des mathematischen Satzes nennen Cora und Lydia zunächst noch einmal die Zwischenschritte des Beweises (Nebenwinkel) (Turn 395–396).

Beginn: 33:57 min
Cora und Lydia haben gerade auf den graphischen Argumentationsschritten den Scheitelwinkelsatz hergeleitet und wollen den Nebenwinkel berücksichtigen.

399	L	Also zwei gegenüberliegende …
400	C	… Theoretisch können
401	L	…Winkel…
402	C	…Aber theoretisch können wir den Nebenwinkel – das Nebenwinkelargument so als Vorlage nehmen.

Cora nimmt sich selbstinitiiert das Nebenwinkelargument als Vorlage, um den Scheitelwinkelsatz zu schreiben und expliziert dies auch (Turn 402). Sie formulieren dann den mathematischen Satz mit Namen [nA] grammatikalisch als Konditionalsatz [neA] (siehe Abb. 8.32).

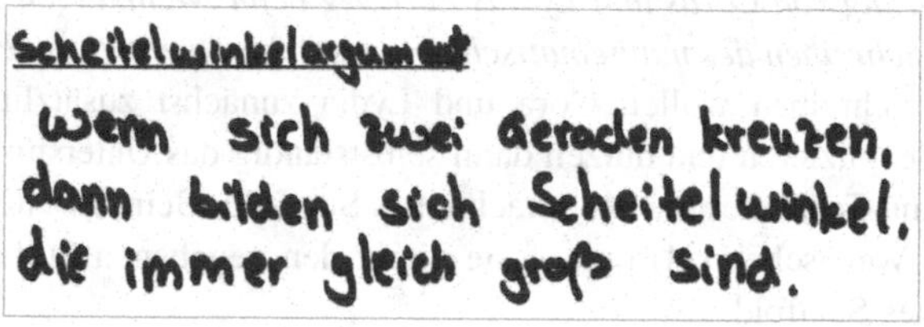

Scheitelwinkelargument
Wenn sich zwei Geraden kreuzen,
dann bilden sich Scheitelwinkel,
die immer gleich groß sind.

Abbildung 8.32 Scheitelwinkelargument von Cora & Lydia

Cora und Lydia beim Schreiben des Wechselwinkelsatzes (Beweis 3)

Zyklus 3, Gruppe 1 (Cora & Lydia), Sitzung 1
Beginn: 51:32 min
Cora & Lydia fangen nach dem Ausfüllen der graphischen Argumentationsschritte an,
den mathematischen Satz zu formulieren.

634	L	Ähm, Zwei schräg gegenüberliegende Winkel – ...
		[Cora und Lydia fangen mehrfach den Satz an...]
641	C	Wenn zwei Gerade sich kreuzen, drei Geraden [*lacht*], drei Geraden.
642	L	Zwei parallele Geraden von einer weiteren Geraden ...
643	C	...Ja...
644	L	...Geschnitten werden.
645	C	Ja. Wenn [*fängt an zu schreiben*]
646	L	... Hier steht [*schiebt ihr die Stufenwinkelargument-Karte hin*] ...

Lydia und Cora fangen direkt an, den Satz zu formulieren, ohne die Beweisidee zu
explizieren. Lydia schiebt Cora das Stufenwinkelargument, das inhaltlich ähnlich
ist, als sprachliches Scaffold hin (Turn 646). Anhand dessen schreibt Cora den
von den beiden Schülerinnen „Scheitel-Stufenwinkelargument" [nA] genannte
Wechselwinkelsatz [neA] (siehe Abb. 8.33).

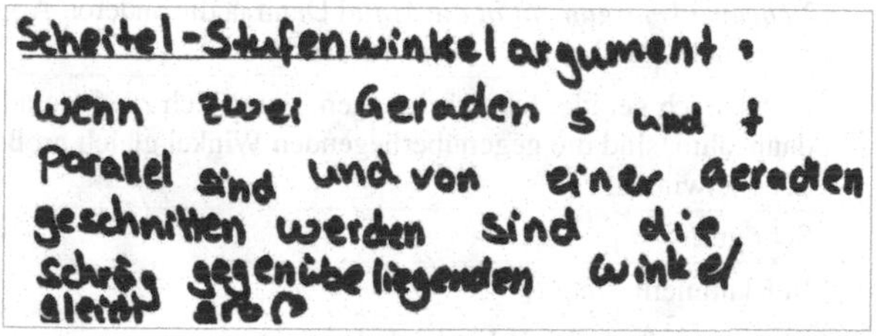

Scheitel-Stufenwinkelargument :
Wenn zwei Geraden s und t
parallel sind und von einer Geraden
geschnitten werden sind die
schräg gegenüberliegenden Winkel
gleich groß

Abbildung 8.33 Scheitel-Stufenwinkelargument von Cora & Lydia

Zusammenfassung von Coras und Lydias Lernweg beim zweimaligen Durchlaufen der Phase 2 (Schreiben des mathematischen Satzes) Argumentationsschritte)
Beim ersten Schreiben wollen Cora und Lydia zunächst zusätzlich die Zwischenschritte explizieren und nutzen dann selbstständig das Unterstützungsformat der Wenn-Dann-Formulierung als sprachliches Scaffold. Beim zweiten Schreiben eines Satzes (Wechselwinkel) nutzen sie direkt den gegebenen Stufenwinkelsatz als sprachliches Scaffold.

Durch das Schreiben auf die neue Karte vollziehen Cora und Lydia *den Statuswechsel des zu beweisenden mathematischen Satzes zum neuen Argument* (FB6) und *Nennen den neuen Satz und Verdichten den Beweis zum Namen des Satzes* (SB6). Durch das Versprachlichen in der Wenn-Dann-Formulierung führen Cora und Lydia auch die Beweistätigkeiten *Identifizieren von Voraussetzungen und Zielschlussfolgerung im zu beweisenden Satz* (FB1) bzw. in seiner sprachlichen Form als *Sprachliches Auffalten von Voraussetzung und Schlussfolgerung aus dem Aufgabentext* (SB1) aus.

Emilia und Katja beim Schreiben des Scheitelwinkelsatzes (Beweis 1)
Emilia und Katja schreiben wie auch Cora und Lydia in der Phase 3 *Schreiben des mathematischen Satzes* die Sätze bei Beweis 1 und 2 in Wenn-Dann-Formulierung. Emilia und Katja schreiben zunächst den Scheitelwinkelsatz.

Zyklus 3, Gruppe 2 (Emilia & Katja), Sitzung 1
Beginn: 38:42 min
Emilia & Katja fangen nach dem Ausfüllen der graphischen Argumentationsschritte an, den mathematischen Satz zu formulieren.

452	E	Scheitelwinkelargument? Würd ich sagen.
453	DL	Ja?
454	E	Also ich meine als Überschrift.
455	DL	Ja.
456	K	[schreibt „Scheitelwinkelargument" auf die Argumente-Karte]
457	DL	[*legt die Karten mit dem Rechenargument und dem Nebenwinkelargument in die Mitte*] Dann ja die anderen Argumente noch mal angucken.
458	E	Ja, habe ich gerade. Ich würde sagen: Wenn sich zwei Geraden kreuzen, dann, ähm, sind die gegenüberliegenden Winkel gleich groß. Sie heißen Scheitelwinkel.
459	DL	Sehr gut!
460	E	In Klammern. [*lacht*]
461	DL	Das ist ja wie aus'm Bilderbuch. [*lacht*]

462	E	Ja.
463	K	[*schreibt „Wenn sich zwei Geraden kreuzen, dann, ähm, sind die"*] Liegenden, ne?
464	E	Ja, gegenüberliegenden.
465	K	[*schreibt „gegenüberliegenden Winkel gleich groß."*]

Emilia schreibt direkt mit Katjas Hilfe bei der Formulierung den Scheitelwinkelsatz [neA] mit Namen auf [nA] (Abb. 8.34).

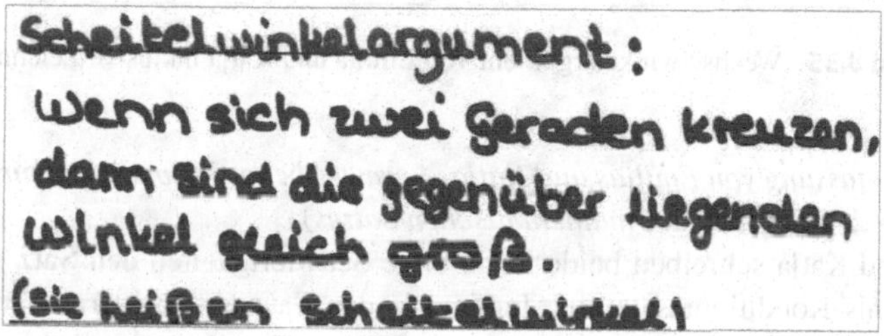

Abbildung 8.34 Scheitelwinkelargument von Emilia & Katja

Emilia und Katja beim Schreiben des Wechselwinkelsatzes (Beweis 2)

Zyklus 3, Gruppe 2 (Emilia & Katja), Sitzung 1
Beginn: 1 Stunde 3:50 min
Emilia & Katja fangen nach dem Ausfüllen der graphischen Argumentationsschritte an, den mathematischen Satz zu formulieren.

711	K	Wenn zwei Geraden
712	E	Ja
713	K	Parallel sind – Also g und h
714	E	…würd' schreiben: Wenn zwei Geraden parallel sind und von einer anderen geschnitten werden…
715	K	…(…) Dann sind die Wechselwinkel hm, hm, hm, hm gleich groß. Also..
716	DL	..Mhm
717	E	[*schreibt „Wenn zwei Geraden parallel sind und von einer weiteren Geraden geschnitten werden"*] Dann sind
718	K	Die Wechselwinkel gleich.

Emilia schreibt direkt den Wechselwinkelsatz [neA] mit Namen [nA] auf (siehe Abb. 8.35).

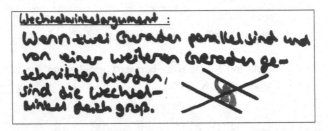

Abbildung 8.35 Wechselwinkelargument von Emilia und Katja inklusive Zeichnung

Zusammenfassung von Emilias und Katjas Lernweg beim zweimaligen Durchlaufen der Phase 2 (Schreiben des mathematischen Satzes)
Emilia und Katja schreiben beide Male ohne Schwierigkeiten den Satz grammatikalisch als Konditionalsatz auf. Indem sie den Satz auf die Argumente-Karte schreiben, vollziehen sie *den Statuswechsel des zu beweisenden mathematischen Satzes zum neuen Argument* (FB6) und durch die Versprachlichung die sprachliche strukturbezogene Beweistätigkeit *Nennen und Verdichten zum Namen des Satzes* (SB6). Indem Emilia und Katja in der Wenn-Dann-Formulierung den Satz versprachlichen, führen sie die Beweistätigkeiten *Identifizieren von Voraussetzungen und Zielschlussfolgerung im zu beweisenden Satz* (FB1) bzw. durch die sprachliche Form auch die Beweistätigkeit *Sprachliches Auffalten von Voraussetzung und Schlussfolgerung aus dem Aufgabentext* (SB1) aus.

8.3.5   Analyse der Phase 4: Versprachlichung des Beweises

Für die Phase 4 stehen als Unterstützungsformate die zuvor ausgefüllten graphischen Argumentationsschritte und das Sprachvorbild zur Verfügung. Für die Analyse der Lernwege in Phase 4 jeder Aufgabe (Versprachlichung des Beweises) wird auf die Breitenanalyse ganzer Beweistexte (Abschnitt 8.2) zurückgegriffen. Die Analysen der logischen Elemente in den Schriftprodukten von Beweis 2 ist dargestellt in Abschnitt 8.1.2, Tabelle 8.1. Die Anwendungsaufgabe und der

Beweis 1 des Scheitelwinkelsatzes wurden nicht von den Lernenden selbst verbalisiert. Die Designexperiment-Leiterin gibt beim Beweis 1 ein Sprachvorbild für den Beweistext.

Inwiefern die Tätigkeit *Lineares Darstellen des Beweises als Ganzes* (FB5) von den Lernenden korrekt ausgeführt wurde, ist dann erkennbar an der Reihenfolge der logischen Elemente.

Die Beweistexte zum Beweis 2 der Fokus-Lernendenpaare der Tiefenanalyse, Cora (siehe auch Abb. 2.2) und Lydia sowie Emilia und Katja, enthalten gemäß der Analyse in Tabelle 8.1 sehr viele logische Elemente, die fast durchgängig in der notwendigen logischen Reihenfolge aufgeführt sind. Die Analyse von Emilias Text ist exemplarisch dargestellt in 8.2.1. Ähnlich verwenden die drei anderen Schülerinnen explizierende Sprachmittel.

Um hier zu zeigen, dass die vier Schülerinnen dabei auch das Recycling von den ersten beiden Schritten zum dritten Schritt versprachlichen, wird im Folgenden dargestellt, wie die vier Lernende das sprachlich ausdrücken:

- Emilia: „Nun weiß man, dass $\alpha = \gamma$ und $\beta = \gamma$ ist."
- Katja: „Jetzt wissen wir, dass γ und β gleich groß sind und α und β."
- Cora: „Nun haben wir die Voraussetzung, dass $\alpha = \alpha' = \gamma$."
- Lydia: „Da man nun weiß, dass $\alpha = \alpha' = \gamma$."

Sie führen damit die sprachliche strukturbezogene Beweistätigkeit *Lineares Versprachlichen des Beweises mit Sprachmitteln für die Facetten logischer Strukturen und zur Herstellung von Textkohärenz* (SB5) in Beweis 2 erfolgreich aus. Mit der Versprachlichung des Recyclings wird auch die Tätigkeit *Nutzen von Sprachmittel für die logischen Beziehungen zwischen den Beweisschritten* (SB4) ausgeführt.

8.3.6 Zusammenfassung der Lernwege der beiden Fokus-Lernendenpaare

In Abschnitt 8.3.2–8.3.5 wurden die Lernwege anhand der Phasen beschrieben. Im Folgenden sind die fachlichen und sprachlichen Lernwege der Paare vergleichend zusammengefasst.

Fachliche Lernwege
In der ersten Phase bei der ersten Begründung (siehe Abschnitt 8.3.2) nennen Cora und Lydia keine Argumente, während Emilia schon direkt das Nebenwinkelargument expliziert. Nach der Einführung der gegebenen Argumente-Karten

explizieren Cora und Lydia beim 1. Beweis fast alle Argumente und beim
2. Beweis explizieren beide Fokus-Lernendenpaare alle Argumente. Die Argumente werden genannt, um die Schritte zu planen (FB2.1: *Identifizieren der
zu verwendenden mathematischen Argumente*). Cora und Lydia explizieren das
Gleichheitsargument auch mit seiner logischen Struktur (FB2), allerdings erst
wenige logische Beziehungen im Beweisschritt (FB3).

In der zweiten Phase beim Ausfüllen der Felder (siehe Abschnitt 8.3.3) für
die logischen Elemente und den Voraussetzungs-Checks fragen die beide Schüle-
rinnenpaare beim ersten Mal noch nach, wie die Felder zu füllen sind. Anfangs
ist das Trennen der logischen Elemente beim Ausfüllen der graphischen Argumentationsschritte eine Herausforderung, insbesondere die doppelte Struktur: Die
Voraussetzung in der Aufgabe und die Voraussetzung in dem Argument, die
Schlussfolgerung in dem Argument und die Schlussfolgerung für die Aufgabe.
In den graphischen Argumentationsschritten werden letztlich alle logischen Elemente inhaltlich expliziert, wobei der Prozess des Ausfüllens nicht immer in
der logischen Reihenfolge erfolgt. So schreiben Cora bzw. Katja beim ersten
Beweis nach Aufforderung die Zielschlussfolgerung auf einen weiteren Schritt,
nachdem die Voraussetzungen auf den ersten Argumentationsschritt geschrieben
wurden. Emilia und Katja füllen schließlich auch den Voraussetzungs-Check rich-
tig aus, indem sie von dem Argument aus denken und die Voraussetzung ins
Feld schreiben. Cora und Lydia machen zwar immer Zeichnungen ins Feld für
den Voraussetzungs-Check, selbst wenn es nicht angemessen ist, schreiben aber
beispielsweise bei der Anwendung des Gleichheitsarguments die notwendigen
Voraussetzungen der Gleichungen schon in das erste Feld (Voraussetzung) statt
ins zweite (Voraussetzungs-Check). Durch die logische Reihenfolge der Felder
explizieren die Mädchen die *logischen Beziehungen zwischen den logischen Elementen* (FB3) und *zwischen den Beweisschritten* (FB4) graphisch. Durch das letzte
Feld für die Zielschlussfolgerung wird die *Schlussfolgerung des zu beweisenden
Satzes expliziert* (FB1.2).

In der dritten Phase beim Schreiben der mathematischen Sätze (siehe
Abschnitt 8.3.4) wollen Cora und Lydia zunächst die Zwischenschritte des
Beweises berücksichtigen. Beide Lernendenpaare schreiben dann aber korrekte
mathematische Sätze nach dem 2. und 3. Beweis.

Damit *identifizieren sie die logische Struktur im zu beweisenden Satz* (FB1.2)
und *Vollziehen den Statuswechsel vom zu beweisenden Satz zum neuen Argument*
(FB6).

In der vierten Phase (siehe Tabelle 8.1 und Abschnitte 8.3.5) werden in den
Schriftprodukten alle logischen Elemente und teilweise auch logische Beziehungen versprachlicht. Damit werden die *logischen Beziehungen zwischen den*

logischen Elementen (FB3) und *zwischen den Schritten* (FB4) expliziert. Der ganze Beweis entspricht dem *linearen Darstellen des Beweises als Ganzes* (FB6).

Sprachliche Lernwege

In der ersten Phase beim Finden der Beweisidee und der mündlichen Begründung (siehe Abschnitt 8.3.2) zeigen die Schülerinnen auf den Inhalt und verweisen deiktisch auf die Voraussetzungen. Sie zeigen in den untersuchten Aufgaben ab dem Beweis 1 auch auf die dann graphisch gegebenen Argumente-Karten und nennen sie nominalisiert bzw. mit ihrem Namen. Die Planung des Beweises versprachlichen die Schülerinnen anfangs häufig mit „und dann" oder „dann", also als Prozess mit temporalen Konjunktionen für die Auflistung, aber die logischen Beziehungen drücken sie kaum sprachlich aus. Lydia begründet beim 1. Beweis dann das Anwenden des Arguments mit einer kausalen Konjunktion. Emilia und Katja nutzen beim 2. Beweis auch in der mündlichen Begründung konsekutive und kausale Konjunktionen, um die logischen Beziehungen auszudrücken. Damit werden die *logischen Beziehungen innerhalb eines Beweisschritts* (SB3) noch relativ wenig ausgedrückt. Die *Argumente werden genannt* (SB2.1), jedoch nur von Cora und Lydia mit dem *Gleichheitsargument sprachlich aufgefaltet* (SB2.2).

In der zweiten Phase werden beim Ausfüllen der graphischen Argumentationsschritte (siehe Abschnitt 8.3.3) viele Deiktika genutzt („hier"), jedoch diesmal für den Verweis auf die Felder der logischen Elemente und nicht auf die Zeichnungen der geometrischen Konstruktionen. Den mathematischen Inhalten werden mit Deiktika ihren logischen Status zugeordnet. Cora und Lydia explizieren dabei auch den logischen Status der logischen Elemente mit „Voraussetzung" oder „gegeben". Beim Ausfüllen der graphischen Argumentationsschritte drücken beide Lernendenpaare wenig logische Beziehungen sprachlich aus. Auch das Recycling von der Schlussfolgerung eines Argumentationsschritts zur Voraussetzung des nächsten Argumentationsschritts erfolgt primär durch einen deiktischen Verweis beispielsweise von Cora („so machen") bzw. Emilia („so zusammenziehen") und enaktiv durch das Übereinanderziehen der graphischen Argumentationsschritte. Die Schülerinnen nutzen insgesamt wenig Sprachmittel für die Facetten logischer Strukturen beim Ausfüllen, auf die logischen Elemente verweisen sie meist indirekt durch Zeigen auf die Felder, und sie füllen die Felder zumeist sukzessive von oben nach unten. Damit werden nur wenig die *logischen Beziehungen innerhalb eines Beweisschritts versprachlicht* (SB3). Durch die Explikationen für das letzte Feld für die Zielschlussfolgerung wird die *Schlussfolgerung des zu beweisenden Satzes expliziert* (SB1.2).

In der dritten Phase (siehe Abschnitt 8.3.4) schreiben beide Lernendenpaare den mathematischen Satz korrekt als Konditionalsatz mit „Wenn..., dann." Emilia hingegen schreibt beide Male direkt den mathematischen Satz in Wenn-Dann-Formulierung. Beim Scheitelwinkelsatz hilft ihr Katja noch bei der Formulierung der geometrischen Konstellation. Alle Schülerinnen falten damit den *mathematischen Satz aus dem Aufgabentext auf* (SB1) und *nennen ihn als neues Argument, indem sie ihn zum Namen verdichten* (SB6).

Alle vier Schülerinnen verwenden eher explizierende Sprachmittel in ihren Schriftprodukten (siehe Abschnitte 8.3 und 8.3.5) und explizieren damit alle logischen Elemente. Sie führen dabei die folgenden sprachlichen strukturbezogenen Beweistätigkeiten aus: *Nutzen von Sprachmitteln für die logischen Beziehungen innerhalb von Beweisschritten* (SB3), *Nutzen von Sprachmittel für die logischen Beziehungen zwischen den Beweisschritten* (SB4), *Lineares Versprachlichen des Beweises mit Sprachmitteln für die Facetten logischer Strukturen und zur Herstellung von Textkohärenz* (SB5) und explizieren dabei alle – außer Lydia – den *Satz als neues Argument* (SB6).

Zusammenfassung der Lernwege der beiden Fokuspaare
Gemäß der lerntheoretischen Grundlegung in Abschnitt 4.1 gehört zum erfolgreichen Erlernen der logischen Strukturen beim Beweisen alle fachlichen und sprachlichen strukturbezogenen Beweistätigkeiten erfolgreich ausführen zu können. Der Überblick in Tabelle 8.11 zeigt, wie sich die Beweistätigkeiten in den drei Durchläufen der einzelnen Phasen bei den untersuchten zwei Lernendenpaaren entwickelt haben. Fachliche strukturbezogene Beweistätigkeiten werden in der Tabelle mit FB abgekürzt, sprachliche strukturbezogene Beweistätigkeiten verkürzt mit SB. Mit Häkchen sind die ausgeführten strukturbezogenen Beweistätigkeiten markiert, in Klammern, wenn diese Beweistätigkeiten eingeschränkt ausgeführt wurden.

Leere Felder markieren, dass in diesem Schritt die strukturbezogenen Beweistätigkeiten auf Grund der Anlage des Lehr-Lern-Arrangements nicht ausgeführt werden können. Dies ist der Fall, da die erste Aufgabe eine Anwendung ist und beim Beweis 1 die Versprachlichung durch das Sprachvorbild der Designexperiment-Leiterin erfolgt. Die zusammengehörigen fachlichen und sprachlichen strukturbezogenen Beweistätigkeiten werden jeweils untereinander ausgeführt. In Klammern stehen die strukturbezogenen Beweistätigkeiten, die eher selten ausgeführt werden.

Insgesamt zeigt sich für diese zwei Paare eine klare Tendenz: Über die Aufgaben und die Phasen der Beweiserstellung hinweg führen die Mädchen die strukturbezogenen Beweistätigkeiten zunehmend bis zum Schriftprodukt beim Beweis 2 des Wechselwinkelsatzes aus. Insbesondere in der Phase 2 *Ausfüllen der graphischen Argumentationsschritte* weichen die fachlichen und sprachlichen strukturbezogenen Beweistätigkeiten voneinander ab, da die fachlichen

Tabelle 8.11 Überblick über die von Cora & Lydia sowie Emilia & Katja ausgeführten fachlichen und sprachlichen strukturbezogenen Beweistätigkeiten

Phasen und jeweils intendierte Beweistätigkeiten	Cora & Lydia			Emilia & Katja		
	Anwendung	Beweis 1	Beweis 2	Anwendung	Beweis 1	Beweis 2
Phase 1: Beweisidee und Begründung						
FB1.1 Identifizieren Voraus. im Satz	–	–		–	–	
SB1.1: Spr. Auffalten Voraus. i. Satz	–	–		–	–	
FB1.2: Identifizieren Schlussfolgerung	–	–		–	–	
SB1.2: Spr. Auffalten Schlussfolgerung	–	–		–	–	
FB2.1: Identifizieren der Argumente	–	√	√	–	–	√
SB2.1: Nennen der Argumente	–	√	√	–	–	√
FB2.2: Identifizieren Struktur Arg.	–	–	(√)	–	–	–
SB2.2: Spr. Auffalten der Argumente	–	–	(√)	√	–	–
FB3: Beziehungen im Beweisschritt	–	(√)	–	–	–	(√)
SB3: Beziehung im Beweisschritt (spr.)	–	(√)	–	–	–	(√)
Phase 2: Argumentationsschritte füllen						
FB1.1 Identifizieren Voraus. im Satz	–	–	–	–	–	–
SB1.1: Spr. Auffalten Voraus i. Satz	–	–	–	–	–	–
FB1.2: Identifizieren Schlussfolgerung	–	√	√	–	√	√
SB1.2: Spr. Auffalten Schlussfolgerung	–	√	√	–	√	√

(Fortsetzung)

Tabelle 8.11　(Fortsetzung)

Phasen und jeweils intendierte Beweistätigkeiten	Cora & Lydia			Emilia & Katja		
	Anwendung	Beweis 1	Beweis 2	Anwendung	Beweis 1	Beweis 2
FB3 Beziehungen im Beweisschritt	✓	✓	✓	✓	✓	✓
SB3: Beziehung im Beweisschritt (spr.)	–	(✓)	(✓)	(✓)		(✓)
FB4: Beziehungen zwischen Schritten	✓	✓	✓	✓	✓	✓
S4: Beziehungen zw. Schritten (spr.)	–	–	–	–	–	–
Phase 3: Schreiben des Satzes						
FB1.1 Identifizieren Voraus. im Satz		✓	✓		✓	✓
SB1.1: Spr. Auffalten Voraus. i. Satz		✓	✓		✓	✓
FB1.2: Identifizieren Schlussfolgerung		✓	✓		✓	✓
SB1.2: Spr. Auffalten Schlussfolgerung		✓	✓		✓	✓
FB6: Statuswechsel zum neuen Arg.		✓	✓		✓	✓
SB6: Neues Argument		✓	✓		✓	✓
Phase 4: Versprachlichung des Beweises						
FB3: Beziehungen im Beweisschritt			✓			✓
SB3: Beziehung i. Beweisschritt (spr.)			✓			✓
FB4: Beziehungen zwischen Schritten			✓			✓
SB4: Beziehungen zw. Schritten (spr.)			✓			✓
FB5: Lineares Darstellen des Beweises			✓			✓
SB5: Lineares Versprachlichen			✓			✓

strukturbezogenen Beweistätigkeiten durch die Graphiken teilweise auch ohne sprachlicher Darstellung ausgeführt werden können. Vom Beweis 2 zu 3 hin gibt es dagegen nur noch wenige Veränderungen. Damit zeigt sich insgesamt, dass die Lernenden im Lehr-Lern-Arrangement tendenziell bis zur Verschriftlichung des Beweises zwei sukzessive mehr strukturbezogene Beweistätigkeiten ausführen.

8.4 Lernwege im Lehr-Lern-Arrangement

Auf Grundlage der Breitenanalysen der fachlichen und sprachlichen Lernwege (Abschnitt 8.1), der Breitenanalyse der Beweistexte (Abschnitt 8.2), der Tiefenanalyse in 8.3 mit den beiden Fokuslernendenpaaren und unter Berücksichtigung der Bearbeitungsprozesse mit den Unterstützungsformaten (7.2) werden in Abschnitt 8.4.1 bzw. 8.4.2 die fachlichen bzw. sprachlichen Lernwege bei der Bearbeitung des Lehr-Lern-Arrangements zusammengefasst und mit den intendierten Lernpfaden verglichen.

8.4.1 Fachliche Lernwege

Die *fachlichen Lernwege* werden im Vergleich zum intendierten fachlichen Lernpfad (siehe Abschnitt 3.2.2) beschrieben. Die Stufen des intendierten fachlichen Lernwegs sind: 1. Anknüpfen an intuitives Schließen bei der Beweisidee mit einfachen Inhalten, 2. Wahrnehmen, Identifizieren und Nutzen logischer Elemente (insbesondere auch Argumente) in fremden und eigenen Beweistexten und mathematischen Sätzen, 3. Wahrnehmen, Identifizieren und Nutzen logischer Beziehungen zwischen logischen Elementen im Beweisschritt und zwischen Beweisschritten, 4. Darstellen von Beweisen mit logischen Beziehungen und logischen Elementen und 5. Formales Darstellen von Beweisen.

In den Analysen zeigen sich folgende Lernstufen:
Bei der ersten mündlichen Begründung beim konkreten Nebenwinkel schließen Lernenden die Schlussfolgerungen intuitiv, da nicht explizit Argumente genannt werden, jedoch müssen sie das mathematische Wissen heranziehen, dass ein Kreis 360 Grad hat bzw. ein halber 180 (siehe 8.3.1) (Stufe 1). Die logischen Elemente werden nach und nach identifiziert und expliziert (siehe fachliche Breitenanalyse). Die Argumente werden mehr und mehr schon in der Phase der mündlichen Begründung genannt, die doppelte Struktur zwischen den Voraussetzungen und Schlussfolgerungen in Aufgabe und Argument wird meist erst mit

den graphischen Argumentationsschritten ausgehandelt (siehe 8.3.2). Die logischen Elemente in Argumenten werden insbesondere auch beim herausfordernden Transitivitätsaxioms häufiger expliziert.

Gleichzeitig führt das unbekannte Gleichheitsargument bei anderen Lernendenpaaren zu mehr Explikationen der Voraussetzungen (Stufe 2).

Die Lernenden nutzen die logischen Beziehungen, um die logischen Elemente in der logischen Reihenfolge in die graphischen Argumentationsschritte zu schreiben. Die logischen Beziehungen drücken sie durch das Übereinanderlegen von graphischen Argumentationsschritten aus, wobei das Recycling von zwei Schritten zu einem dritten insbesondere bei der synthetischen Anordnung der Beweisschritte herausfordernd ist (Stufe 3). Inwieweit und was die Lernenden in den einzelnen Stufen wahrnehmen, lässt sich nur vermuten. Indem die Lernenden das meiste auch explizieren, ist davon auszugehen, dass sie auch die logischen Elemente und Beziehungen in Stufe 3 und 4 wahrnehmen.

Die Lernenden tragen in den graphischen Argumentationsschritten die logischen Elemente in der logischen Reihenfolge ein, wobei die logischen Beziehungen implizit bleiben. In der Versprachlichung im Schriftprodukt drücken die Schülerinnen und Schüler dann viele logische Elemente aus und größtenteils auch die logischen Beziehungen, am meisten die logische Beziehung vom Argument zur Schlussfolgerung (Stufe 4). Das formale Darstellen von Beweisen geht über das geplante Lehr-Lern-Arrangement hinaus (Stufe 5).

Damit werden in den Lernprozessen der Lernenden mit den Unterstützungsformaten die Stufen des intendierten Lernpfads größtenteils erreicht. Es werden jedoch keine fremden Beweistexte betrachtet, das Wahrnehmen kann nicht direkt beobachtet werden und es folgt noch keine Übertragung auf einen komplexeren mathematischen Inhalt.

8.4.2 Sprachliche Lernwege

Die sprachlichen Lernwege werden im Vergleich zum intendierten sprachlichen Lernpfad (siehe Abschnitt 3.2.3) beschrieben. 1. Nutzen der eigensprachlichen Ressourcen wie z. B. deiktische Sprachmittel beim mündlichen Finden der Beweisidee, 2. Identifizieren, wahrnehmen und selbst versprachlichen von logischen Elemente in den teilweise auch explizierenden/kohärenten Sprachmitteln (Verben) (Beweistexte und mathematische Sätze), 3. Identifizieren, wahrnehmen und versprachlichen (auch schriftlich) der logische Beziehungen in explizierenden Sprachmitteln (Konjunktionen und strukturbezogene Metasprache) in Partnerarbeit (Beweistexte und mathematische Sätze), 4. Schreiben von Beweistexten auch mit verdichteten Sprachmitteln für logische Elemente und gegebenenfalls für logische Beziehungen in Einzelarbeit und 5. Schreiben von Beweistexte mit symbolisch-formalen Darstellungen.

In den Analysen der Lern- und Bearbeitungsprozesse können die Stufen folgendermaßen rekonstruiert werden:

Beim Finden der Beweisidee und der mündlichen Begründung nutzen die Lernenden als eigensprachliche Ressourcen viele temporale Konjunktionen und verweisen deiktisch mit „hier" auf die geometrischen Voraussetzungen in den Zeichnungen. Dies entspricht der Stufe 1 des intendierten sprachlichen Lernpfads. Beim Ausfüllen der graphischen Argumentationsschritte nutzen die Schülerinnen und Schüler auch die eigensprachlichen Ressourcen, um explizit oder implizit auf die Felder hinzuweisen, die ja vor allem den logischen Elementen entsprechen. Die logischen Elemente explizieren sie dabei nicht nur inhaltlich expliziert, sondern manchmal auch sprachlich als Verben „gegeben" (grammatikalisch kohärent) oder auch als Nominalisierung „Voraussetzung" (grammatikalisch inkohärent). Teilweise verdeutlichen sich die Lernenden die Felder der graphischen Argumentationsschritte. Die Argumente als besondere logische Elemente nennen die Lernenden teilweise nicht sprachlich und wenn, dann vor allem nominalisiert, bei schwierigen wie dem Transitivitätsaxiom aber auch expliziert. Bei den zu beweisenden Sätzen explizieren die Lernenden Voraussetzung und Schlussfolgerung teilweise erst beim Schreiben des Satzes (Stufe 2).

Die Lernenden in den Designexperimenten drücken die logischen Beziehungen anfangs fast nicht in den mündlichen Begründungen bzw. auch nur sehr vereinzelt beim Ausfüllen der graphischen Argumentationsschritte aus, jedoch in den Schriftprodukten durch sowohl explizierende oder verdichtende Sprachmittel. Strukturbezogene Meta-Sprachmittel und Sprachmittel für Textkohärenz verwenden die Lernenden teilweise für den Beweis als Ganzes. Einige Lernende drücken dabei nur die logische Beziehung vom Argument zur Schlussfolgerung aus. Die logischen Beziehungen zwischen den Beweisschritten werden erst in den Schriftprodukten und dann auch nur vereinzelt verbalisiert. Teilweise verwenden die Lernenden auch in den Beweistexten keine Sprachmittel für die Verbindung der Beweisschritte, sondern drücken beispielsweise nur eine temporale Reihenfolge mit „nun" aus. Damit wird Stufe 3 nur von einem Teil der Lernenden erreicht.

Einige Lernende nutzen direkt verdichtende Sprachmittel für logische Elemente und logische Beziehungen und sind damit direkt auf der Stufe 4. Die Texte sind aber teilweise ungenau und es ist nicht klar, ob die logischen Strukturen verstanden wurden (siehe Lasse). Das Schreiben von Beweistexten mit symbolisch-formalen Darstellungen geht über das geplante Lehr-Lern-Arrangement hinaus (Stufe 5).

Im Vergleich zum intendierten sprachlichen Lernpfad ergeben sich tendenziell folgende Abweichungen bei den rekonstruierten Lernwegen:

Die Lernenden nutzen deiktische Sprachmittel nicht nur als eigensprachliche Ressourcen beim Finden der Beweisidee und mündliche Begründungen, sondern auch noch beim Sortieren der logischen Elemente und Beweisschritte bei der Zuhilfenahme des Unterstützungsformats graphische Argumentationsschritte. Anders als in den beschriebenen Stufen schreiben sie eigene Texte, reden aber insbesondere beim ersten Text bei aufkommenden Unsicherheiten miteinander und mit der Designexperiment-Leiterin. Einige Lernende nutzen für die Beweistexte die explizierenden Sprachmittel und andere eher verdichtende.

Zusammenfassung und Ausblick 9

Ausgangspunkt dieser Arbeit waren die Herausforderungen beim Beweisen (Kapitel 1). In dieser Arbeit wurde der anspruchsvolle Lerngegenstand *logische Strukturen beim Beweisen und ihre Verbalisierung* als zentraler Aspekt für den Übergang zum Beweisen als deduktives Schließen herausgearbeitet. In dieser sprachintegrativen Entwicklungsforschungsstudie wurde der Lerngegenstand für das Fachlernen nicht nur aus fachlicher, sondern auch aus sprachlicher Perspektive theoretisch betrachtet und empirisch untersucht. Damit leistet diese Arbeit einen fächerübergreifenden Beitrag zur Erforschung dieses komplexen, hoch anspruchsvollen Lerngegenstandes.

9.1 Zusammenfassung zentraler Entwicklungsprodukte

Zentrales Entwicklungsprodukt des Entwicklungsforschungsprojekt MuM-Beweisen ist das Lehr-Lern-Arrangement „Mathematisch Begründen", das auf Grundlage theoretischer Vorarbeiten und der empirischen Erkenntnisse im Laufe der Designexperimente entwickelt wurde (bereitgestellt als Open Educational Resources, Hein und Prediger 2021). Leitend war dabei die folgende übergeordnete Forschungsfrage:

(F1) Welche Unterstützung brauchen Lernende, um zu lernen, logische Strukturen in Beweisaufgaben zu bewältigen und zu verbalisieren? (*Unterstützungsbedarfe*)

K. Hein, *Logische Strukturen beim Beweisen und ihre Verbalisierung*, Dortmunder Beiträge zur Entwicklung und Erforschung des Mathematikunterrichts 46, https://doi.org/10.1007/978-3-658-35028-4_9

Zu diesem Zweck wurde zunächst der Lerngegenstand theoretisch und empirisch spezifiziert und in einem Lernpfad strukturiert.

Spezifizierter fachlicher und sprachlicher Lerngegenstand
Ein zentrales Entwicklungsprodukt auf der Theorieebene ist die Spezifizierung des fachlichen und sprachlichen Lerngegenstandes (dargestellt bereits in Kapitel 1 und 2). Dafür wurde das mathematische Begründen auf den Lerngegenstand *Beweisen und die logischen Strukturen* verengt und in seiner sprachlichen Darstellung ausdifferenziert. Der fachliche Teil des in dieser Arbeit dargestellten Lerngegenstands *logische Strukturen beim Beweisen und ihre Verbalisierung* umfasst die Facetten logischer Strukturen (Abschnitt 1.2.2) und die fachlichen strukturbezogenen Beweistätigkeiten (Abschnitt 1.3.2). Der sprachliche Teil besteht aus den Sprachmitteln für die Facetten logischer Strukturen (Abschnitt 2.3.1) und den sprachlichen strukturbezogenen Beweistätigkeiten (Abschnitt 2.3.2).

Diese Spezifizierung basiert auf Kategorien, die die Beschreibungen von Aspekten erst ermöglichen. Auf Grundlage der Verschränkung von Fach und Sprache wurden für die fachlichen Kategorien das Toulmin-Modell (1958) und für die sprachlichen Kategorien die systemisch-funktionale Grammatik (Halliday 2004) genutzt.

Bei den Facetten logischer Strukturen werden die logischen Elemente (Voraussetzung, Argumente, Schlussfolgerungen) und die sie verbindenden logischen Beziehungen auf unterschiedlichen Ebenen bis zum Beweis als Ganzes betrachtet. Die fachlichen strukturbezogenen Beweistätigkeiten sind die Beweistätigkeiten, die eng auf die Facetten logischer Strukturen bezogen sind und beim Erstellen eines Beweises ausgeführt werden. Die Lernbedarfe zu den logischen Strukturen sind im internationalen Forschungsstand bereits gut herausgearbeitet (Brunner 2014; Durand-Guerrier et al. 2011; Miyazaki, Fujita, und Jones 2017) und einzelne strukturbezogene Beweistätigkeiten bereits als relevant identifiziert (z. B. Heinze et al. 2008; Tsujiyama 2011). Der Beitrag dieser Arbeit zu diesem reichhaltigen Forschungsstand besteht darin, dass in Abschnitt 7.2 und 8.3 die bislang vor allem einzeln untersuchten strukturbezogenen Beweistätigkeiten in den Bearbeitungs- und Lernprozessen in ihrem Zusammenspiel und ihrer Entwickelbarkeit rekonstruiert werden.

Die Sprachmittel für die Facetten logischer Strukturen sind die gegenstandsspezifischen Sprachmittel für den sehr spezifischen Lerngegenstand der logischen Strukturen. Die hohe Bedeutung der Konnektiva für logische Beziehungen wurde bereits zuvor empirisch identifiziert (Clarkson 1983, 2004; Dawe 1983) und mit ihrer *Lexik* beschrieben (Gardner 1975). Darüber hinausgehend wurden in dieser Arbeit die für logische Strukturen tatsächlich relevanten Sprachmittel im

Laufe der Designexperimente empirisch ausgeschärft und im Hinblick auf ihre grammatikalischen Unterscheidungen im Anschluss an die *systemisch-funktionale Grammatik* (Halliday 2004) untersucht. Innerhalb der Sprachmittel für logische Beziehungen erwiesen sich insbesondere Konjunktionen und Adverbien als sprachlich hilfreich. Im Gegensatz zu kausalen Präpositionen können damit auch die Voraussetzungen expliziert und Argumente ausgefaltet werden. Auf der theoretischen Grundlage der systemisch-funktionalen Grammatik (Halliday 2004) wird angenommen, dass explizierende Sprachmittel hilfreich sein können, um einen Lerngegenstand – in diesem Fall die logischen Strukturen – zu erlernen. Sprachmittel der Textkohärenz und strukturbezogene Meta-Sprachmittel zur Explikation der Wiederverwendung einer Schlussfolgerung als einer neuen Voraussetzung und zur sprachlichen Explikation der Argumente mit ihrer Implikationsstruktur wurden in diesem Rahmen als explizierende Sprachmittel zur weiteren Wahrnehmung der Facetten logischer Strukturen identifiziert. Die in sprachlicher Darstellung ausgeführten fachlichen strukturbezogenen Beweistätigkeiten werden in dieser Arbeit als sprachliche strukturbezogene Beweistätigkeiten bezeichnet. Durch diese Spezifizierung der gegenstandsbezogenen Sprachmittel und Sprachhandlungen leistet die Arbeit gegenüber dem bisherigen Stand der Forschung einen Beitrag zur empirischen Ausdifferenzierung und konkreten Inventarisierung der Sprachmittel (siehe Abschnitt 8.2) in grammatikalischer Perspektive. Dadurch können diese in Lehr-Lern-Prozessen gezielter angesteuert werden.

Entwicklungsprodukt: Fachlich und sprachlich kombinierter Lernpfad
Der fachlich und sprachlich kombinierte intendierte Lernpfad beschreibt, in welcher Reihenfolge etwas gelernt werden soll (Pöhler und Prediger 2015). Normativ wurde auf dieser Grundlage der kombinierte fachliche und sprachliche Lernpfad für den Lerngegenstand *logische Strukturen des Beweisens und ihre Verbalisierung* beschrieben. Dieser schließt zunächst an das intuitive Schließen mit eigensprachlichen Ressourcen an, über das Wahrnehmen, Identifizieren und Nutzen logischer Elemente und logischer Beziehungen mit erst explizierenden Sprachmitteln (also Verben wie „gegeben" für Voraussetzung und beispielsweise Konjunktionen für Beziehungen) (Stufe 3 und 4) um schließlich zum Schreiben ganzer Beweistexte mit gegenstandsspezifischen Sprachmitteln und Sprachmitteln der Textkohärenz zu kommen (siehe Abschnitt 3.2.4). In ähnlicher Weise wurden bereits in anderen Entwicklungsforschungsprojekten fach- und sprachkombinierte intendierte Lernpfade zu anderen mathematischen Lerngegenständen beschrieben (Pöhler und Prediger 2015; Prediger und Wessel 2013), jedoch bislang nicht für das Beweisen und nicht mit Fokus auf Grammatik.

Gegenstandsspezifische Designprinzipien

Zur Förderung der logischen Strukturen des Beweisens und ihrer Verbalisierung wurden die gegenstandsspezifischen Designprinzipien beschrieben (siehe Abschnitt 4.2).

Unter dem Designprinzip 1 *Explikation logischer Strukturen* sollen zunächst die logischen Strukturen graphisch und sprachlich wahrnehmbar gemacht werden. Das Designprinzip 2 *Interaktive Anregung strukturbezogener Beweistätigkeiten* umfasst die aktive Einforderung strukturbezogener Beweistätigkeiten, um sie erlernen zu können. Zur Unterstützung werden unter dem Designprinzip 3 *Scaffolding der strukturbezogenen Beweistätigkeiten* Unterstützungen bei den Tätigkeiten geleistet. Zur Berücksichtigung der Strukturierung des Lerngegenstandes wird unter dem Designprinzip 4 *Sukzessiver Aufbau beim Umgang mit logischen Strukturen und ihre Verbalisierung* das Lehr-Lern-Arrangement gegenstandsspezifisch aufgebaut und die fachlichen und sprachlichen Teile miteinander vernetzt.

Die Grundlagen der Designprinzipien sind aus der fachdidaktischen Literatur entnommen. So sind die Designprinzipien des Scaffoldings für anspruchsvolle Tätigkeiten, die Explikation im Sinne vom Auffalten für verdichtete Lerngegenstände und interaktive Anregung gängige Designprinzipien zur Gestaltung von Lehr-Lern-Arrangements (z. B. Drollinger-Vetter 2011; Gibbons 2002). Für den hoch verdichteten Lerngegenstand werden auf Grundlage der Lerntheorie die Prinzipien Explikation und Scaffolding getrennt beschrieben, auch wenn sie durch teilweise gleiche Designelemente umgesetzt werden. Die Designprinzipien werden entsprechend des Lerngegenstandes *logische Strukturen des Beweisens und ihre Verbalisierung* gegenstandsspezifisch ausdifferenziert, wobei die fachlichen und sprachlichen Teile des Lerngegenstandes und die graphischen und sprachlichen Unterstützungsmöglichkeiten berücksichtigt und konkret beschrieben werden. Auf diese Weise sollen die Facetten logischer Strukturen und die dazugehörigen Sprachmittel expliziert und die strukturbezogenen Beweistätigkeiten interaktiv angeregt und unterstützt werden (siehe Abschnitt 4.2.5).

Die Designprinzipien beschreiben, wie gelernt werden soll. Die dahinterliegende lerntheoretische Annahme ist, dass die Facetten logischer Strukturen zunächst aufgefaltet werden müssen, damit sie wahrgenommen und gelernt werden können. Das knüpft an die Theorie von Aebli (1981) und den Gedanken des Auffaltens in Verstehenselemente nach Drollinger-Vetter (2011) zum Lernen mathematischer Lerngegenstände an, welcher für die sprachintegrative Perspektive im Bereich *Funktionen* bereits ausgearbeitet wurde (Prediger und Zindel 2017). Verknüpft wird dies in der vorliegenden Arbeit mit der sprachlichen Perspektive der systemisch-funktionalen Grammatik (Halliday 2004), der zufolge zunächst explizierende Sprachmittel verstanden werden müssen (Butt

1989; Unsworth 2000b). Diese Kombination wird genutzt, um mit den konkret beschriebenen gegenstandsspezifischen Sprachmitteln den fachlichen Lerngegenstand aufzufalten und gleichzeitig mit den graphischen Darstellungen zu verknüpfen.

Lehr-Lern-Arrangement „Mathematisch Begründen"
Das in diesem Projekt entwickelte Lehr-Lern-Arrangement, das die logischen Strukturen beim Beweisen und ihre Verbalisierung adressieren soll, ist das zentrale praktische Entwicklungsprodukt (siehe Kapitel 6). Es ist eine Antwort auf die Forderung konkreter Designs von Lehr-Lern-Arrangements zur Förderung des Beweisens (Stylianides und Stylianides 2017). Die Anforderungen an die Unterstützungsformate wurden neben der theoretischen Vorarbeit auch empirisch ausdifferenziert (siehe Abschnitt 7.2). Zentrale Designelemente des Lehr-Lern-Arrangements sind die graphischen und sprachlichen Unterstützungsformate. Die graphischen Unterstützungsformate umfassen die graphischen Argumente und graphischen Argumentationsschritte. Diese explizieren die Argumente und Beweisschritte mit Voraussetzung, Argument und Schlussfolgerung und unterstützen die strukturbezogenen Beweistätigkeiten. Auch in anderen Studien werden Graphiken auf Grundlage vom Toulmin-Modell genutzt, um strukturbezogene Beweistätigkeiten zu unterstützen (Miyazaki et al. 2015; Mourtlos-Rentzos und Micha 2018). Um der Bedeutung der Voraussetzung (Duval 1991) gerecht zu werden, wurde hier zusätzlich das Feld für den Voraussetzungs-Check eingeführt, um die Überprüfung der Voraussetzung einzufordern. Wie auch in anderen Projekten zum Begründen beispielsweise in den Naturwissenschaften (Bell und Davis 2000; Bell und Linn 2000; Cho und Jonassen 2002) wurden verschiebbare Graphiken für die einzelnen Beweisschritte und Argumente genutzt, so dass enaktiv damit gearbeitet werden kann (siehe Abschnitt 6.2). Im Gegensatz zu den genannten Projekten werden jedoch keine computerbasierten Graphiken genutzt.

Zentrale sprachliche Unterstützungsformate sind Sprachvorbilder mit explizierenden Sprachmittel, die zunächst die Facetten logischer Strukturen auffalten sollen. Dabei wurden die in der systemisch-funktionalen Grammatik (Halliday 2004) beschriebenen Sprachmitteln genutzt, insbesondere die Sprachmittel für Prozesse und Beziehungen (Martin 1993b). Didaktisch wurde an anderen Arbeiten angeknüpft, die durch Sprachvorbilder den Sprachaufbau unterstützen (Gibbons 2002). Diese beiden Ansätze wurden kombiniert, um durch gegenstandsspezifische Sprachvorbilder, die Facetten logischer Strukturen sprachlich aufzufalten und damit sichtbar zu machen. Auf Grundlage der Designexperimente wurden die Sprachmittel, die die Facetten logischer Strukturen weiter explizieren können, empirisch ausgeschärft (siehe Abschnitt 8.2).

9.2   Zusammenfassung zentraler Forschungsprodukte

Die Forschungsprodukte der Fachdidaktischen Entwicklungsforschung wurden aus den qualitativen Analysen der Bearbeitungsprozesse (Abschnitt 7.2) und Lernprozesse (Kapitel 8) abgeleitet. Dabei können die Beiträge zur lokalen Theoriebildung zur situativen Nutzung der Unterstützungsformate und der Lernprozesse wie folgt zusammengefasst werden. Die Theorieelemente auf Grundlage der Analysen können beschreibend, erklärend oder auch präskriptiv sein (Prediger 2019b).

Lokalen Theorie zur situativen Nutzung der Unterstützungsformate in den Bearbeitungsprozessen
Die folgende Forschungsfrage war leitend bei der Untersuchung der Bearbeitungsprozesse mit Unterstützungsformaten:

(F2)   Wie nutzen Lernende die eingeführten Unterstützungsformate, um logische Strukturen in Beweisaufgaben zu bewältigen und zu verbalisieren? (*Bearbeitungsprozesse*)

Auf Grundlage der fachlichen Analyse der Facetten logischer Strukturen und der gegenstandsspezifischen Sprachmittel wurden die fachlichen und sprachlichen strukturbezogenen Beweistätigkeiten bei der Bearbeitung der Beweisaufgaben mit den graphischen und sprachlichen Unterstützungsformaten rekonstruiert und beschrieben sowie mögliche Erklärungen gesucht:

- *Fachliche strukturbezogene Beweistätigkeiten*: Bei der Nutzung der graphischen Unterstützungsformate wie den graphischen Argumentationsschritten führen die Lernenden in den Designexperimenten viele fachliche strukturbezogene Beweistätigkeiten aus. Insbesondere wird beim Feld des Voraussetzungs-Checks die Trennung von Argument, Voraussetzung und Schlussfolgerung eingefordert (siehe Abschnitt 7.2). Damit wird insbesondere der Herausforderung begegnet, dass die Bedeutung der Voraussetzung vielen Lernenden nicht bewusst ist (Tsujiyama 2011). Diese muss jedoch aber verstanden werden, um Beweisen als deduktives Schließen zu verstehen (Duval 1991). Damit leistet das Design des Lehr-Lern-Arrangements insbesondere einen Beitrag dazu, die logische Beziehung zwischen Voraussetzung und Argument zu explizieren und damit auch wahrnehmbar zu machen.
- *Sprachliche strukturbezogene Beweistätigkeiten* werden meistens erst später ausgeführt als die fachlichen strukturbezogenen Beweistätigkeiten, da

diese zunächst durch die graphischen Unterstützungsformate entlastet werden. Insbesondere indem durch Gesten und Deiktika auf die graphischen Argumentationsschritte verwiesen wird, werden keine Sprachmittel für die logischen Beziehungen verwendet. Umso wichtiger ist dabei die Phase 4, in welcher der Beweis versprachlicht wird. Bei diesem letzten Schritt der Beweisaufgaben werden die graphischen Argumentationsschritte für die logische Reihenfolge genutzt und viele Sprachmittel aus den sprachlichen Unterstützungsangeboten übernommen. Diese Befunde erweitern die Ergebnisse von anderen Studien mit Graphiken und Sprachvorbilder zu anderen Lerngegenständen wie z. B. Brüche (Wessel 2015) um den Lerngegenstand logischer Strukturen beim Beweisen. Nach Wessel (2015) kann die Verwendung alltagssprachlicher Sprachmittel wie Deiktika bei gleichzeitiger Nutzung von Graphiken der Anfangspunkt für tiefgehende fachliche und sprachliche Lernwege sein.

Lokale Theorien zu den fachlichen und sprachlichen Lernwegen
Auch wenn die Lernenden individuelle Lernwege gehen, gibt es gleichzeitig viele Gemeinsamkeiten. Zur Beantwortung der Forschungsfrage wurden die fachlichen und sprachlichen Aspekte des Lerngegenstandes untersucht, um Theorieelemente zu schaffen, die die Lernprozesse beschreiben.

(F3)   Wie lernen die Lernenden, logische Strukturen in Beweisaufgaben mit den Unterstützungsformaten zu bewältigen und zu verbalisieren? (*Lernwege*)

- *Bzgl. der fachlichen Lernwege* zeigte sich, dass die Lernenden ohne Unterstützungsformate wenige Argumente explizieren und erst mit den Unterstützungsformaten Argumente namentlich nennen. Erst durch das gezielte Einfordern trennen die Lernenden die logischen Elemente und können diese nach der unterstützten Sortierung in logischer Reihenfolge wiedergeben (Abschnitt 7.2 und Kapitel 8). Diese Befunde stehen im Einklang mit den Ergebnissen anderer Studien (z. B. Heinze und Reiss 2003; Ufer et al. 2009), denen zufolge viele Lernende nicht über das notwendige Methodenwissen beim Beweisen verfügen. Darüber hinaus wird mit dem Lehr-Lern-Arrangement ein Vorschlag gemacht, wie der Aufbau des Methodenwissens unterstützt werden kann.
- *Bei den sprachlichen Lernprozessen* zeigte sich, dass die Lernenden zunächst vor allem alltagssprachliche Sprachmittel wie Deiktika nutzen, um auf die mathematischen Inhalte in den Zeichnungen zu verweisen. Ein Teil der Lernenden nimmt die explizierenden Sprachmittel in die eigenen Verbalisierungen auf, andere nutzen auch eigeninitiativ verdichtende Sprachmittel.

Damit hilft auch hier die funktionale Betrachtung von Sprache nicht nur, um Anforderungen zu identifizieren, sondern auch, um Lernwege zu beschreiben (Schleppegrell 2001). Die Nutzung selbstinitiierter Sprachmittel und die Übernahme von Sprachmitteln aus Lehr-Lern-Arrangements, insbesondere aus schriftlichen Sprachangeboten wie beim Lückentext im Klassensetting, wird auch in anderen Projekten berichtet wie z. B. auf Grundlage der Spurenanalyse von Pöhler (2018).

9.3   Grenzen der Forschungsmethodik und Ausblick auf Anschlussstudien

Der hohe Anspruch der fachdidaktischen Entwicklungsforschung, sowohl Theorie als auch Praxis zu entwickeln und zu erforschen, ist einer der häufigsten Kritikpunkte an dieser Methodologie (z. B. Philipps und Dolle 2006). Aufgrund dieses Zugangs aus unterschiedlichen Perspektiven ist sowohl der bearbeitete Lerngegenstand, das Lehr-Lern-Arrangement und die Anzahl der teilnehmenden Lernenden sehr begrenzt und die Theorien nur lokal. In Anschlussprojekten sollte auf Grundlage der ersten Adaption des Lehr-Lern-Arrangements die Übertragbarkeit ins Klassensetting genauer untersucht werden. Dafür bietet sich eine Implementation in den regulären Schulalltag mit unterschiedlichen Lehrkräften an, sodass die Lernprozesse auch quantitativ analysiert werden können, wie bereits für andere MuM-Projekte wie beispielsweise zu *Prozenten* (Pöhler et al. 2017) oder auch zu *Brüchen* (Prediger und Wessel 2013) umgesetzt. Im Folgenden werden die Grenzen in Bezug auf das beschriebene Projekt konkretisiert:

Grenzen der Entwicklungsprodukte

- Die graphischen Argumentationsschritte wurden als graphische Unterstützungsformate genutzt. Es erfolgte wegen der sehr begrenzten Dauer der Designexperimente kein Fadingout, sodass es noch keine Erkenntnisse darüber gibt, wie Lernende nach der Nutzung der graphischen Argumentationsschritte Beweisaufgaben bewältigen. Dass dieser Schritt des Fading-Outs explizit begleitet werden muss, wurde in vergleichbaren Projekten wie zum Beispiel bei Concept-Maps zum Lesen von Textaufgaben (Dröse 2019) beschrieben. In Anschlussstudien wäre daher zu untersuchen, wie Lernende Beweistexte nach der Nutzung von graphischen Argumentationsschritten ohne Unterstützungsformate verfassen.

- Der bislang untersuchte Lerngegenstand ist sehr lokal. Hier wurde das Beweisen als Sonderform des Begründens betrachtet. Davon adressiert das Projekt nur einen Teilbereich, nämlich *die logischen Strukturen des Beweisens und ihre Verbalisierung.* Auch wenn hier ein sehr spezifischer Lerngegenstand beschrieben wird, der konkrete Herausforderungen wie die Strenge hervorbringt, so lässt sich doch die zentrale Strukturierung eventuell auch auf andere Formen des Begründens übertragen. So können beispielsweise auch bei präformalen Formen des Begründens zunächst mit eher deiktischen Sprachmitteln die Inhalte geklärt werden und darauf aufbauend explizite Bezugnahme durch Konjunktionen wie „weil" eingefordert und sprachlich unterstützt werden.

- Im Projekt werden ausschließlich sprachliche Darstellungen und nicht algebraisch-symbolische Darstellungen von Beweisen eingefordert, auch wenn vereinzelt mathematische Inhalte wie Gleichungen algebraisch-symbolisch dargestellt wurden. Der Übergang zu den symbolisch-formalen Darstellungen wurde nicht angestrebt und wäre zusätzlich noch zu untersuchen. Brunner (2014) beschreibt formal-deduktives Beweisen als Ende des Kontinuums des mathematischen Begründens, bei dem nicht nur wie im vorliegenden Projekt in deduktiven Schritten vorgegangen wird, sondern auch eine algebraisch-symbolisch Darstellung verwendet wird. Aufgrund mathematischer Konventionen ist es notwendig, auch diese Darstellungsart zu beherrschen, die eindeutiger und präziser ist (siehe auch Abschnitt 2.1.1). Die bisherigen Ergebnisse lassen vermuten, dass es lohnend sein könnte, den Darstellungswechsel von der sprachlichen zur algebraisch-symbolisch Darstellung einzufordern. Der Implikationspfeil ist in der graphischen Darstellung des Beweisschritts zwischen Argument und Schlussfolgerung bereits angedeutet, um diesen Wechsel vorzubereiten (siehe Abschnitt 6.2.1).

Grenzen der Forschungsprodukte:

- Wegen der geringen Fallzahl an Lernenden, die an den Designexperimenten teilgenommen haben, ist keine statistische Verallgemeinerung der Aussagen möglich. Insbesondere konnten im Rahmen der vorliegenden Arbeit die genauen Bearbeitungsprozesse bzw. die Lernprozesse nur an 3 Fokus-Lernendenpaaren genauer dargestellt werden. Für eine Generalisierung der Aussagen ist die Analyse der Bearbeitungs- und Lernprozesse von mehr Lernenden notwendig. Dabei sollten insbesondere auch die Bearbeitungs- und Lernprozesse von Lernenden aus niedrigeren Jahrgängen untersucht werden, um weitere Gelingensbedingungen und Hürden zu identifizieren. Durch die Erweiterung der Anzahl an teilnehmenden Lernenden in den Durchführungen des Lehr-Lern-Arrangements können die in dieser Arbeit empirisch spezifizierten Sprachmittel anderen Lernenden angeboten werden, deren Nutzung analysiert und weiter ausgeschärft wird.

- Da das Lehr-Lern-Arrangement nur in Verbindung mit dem mathematischen Gegenstandsbereich der Winkelsätze durchgeführt wurde, ist ein Übertrag auf andere mathematische Inhalte notwendig. Andere lokal geordnete mathematische Inhalte wie die Teilbarkeitslehre oder die Satzgruppe des Pythagoras können genutzt werden, um die Praktikabilität der Unterstützungsangeboten sowie die Bearbeitungs- und Lernprozesse bei anderen Inhalten zu analysieren.

9.4 Implikationen für die Unterrichtspraxis sowie Aus- und Fortbildung von Lehrkräften

Der Übergang zum formalen Beweisen ist eine große Herausforderung für viele Schülerinnen und Schüler. Die Explikation und Thematisierung der logischen Strukturen kommt dabei zumeist zu kurz.

Das vorliegende Projekt leistet mit dem (vor allem in Laborsettings untersuchten, aber auch im Klassensetting erprobten) Lehr-Lern-Arrangement „Mathematisch Begründen" einen Beitrag zur Unterstützung der Lernenden beim Lerngegenstand *logische Strukturen beim Beweisen und ihre Verbalisierung*. Dieses wird als Open Educational Ressource bereitgestellt (Hein und Prediger 2021, http://sima.dzlm.de/um/8-001).

Die Analysen der Bearbeitungs- und Lernprozesse zeigen, dass es möglich ist, strukturbezogene Beweistätigkeiten gezielt einzufordern und zu üben. Dabei waren mehr Lernende erfolgreich als bei diesem schwierigen Lerngegenstand allgemein erwartet wurde. Um die wenigen schulischen Lerngelegenheiten für das Beweisen zu intensivieren, sollten Lehrkräfte auf Grundlage dieser empirischen Ergebnisse ermutigt werden, Beweise auch von den Lernenden selbst erstellen zu lassen und dabei eine mehrschrittige Erstellung zu unterstützen. Wichtige Phasen sind dabei neben der Ideenfindung, die Sortierung bis zur endgültigen Darstellung, so wie sie auch Mathematikerinnen und Mathematiker vornehmen (Boero 1999).

Die qualitativen Analysen legen nahe, dass Graphiken, die die logischen Strukturen darstellen, helfen können, logische Elemente explizit einzufordern und gleichzeitig eine logische Reihenfolge zu unterstützen, die nachträglich bei der Verbalisierung genutzt werden kann. In Aus- und Fortbildungen können (künftigen und praktizierenden) Lehrkräften in den Nutzen des Unterstützungsformats der graphischen Argumentationsschritte eingeführt werden. Es kann aber auch dazu angeregt werden, mathematische Aussagen von Voraussetzung, Argument und Schlussfolgerung getrennt aufzuschreiben, gegebenenfalls mit graphischen Trennungen.

Dabei sollten vor allem auch die notwendigen Argumente und die Erfüllung derer Voraussetzungen thematisiert bzw. eingefordert werden. Die rekonstruierten Lernwege legen nahe, dass die Lernenden die Struktur mathematischer Sätze und Axiome insbesondere in ihrer engen, mathematischen Bedeutung nicht unbedingt wahrnehmen. Eventuell können auch ungewohnte oder vielleicht auch offensichtliche Argumente wie das Transitivitätsaxiom genutzt werden, was zunächst verwundern mag, aber das genaue Betrachten der mathematischen Sätze und Axiome einfordert. Gerade an diesen Sätzen kann thematisiert werden, welche Voraussetzungen erfüllt sein müssen.

In der Aus- und Fortbildung sollte zum einen der Unterschied von alltäglichen zu mathematischen Argumenten reflektiert werden und die Lehrkräfte angeregt werden, durch gezielte Thematisierung und Explikation der mathematischen Argumente die möglichen Argumente zu verdeutlichen. Dabei sollten auch die sprachlichen Formulierungen bewusst thematisiert werden, beispielsweise durch Formulierungsvariationen (z. B. Satz mit Prädikativ umwandeln lassen in einen Konditionalsatz). Um die Bedeutung der Voraussetzung im Argument bewusst zu machen, können die Lehrkräfte Aufgaben entwickeln, bei denen explizit gefragt wird, unter welcher Bedingung die mathematischen Argumente gelten.

Für die Wahrnehmung der Facetten logischer Strukturen und deren Möglichkeit, diese auszudrücken, sollten explizierende Sprachmittel angeboten werden: Insbesondere Konjunktionen oder Adverbien für die logischen Beziehungen. Sind die logischen Strukturen verstanden, können die logischen Beziehungen auch zu kausalen Präpositionen verdichtet werden. Damit Lehrkräfte, wie von Durand-Guerrier et al. (2011) gefordert, gezielt Sprachmittel beim Lehren von logischen Strukturen einsetzen, müssen sie sich derer vorher selbst bewusst sein. Dafür ist eine Sensibilisierung der Lehrkräfte notwendig. Insbesondere wird auf Grundlage der empirischen Befunde (siehe Abschnitt 8.2) davon abgeraten, direkt kausale Präpositionen ("laut") zu verwenden. Bevor die logischen Strukturen überhaupt von den Lernenden wahrgenommen werden, könnten Konjunktionen helfen, logische Beziehungen auch zu den Voraussetzungen auszudrücken und die Argumente sprachlich aufzufalten. Später können auch Präpositionen wie in der Fachsprache verwendet werden.

Zusammenfassend konnte auf Grundlage des spezifizierten und strukturierten Lerngegenstandes *logische Strukturen des Beweisens und ihre Verbalisierung* das Lehr-Lern-Arrangement "Mathematisch Begründen" entwickelt und erforscht werden. Weitere Entwicklung und Erforschung werden notwendig sein, um Lernende und Lehrkräfte beim herausfordernden strukturellen Übergang vom empirischen zum deduktiven Schließen zu unterstützen.

Literaturverzeichnis

Aberdein, A. (2005). The uses of argument in mathematics. *Argumentation, 19*(3), 287–301.

Aberdein, A. (2006). Managing informal mathematical knowledge: Techniques from informal logic. In J. M. Borwein & W. M. Farmer (Hrsg.), *Mathematical knowledge management* (Bd. 4108, S. 208–221). Berlin: Springer.

Aberdein, A. & Dove, I. J. (Hrsg.). (2013). *The argument of mathematics*. Dordrecht: Springer.

Adler, J. (1998). A language of teaching dilemmas: Unlocking the complex multilingual secondary mathematics classroom. *For the Learning of Mathematics, 18*(1), 24–33.

Adler, J. (1999). The dilemma of transparency: Seeing and seeing through talk in the mathematics classroom. *Journal for Research in Mathematics Education, 30*(1), 47–64.

Adler, J. (2000). Social practice theory and mathematics teacher education: A conversation between theory and practice. *Nordic Studies in Mathematics Education, 8*(3), 31–53.

Adler, J. (2001). *Teaching mathematics in multilingual classrooms*. Dordrecht: Kluwer.

Aebli, H. (1981). *Denken: das Ordnen des Tuns. Band II: Denkprozesse*. Stuttgart: Klett-Cotta.

Albano, G. & Dello Iacono, U. (2019). A scaffolding toolkit to foster argumentation and proofs in mathematics: Some case studies. *International Journal of Educational Technology in Higher Education, 16*(4), 1–12.

Albano, G., Iacono, U. D. & Mariotti, M. A. (2019). A computer-based environment for argumenting and proving in geometry. In U. T. Jankvist, M. Van den Heuvel-Panhuizen & M. Veldhuis (Hrsg.), *Proceedings of CERME 11* (S. 729–736). Utrecht: Utrecht University/ERME.

Alibert, D. & Thomas, M. (1991). Research on mathematical proof. In D. Tall (Hrsg.), *Advanced mathematical thinking* (Bd. 11, S. 215–230). Dordrecht: Kluwer.

Anghileri, J. (2006). Scaffolding practices that enhance mathematics learning. *Journal of Mathematics Teacher Education, 9*(1), 33–52.

Artemeva, N. & Fox, J. (2011). The writing's on the board: The global and the local in teaching undergraduate mathematics through chalk talk. *Written Communication, 28*(4), 345–379.

Azrou, N. & Khelladi, A. (2019). Why do students write poor proof texts? A case study on undergraduates' proof writing. *Educational Studies in Mathematics, 102*(2), 257–274.

© Der/die Herausgeber bzw. der/die Autor(en), exklusiv lizenziert durch Springer Fachmedien Wiesbaden GmbH, ein Teil von Springer Nature 2021
K. Hein, *Logische Strukturen beim Beweisen und ihre Verbalisierung*, Dortmunder Beiträge zur Entwicklung und Erforschung des Mathematikunterrichts 46,
https://doi.org/10.1007/978-3-658-35028-4

Bachmann, T. & Becker-Mrotzek, M. (2010). Schreibaufgaben situieren und profilieren. In T. Pohl & T. Steinhoff (Hrsg.), *Textformen als Lernformen* (S. 191–209). Duisburg: Gilles & Francke.

Bailey, A. L. (Hrsg.). (2007). *The language demands of school: putting academic English to the test.* New Haven: Yale University.

Bakker, A. (2018a). *Design research in education: A practical guide for early career researchers.* Abingdon: Routledge.

Bakker, A. (2018b). Design principles, conjecture mapping, and hypothetical learning trajectories. In A. Bakker (Hrsg.), *Design research in education: A practical guide for early career researchers* (S. 46–67). Abingdon: Routledge.

Bakker, A. & Smit, J. (2018). Using hypothetical learning trajectories in design research. In A. Bakker (Hrsg.), *Design research in education: A practical guide for early career researchers* (S. 256–272). Abingdon: Routledge.

Bakker, A., Smit, J. & Wegerif, R. (2015). Scaffolding and dialogic teaching in mathematics education: introduction and review. *ZDM Mathematics Education, 47*(7), 1047–1065.

Bakker, A. & van Eerde, D. (2015). An introduction to design-based research with an example from statistics education. In A. Bikner-Ahsbahs, C. Knipping & N. Presmeg (Hrsg.), *Approaches to qualitative research in mathematics education* (S. 429–466). Dordrecht: Springer.

Ball, D. L. & Bass, H. (2003). Making mathematics reasonable in school. In J. Kilpatrick, W. G. Martin & D. Schifter (Hrsg.), *A research companion to principles and standards for school mathematics* (S. 27–44). Reston: National Council of Teachers of Mathematics.

Bartolini-Bussi, M. G. (1998). Verbal interaction in the mathematics classroom: A Vygotskian analysis. In H. Steinbring, M. G. Bartolini-Bussi & A. Sierpinska (Hrsg.), *Language and Communication in the Mathematics Classroom* (S. 65–84). Virginia: National Council of Teachers of Mathematics.

Bartolini-Bussi, M. G., Boero, P., Ferri, F., Garuti, R. & Mariotti, M. A. (2007). Approaching and developing the culture of geometry theorems in school. In P. Boero (Hrsg.), *Theorems in school* (S. 211–217). Rotterdam: Sense.

Bartolini-Bussi, M. G. & Mariotti, M. A. (2008). Semiotic mediation in the mathematics classroom. In L. D. English (Hrsg.), *Handbook of international research in mathematics education* (S. 746–783). New York: Routledge.

Barwell, R. (2005). Integrating language and content: Issues from the mathematics classroom. *Linguistics and Education, 16*(2), 205–218.

Barwell, R. (2016). Formal and informal mathematical discourses: Bakhtin and Vygotsky, dialogue and dialectic. *Educational Studies in Mathematics, 92*(3), 331–345.

Barwell, R., Clarkson, P., Halai, A., Kazima, M., Moschkovich, J., Planas, N., et al. (Hrsg.). (2016). *Mathematics education and language diversity: The 21st ICMI Study.* Cham: Springer.

Bauersfeld, H., Krummheuer, G. & Voigt, J. (1985). Interactional theory of learning and teaching mathematics and related microethnographical studies. In H. G. Steiner & H. Vermandel (Hrsg.), *Foundations and methodology of the discipline mathematics education (didactics of mathematics)* (S. 174–188). Antwerp: University of Antwerp.

Baurmann, J. (2002). *Schreiben – Überarbeiten – Beurteilen. Ein Arbeitsbuch zur Schreibdidaktik.* Seelze: Kallmeyer.

Bell, P. & Davis, E. A. (2000). Designing Mildred: Scaffolding students' reflection and argumentation using a cognitive software guide. In B. Fishman & S. O'Connor-Divelbiss (Hrsg.), *Fourth international conference of the learning sciences* (S. 142–149). Mahwah: Lawrence Erlbaum.

Bell, P. & Linn, M. C. (2000). Scientific arguments as learning artifacts: designing for learning from the web with KIE. *International Journal of Science Education, 22*(8), 797–817.

Belland, B. R., Glazewski, K. D. & Richardson, J. C. (2011). Problem-based learning and argumentation: Testing a scaffolding framework to support middle school students' creation of evidence-based arguments. *Instructional Science, 39*(5), 667–694.

Bernhard, A. (1996). *Vom Formenzeichnen zur Geometrie der Mittelstufe: Anregungen für das Wecken des geometrischen Denkens in der 6., 7. und 8. Klasse.* Stuttgart: Freies Geistesleben.

Biehler, R. & Kempen, L. (2016). Didaktisch orientierte Beweiskonzepte – Eine Analyse zur mathematikdidaktischen Ideenentwicklung. *Journal für Mathematik-Didaktik, 37*(1), 141–179.

Boero, P. (1999). Argumentation and mathematical proof: A complex, productive, unavoidable relationship in mathematics and mathematics education. *International Newsletter on the Teaching and Learning of Mathematical Proof, 7/8.*

Boero, P., Douek, N. & Ferrari, P. L. (2008). Developing mastery of natural language. In L. English (Hrsg.), *Handbook of international research in mathematics education* (S. 262–295).

Boero, P., Fenaroli, G. & Guala, E. (2018). Mathematical argumentation in elementary teacher education: The key role of the cultural analysis of the content. In A. J. Stylianides & G. Harel (Hrsg.), *Advances in mathematics education research on proof and proving* (S. 49–67). Cham: Springer.

Boero, P., Garuti, R. & Lemut, E. (2007). Approaching theorems in grade VIII. In P. Boero (Hrsg.), *Theorems in school* (S. 249–264). Rotterdam: Sense.

Bredel, U. & Pieper, I. (2015). *Integrative Deutschdidaktik.* Paderborn: Ferdinand Schöningh.

Bremerich-Vos, A. & Scholten, D. (Hrsg.). (2016). *Schriftsprachliche Kompetenzen von Lehramtsstudierenden in der Studieneingangsphase: eine empirische Untersuchung.* Baltmannsweiler: Schneider.

Bruner, J. (1966). *Toward a theory of instruction.* Cambridge: Harvard University.

Brunner, E. (2014). *Mathematisches Argumentieren, Begründen und Beweisen.* Berlin: Springer.

Brunner, E. (2018). Warum so und nicht anders? Vom Aufbau spezifischer Begründungskompetenzen. *Mathematik lehren, 211,* 11–15.

Brunner, E. & Reusser, K. (2019). Type of mathematical proof: personal preference or adaptive teaching behavior? *ZDM Mathematics Education, 51*(5), 747–758.

Burton, L. & Morgan, C. (2000). Mathematicians Writing. *Journal for Research in Mathematics Education, 31*(4), 429–453.

Bußmann, H. (Hrsg.). (2002). *Lexikon der Sprachwissenschaft.* Stuttgart: Kröner.

Butt, D. G. (1989). The object of language. In R. Hasan & J. R. Martin (Hrsg.), *Language development: Learning language, learning culture. Meaning and choice in language* (Bd. 1, S. 66–110). Norwood: Ablex.

Cabello, V. M. & Sommer Lohrmann, M. E. (2018). Fading scaffolds in STEM: Supporting students' learning on explanations of natural phenomena. In T. Andre (Hrsg.), *Advances in human factors in training, education, and learning sciences* (Bd. 596, S. 350–360). Cham: Springer.

Chapman, A. (1995). Intertextuality in school mathematics. *Linguistics and Education, 7,* 243–262.

Chazan, D. (1993). High school geometry students' justification for their views of empirical evidence and mathematical proof. *Educational Studies in Mathematics, 24*(4), 359–387.

Chin, E.-T. & Tall, D. (2000). Making, having and compressing formal mathematical concepts. In T. Nakahra & M. Koyama (Hrsg.), (Bd. 2, S. 177–184). Hiroshima: International Group for the Psychology of Mathematics Education.

Cho, K.-L. & Jonassen, D. H. (2002). The effects of argumentation scaffolds on argumentation and problem solving. *Educational Technology Research and Development, 50*(3), 5–22.

Christie, F. (1985). Language and schooling. In S. Tchudi (Hrsg.), *Language, schooling and society* (S. 21–40). Upper Montclair: Boynton/Cook.

Clarkson, P. (1983). Types of errors made by Papua New Guinean students. *Educational Studies in Mathematics, 14*(4), 355–367.

Clarkson, P. (2004). Researching the language for explanations in mathematics teaching and learning. In P. Jeffrey (Hrsg.), *Proceedings of the Australian Association of Research in Education*. Gehalten auf der Australian Association of Research in Education, Melbourne: AARE. https://www.academia.edu/31128112. Zugegriffen: 1. Mai 2017

Cobb, P., Confrey, J., diSessa, A., Lehrer, R. & Schauble, L. (2003). Design experiments in educational research. *Educational Researcher, 32*(1), 9–13.

Cobb, P., Jackson, K. & Dunlap Sharpe, C. (2017). Conducting design studies to investigate and support mathematics students' and teachers' learning. In J. Cai (Hrsg.), *Compendium for research in mathematics education* (S. 208–233). Reston: NCTM.

Collins, A., Brown, J. S. & Newman, S. E. (1989). Cognitive apprenticeship: Teaching the crafts of reading, writing, and mathematics. In L. B. Resnick (Hrsg.), *Knowing, learning, and instruction* (S. 453–494). Hillsdale: Lawrence Erlbaum.

Common Core State Standards Initiative (CCSSI). (2010). *Common core standards.* Washington, D. C.: National Governors Association Center for Best Practices and the Council of Chief State School Officers.

Confrey, J. (2006). The evolution of design studies as methodology. In R. K. Sawyer (Hrsg.), *The Cambridge handbook of the learning sciences* (S. 135–152). New York: Cambridge University.

Cummins, J. (1979). Cognitive/academic language proficiency, linguistic interdependence, the optimum age question and some other matters. *Working Papers on Bilingualism, 19,* 121–129.

Davis, E. A. & Miyake, N. (2004). Explorations of scaffolding in complex classroom systems. *The Journal of the Learning Sciences, 13*(3), 265–272.

Dawe, L. (1983). Bilingualism and mathematical reasoning in English as a second language. *Educational Studies in Mathematics, 14*(4), 325–353.

de Villiers, M. (1986). *The role of axiomatisation in mathematics and mathematics teaching.* Stellenbosch: University of Stellenbosch.

de Villiers, M. (1990). The role and function of proof in mathematics. *Pythagoras, 24,* 17–24.

Deloustal-Jorrand, V. (2002). Implication and mathematical reasoning. In A. Cockburn & E. Nardi (Hrsg.), *Proceedings of the 26th conference of the International Group for the Psychology of Mathematics Education* (Bd. 2, S. 281–288). Norwich: University of East Anglia.

diSessa, A. & Cobb, P. (2004). Ontological innovation and the role of theory in design experiments. *Journal of the Learning Sciences, 13*(1), 77–103.

Douek, N. (1999). Some remarks about argumentation and mathematical proof and their educational implications. In I. Schwank (Hrsg.), *European research in mathematics education* (Bd. 1, S. 128–142). Osnabrück: Forschungsinstitut für Mathematikdidaktik.

Drollinger-Vetter, B. (2011). *Verstehenselemente und strukturelle Klarheit: Fachdidaktische Qualität der Anleitung von mathematischen Verstehensprozessen im Unterricht.* Münster: Waxmann.

Dröse, J. (2019). *Textaufgaben lesen und verstehen lernen. Entwicklungsforschungsstudie zur mathematikspezifischen Leseverständnisförderung.* Wiesbaden: Springer.

Dröse, J. & Prediger, S. (2020). Enhancing fifth graders' awareness of syntactic features in mathematical word problems: A design research study on the variation principle. *Journal für Mathematik-Didaktik, 41*(2), 391–422.

Dröse, J. & Prediger, S. (2021). Identifying obstacles is not enough for everybody—Differential efficacy of an intervention fostering fifth graders' comprehension for word problems. *eingereichtes Manuskript.*

DUDEN (Hrsg.). (1998). *Grammatik der deutschen Gegenwartssprache.* Mannheim: Duden.

Durand-Guerrier, V. (2003). Which notion of implication is the right one? From logical considerations to a didactic perspective. *Educational Studies in Mathematics, 53*(1), 5–34.

Durand-Guerrier, V. (2008). Truth versus validity in proving in mathematics. *ZDM Mathematics Education, 40*(3), 373–384.

Durand-Guerrier, V., Boero, P., Douek, N., Epp, S. S. & Tanguay, D. (2011). Examining the role of logic in teaching proof. In G. Hanna & M. de Villiers (Hrsg.), *Proof and Proving in Mathematics Education: The 19th ICMI Study* (S. 369–389). Dordrecht: Springer.

Duschl, R. A. & Osborne, J. (2002). Supporting and promoting argumentation discourse in science education. *Studies in Science Education, 38*(1), 39–72.

Duval, R. (1991). Structure du raisonnement deductif et apprentissage de la demonstration. *Educational Studies in Mathematics, 22*(3), 233–261.

Duval, R. (1995). *Sémiosis et pensée humaine: registres sémiotiques et apprentissages intellectuels.* Bern: Peter Lang.

Duval, R. (2006). A cognitive analysis of problems of comprehension in a learning of mathematics. *Educational Studies in Mathematics, 61*(1–2), 103–131.

Einecke, G. (2013). Integrativer Deutschunterricht. In B. Rothstein & C. Müller (Hrsg.), *Kernbegriffe der Sprachdidaktik Deutsch. Ein Handbuch* (S. 167–170). Baltmannsweiler: Schneider.

Epp, S. S. (2003). The role of logic in teaching proof. *The American Mathematical Monthly, 110*(10), 886–899.

Erath, K. (2017). *Mathematisch diskursive Praktiken des Erklärens. Rekonstruktion von Unterrichtsgesprächen in unterschiedlichen Mikrokulturen.* Wiesbaden: Springer.

Esquinca, A. (2011). Bilingual college writers' collaborative writing of word problems. *Linguistics and Education, 22*(2), 150–167.

Euklid. (1969). *Die Elemente. Buch I–XIII.* (C. Thaer, Hrsg. & Übers.). Darmstadt: Wissenschaftliche Buchgesellschaft.

Feilke, H. (2012a). Bildungssprachliche Kompetenzen – fördern und entwickeln. *Praxis Deutsch, 39*(233), 4–13.

Feilke, H. (2012b). Schulsprache – Wie Schule Sprache macht. In S. Günthner, W. Imo, D. Meer & J. G. Schneider (Hrsg.), *Kommunikation und Öffentlichkeit. Sprachwissenschaftliche Potenziale zwischen Empirie und Norm* (S. 149–175). Berlin: de Gruyter.

Fischbein, E. (1982). Intuition and proof. *For the Learning of Mathematics, 3*(2), 9–24.

Freudenthal, H. (1971). Geometry between the devil and the deep sea. *Educational Studies in Mathematics, 3*(3–4), 413–435.

Fujita, T., Doney, J. & Wegerif, R. (2017). Dialogic processes in collective geometric thinking: A case of defining and classifying quadrilaterals. In T. Dooley & G. Gueudet (Hrsg.), *Proceedings of the tenth congress of the European Society for Research in Mathematics Education* (S. 2507–2514). Dublin: DCU/ERME.

Fujita, T., Jones, K. & Kunimune, S. (2010). Student's geometrical constructions and proving activities: a case of cognitive unity? In M. F. Pinto & T. F. Kawasaki (Hrsg.), *Proceedings of the 34th Annual Meeting of the International Group for the Psychology of Mathematics Education (PME 34)* (Bd. 3, S. 9–16). Belo Horizonte: PME.

Fujita, T., Jones, K. & Miyazaki, M. (2018). Learners' use of domain-specific computer-based feedback to overcome logical circularity in deductive proving in geometry. *ZDM Mathematics Education, 50*(4), 1–15.

Gardner, P. L. (1975). Logical connectives in science: A preliminary report. *Research in Science Education, 5*(1), 161–175.

Gardner, P. L. (1981). Students' difficulties with logical connectives. *Australian Review of Applied Linguistics, 4*(2), 50–63.

Gibbons, P. (2002). *Scaffolding language, scaffolding learning: teaching second language learners in the mainstream classroom.* Portsmouth: Heinemann.

Gogolin, I. (2006). Bilingualität und die Bildungssprache der Schule. In P. Mecheril & T. Quehl (Hrsg.), *Die Macht der Sprachen. Englische Perspektiven auf die mehrsprachige Schule* (S. 79–85). Münster: Waxmann.

Gogolin, I. (2010). Was ist Bildungssprache? *Grundschule Deutsch, 57*(4), 4–5.

Gogolin, I. & Lange, I. (2011). Bildungssprache und Durchgängige Sprachbildung. In S. Fürstenau & M. Gomolla (Hrsg.), *Migration und schulischer Wandel: Mehrsprachigkeit* (S. 69–87). Wiesbaden: VS.

Gravemeijer, K. (1994). Educational Development and developmental research in mathematics education. *Journal for Research in Mathematics Education, 25*(5), 443–471.

Gravemeijer, K. & Cobb, P. (2006). Design research from the learning design perspective. In J. J. H. Akker, K. Gravemeijer, S. McKenney & N. Nieveen (Hrsg.), *Educational design research: The design, development and evaluation of programs, processes and products* (S. 45–85). London: Routledge.

Greiffenhagen, C. (2014). The materiality of mathematics: Presenting mathematics at the blackboard: The materiality of mathematics. *The British Journal of Sociology, 65*(3), 502–528.

Griesel, H. (1963). Lokales Ordnen und Aufstellen einer Ausgangsbasis, ein Weg zur Behandlung der Geometrie der Unter- und Mittelstufe. *Der Mathematikunterricht, 9*(4), 55–65.

Grundey, S. (2015). *Beweisvorstellungen und eigenständiges Beweisen.* Wiesbaden: Springer.

Haag, N., Heppt, B., Stanat, P., Kuhl, P. & Pant, H. A. (2013). Second language learners' performance in mathematics: Disentangling the effects of academic language features. *Learning and Instruction, 28*, 24–34.

Halliday, M. A. K. (1978). *Language as social semiotic: The social interpretation of language and meaning.* London: Arnold.

Halliday, M. A. K. (1985). *Introduction to functional grammar.* London: Arnold.

Halliday, M. A. K. (1993a). Towards a language-based theory of learning. *Linguistics and Education, 5*, 93–116.

Halliday, M. A. K. (1993b). Some grammatical problems in scientific English. In M. A. K. Halliday & J. R. Martin (Hrsg.), *Writing science: Literacy and discursive power* (S. 69–85). London: Routledge.

Halliday, M. A. K. (1996). Systemic functional grammar. In K. Brown & J. Miller (Hrsg.), *Concise encyclopedia of syntactic theories* (S. 321–325). New York: Elsevier Science.

Halliday, M. A. K. (2004). *An introduction to functional grammar* (3. Aufl.). London: Oxford University Press.

Halliday, M. A. K. & Hasan, R. (1985). *Language, context and text: Aspects of language in a social-semiotic perspective.* Victoria: Deakin University.

Hammond, J. (2001). Scaffolding and language. In J. Hammond (Hrsg.), *Scaffolding. Teaching and learning in language and literary education* (S. 15–30). Newtown: Primary English Teaching Association.

Hammond, J. & Gibbons, P. (2005). Putting scaffolding to work: The contribution of scaffolding in articulating ESL education. *Prospect, 20*(1), 6–30.

Hanna, G. & Barbeau, E. (2008). Proofs as bearers of mathematical knowledge. *ZDM Mathematics Education, 40*(3), 345–353.

Hanna, G. & de Villiers, M. (2008). ICMI Study 19: Proof and proving in mathematics education. *ZDM Mathematics Education, 40*(2), 329–336.

Hanna, G. & de Villiers, M. (Hrsg.). (2012). *Proof and proving in mathematics education: the 19th ICMI study.* Dordrecht: Springer.

Hanna, G. & Jahnke, H. N. (1993). Proof and application. *Educational Studies in Mathematics, 24*(4), 421–438.

Hannafin, M., Land, S. & Oliver, K. (1999). Open learning environments: Foundations, methods, and models. In C. M. Reigeluth (Hrsg.), *Instructional-design theories and models—A New Paradigm of instructional theory* (Bd. 2, S. 115–140). Mahwah: Lawrence Erlbaum.

Harel, G. & Sowder, L. (1998). Students' proof schemes: Results from exploratory studies. *CBMS Issues Mathematics Education, 7*, 234–283.

Hasan, R. (1992a). Meaning in sociolinguistic theory. In K. Bolten & H. Kwok (Hrsg.), *Sociolinguistics today: International perspectives* (S. 80–119). London: Routledge.

Hasan, R. (1992b). Speech genre, semiotic mediation and the development of higher mental functions. *Language Sciences, 14*(4), 489–528.

Hasan, R. (2002). Semiotic Mediation, Language and Society: Three exotripic theories—
Vygotsky, Halliday and Bernstein. http://lchc.ucsd.edu/MCA/Paper/JuneJuly05/HasanV
yghallBernst.pdf. Zugegriffen: 20. August 2019

Healy, L. & Holyes, C. (1998). *Justifying and proving in school mathematics. Technical report
on the nationalwide survey*. London: University of London.

Healy, L. & Hoyles, C. (2000). A study of proof conceptions in algebra. *Journal for Research
in Mathematics Education, 31*(4), 396–428.

Hein, K. (2018a). Gegenstandsorientierte Fachdidaktische Entwicklungsforschung am Bei-
spiel des mathematikdidaktischen Projekts MuM-Beweisen. In K. Fereidooni, K. Hein
& K. Kraus (Hrsg.), *Theorie und Praxis im Spannungsverhältnis. Beiträge für die
Unterrichtsentwicklung* (Bd. 2, S. 31–47). Münster: Waxmann.

Hein, K. (2018b). Deduktives Schließen lernen in Klasse 8–12 – Entwicklungsforschung zur
Spezifizierung und Förderung logischer Strukturen und sprachlicher Mittel. In P. Bender
(Hrsg.), *Beiträge zum Mathematikunterricht* (S. 751–754). Münster: WTM.

Hein, K. (2019a). The interplay of logical relations and their linguistic forms in proofs written
in natural language. In U. T. Jankvist, M. van den Heuvel-Panhuizen & M. Veldhuis (Hrsg.),
Proceedings of CERME 11 (S. 201–208). Utrecht: Utrecht University/ ERME.

Hein, K. (2019b). Argumentationstheoretische und linguistische Analyse von Beweisen
in natürlicher Sprache. In A. Frank, S. Krauss & K. Binder (Hrsg.), *Beiträge zum
Mathematikunterricht* (S. 333–336). Münster: WTM.

Hein, K. (2020). Mathematische Sätze in ihren logischen Strukturen lesen und anwenden
lernen. In S. Prediger (Hrsg.), *Sprachbildender Mathematikunterricht. Ein forschungsbasiertes Praxisbuch* (S. 95–103). Berlin: Cornelsen.

Hein, K. & Prediger, S. (2017). Fostering and investigating students' pathways to formal
reasoning: A design research project on structural scaffolding for 9th graders. In T. Dooley
& G. Gueudet (Hrsg.), *Proceedings of the Tenth Congress of the European Society for
Research in Mathematics Education* (S. 163–170). Dublin: DCU/ERME.

Hein, K. & Prediger, S. (2021). Mathematisch Begründen – die Logik vom Herleiten mathematischer Sätze. Unterrichtsmaterial als Open Educational Resources. http://sima.dzlm.
de/um/8-001

Heintz, B. (2000). *Die Innenwelt der Mathematik. Zur Kultur und Praxis einer beweisenden
Disziplin*. Wien: Springer.

Heinze, A., Cheng, Y.-H., Ufer, S., Lin, F.-L. & Reiss, K. (2008). Strategies to foster students' competencies in constructing multi-steps geometric proofs: Teaching experiments
in Taiwan and Germany. *ZDM Mathematics Education, 40*(3), 443–453.

Heinze, A. & Reiss, K. (2003). Reasoning and proof: Methodological knowledge as a compo-
nent of proof competence. In M. A. Mariotti (Hrsg.), *International Newsletter of Proof* (Bd.
4–6). http://www.lettredelapreuve.org/OldPreuve/CERME3Papers/Heinze-paper1.pdf

Heinze, A. & Reiss, K. (2004). Mathematikleistung und Mathematikinteresse in differentieller
Perspektive. In J. Doll & M. Prenzel (Hrsg.), *Bildungsqualität von Schule: Lehrer-
professionalisierung, Unterrichtsentwicklung und Schülerförderung als Strategien der
Qualitätsverbesserung* (S. 234–249). Münster: Waxmann.

Hemmi, K. (2006). *Approaching proof in a community of mathematical practice*. Stockholm:
Department of Mathematics Stockholm University.

Hemmi, K. (2008). Students encounter with proof: The condition of transparency. *ZDM
Mathematics Education, 40*(3), 413–426.

Herbst, P. G. (2002). Establishing a custom of proving in American school geometry: Evolution of the two-column proof in the early twentieth century. *Educational Studies in Mathematics, 49*(3), 283–312.

Hoyles, C. & Küchemann, D. (2002). Students' understandings of logical implication. *Educational Studies in Mathematics, 51*(3), 193–223.

Hußmann, S. & Prediger, S. (2016). Specifying and structuring mathematical topics: A four-level approach for combining formal, semantic, concrete, and empirical levels exemplified for exponential growth. *Journal für Mathematik-Didaktik, 37*(Suppl. 1), 33–67.

Hußmann, S., Thiele, J., Hinz, R., Prediger, S. & Ralle, B. (2013). Gegenstandsorientierte Unterrichtsdesigns entwickeln und erforschen- Fachdidaktische Entwicklungsforschung im Dortmunder Modell. In M. Komorek & S. Prediger (Hrsg.), *Der lange Weg zum Unterrichtsdesign: Zur Begründung und Umsetzung genuin fachdidaktischer Forschungs- und Entwicklungsprogramme* (S. 19–36). Münster: Waxmann.

Inglis, M. & Alcock, L. (2012). Expert and novice approaches to reading mathematical proofs. *Journal for Research in Mathematics Education, 43*(4), 358–390.

Inglis, M., Mejia-Ramos, J. P. & Simpson, A. (2007). Modelling mathematical argumentation: The importance of qualification. *Educational Studies in Mathematics, 66*(1), 3–21.

Jablonka, E., Wagner, D. & Walshaw, M. (2013). Theories for studying social, political and cultural dimensions of mathematics education. In M. A. (Ken) Clements, A. J. Bishop, C. Keitel, J. Kilpatrick & F. K. S. Leung (Hrsg.), *Third international handbook of mathematics education* (S. 41–67). New York: Springer.

Jahnke, H. N. (2008). Theorems that admit exceptions, including a remark on Toulmin. *ZDM Mathematics Education, 40*(3), 363–371.

Jahnke, H. N. (2009). Hypothesen und ihre Konsequenzen. *Praxis der Mathematik in der Schule, 51*(30), 26–31.

Jahnke, H. N. & Ufer, S. (2015). Argumentieren und Beweisen. In R. Bruder, L. Hefendehl-Hebeker, B. Schmidt-Thieme & H.-G. Weigand (Hrsg.), *Handbuch der Mathematikdidaktik* (S. 331–355). Heidelberg: Springer.

Jimenez-Aleixandre, M. P., Rodriguez, A. B. & Duschl, R. A. (2000). „Doing the lesson" or „doing science": Argument in high school genetics. *Science Education, 84*(6), 757–792.

John-Steiner, V. & Mahn, H. (1996). Sociocultural approaches to learning and development: A Vygotskian framework. *Educational Psychologist, 31*(3/4), 191–206.

Jonassen, D. H. (2000). Toward a design theory of problem solving. *Educational Technology Research and Development, 48*(4), 63–85.

Jonassen, D. H. & Kim, B. (2010). Arguing to learn and learning to argue: design justifications and guidelines. *Educational Technology Research and Development, 58*(4), 439–457.

Kattmann, U., Duit, R., Gropengießer, H. & Komorek, M. (1997). Das Modell der Didaktischen Rekonstruktion – Ein Rahmen für naturwissenschaftsdidaktische Forschung und Entwicklung. *Zeitschrift für Didaktik der Naturwissenschaften, 3*(3), 3–18.

Kauschke, C. & Rath, J. (2017). Implizite und/oder explizite Methoden in Sprachförderung und Sprachtherapie – was ist effektiv? *Forschung Sprache, 2*, 28–43.

Kirsch, A. (1979). Beispiele für prämathematische Beweise. In W. Dörfler & R. Fischer (Hrsg.), *Beweisen im Mathematikunterricht. Vorträge des 2. internationalen Symposiums für Didaktik der Mathematik in Klagenfurt* (S. 261–274). Wien: Hölder-Pichler-Tempsky.

KMK. (2004a). *Bildungsstandards im Fach Mathematik für den mittleren Schulabschluss. Beschluss der Kultusministerkonferenz vom 3.12.2003*. München: Luchterhand.

KMK. (2004b). *Bildungsstandards im Fach Deutsch für den Mittleren Schulabschluss. Beschluss vom 4.12.2003.* München: Luchterhand.

KMK. (2005). *Beschlüsse der Kultusministerkonferenz: Bildungsstandards im Fach Mathematik für den Primarbereich. Beschluss vom 15.10.2004.* München: Luchterhand.

KMK. (2012). *Bildungsstandards im Fach Mathematik für die Allgemeine Hochschulreife. Beschluss der Kultusministerkonferenz vom 18.10.2011.* München: Luchterhand.

Knipping, C. (2003). *Beweisgespräche in der Unterrichtspraxis – Vergleichende Analysen von Mathematikunterricht in Deutschland und Frankreich.* Hildesheim: Franzbecker.

Knipping, C. (2008). A method for revealing structures of argumentations in classroom proving processes. *ZDM Mathematics Education, 40*(3), 427–441.

Knipping, C. & Reid, D. (2015). Reconstructing argumentation structures. In A. Bikner-Ahsbahs, C. Knipping & N. Presmeg (Hrsg.), *Approaches to qualitative research in mathematics education: Examples of methodology and methods* (S. 75–101). Dordrecht: Springer.

Knuth, E. J. (2002). Secondary school mathematics teachers' conceptions of proof. *Journal for Research in Mathematics Education, 33*(5), 379–405.

Komorek, M. & Prediger, S. (2013). *Der lange Weg zum Unterrichtsdesign: Zur Begründung und Umsetzung fachdidaktischer Forschungs- und Entwicklungsprogramme* (Bd. 5). Münster: Waxmann.

Krauthausen, G. & Scherer, P. (2007). *Einführung in die Mathematikdidaktik. Mathematik Primar- und Sekundarstufe.* Heidelberg: Spektrum.

Krummheuer, G. (1995). The ethnography of argumentation. In P. Cobb & H. Bauersfeld (Hrsg.), *The emergence of mathematical meaning: Interaction in classroom cultures* (S. 229–269). Hillsdale: Lawrence Erlbaum.

Krummheuer, G. (2003). Argumentationsanalyse in der mathematikdidaktischen Unterrichtsforschung. *Zentralblatt für Didaktik der Mathematik, 35*(6), 247–256.

Küchemann, D. & Hoyles, C. (2006). Influences on students' mathematical reasoning and patterns in its development: Insights from a longitudinal study with particular reference to geometry. *International Journal of Science and Mathematics Education, 4*(4), 581–608.

Lajoie, S. P. (2005). Extending the scaffolding metaphor. *Instructional Science, 33*(5–6), 541–557.

Lambert, M. & Cobb, P. (2003). Communication and learning in the mathematics classroom. In J. Kilpatrick & D. Shifter (Hrsg.), *Research companion to the NCTM standards* (S. 237–249). Reston: National Council of Teachers of Mathematics.

Lave, J. & Wenger, E. (1991). *Situated learning: Legitimate peripheral participation.* Cambridge: Cambridge University.

Leisen, J. (2005). Wechsel der Darstellungsformen. Ein Unterrichtsprinzip für alle Fächer. *Der fremdsprachliche Unterricht. Englisch, 78,* 9–11.

Leont'ev, A. N. (1979). The problem of activity in psychology. In J. V. Wertsch (Hrsg.), *The concept of activity in soviet psychology* (S. 37–71). New York: M. E. Sharpe.

Lerman, S. (2000). The social turn in mathematics education research. In J. Boaler (Hrsg.), *Multiple perspectives on mathematics teaching and learning* (S. 19–44). Westport: Ablex.

Leron, U. (1983). Structuring mathematical proofs. *The American Mathematical Monthly, 90*(3), 174–185.

Leron, U. & Zaslavsky, O. (2009). Generic proving: Reflections on scope and method. *For the Learning of Mathematics, 33*(3), 24–30.

Lew, K. & Mejía-Ramos, J. P. (2019). Linguistics conventions of mathematical proof writing at the undergraduate level: Mathematicians' and students' perspectives. *Journal for Research in Mathematics Education, 50*(2), 121–155.

Lew, K. & Mejía-Ramos, J. P. (2020). Linguistic conventions of mathematical proof writing across pedagogical contexts. *Educational Studies in Mathematics, 103*, 43–62.

Lorenz, J. H. (1992). *Anschauung und Veranschaulichungsmittel im Mathematikunterricht. Mentales visuelles Operieren und Rechenleistung.* Göttingen: Hogrefe.

Luria, A. R. (1976). *Cognitive development its cultural and social foundations.* Cambridge: Harvard University.

Maier, H. & Schweiger, F. (1999). *Mathematik und Sprache: zum Verstehen und Verwenden von Fachsprache im Mathematikunterricht.* Wien: öbv & hpt.

Mariotti, M. A. (2000). Introduction to proof: The mediation of a dynamic software environment. *Educational Studies in Mathematics, 44*(1–3), 25–53.

Mariotti, M. A. (2001). Justifying and proving in the Cabri environment. *International Journal of Computers for Mathematical Learning, 6*(3), 257–281.

Mariotti, M. A. (2006). Proof and proving in mathematics education. In A. Gutiérrez & P. Boero (Hrsg.), *Handbook of research on the psychology of mathematics education: Past, present and future* (S. 173–204). Rotterdam: Sense.

Mariotti, M. A. (2009). Artifacts and signs after a Vygotskian perspective: The role of the teacher. *ZDM Mathematics Education, 41*(4), 427–440.

Mariotti, M. A., Durand-Guerrier, V. & Stylianides, G. J. (2018). Argumentation and proof. In T. Dreyfus, M. Artigue, D. Potari, S. Prediger & K. Ruthven (Hrsg.), *Developing Research in Mathematics Education—Twenty Years of Communication, Cooperation and Collaboration in Europe* (S. 75–89). Oxon: Routledge.

Marks, G. & Mousley, J. (1990). Mathematics education and genre: Dare we make the process writing mistake again? *Language and Education, 4*(2), 117–135.

Martin, J. R. (1993a). Genre and literacy modeling context in educational linguistics. *Annual Review of Applied Linguistics, 13*, 141–172.

Martin, J. R. (1993b). Technology, bureaucracy and schooling: Discursive resources and control. *Cultural Dynamics, 6*(1–2), 84–130.

Martin, J. R. (1993c). Life as a noun: Arresting the universe in science and humanities. In M. A. K. Halliday & J. R. Martin (Hrsg.), *Writing science: Literacy and discursive power* (S. 221–267). London: Routledge.

Martin, J. R. (1993d). Literacy in science: Learning to handle text as technology. In M. A. K. Halliday & J. R. Martin (Hrsg.), *Writing science: Literacy and diskursive power* (S. 166–202). London: Falmer.

Martin, J. R. (1999). Mentoring semogenesis: „genre-based" literacy pedagogy. In F. Christie (Hrsg.), *Pedagogy and the shaping of consciousness* (S. 123–155). London: Continuum.

Martin, J. R. & Rose, D. (2008). *Genre relations: Mapping culture.* London: Equinox.

Martin, W. G. & Harel, G. (1989). Proof frames of preservice elementary teachers. *Journal for Research in Mathematics Education, 20*(1), 41–51.

Martinez, M. V. & Pedemonte, B. (2014). Relationship between inductive arithmetic argumentation and deductive algebraic proof. *Educational Studies in Mathematics, 86*(1), 125–149.

McCrone, S. S. & Martin, T. S. (2004). Assessing high school students' understanding of geometric proof. *Canadian Journal of Science, Mathematics and Technology Education,* 4(2), 223–242.

McKenney, S., Nieveen, N. & Van den Akker, J. (2006). Design research from a curriculum perspective. In J. Van den Akker, K. Gravemeijer, S. McKenney & N. Nieveen (Hrsg.), *Educational design research* (S. 67–90). London: Routledge.

McNeill, K. L. & Krajcik, J. (2009). Synergy between teacher practices and curricular scaffolds to support students in using domain-specific and domain-general knowledge in writing arguments to explain phenomena. *Journal of the Learning Sciences, 18*(3), 416–460.

McTear, M. F. (1979). Systemic functional grammar: Some implications for language teaching. *International Review of Applied Linguistics in Language Teaching, 17*(2), 99–122.

Mejia-Ramos, J. P., Fuller, E., Weber, K., Rhoads, K. & Samkoff, A. (2012). An assessment model for proof comprehension in undergraduate mathematics. *Educational Studies in Mathematics, 79*(1), 3–18.

Mercer, N. (1994). Neo-Vygotskian theory and classroom education. In B. Stierer & J. Maybin (Hrsg.), *Language, literacy and learning in educational practice* (S. 92–110). Clevedon: Multilingual Matters.

Meyer, M. & Prediger, S. (2012). Sprachenvielfalt im Mathematikunterricht. Herausforderungen, Chancen und Förderansätze. *Praxis der Mathematik in der Schule, 54*(45), 2–9.

Ministerium für Schule und Weiterbildung des Landes NRW (Hrsg.). (2007). *Kernlehrplan für das Gymnasium – Sekundarstufe I in Nordrhein-Westfalen.* Frechen: Ritterbach.

Mishra, R. K. (2013). Vygotskian Perspective of Teaching-Learning. *Innovation: International Journal of Applied Research, 1*(1), 21–28.

Miyazaki, M., Fujita, T. & Jones, K. (2015). Flow-chart proofs with open problems as scaffolds for learning about geometrical proofs. *ZDM Mathematics Education, 47*(7), 1211–1224.

Miyazaki, M., Fujita, T. & Jones, K. (2017). Students' understanding of the structure of deductive proof. *Educational Studies in Mathematics, 94*(2), 223–239.

Miyazaki, M., Fujita, T., Jones, K. & Iwanaga, Y. (2017). Designing a web-based learning support system for flow-chart proving in school geometry. *Digital Experiences in Mathematics Education, 3*(3), 233–256.

Miyazaki, M. & Yumoto, T. (2009). Teaching and learning a proof as an object in lower secondary school mathematics of Japan. In F. L. Lin, F.-J. Hsieh, G. Hanna & M. de Villiers (Hrsg.), *Proceedings of the ICMI Study 19 Conference* (Bd. 2, S. 76–81). Taiwan: National Taiwan Normal University.

Mohan, B. & Beckett, G. H. (2001). A functional approach to research on content-based language learning: Recasts in causal explanations. *Canadian Modern Language Review, 58*(1), 133–155.

Moore, R. C. (1994). Making the transition to formal proof. *Educational Studies in Mathematics, 27*(3), 249–266.

Morek, M. & Heller, V. (2012). Bildungssprache – Kommunikative, epistemische, soziale und interaktive Aspekte ihres Gebrauchs. *Zeitschrift für angewandte Linguistik, 57*(1), 67–101.

Moschkovich, J. (1999). Supporting the participation of English language learners in mathematical discussions. *For the Learning of Mathematics, 19*(1), 11–19.

Moschkovich, J. (2002). A situated and sociocultural perspective on bilingual mathematics learners. *Mathematical Thinking and Learning, 4*(2 & 3), 189–212.

Moschkovich, J. (2007). Using two languages when learning mathematics. *Educational Studies in Mathematics, 64*(2), 121–144.

Moschkovich, J. (2015). Academic literacy in mathematics for English Learners. *The Journal of Mathematical Behavior, 40*, 43–62.

Moutsios-Rentzos, A. & Micha, I. (2018). Proof and proving in hight school geometry: A teaching experiment based on Toulmin's scheme. In E. Bergqvist, M. Österholm, C. Granberg & L. Sumpter (Hrsg.), *Proceedings of the 42nd conference of the International Group for the Psychology of Mathematics Education* (Bd. 3, S. 395–402). Umeå: PME.

National Council of Teachers in Mathematics (Hrsg.). (2000). *Principles and standards for school mathematics*. Reston: NCTM.

Nelson, N. W. (1995). Scaffolding in the secondary school: A tool for curriculum-based intervention. In D. F. Tibbits (Hrsg.), *Language intervention beyond the primary grades* (S. 375–420). Austin: Tx Pro Ed.

Netz, R. (1999). *The shaping of deduction in Greek mathematics: A study in cognitive history*. Cambridge: Cambridge University.

Neumann, I., Pigge, C. & Heinze, A. (2017). *Welche mathematischen Lernvoraussetzungen erwarten Hochschullehrende für ein MINT-Studium?* Kiel: IPN.

O'Halloran, K. L. (2000). Classroom discourse in mathematics: A multisemiotic analysis. *Linguistics and Education, 10*(3), 359–388.

Pedemonte, B. (2007). How can the relationship between argumentation and proof be analysed? *Educational Studies in Mathematics, 66*(1), 23–41.

Peirce, C. S. (1976). *Schriften zum Pragmatismus und Pragmatizismus*. Frankfurt a. M.: Suhrkamp.

Philipps, D. C. & Dolle, J. R. (2006). From Plato to brown and beyond: Theory, practice, and the promise of design experiments. In L. Verschaffel, F. Dochy, M. Boekaerts & S. Vosniadou (Hrsg.), *Instructional psychology: Past, present and future trends* (S. 277–292). Oxford: Elsevier.

Pigge, C., Neumann, I. & Heinze, A. (2019). Notwendige mathematische Lernvoraussetzung für MINT-Studiengänge – die Sicht der Hochschullehrenden. *Der Mathematikunterricht, 65*(2), 29–38.

Pimm, D. (1987). *Speaking mathematically: Communication in mathematics classrooms*. London: Routledge.

Pöhler, B. (2018). *Konzeptuelle und lexikalische Lernpfade und Lernwege zu Prozenten. Eine Entwicklungsforschungsstudie*. Berlin: Springer.

Pöhler, B. & Prediger, S. (2015). Intertwining lexical and conceptual learning trajectories—A design research study on dual macro-scaffolding towards percentages. *Eurasia Journal of Mathematics, Science & Technology Education, 11*(6), 1697–1722.

Pöhler, B., Prediger, S. & Neugebauer, P. (2017). Content- and language integrated learning: A field experiment for percentages. In B. Kaur, W. K. Ho, T. L. Toh & B. H. Choy (Hrsg.), *Proceedings of the 41st conference of the International Group for the Psychology of Mathematics Education* (Bd. 4, S. 73–80). Singapore: PME.

Pólya, G. (1981). *Mathematical discovery*. United States: John Wilet & Jones.

Pólya, G. (2010). *Schule des Denkens: vom Lösen mathematischer Probleme* (Sonderausg. der 4. Aufl.). Tübingen: Francke.

Prediger, S. (2018). Design-Research als fachdidaktisches Forschungsformat: Am Beispiel Auffalten und Verdichten mathematischer Strukturen. In P. Bender (Hrsg.), *Beiträge zum Mathematikunterricht* (S. 33–40). Münster: WTM.

Prediger, S. (2019a). Welche Forschung kann Sprachbildung im Fachunterricht empirisch fundieren? Ein Überblick zu mathematikspezifischen Studien und ihre forschungsstrategische Einordnung. In B. Ahrenholz, S. Jeuk, B. Lütke, J. Paetsch & H. Roll (Hrsg.), *Fachunterricht, Sprachbildung und Sprachkompetenzen* (S. 19–38). Berlin: De Gruyter.

Prediger, S. (2019b). Theorizing in design research: Methodological reflections on developing and connecting theory elements for language-responsive mathematics classrooms. *Avances de Investigación en Educación Matemática*, (15), 5–27.

Prediger, S. (Hrsg.). (2020). *Sprachbildender Mathematikunterricht. Ein forschungsbasiertes Praxisbuch*. Berlin: Cornelsen.

Prediger, S., Clarkson, P. & Boses, A. (2016). Purposefully relating multilingual registers: Building theory and teaching strategies for bilingual learners based on an integration of three traditions. In R. Barwell, P. Clarkson, A. Halai, M. Kazima, J. Moschkovich, N. Planas, et al. (Hrsg.), *Mathematics education and language diversity: The 21th ICMI Study* (S. 193–215). Cham: Springer.

Prediger, S., Gravemeijer, K. & Confrey, J. (2015). Design research with a focus on learning processes: An overview on achievements and challenges. *ZDM Mathematics Education*, *47*(6), 877–891.

Prediger, S. & Hein, K. (2017). Learning to meet language demands in multi-step mathematical argumentations: Design research on a subject-specific genre. *European Journal of Applied Linguistics*, *5*(2), 309–335.

Prediger, S. & Krägeloh, N. (2015). Low achieving eighth graders learn to crack word problems: a design research project for aligning a strategic scaffolding tool to students' mental processes. *ZDM Mathematics Education*, *47*(6), 947–962.

Prediger, S., Link, M., Hinz, R., Hußmann, S., Thiele, J. & Ralle, B. (2012). Lehr-Lernprozesse initiieren und erforschen – Fachdidaktische Entwicklungsforschung im Dortmunder Modell. *Der mathematische und naturwissenschaftliche Unterricht*, *65*(8), 452–457.

Prediger, S. & Pöhler, B. (2015). The interplay of micro- and macro-scaffolding: An empirical reconstruction for the case of an intervention on percentages. *ZDM Mathematics Education*, *47*(7), 1179–1194.

Prediger, S. & Wessel, L. (2012). Darstellungen vernetzen. Ansatz zur integrierten Entwicklung von Konzepten und Sprachmitteln. *Praxis der Mathematik in der Schule*, *54*(45), 29–34.

Prediger, S. & Wessel, L. (2013). Fostering German-language learners' constructions of meanings for fractions—Design and effects of a language- and mathematics-integrated intervention. *Mathematics Education Research Journal*, *25*(3), 435–456.

Prediger, S., Wilhelm, N., Büchter, A., Gürsoy, E. & Benholz, C. (2015). Sprachkompetenz und Mathematikleistung – Empirische Untersuchung sprachlich bedingter Hürden in den Zentralen Prüfungen 10. *Journal für Mathematik-Didaktik*, *36*(1), 77–104.

Prediger, S. & Zindel, C. (2017). School academic language demands for understanding functional relationships: A design research project on the role of language in reading and learning. *EURASIA Journal of Mathematics, Science and Technology Education*, *13*(7b), 4157–4188.

Prediger, S. & Zwetzschler, L. (2013). Topic-specific design research with a focus on learning processes: The case of understanding algebraic equivalence in grade 8. In T. Plomp & N. Nieveen (Hrsg.), *Educational design research: Part B illustrative cases* (S. 407–424). Enschede: SLO.

Presmeg, N. (2006). Research on visualization in learning and teaching mathematics. In A. Gutierrez & P. Boero (Hrsg.), *Handbook of research on the psychology of mathematics education* (S. 205–235). Dordrecht: Sense.

Puntambekar, S. & Hübscher, R. (2005). Tools for scaffolding students in a complex learning environment: What have we gained and what have we missed? *Educational Psychologist, 40*(1), 1–12.

Rapanta, C., Garcia-Mila, M. & Gilabert, S. (2013). What is meant by argumentative competence? An integrative review of methods of analysis and assessment in education. *Review of Educational Research, 83*(4), 483–520.

Reid, D. A. (2011). Understanding proof and transforming teaching. In L. R. Wiest & T. Lamberg (Hrsg.), *Proceedings of the 33rd annual meeting of the North American Chapter of the International Group for the Psychology of Mathematics Education* (S. 15–30). Reno: University of Nevada/PME.

Reid, D. A. & Knipping, C. (2010). *Proof in mathematics education: Research, learning and teaching.* Rotterdam: Sense.

Reiser, B. J., Smith, B. K., Tabak, I., Steinmuller, F., Sandoval, W. A. & Leone, A. J. (2001). BGuILE: Strategic and conceptual scaffolds for scientific Iinquiry in biology classrooms. In S. M. Carver & D. Klahr (Hrsg.), *Cognition and instruction: Twenty-five years in progress* (S. 263–305). Mahwah: Lawrence Erlbaum.

Reiss, K. M., Heinze, A., Renkl, A. & Groß, C. (2008). Reasoning and proof in geometry: Effects of a learning environment based on heuristic worked-out examples. *ZDM Mathematics Education, 40*(3), 455–467.

Rezat, S. & Rezat, S. (2017). Subject-specific genres and genre awareness integrated mathematics and language teaching. *EURASIA Journal of Mathematics, Science and Technology Education, 13*(7b), 4189–4210.

Riebling, L. (2013). Heuristik der Bildungssprache. In I. Gogolin, I. Lange, U. Michel & H. Reich (Hrsg.), *Herausforderung Bildungssprache – und wie man sie meistert* (S. 106–153). Münster: Waxmann.

Rodd, M. M. (2000). On mathematical warrants: Proof does not always warrant, and a warrant may be other than a proof, mathematical thinking and learning. *Mathematical Thinking and Learning, 2*(3), 221–244.

Rose, D. (2018). Languages of schooling: Embedding literacy learning with genre-based pedagogy. *European Journal of Applied Linguistics, 6*(1), 59–89.

Rothery, J. (1996). Making changes: Developing an educational linguistics. In R. Hasan & G. Williams (Hrsg.), *Literacy in society* (S. 86–123). London: Longman.

Rowlands, S. (2003). Vygotsky and the ZPD: Have we got it right? *Research in Mathematics Education, 5*(1), 155–170.

Russek, B. (1998). Writing to learn mathematics. *Plymouth State College Journal on Writing Across the Curriculum, 9*, 36–45.

Saye, J. W. & Brush, T. (2002). Scaffolding critical reasoning about history and social issues in multimedia-supported learning environments. *Educational Technology Research and Development, 50*(3), 77–96.

Schleppegrell, M. J. (2001). Linguistic features of the language in schooling. *Linguistics and Education, 14*(4), 431–459.

Schleppegrell, M. J. (2004a). *The language of schooling: A functional linguistics perspective.* Mahwah: Lawrence Erlbaum.

Schleppegrell, M. J. (2004b). Technical writing in a second language: The role of grammatical metaphor. In R. A. Ellis & L. J. Ravelli (Hrsg.), *Analysing academic writing: Contextualized frameworks* (S. 173–189). London: Continuum.

Schleppegrell, M. J. (2007). The linguistic challenges of mathematics teaching and learning: A research review. *Reading & Writing Quarterly, 23*(2), 139–159.

Schleppegrell, M. J. (2010). Language and mathematics teaching and learning. A research review. In J. Moschkovich (Hrsg.), *Language and mathematics education. Multiple perspectives and directions for research* (S. 73–112). Charlotte: Information Age.

Schwarzkopf, R. (2000). *Argumentationsprozesse im Mathematikunterricht: Theoretische Grundlagen und Fallstudien.* Hildesheim: Franzbecker.

Selden, A. & Selden, J. (2003). Validations of proofs considered as texts: Can undergraduates tell whether an argument proves a theorem? *Journal for Research in Mathematics Education, 34*(1), 4–36.

Selden, A. & Selden, J. (2008). Overcoming students' difficulties in learning to understand and construct proofs. In M. P. Carlson & C. Rasmussen (Hrsg.), *Making the connection* (S. 95–110). Washington DC: The Mathematical Association of America.

Selden, A. & Selden, J. (2014). The genre of a proof. In M. N. Fried & T. Dreyfus (Hrsg.), *Mathematics & mathematics education: Searching for common ground* (S. 248–251). Dordrecht: Springer.

Selden, J. & Selden, A. (1995). Unpacking the logic of mathematical statements. *Educational Studies in Mathematics, 29*(2), 123–151.

Senk, S. L. (1985). How well do students write geometry proofs? *Mathematics Teacher, 78*(6), 448–456.

Senk, S. L. (1989). Van Hiele levels and achievement in writing geometry proofs. *Journal for Research in Mathematics Education, 20*(3), 309–321.

Sfard, A. (1991). On the dual nature of mathematical conceptions: Reflections on process and objects as different sides of the same coin. *Educational Studies in Mathematics, 22*(3), 1–36.

Silliman, E. R., Bahr, R. H. & Wilkinson, L. C. (2020). Writing across the academic languages: Introduction. *Reading and Writing, 33*, 1–11.

Simon, M. A. (1995). Reconstructing mathematics pedagogy from a constructivist perspective. *Journal for Research in Mathematics Education, 26*(2), 114–145.

Simpson, A. (2015). The anatomy of a mathematical proof: Implications for analyses with Toulmin's scheme. *Educational Studies in Mathematics, 90*(1), 1–17.

Smit, J., van Eerde, H. A. A. & Bakker, A. (2013). A conceptualisation of whole-class scaffolding. *British Educational Research Journal, 39*(5), 817–834.

Snow, C. E. & Uccelli, P. (2009). The challenge of academic language. In D. R. Olson & N. Torrance (Hrsg.), *The Cambridge handbook of literacy* (S. 112–133). Cambridge: Cambridge University.

Solomon, Y. & O'Neill, J. (1998). Mathematics and narrative. *Language and Education, 12*(3), 210–221.

Stanat, P. (2006). Schulleistungen von Jugendlichen mit Migrationshintergrund: Die Rolle der Zusammensetzung der Schülerschaft. In J. Baumert, P. Stanat & R. Watermann (Hrsg.), *Herkunftsbedingte Disparitäten im Bildungswesen: Differenzielle Bildungsprozesse und Probleme der Verteilungsgerechtigkeit* (S. 189–219). Wiesbaden: VS.

Steffe, L. P. & Thompson, P. W. (2000). Teaching experiment methodology: Underlying principles and essential elements. In R. Lesh & E. Kelly (Hrsg.), *Research design in mathematics and science education* (S. 267–306). Mahwah: Lawrence Erlbaum.

Steinke, I. (2000). Gütekriterien qualitativer Forschung. In U. Flick, E. von Kardoff & I. Steinke (Hrsg.), *Qualitative Forschung. Ein Handbuch* (S. 319–331). Frankfurt a. M.: Rowohlt.

Stylianides, A. J. (2007). Proof and proving in school mathematics. *Journal for Research in Mathematics Education, 38*(3), 289–321.

Stylianides, A. J. (2019). Secondary students' proof constructions in mathematics: The role of written versus oral mode of argument representation. *Review of Education, 7*(1), 156–182.

Stylianides, A. J. & Harel, G. (Hrsg.). (2018). *Advances in mathematics education research on proof and proving.* Cham: Springer.

Stylianides, A. J. & Stylianides, G. J. (2009). Proof constructions and evaluations. *Educational Studies in Mathematics, 72*(2), 237–253.

Stylianides, A. J. & Stylianides, G. J. (2018). Addressing key and persistent problems of students' learning: The case of proof. In A. J. Stylianides & G. Harel (Hrsg.), *Advances in mathematics education research on proof and proving: An international perspective* (S. 99–113). Cham: Springer.

Stylianides, G. J. & Stylianides, A. J. (2017). Research-based interventions in the area of proof: The past, the present, and the future. *Educational Studies in Mathematics, 96*(2), 119–127.

Stylianides, G. J., Stylianides, A. J. & Weber, K. (2017). Research on the teaching and learning of proof: Taking stock and moving forward. In J. Cai (Hrsg.), *Compendium for research in mathematics education* (S. 237– 266). Reston: National Council of Teachers of Mathematics.

Stylianou, D. A., Blanton, M. L. & Rotou, O. (2015). Undergraduate students' understanding of proof: Relationships between proof conceptions, beliefs, and classroom experiences with learning proof. *International Journal of Research in Undergraduate Mathematics Education, 1*(1), 91–134.

Swain, M. (1985). Communicative competence: Some roles of comprehensible input and comprehensible output in its development. In S. Gass & C. Madden (Hrsg.), *Input in second language acquisition* (S. 235–256). Rowley: Newbury House.

Tabak, I. (2004). Synergy: A complement to emerging pattern of distributed scaffolding. *The Journal of the Learning Sciences, 13*(3), 305–335.

Tarski, A. (1944). The semantic conception of truth: And the foundations of semantics. *Philosophy and Phenomenological Research, 4*(3), 341–376.

Thompson, D. R., Senk, S. L. & Johnson, G. J. (2012). Opportunities to learn reasoning and proof in high school mathematics textbooks. *Journal for Research in Mathematics Education, 43*(3), 253–295.

Toulmin, S. E. (1958). *The uses of arguments.* Cambridge: Cambridge University.

Tsujiyama, Y. (2011). On the role of looking back at proving processes in school mathematics: Focusing on argumentation. In M. Pytlak, T. Rowland & E. Swoboda (Hrsg.), *Proceedings of the 7th Congress of the European Society for Research in Mathematics Education* (S. 161–171). Rzeszów: University of Rzeszów/ERME.

Tsujiyama, Y. (2012). Characterization of proving processes in school mathematics based on Toulmin's concept of field. In S. J. Cho (Hrsg.), *Pre-Proceedings of ICME12* (S. 2875–2884). Seoul: ICME.

Ufer, S., Heinze, A., Kuntze, S. & Rudolph-Albert, F. (2009). Beweisen und Begründen im Mathematikunterricht. *Journal für Mathematik-Didaktik, 30*(1), 30–54.

Ufer, S., Reiss, K. & Mehringer, V. (2013). Sprachstand, soziale Herkunft und Bilingualität: Effekte auf Facetten mathematischer Kompetenz. In M. Becker-Mrotzek, K. Schramm, E. Thürmann & H. J. Vollmer (Hrsg.), *Sprache im Fach – Sprachlichkeit und fachliches Lernen* (S. 167–184). Münster: Waxmann.

Ukrainetz, T. A. (1998). Beyond Vygotsky: What soviet activity theory offers naturalistic language intervention. *Journal of speech-language pathology and audiology, 22*(3), 164–175.

Unsworth, L. (2000a). *Researching language in schools and communities: Functional linguistics perspectives.* London: Cassell.

Unsworth, L. (2000b). Investigating subject-specific literacies in school learning. In L. Unsworth (Hrsg.), *Researching language in school and communities. Functional linguistic perspectives* (S. 245–274). London: Cassell.

van den Akker, J. (1999). Principles and methods of development research. In J. van den Akker, R. M. Branch, K. Gustafson, N. Nieveen & T. Plomp (Hrsg.), *Design approaches and tools in education and training* (S. 1–14). Dordrecht: Kluwer.

Voigt, J. (1984). *Interaktionsmuster und Routinen im Mathematikunterricht.* Weinheim: Beltz.

Vygotsky, L. S. (1962). *Thought and language.* Cambridge: MIT.

Vygotsky, L. S. (1978). *Mind in society. The development of higher psychological processes.* Cambridge: Harvard University.

Vygotsky, L. S. (1979). The development of higher forms of a attention in childhood. In J. V. Wertsch (Hrsg.), *The concept of activity in soviet psychology* (S. 189–240). New York: M. E. Sharpe.

Vygotsky, L. S. (1991). Genesis of the higher mental functions. In P. Light, S. Sheldon & M. Woodhead (Hrsg.), *Learning to think* (S. 32–41). London: Routledge.

Walshaw, M. (2017). Understanding mathematical development through Vygotsky. *Research in Mathematics Education, 19*(3), 293–309.

Weber, K. (2001). Student difficulty in constructing proofs: The need for strategic knowledge. *Educational Studies in mathematics, 48*(1), 101–119.

Weber, K. (2002). Beyond proving and explaining: Proofs that justify the use of definitions and axiomatic structures and proofs that illustrate technique. *For the Learning of Mathematics, 22*(3), 14–17.

Weber, K. (2008). How mathematicians determine if an argument is a valid proof. *Journal for Research in Mathematics Education, 39*(4), 431–459.

Weber, K. & Alcock, L. (2004). Semantic and syntactic proof productions. *Educational Studies in Mathematics, 56*(2–3), 209–234.

Weber, K. & Alcock, L. (2005). Using warranted implications to understand and validate proofs. *For the Learning of Mathematics, 25*(1), 34–51.

Wertsch, J. V. (1979). *The concept of activity in soviet psychology*. New York: M. E. Sharpe.

Wertsch, J. V. (1984). The zone of proximal development: Some conceptual issues. In B. Rogoff & J. V. Wertsch (Hrsg.), *Children's learning in the „zone of proximal development"* (S. 7–18). San Francisco: Jossey-Bass.

Wertsch, J. V. (1991). Sociocultural setting and the zone of proximal development: The problem of text-based realities. In L. T. Landsmann (Hrsg.), *Culture, schooling and psychological development* (S. 71–76). New Jersey: Alex.

Wertsch, J. V. & Hickmann, M. (1987). Problem solving in social interaction: A microgenetic analysis. In M. Hickmann (Hrsg.), *Social and functional approaches to language and thought* (S. 251–266). New York: Academic.

Wessel, L. (2015). *Fach- und sprachintegrierte Förderung durch Darstellungsvernetzung und Scaffolding*. Wiesbaden: Springer.

Winter, H. (1983). Zur Problematik des Beweisbedürfnisses. *Journal für Mathematik-Didaktik, 4*(1), 59–95.

Winter, H. (1996). Mathematikunterricht und Allgemeinbildung. *Mitteilungen der DMV, 4*(2), 35–41.

Wittmann, E. C. (1995). Mathematics education as a „design science". *Educational Studies in Mathematics, 29*(4), 355–374.

Wittmann, E. C. (2014). Operative Beweise in der Schul- und Elementarmathematik. *Mathematica Didactica, 37*, 213–232.

Wittmann, E. C. & Müller, G. (1988). Wann ist ein Beweis? In P. Bender (Hrsg.), *Mathematikdidaktik – Theorie und Praxis. Festschrift für Heinrich Winter* (S. 237–258). Berlin: Cornelsen.

Wood, D., Bruner, J. S. & Ross, G. (1976). The role of tutoring in problem solving. *Journal of child psychology and psychiatry, 17*(2), 89–100.

Wu, H.-H. (1996). The role of Euklidean geometry in high school. *The Journal of Mathematical Behavior, 15*(3), 221–237.

Yackel, E. & Cobb, P. (1996). Sociomathematical norms, argumentation, and autonomy in mathematics. *Journal for Research in Mathematics Education, 27*(4), 458–477.

Yackel, E. & Hanna, G. (2003). Reasoning and proof. In J. Kilpatrick, W. G. Martin & D. Schifter (Hrsg.), *A research companion to principles and standards for school mathematics* (S. 227–236). Reston: National Council of Teachers of Mathematics.

Yang, K.-L. & Lin, F.-L. (2008). A model of reading comprehension of geometry proof. *Educational Studies in Mathematics, 67*(1), 59–76.

Yelland, N. & Masters, J. (2007). Rethinking scaffolding in the information age. *Computers & Education, 48*(3), 362–382.

Yu, J.-Y. W. Chin, E.-T. & Lin, C.-J. (2004). Taiwanese junior high school students' understanding about the validity of conditional statements. *International Journal of Science and Mathematics Education, 2*(2), 257–285.

Printed in the United States
by Baker & Taylor Publisher Services